DUDEN

Lexikon der Vornamen

D1541112

DUDEN-TASCHENBÜCHER
Praxisnahe Helfer zu vielen Themen

DUDEN

Lexikon
der Vornamen

**Herkunft, Bedeutung
und Gebrauch von mehreren
tausend Vornamen**

Mit 75 Abbildungen

2., neu bearbeitete und
erweiterte Auflage

von Günther Drosdowski

DUDENVERLAG
Mannheim·Leipzig·Wien·Zürich

Die Deutsche Bibliothek – CIP-Einheitsaufnahme

Drosdowski, Günther: Duden, Lexikon der Vornamen:
Herkunft, Bedeutung und Gebrauch von mehreren tausend Vornamen /
von Günther Drosdowski. –
2., neu bearb. und erw. Aufl., unveränd. Nachdr. –
Mannheim; Leipzig; Wien; Zürich: Dudenverl., 1974
(Duden-Taschenbücher: 4)
Nebent.: Lexikon der Vornamen
ISBN 3-411-01333-8
NE: Lexikon der Vornamen; HST; GT

Das Wort DUDEN ist für den Verlag
Bibliographisches Institut & F. A. Brockhaus AG
als Marke geschützt.

Satz: Zechnersche Buchdruckerei, Speyer
Druck: Klambt-Druck GmbH, Speyer
Bindearbeit: Augsburger Industriebuchbinderei
Printed in Germany
ISBN 3-411-01333-8

INHALTSVERZEICHNIS

VORWORT ZUR ERSTEN AUFLAGE

Immer wieder wurde von Benutzern der Dudenbände nach einem Vornamenbuch gefragt, das über Schreibung, Herkunft und Bedeutung unserer Vornamen Auskunft erteilt und Eltern die Wahl des Vornamens für ihr Kind erleichtert. Dieses Vornamenbuch soll auf die zahlreichen Fragen, die im Zusammenhang mit unsereren Vornamen auftreten, in leichtverständlicher Form Antwort geben.

Das „Lexikon der Vornamen" behandelt in der Einleitung die standesamtlichen Vorschriften und die Rechtschreibung. Es führt in die Namengeschichte ein, erörtert Formenbestand und Bedeutung unserer Vornamen und die Motive für die Namenwahl und stellt den Anteil verschiedener Namengruppen am Gesamtbestand der Vornamen dar.

In alphabetischer Folge werden dann mehrere tausend weibliche und männliche Vornamen behandelt. Die Zahl der in Deutschland vorkommenden Vornamen ist natürlich größer, aber es versteht sich von selbst, daß Namen, die nur vereinzelt auftreten oder von Künstlern angenommen worden sind (keine Taufnamen), nicht aufgenommen werden konnten (*Bum, Dginn, Iska* usw.). Bei jedem Vornamen wird angegeben, aus welcher Sprache er stammt und was er bedeutet. Gestalten aus Märchen und Sagen, bekannte literarische Gestalten und Opernfiguren, Märtyrer und Heilige (mit ihren Festtagen) sowie berühmte Persönlichkeiten, deren Namen in den vergangenen Jahrhunderten die Namengebung beeinflußt haben, werden innerhalb des Artikels aufgeführt. Am Ende eines Artikels findet sich eine Zusammenstellung bekannter Namensträger und der wichtigsten Entsprechungen des Vornamens in anderen Sprachen, gewöhnlich im Französischen, Englischen und Russischen. Das Namenverzeichnis ist bebildert. Es enthält Abbildungen von historischen Persönlichkeiten, die mit ihrem Namen auf die Namengebung entscheidend eingewirkt haben.

Am Ende des Buches befindet sich ein Register, in dem ausgewählte weibliche und männliche Vornamen getrennt aufgeführt werden. Dieser Teil soll Eltern einen schnellen Überblick über die schönsten und beliebtesten Vornamen ermöglichen.

Danken möchte ich an dieser Stelle Herrn Dr. Dieter Berger, der mir bei der Arbeit behilflich war. Dank schulde ich auch Herrn Rolf Kuchenmeister für Hilfe bei der Auswahl der Namensträger und beim Korrekturlesen.

Mannheim, den 1. September 1968

Günther Drosdowski

VORWORT ZUR ZWEITEN AUFLAGE

Das „Lexikon der Vornamen" hat seit seinem Erscheinen im Jahre 1968 in den Benutzerkreisen eine ungewöhnlich breite Resonanz gefunden. Hauptanliegen der Neuauflage war es, die zahlreichen Anregungen auszuwerten und all die Vornamen, die erst in den vergangenen sechs Jahren aufgekommen oder modisch geworden sind, nachzutragen. Die Anlage des Buches und der Artikelaufbau, die auch von der Namenforschung mit Lob bedacht worden sind (vgl. z. B. Beiträge zur Namenforschung 5, 1970, 427f.), sind dagegen unverändert geblieben.

Auf Wunsch vieler Benutzer sind die geänderten Feste der Heiligen der katholischen Kirche (Calendarium Romanum [1969] und Heiligenkalender der deutschsprachigen Bistümer) in einer Liste zusammengestellt worden. Diese Liste findet sich am Ende des Buches.

Mannheim, den 1. Juni 1974

Günther Drosdowski

EINLEITUNG

1. *Zu den standesamtlichen Vorschriften*

Namen sind Rechtsgut. Seinen Familiennamen erwirbt der Mensch mit der Geburt, seinen Vornamen legen ihm andere, gewöhnlich die Eltern, bei. An beides ist er auf Lebenszeit gebunden, und nur im Wege einer Rechtshandlung, eines juristischen Aktes, kann er die Namen wechseln oder ändern. Eine Frau z. B. erhält durch ihre Heirat den Familiennamen des Ehemannes, und ein Kind, das adoptiert wird, bekommt den Familiennamen der Adoptiveltern. Der Vorname aber ist eng mit der Einzelperson verbunden und kann nur aus wichtigen Gründen und nur mit behördlicher Genehmigung geändert oder gar gewechselt werden. Selbst die einmal beschlossene und urkundlich festgelegte Schreibung des Namens muß bleiben. Man darf nicht eigenmächtig Buchstaben oder Silben darin verändern.

Die Eltern eines Neugeborenen haben also eine große Verantwortung, wenn sie das Recht der freien Vornamenwahl für ihr Kind wahrnehmen. Mit dem von ihnen gewählten Namen muß das Kind sein Leben lang auskommen, und was im Augenblick vielleicht den Glanz des Besonderen, Neuen hat – ein fremdartiger, „aparter" Klang, eine auffällige Schreibung, eine modische Form –, das kann das heranwachsende Kind in der Schule, im Umgang mit Freunden und selbst noch im Berufsleben und im Verkehr mit Behörden unnötig belasten und ihm manche Schwierigkeiten bereiten.

In der Wahl des Vornamens für ihr Kind sind die Eltern, rechtlich gesehen, unabhängig. Es wird lediglich verlangt, daß der Vorname als N a m e erkennbar ist. Darum sind Wörter des allgemeinen Sprachgebrauchs, Bezeichnungen für Gegenstände, Eigenschaften, Vorstellungen u. dgl., als Namen ausgeschlossen. Niemand kann also sein Kind etwa *Pfeil, Feder, Anmut, Friede, Klug* nennen. Diese Regelung gilt natürlich nicht für Wörter, die bereits seit Jahrhunderten zum deutschen Vornamenbestand gehören, wie z. B. *Ernst* und *Kraft.* Auch Bezeichnungen, die Anstoß erregen können oder als sinnlose Wortgebilde erscheinen, sind als Vornamen nicht zugelassen; der Name eines Menschen soll nicht wie ein künstlich gebildetes Warenzeichen aussehen.

Auch Namen anderer Art dürfen nicht als Vornamen benutzt werden. Insbesondere gilt das für F a m i l i e n n a m e n. Es ist im deutschen Namenrecht nicht erlaubt, etwa den Familiennamen des Großvaters mütterlicherseits oder eines anderen Vorfahren als zweiten Vornamen zu führen. Nur Ostfriesland macht hier eine Ausnahme; dort sind solche „Zwischennamen" aus landschaftlicher Überlieferung heraus noch üblich und werden vom Standesamt anerkannt (auch in der Weise, daß der Vorname des Vaters im Genitiv als zweiter Vorname der Kinder erscheint, z. B. Enno *Hinrichs* Timmermann und Gesa *Hinrichs* Timmermann als Namen von Bruder und Schwester).

In die Vereinigten Staaten von Amerika ist diese Sitte der Zwischennamen (engl. *middle names)* seinerzeit aus England gekommen, sie gilt heute als typisch amerikanisch: John Fitzgerald Kennedy, Franklin Delano Roosevelt, Pearl Sydenstricker Buck. Diese amerikanischen Zwischennamen werden meist abgekürzt: John F. Kennedy, Franklin D. Roosevelt, Pearl S. Buck. In ähnlicher Weise, und z. T. sicher nach amerikanischem Vorbild, wird heute in Deutschland vielfach ein zweiter Vorname abgekürzt (z. B. „Hans P. Meier" statt „Hans Peter Meier").

Aber das hat mit der amtlichen Feststellung der Vornamen nichts zu tun – schon deshalb, weil in standesamtlichen Urkunden überhaupt keine Abkürzungen erlaubt sind.

Von anderer Art ist die Dreinamigkeit in Rußland und Spanien. Der Russe führt zwischen Vor- und Familienname den mit der Nachsilbe -witsch „Sohn" (bei Frauen mit der Nachsilbe -wna „Tochter") weitergebildeten Vornamen seines Vaters: Alexei Nikolajewitsch Kossygin, Dmitri Dmitrijewitsch Schostakowitsch, Anna Andrejewna Achmatowa, Swetlana Allilujewna Dschugaschwili. Im persönlichen Verkehr werden gewöhnlich die beiden ersten Namen als Anrede gebraucht (z. B. Alexei Nikolajewitsch), nach außen hin ist dagegen der Familienname bekannter.

In Spanien wird hinter dem Familiennamen des Vaters der der Mutter geführt, so daß jedermann mindestens 3 Namen – jedoch gewöhnlich nur einen Vornamen – hat: Federico Garcia Lorca, Francisco Franco Bahamonde.

Ebenso wie Familiennamen sind auch Ortsnamen nicht als Vornamen zulässig, weder allein noch in Verbindung mit einem wirklichen Vornamen. Wer also des Klanges wegen oder um eine persönliche Beziehung festzuhalten seinem Kind einen Namen wie *Tessin, Nizza, Suomi, Alicante* oder *Acapulco* geben will, wird damit auf dem Standesamt abgewiesen werden.

Etwas anderes ist es, wenn Personennamen aus einer fremden Sprache übernommen werden sollen. Das ist an sich nichts Ungewöhnliches, denn solche Entlehnungen gibt es unter unseren Vornamen in großer Zahl (span. *Ramón*, französ. *Jean*, engl. *Percy*, russ. *Fedor*, arab. *Achmed* usw.). Auffälliger sind schon Namen aus exotischen Sprachen (Ostasien, Indien, Afrika u. a.), die durch Presse, Funk und Fernsehen heute in viel größerer Zahl bekannt werden als früher und manchen bei der Vornamenwahl beeinflussen können. Man sollte aber nicht das Besondere um jeden Preis suchen, und auch da, wo eine persönliche Beziehung oder Verbundenheit der Eltern mit einem solchen Namen ausgedrückt werden soll, ist immer zu fragen, ob man das Kind damit belasten darf, dem diese Beziehung später vielleicht gar nichts mehr bedeutet. Der Name der thailändischen Königin *Sirikit* z. B. ist durch den Besuch des Königspaares in Deutschland allgemein bekannt geworden. Ein Vater, der seine Tochter nach ihr nennen will, könnte sich vor dem Standesamt auf diese Tatsache berufen. Wird aber der fremdartige Name später noch auf das Mädchen passen?

Mancher kommt auch durch Beruf oder Lektüre mit Namen in Berührung, die der Öffentlichkeit gar nichts sagen. Japanische Männernamen etwa wie *Ando, Katsuschika, Susuki* sind bei uns fast unbekannt, obwohl die Maler Hiroshige, Hokusai und Harunobu, die diese Namen trugen, als Meister des japanischen Farbholzschnitts auch außerhalb Japans bekannt sind. Auch ein großer Verehrer japanischer Kunst muß also Bedenken haben, seinen Sohn *Ando* oder *Susuki* zu nennen, zumal diese Namen eigentlich die Familiennamen sind (im Japanischen werden die Vornamen nach dem Familiennamen genannt).

Wörter aber, die auch in ihren Herkunftssprachen keine Namen sind, scheiden auf jeden Fall aus. So kann z. B. *Nirwana* (altind. „Erlöschen, selige Ruhe [als erhoffter Endzustand des gläubigen Buddhisten]") oder *Ikebana* (die Bezeichnung der japanischen Kunst des Blumensteckens und -ordnens) kein Mädchenname sein. Diese Beispiele erscheinen vielleicht gesucht, aber bei der Namenwahl gibt es die merkwürdigsten Wünsche. Dabei ist die Auswahl unter den üblichen und zulässigen Vornamen heute so groß, daß niemand gezwungen ist, seinem Kinde einen ausgefallenen oder gar zweifelhaften neuen Namen zu geben.

Die Zahl der Vornamen, die die Eltern ihrem Kinde beilegen können, ist nicht begrenzt. Das Kind kann einen, zwei oder drei Vornamen erhalten oder noch mehr. Man sollte aber bedenken, daß schon drei Namen im praktischen Gebrauch nur selten zugleich auftreten. Familienüberlieferung, Rücksicht auf Paten und Verwandte können die Zahl der Vornamen eines Menschen beeinflussen. In den meisten Fällen ist aber nur sein Rufname bekannt. Notwendig wird ein zweiter Name dann, wenn das Kind einen Namen erhalten soll, der sein Geschlecht nicht deutlich erkennen läßt. Solche Namen, z. B. *Kai, Toni, Friedel, Gustel*, sind zwar nicht ausdrücklich von der amtlichen Registrierung ausgeschlossen, sie dürfen aber nicht als einzige Namen gegeben werden. Aus einem zweiten Namen muß das Geschlecht der betreffenden Person eindeutig zu erkennen sein. Allerdings kommt es immer wieder vor, daß gerade die mißverständlichen Namen im Leben als Rufnamen geführt werden, so daß man dann in Briefen oder Schriftstücken nicht erkennen kann, ob man es mit einem Herrn oder mit einem Fräulein *Kai Müller* zu tun hat. Verboten ist es aber, Jungen einen eindeutigen Mädchennamen zu geben und umgekehrt. Hier gilt nur eine Ausnahme: Als zweiter Vorname ist *Maria* für Jungen erlaubt, weil hier ein überlieferter katholischer Namenbrauch vorliegt (vgl. bekannte Namen wie Karl Maria von Weber, Oskar Maria Graf oder den Künstlernamen Erich Maria Remarque [eigtl. Erich Paul Remark]).

Den oder die gewählten Namen für das Neugeborene teilen die Eltern dem Standesamt gewöhnlich gleich bei der Anmeldung der Geburt mit. Es ist darum gut, wenn sie sich schon vorher über alles klar werden, auch über die Schreibung, die ja, wenn einmal eingetragen, nicht mehr verändert werden kann. In Zweifelsfällen wird der Standesbeamte die Eltern gern beraten.

Ist die Namenfrage bei der Anmeldung der Geburt noch nicht geklärt, dann kann der Vorname auch nachträglich gemeldet werden; im allgemeinen soll das innerhalb eines Monats nach der Geburt geschehen. Warten die Eltern als ein Vierteljahr mit der Meldung, dann müssen sie damit rechnen, daß für die Eintragung der Namen eine besondere Genehmigung der Verwaltungsbehörde verlangt wird. Ist das Kind inzwischen verstorben, dann ist keine nachträgliche Meldung des Vornamens erforderlich. Für totgeborene Kinder werden grundsätzlich keine Namen eingetragen.

2. *Zur Rechtschreibung der Vornamen*

Für die Schreibung der Vornamen gelten im allgemeinen die heutigen Rechtschreibregeln, wie sie der Duden verzeichnet. Soweit die Eltern keinen besonderen Wunsch äußern, trägt der Standesbeamte den oder die Vornamen des Neugeborenen in der üblichen Rechtschreibung ein und legt sie damit amtlich fest.

Gewisse Abweichungen von den regelmäßigen Schreibungen sind zulässig. Sie ergeben sich vielfach aus der geschichtlichen Entwicklung unseres Namenschatzes. In vielen Fällen wirken aber auch modische Vorbilder mit, so wenn etwa *Karl* und *Klaus* heute wieder gern mit dem lateinischen *C* geschrieben werden, das bei dem deutschen Namen *Karl* aus der latinisierten Form *Carolus* stammt. Geläufige Namen nichtdeutscher Herkunft sind meist in der Schreibung eingedeutscht worden, doch kommt die fremde Schreibung daneben vor. So steht z. B. *Klara* neben seltenerem *Clara, Josef* neben *Joseph, Käte* neben *Käthe* (s. u.). Aber auch die deutschen Namen zeigen oft zwei oder mehr verschiedene Schreibformen. Daß wir z. B. Namen wie *Gerhard, Waltraud, Dankward, Hildegund, Konrad* heute mit einem *d* am Ende schreiben, ist eine Folge der jahrhundertelang in den Urkunden und später in den Studentenlisten (Matrikeln) der Universitäten angewandten Latinisierung einheimischer Namen. Man schrieb *Gerhardus, Waltrudis, Dancuardus, Hildegundis, Conradus*. Daneben aber lebten die deutschen Formen fort, die sich auf die Schreibung der entsprechenden Grundwörter in der deutschen Allgemeinsprache stützen konnten: *Gerhart* (nach dem Eigenschaftswort *hart*), *Waltraut* (nach dem Eigenschaftswort *traut*), *Dankwart* (nach *Wart* „Hüter, Wächter").

Natürlich haben die deutschen Namen auch Veränderungen durchgemacht, die nicht mit der Latinisierung zusammenhängen. Wir schreiben heute nicht mehr wie in alt- und mittelhochdeutscher Zeit *Rüedeger, Adalberaht, Uota*, sondern, wie es der lautgeschichtlichen Entwicklung entspricht, *Rüdiger, Albrecht* oder *Albert, Ute*. Daneben kommen aber auch Formen wie *Rüdeger, Adalbert, Uta* vor, in denen der ältere Zustand absichtlich bewahrt wird. Insbesondere ist dies bei Namen der Fall, die mit der Erinnerung an bestimmte Persönlichkeiten der Geschichte verbunden sind. Das zeigt sich z. B. in der Erhaltung des *th*, das ja seit 1902 in deutschen Wörtern nicht mehr geschrieben wird. Hierher gehören *Lothar* (Name fränkischer und deutscher Kaiser), *Mathilde* (Frau König Heinrichs I. und Mutter Ottos des Großen), *Theoderich* (König der Ostgoten), *Thusnelda* (Frau Armins des Cheruskers). Auf der anderen Seite können auch lateinische Formen deutscher Namen bewahrt werden, wenn sie mit dem Gedenken an bestimmte Heilige verbunden sind. So kommen neben *Herbert* und *Hubert* auch *Heribert* und *Hubertus* als Taufnamen vor.
Nach diesem Überblick seien im folgenden noch einige typische Fälle von Doppel- und Mehrfachschreibungen herausgestellt:

Verschiedene Formen eines Namens

Für unterschiedliche Laut- und Schreibformen seien hier nur einige Beispiele genannt: Zu *Johannes* gehören *Hans, Hannes, Hanns*. Dem Doppelnamen *Elisabeth Charlotte* entspricht *Liselotte*, aber wenn man diesen Namen als Zusammensetzung aus *Liese* und *Lotte* auffaßt, kann man auch *Lieselotte* schreiben. Althochdeutsch *Eggi-, Ekkehart* erscheint heute als *Eckhard, Eckehard, Eckart* u. a. Die Formen *Gertrud* und *Gertraud* kommen ebenfalls nebeneinander vor. Wer solche und ähnliche Namen führt, muß damit rechnen, von anderen oft „falsch" geschrieben zu werden. Auch das ist ein Grund, überflüssige Buchstaben, wie z. B. in „*Hanns*" oder „*Hellmut*" zu vermeiden.

Der Wechsel zwischen th und t

Soweit *h* nicht durch Anlehnung an die Namen historischer Persönlichkeiten gestützt wird (s. o.), wird es heute oft auch da zu *t* vereinfacht, wo das *h* sprachgeschichtlich berechtigt ist: *Günter, Walter* (mit dem Grundwort althochdeutsch *heri* „Heer, Volk") stehen neben *Günther, Walther*, die die Beziehung zum Nibelungenkönig *Gunther*, zum Helden *Walther* des Waltharıliedes oder zu bestimmten historischen Namensträgern festhalten.
Durch falsche Analogie ist das *h* auch in Namen wie *Berta* und *Helmut* eingedrungen, wo es sprachgeschichtlich nicht hingehört. Hier sollte man nicht mehr der älteren Orthographie folgen, sondern die Schreibung ohne *h* wählen.
In nichtdeutschen Vornamen, die aus dem Griechischen stammen oder durch das Griechische überliefert sind, steht *th* als Umschrift für den griechischen Buchstaben Theta (Θ, ϑ). Hier ist es nur selten zu *t* eingedeutscht worden. Man schreibt allgemein *Thomas, Theodor, Matthias, Thaddäus, Katharina, Dorothea, Ruth, Elisabeth*. Doch kommt der erstgenannte, heute sehr beliebte Name *Thomas* auch ohne *h* vor: *Tomas*.
Die Kurzformen dieser Namen sind dagegen vielfach eingedeutscht worden: *Tom* (nach englischem Vorbild), *Kät[h]e, Kät[h]chen, T[h]eo*.

Der Wechsel zwischen ph und f

Die Schreibung *ph* ist eine Umschrift für den griechischen Buchstaben Phi (Φ, φ), sie hat daher nur in solchen Namen Sinn, die griechischer Herkunft sind oder durch das Griechische vermittelt wurden: *Philipp, Theophil, Christoph, Sophie, Stephan; Joseph, Raphael*. Bei einigen dieser Namen, die besonders häufig vorkommen, wird das *ph* auch schon zu *f* eingedeutscht: *Josef, Stefan, Sofie, Chri-*

stof. Kurzformen erscheinen nur mit *f*, wie z. B. *Steffen.* In deutsche Namen hatte das *ph* z. T. durch Latinisierung Eingang gefunden. Aber Schreibungen wie *Adolph, Rudolph* sind heute veraltet und sollten nicht mehr verwendet werden.

Der Wechsel zwischen C, K und Z

Die *C*-Schreibung in lateinischen und durch das Lateinische vermittelten Namen ist weitgehend zu *K* oder *Z* eingedeutscht worden. Wir schreiben *Markus, Veronika, Nikolaus, Katharina, Klara, Konstantin* und *Felizitas, Patrizia;* ebenso die Kurzformen *Mark, Klaus* und *Kät[h]e.* Die Namensform *Cäcilie* wird dagegen gewöhnlich mit *C* geschrieben; nur mit *C* schreibt sich natürlich der historische Name *Cäsar.* (Die Umlaute in *Cäcilie, Cäsar, Cölestine* u. a. werden n i c h t mit *ae, oe* geschrieben, sondern nur als *ä, ö.*)
In einigen Namen ist aber die *C*-Schreibung stärker verbreitet, z. T. unter modischen Einflüssen. Dazu gehören u. a. *Claudia, Cornelia, Clemens* und neuerdings *Claus.* Auch der deutsche Name *Karl* (latinisiert *Carolus*) wird zuweilen *Carl* geschrieben, ebenso seine Ableitungen (*Carla, Carola* usw. neben üblichem *Karla, Karola* usw.).
In *Christian, Christoph* u. ä. lat.-griech. Namen bleibt *Ch* erhalten, jedoch gibt es landschaftliche Nebenformen mit *K*, wie z. B. *Kersten.* Der Name des Frankenkönigs *Chlodwig* behält auch als Vorname die historische Schreibung, während *Klothilde* gewöhnlich mit *K* geschrieben wird.

Kurzformen mit -i oder -y

Mit der Endung *-i* werden Kurz- und Koseformen (Verkleinerungsformen) zu Personennamen gebildet (*Rudi, Susi* zu *Rudolf, Susanne* wie *Bubi* zu *Bub* usw.). Im Englischen entspricht ihr die Endung *-y* (*Bobby* zu *Robert, Betty* zu *Elisabeth*), die durch englischen Einfluß auch bei uns Boden gewonnen hat. In der Schweiz werden die Formen auf *-y* sogar bevorzugt. Allderdings tritt das *-y* fast nur bei solchen Kurzformen auf, die heute als selbständige Vornamen gebraucht werden, z. B. bei *Willy, Gaby, Freddy*, wo die Beziehung zu den vollen Namensformen *Wilhelm, Gabriele, Alfred* oft gar nicht mehr empfunden wird.
Familiäre Gelegenheitsbildungen und Rufnamen, die nur als Koseformen empfunden werden, schreibt man fast durchweg mit *-i*, so z. B. *Barbi* (süddeutsch zu *Barbara*), *Wölfi* (zu *Wolfgang*), *Hansi* (zu *Hans, Johannes*).

Häufige Falschschreibungen

Wie im vorstehenden Schwankungen der Schreibform behandelt wurden, die allgemein als zulässig gelten, so muß nun auch auf eine Reihe von Fehlern hingewiesen werden, die immer wieder auftauchen, und zwar meist bei Vornamen fremder Herkunft. Fremde Vornamen werden gewöhnlich in der fremden Schreibweise geschrieben, z. B. französisch *Jean, Jacques, Lucienne, Yvonne*, englisch *Mary, Mike, Daisy*, italienisch *Beatrice, Claudio, Vico.* So schreibt man auch *Anita* nach spanischer Weise nur mit einem *n*, aber französisch *Annette* mit z w e i *n.* Die gleichfalls französische Kurzform *Lisette* darf nicht wie *Liese* mit *ie* geschrieben werden. Die hebräisch-griechischen Namen *Matthäus* und *Matthias* sind mit *tth* zu schreiben.
Besondere Schwierigkeit macht *Sibylle*, das als griechischer Name das *y* in der zweiten Silbe hat (vgl. dazu den Landesnamen *Libyen* und den Namen der griechischen Sagengestalt *Sisyphus*). Da diese Lautung für uns ungewohnt ist, sprechen wir den Vornamen *Sibylle* meistens als ,,Sybille" aus und schreiben ihn auch häufig in dieser Weise. Die Schreibung ,,Sybille" ist demnach nicht richtig, sie ist aber – wenn Eltern sie ausdrücklich wünschten – von Standesbeamten bereits anerkannt worden.

Bei den deutschen Namen sind falsche Schreibungen seltener. *Gisela* kann man natürlich nicht mit *ie* schreiben. Die Schreibung „*Friedericke*" mit *ck* folgt einer landschaftlichen Aussprache, richtig kann nur *Friederike* geschrieben werden.

Die Schreibung von Doppelnamen

Zwei oder mehrere Vornamen eines Menschen können in beliebiger Weise zusammengestellt werden, wenn man dabei auch stets auf einen guten Zusammenklang achten sollte. Im allgemeinen stehen solche Namen unverbunden nebeneinander. Ein Komma darf nicht dazwischengesetzt werden. Man schreibt also z. B. *Klaus Jürgen Fischer, Heike Barbara Schmidt, Thomas Martin Eberhard Schwab*. Einige Namengruppen, die besonders häufig auftreten, werden als feste Paare (Doppelnamen) empfunden und deshalb oft mit Bindestrich oder sogar in einem Wort geschrieben. Manchmal kommen alle drei Schreibweisen nebeneinander vor: *Karl Heinz, Karl-Heinz, Karlheinz*. Wer einen solchen Doppelnamen wählt, muß sich von vornherein über die gewünschte Schreibweise klarwerden; sie darf nicht eigenmächtig geändert werden, wenn sie einmal standesamtlich registriert ist.

Geläufige Zusammenschreibungen, die meist schon als eigene Vornamen empfunden und gebraucht werden, sind z. B. *Annemarie, Anneliese, Hannelore, Heiderose, Li[e]selotte, Marianne*, bei den männlichen Namen *Hansjürgen, Karlheinz, Klauspeter, Wolfdieter*.

Grundsätzlich sollte man solche Zusammenschreibungen nur anwenden, wenn beide Namen kurz sind und mit nur einem Hauptton gesprochen werden (*Annemarie, Wolfdieter*). Den Bindestrich kann man setzen, wenn die Namen zwar als Einheit gesehen werden, aber eine gewisse Selbständigkeit behalten sollen: *Hans-Joachim, Klaus-Rainer*. Haben aber beide Namen mehrere Silben, dann trägt jeder seinen Hauptton für sich. Hier wird der Bindestrich sinnlos und sollte deshalb vermieden werden: *Peter Christian, Erika Sabine*. Man beachte auch, daß Doppelnamen der letzten Art kaum jemals als Rufnamen gebraucht werden. Fast immer ist nur einer davon der Rufname der betreffenden Person. Dagegen treten die Typen „*Wolfdieter*" und „*Klaus-Rainer*" sehr wohl als Rufnamen auf.

3. *Zur Geschichte der Vornamen*

Der Name gehört schon immer zum Menschen. Durch ihn unterscheidet er sich von seinen Mitmenschen, mit ihm wird er gerufen und angesprochen. In älteren Zeiten, als die geringere Zahl der Menschen, die jeweils miteinander lebten, Namensverwechslungen ziemlich ausschloß, genügte ein Name. Allenfalls setzte man einen kennzeichnenden Beinamen oder den Namen des Vaters hinzu, um die Person eindeutig zu bezeichnen. Auch heute sind wir ja gewöhnlich nur mit einem Namen bekannt, unserem Familiennamen, während der Vorname auf den engeren Umkreis der Angehörigen und Freunde begrenzt ist. Nur wer viel in der Öffentlichkeit auftreten muß, etwa als Politiker, Schauspieler, Sportler oder – in anderer Weise – als Schriftsteller, Maler u. dgl., wird allgemein mit Vor- und Nachnamen genannt. Doch ist auch hier der Familienname wichtiger als der Vorname.

In alter Zeit war es umgekehrt. Feste, d. h. erbliche Familiennamen kennt man in Deutschland erst seit dem 13. Jahrhundert. Aber noch lange Zeit später spielte der persönliche Name seine Rolle fort, der ursprünglich der einzige Name war. Für die Zeit vor dem Aufkommen der Familiennamen sprechen wir daher besser von Personennamen (Männernamen, Frauennamen) als von Vornamen. Dabei müssen wir uns aber bewußt bleiben, daß auch die Familiennamen Personennamen sind. Man kann die Vornamen auch Taufnamen nennen. Doch ist dieser Begriff zu eng. Die Verbindung von Namengebung und christlicher Taufe wurde erst im frühen Mittelalter vollzogen, nicht etwa schon mit dem Aufkommen des Christentums.

Die altdeutschen Personennamen sind in der Regel Zusammensetzungen aus zwei Bestandteilen (Gliedern), die ursprünglich eine Sinneinheit darstellten: *Adal-beraht* „von glänzender Abstammung" (heute: *Adalbert; Albert, Albrecht*), *Kuon-rat* „kühn im Rat" (heute: *Konrad*). Diese Sinneinheit des Gesamtnamens ging allerdings früh verloren, weil es Sitte wurde, die Teile beliebig zusammenzusetzen, und weil ihre jeweilige Bedeutung vielfach in Vergessenheit geriet (vgl. dazu S. 19). Wir wissen aber, daß auch andere Völker der indogermanischen Sprachfamilie Namen dieser Art gebildet haben. So hat z. B. *Konrad* eine Parallele in dem griechischen Namen *Thrasýboulos* (zu gr. *thrasýs* „kühn, tapfer" und *boulē* „Wille, Ratschluß"), ähnlich *Volkwin* „Freund des [Kriegs]volks" in griechisch *Dēmóphilos* (zu griech. *dēmos* „Volk" und *phílos* „geliebt, befreundet"). Hier sind in den Einzelsprachen jeweils andere, nicht verwandte Wörter mit der gleichen Bedeutung verwendet worden. Aber manche Namenwörter, die bei den germanischen Personennamen auftreten, haben auch unmittelbare Entsprechungen im Namenschatz anderer indogermanischer Sprachen, so z. B. dt. *Wolf-gang* in griechisch *Lykó-phrōn* (griech. *lýkos* „Wolf" ist mit deutsch *Wolf* urverwandt). Aus solchen Zeugnissen der indogermanischen Einzelsprachen darf man schließen, daß das Prinzip der zweigliedrigen Personennamen schon in indogermanischer Zeit – also im 3. Jahrtausend v. Chr. – bestanden hat.

Neben den Vollformen der Namen entstand eine große Zahl von Kürzungen und Zusammenziehungen, sog. Kurzformen, die meist im täglichen Umgang verwendet wurden, z. T. aber auch als selbständige Namen auftraten. So ist z. B. *Benno* (aus **Berno*) eigentlich eine Kurzform von *Bernhard*. Namen, die von vornherein nur eingliedrig gebildet waren, sind dagegen sehr selten. Sie waren ursprünglich meist Beinamen: *Frank* „der Franke", *Ernst* „der Entschlossene", *Hasso* „der Hesse" u. a.

In Deutschland hat dieser germanische Namentyp bis ins 12. Jahrhundert fast ausschließlich geherrscht. Auch die Christianisierung hatte daran zunächst nichts geändert; nur vereinzelt waren im frühen Mittelalter Namen aus dem lateinischen, griechischen und vorderasiatischen Sprachbereich des Mittelmeerraums aufgekommen, die Namen von biblischen Gestalten *(Adam, Daniel, Eva, Judith; Andreas, Johannes, Michael, Elisabeth)*, von Märtyrern und anderen Heiligen *(Stephan, Gregor, Martin, Katharina, Ursula)*.

Ein Übergewicht erhielten diese Namen erst mit dem Anwachsen der Heiligenverehrung in der Zeit der Bettelorden (nach 1200), als es üblich wurde, jedem Kinde einen Heiligen als Namenspatron zu geben. Diese Sitte wirkte dann während des späteren Mittelalters so stark, daß von den altdeutschen Namen vorzugsweise diejenigen als Vornamen fortlebten, die auch von bekannten Heiligen getragen worden waren, z. B. *Bernhard, Wolfgang, Heinrich; Gertrud, Hedwig, Adelheid, Mathilde*.

Fremde Namen nichtkirchlicher Herkunft gab es im Mittelalter und in der frühen Neuzeit nur wenige. Einige Frauennamen wurden in Deutschland dadurch bekannt, daß deutsche Fürsten Adelstöchter aus fremden Herrscherhäusern ehelichten. Diese Namen (z. B. *Beatrix* und *Irene*) blieben aber weitgehend auf Adelskreise beschränkt und wurden nicht volkstümlich. Was die humanistischen Gelehrten des 16. Jahrhunderts an Namen des griechischen und römischen Altertums einzubürgern versuchten, ist ohne Nachwirkung geblieben, wenn man von *August[us]* und *Julius* absieht, die als Fürstennamen besonders in Thüringen und Sachsen bzw. in Braunschweig beispielgebend wurden, oder von dem Frauennamen *Cornelia*, den z. B. Goethes Großmutter und seine Schwester getragen haben.

Andererseits hat der Humanismus durch seine Beschäftigung mit der deutschen Vergangenheit auch das Interesse für die altdeutschen Personennamen neu belebt, so daß manche Fürsten- und Adelsfamilien historische Namen ihrer Vorfahren wiederaufnahmen und dadurch zu deren neuer Verbreitung beitrugen.

In jener Zeit, d. h. im 16. Jahrhundert, gewinnt auch die Sitte der Doppelnamen zuerst größere Bedeutung. Sie hielt sich im allgemeinen bis ins 18. Jh. (*Gotthold Ephraim* Lessing, *Johann Wolfgang* Goethe). Dieser Brauch bot die Möglichkeit, Namen der Voreltern oder der Taufpaten bei den Kindern fortzuführen, ohne daß sie immer als Rufnamen erscheinen mußten. Auch der Name eines Heiligen wurde gern als zweiter Name gegeben. Zudem schätzte man, besonders in der Barockzeit, den vornehmen Klang des doppelten Vornamens, wie ja auch heute vielfach Doppelnamen den Träger von anderen abheben sollen.

Die Heiligennamen sind seit der Reformationszeit in protestantischen Gebieten zwar zurückgedrängt worden, jedoch nicht gänzlich abgekommen. Andererseits brachte die Gegenreformation auch neue Heiligennamen: *Ignatius, [Franz] Xaver, Alois, Alfons* u. a.

Eine besondere Art christlicher Namen, bei denen die altdeutsche Weise der Namenbildung aus zwei Bestandteilen noch einmal zu lebendiger Wirkung kam, hat der Protestantismus (Pietismus) im 17. und 18. Jahrhundert geschaffen: In *Gotthold, Gottlieb, Christlieb, Traugott, Leberecht* u. a. Vornamen sprach sich das fromme Gefühl der Zeit aus.

So stand den Menschen jener Jahrhunderte ein recht vielfältiger Namenschatz mit biblischen, lateinischen, griechischen, altdeutschen Elementen zur Verfügung, und bei den Gebildeten kamen bald auch Vornamen aus anderen europäischen Sprachen hinzu, als man die Werke der englischen, französischen, italienischen und spanischen Literatur und italienische und französische Opern kennenlernte und die darin vorkommenden Namen für den eigenen Gebrauch übernahm (englisch *Edgar, Fanny, Klarissa, Alice;* französisch *Eduard, Emil;* italienisch *Beatrice, Laura;* spanisch *Carmen* usw.). Viele Namen sind auch auf anderen Wegen bei uns heimisch geworden: durch ihr Vorkommen in Fürstenfamilien (z. B. *Ferdinand* bei den Habsburgern), durch politische Einflüsse (z. B. *Jean, Louis* in West- und Südwestdeutschland) oder im Wege allgemeiner kultureller Beziehungen, besonders durch die Verehrung bedeutender Persönlichkeiten (z. B. *Axel*: Axel Munthe, *Claude*: Claude Debussy, *Enrico*: Enrico Caruso). Viele Namen sind in neuerer Zeit einfach aus Vorliebe für fremde Vornamen aus anderen Sprachen übernommen worden (z. B. *Danielle, Denise, René, Simone, Belinda, Daisy, Johnny, Mike; Birte, Gunnar, Inga, Lars; Anja, Katja, Sascha, Tatjana*).

Schließlich hat auch die deutsche Literatur – und nicht nur die Meisterwerke, sondern vor allem das vielgelesene Unterhaltungsschrifttum – besonders im 18. und 19. Jh. weithin auf die Vornamenwahl eingewirkt. Der Name *Hermann* etwa, auch vorher schon häufig, erlebte durch die Dichtungen um Arminius und die Schlacht im Teutoburger Wald (Klopstock, Kleist) neuen Auftrieb. Durch Goethes Werke sind Namen wie *Erwin, Lotte, Ottilie* gefördert worden, durch Schillers Dramen z. B. *Max, Thekla, Johanna, Luise*. Die vielgelesene Ritterdichtung um 1800 brachte vergessene altdeutsche Namen wie *Adalbert, Adelheid, Mathilde, Kunigunde, Kuno* zu neuer Beliebtheit, aus der Oper kamen *Elvira, Leonore, Agathe, Siegfried* und manche anderen in die Geburtslisten der Kirchenbücher und – seit 1875 – der Standesämter.

Viele der hier genannten Namen sind später wieder zurückgetreten, andere haben sich nach vorne geschoben. In der Gegenwart stehen wir vor einer Fülle verschiedenster Namen und Namensformen, vor einer internationalen Verflechtung unseres Namenschatzes, an dem aber die altdeutschen Namen und ihre Kurz- und Koseformen noch einen großen Anteil haben.

4. Zum Formenbestand der Vornamen

Die vollständigen Formen der deutschen und fremden Personennamen wurden – und werden – im täglichen Gebrauch auf vielerlei Weise gekürzt und verändert. Die Zahl derartiger Kurz- und Koseformen, mit denen die Kinder in der Familie gerufen werden, der Freund unter Freunden angeredet wird oder mit denen sich Verliebte untereinander nennen, ist sehr groß. Viele davon sind mit der Zeit zu festen Namen geworden, deren Zusammenhang mit der ursprünglichen vollen Namensform oft gar nicht mehr empfunden wird.

Betrachtet man diese Kurz- und Koseformen auf ihre Bildungsweise hin, so fällt dreierlei auf: Die Formen gehen gewöhnlich von dem betonten Teil des Vollnamens aus und lassen unbetonte Silben ganz weg, oder sie verkürzen die unbetonten Silben, wobei oft der ganze Name zusammengezogen wird. Die Formen enthalten aber sehr oft auch neue Bestandteile, meist hinten angehängte Laute oder Silben, so daß man von Ableitungen und Weiterbildungen der bloßen Kürzungen sprechen kann.

Zu der erstgenannten Gruppe gehört z. B. der männliche Vorname *Bert*, der aus *Berthold* oder *Albert* gekürzt worden ist. Er enthält also nur einen der beiden Bestandteile oder Stämme des vollen Namens; man nennt das eine e i n s t ä m - m i g e K ü r z u n g. Auf die gleiche Weise kann *Hilde* aus *Hildegard* oder aus *Mathilde*, *Kriemhilde* u. ä. entstanden sein.

Ein Beispiel der zweiten Gruppe ist der Vorname *Bernd* als Zusammenziehung von *Bernhard* oder der männliche Vorname *Gerd*, der zu *Gerhard* gehört. Dagegen stellt sich der weibliche Vorname *Gert* zu *Gertrud*, *-traud*, er enthält noch den Anlaut des zweiten Bestandteils. Bei all diesen Formen sind also beide Stämme des Vollnamens beteiligt, man spricht daher von z w e i s t ä m m i g e n K ü r z u n g e n.

Ähnlich ist es bei den Namen fremder Herkunft, die aber für das deutsche Sprachgefühl meist als einstämmig aufzufassen sind. Zu *Bartholomäus* z. B. hat sich je nach der Betonung in früherer Zeit einerseits *Barthel*, andererseits *Mewes* ergeben (die zweite Form kommt heute wohl nur noch als Familienname vor). Zu *Johannes* (s. u.) gehört ebenso *Hans* wie *Johann*, zu *Elisabeth* ebenso *Else* und *Elise* wie *Elsbeth* und *Betti*.

Die dritte Gruppe von Kurzformen hängt mit den beiden ersten zusammen, denn die Ableitungssilben können sowohl an einstämmige wie an zweistämmige Formen angehängt werden. Man unterscheidet Endungen, die nur aus einem Selbstlaut bestehen (bes. *-o*, *-a*, *-i*) und solche, die einen Mitlaut enthalten (*-el*, *-le*, *-z* u. a.).

Das männliche *-o*-Suffix erscheint z. B. in *Arno*, *Benno*, *Thilo*, das ihm entsprechende weibliche *-a*-Suffix in *Berta*, *Gisa*, *Gunda*. Diese beiden Endungen haben sich besonders durch lateinische Namensformen in alten Urkunden erhalten (vgl. S. 11), daneben ist *-a* auch zu *-e* abgeschwächt worden: *Adele* (neben *Adela*). Vornamen auf *-a* und *-e* sind im Deutschen in der Regel weiblich, eine Ausnahme machen aber manche friesischen Vornamen und aus den nordischen Sprachen übernommene Männernamen wie *Arne* und *Helge*.

Das *-i*-Suffix ist eigentlich eine Verkleinerungsendung, doch sind Namen wie *Rudi*, *Willi*, *Heidi*, *Lilli* vielfach zu selbständigen Vornamen geworden. Eine Unterscheidung nach dem Geschlecht ist nur von den Ausgangsnamen her möglich (männlich *Rudolf*, *Wilhelm*, weiblich *Heidemarie*, *Adelheid* u. a., *Elisabeth*). Manche Koseformen, wie z. B. *Hansi*, können sowohl männlich wie weiblich sein. In englischen Namen tritt das *-i*-Suffix gewöhnlich als *-y* auf: *Betty*, *Freddy*, danach auch *Willy*, *Hedy* (vgl. S. 13).

Von den Endungen, die einen Mitlaut enthalten, sind vor allem die mit *l* und *z* häufig. Das *-l*-Suffix dient meist der Verkleinerung, es bildet also Koseformen, die vielfach nur landschaftlich verbreitet sind: *Bärbel*, *Bertel*, *Friedel*, *Gundel*,

Trudel, Hansel, Gretel, Liesel, Christel. Formen mit *-le (Heinerle)* und *-li (Gritli)* bleiben ganz im mundartlichen oder familiären Umkreis.

Das *-z*-Suffix begegnet z. B. in *Heinz, Fritz, Götz, Lutz* (zu *Heinrich, Friedrich, Gottfried, Ludwig*), dagegen gehört das *z* in *Franz* zum Stamm. Eine Koseform von *Maria* ist *Mieze.*

Seltener sind Endungen, die ein *s* enthalten: *Hasse* zu *Hartmut, Bosso* zu *Burkhard, Gese* zu *Gertrud* sind niederdeutsche Kurzformen. Ein verkleinerndes *-k*-Suffix tritt häufig in niederdeutschen und friesischen Vornamen auf, z. B. in *Frauke* (eigentlich „Frauchen"), *Heike* (zu *Heinrike*), *Alke* (zu *Adelheid*), ein *-ing*-Suffix in *Henning* (zu *Heinrich* oder *Johannes*). Auch das *-mann* in *Karlmann, Tillmann* u. a. ist ursprünglich kosend gemeint, wie *Hannemann* heute noch Koseform zu *Johannes* ist. Die Verkleinerungsendungen des allgemeinen Wortschatzes, *-lein* und *-chen*, spielen unter den festgewordenen Namen keine Rolle, weil sie zu deutlich sind. Im familiären Umgang sind dagegen Formen wie *Lieschen, Mariechen, Hänschen, Ingelein, Peterlein* ganz üblich (vgl. das oben zu *-li* und *-le* Gesagte!).

Alle diese verschiedenen Bildungsweisen und Endungen, zu denen noch fremdsprachliche wie lat. *-in[us], -ina, -ine (Augustin, Konradin, Wilhelmine)* hinzutreten, haben bei manchen besonders verbreiteten Vornamen zu einer Fülle von Kurz- und Koseformen geführt. Das sei hier am Beispiel der Namen *Johannes* und *Katharina* gezeigt, bei denen auch Entlehnungen aus anderen europäischen Sprachen eine Rolle spielen.

Johannes:

Die volle Namensform *Johannes* mit der lateinischen Betonung auf der zweiten Silbe liegt u. a. folgenden verbreiteten Kurzformen zugrunde: *Hannes, Hanno, Hanns, Hans, Hansel, Hänsel, Hansi, Hanke,* mit Umlaut: *Hennes, Henno, Henning, Hennig* (die letzten 3 gehören gewöhnlich zu *Heinrich!*). Anfangsbetontes *Johann* liegt der niederdeutschen Form *John* zugrunde, der englisch *John* (*dsehon*) entspricht, ferner *Jo* und der schweizerischen Koseform *Jenni.* Endbetontes *Johann, Jehann* ergab niederländisch *Jan,* polnisch *Jan,* französisch *Jean (sehang).* Eine dänische Zusammenziehung der Vollform ist *Jens.*

Namensformen aus anderen Sprachen, die bei uns gelegentlich auftreten, sind neben den schon erwähnten noch spanisch *Juan,* italienisch *Giovanni, Gianni* (österreichisch mundartlich *Schani*), *Giannino, Nino,* russisch *Iwan,* tschechisch *Janko, Huschke,* ungarisch *Janos, Janosch.*

Schließlich seien einige Doppelnamen genannt: *Hansdieter, Hansgeorg, Hansjoachim, Hansjürgen* und *Johann Baptist,* eigentlich kein Doppelname, weil er den biblischen Täufer Johannes meint.

Katharina:

Sehr verschiedenartig sind auch die Kurz- und Koseformen von *Katharina.* Die lateinische Betonung auf der vorletzten Silbe ergab u. a. Formen wie *Kathrin, Kathrein,* ferner *Trina, Trine.* Die deutsche Anfangsbetonung führte zu *Käthe, Käthchen* und *Kaja.* Fremdsprachliche Namensformen, die in den deutschen Namenschatz Eingang gefunden haben, sind z. B. russisch *Katinka, Katja,* englisch *Catherine, Kate, Kathleen* und *Kitty,* schwedisch *Karin, Karen, Kai* (?), italienisch *Caterina.*

Als zusammengezogener Doppelname gehört *Annkathrin (Anna Katharina* war eine früher sehr beliebte Verbindung) hierher.

5. Zur Bedeutung der Vornamen und zu den Motiven für die Namenwahl

Nach der Bedeutung eines Vornamens zu fragen, ist eigentlich immer zwecklos. Da aber viele Menschen daran interessiert sind, etwas über den Sinn ihres Vornamens oder der Vornamen von Angehörigen und Freunden zu erfahren, wird immer wieder der Versuch unternommen, Vornamen zu deuten, z. B. *Ursula* als „die kleine Bärin" und *Barbara* als „die Fremde". Ist aber mit einer solchen sprachlichen Erklärung etwas über das Wesen dieser Namen ausgesagt? Und was hat eine Gunhild oder eine Hedwig davon, zu wissen, daß ihr Name „Kampf-Kampf" bedeutet? Was soll ein Wolfgang mit der Erklärung „Wolf + Streit, Waffengang" anfangen?

Man muß bei der Frage nach der „Bedeutung" zwei Sehweisen unterscheiden: die rein s p r a c h g e s c h i c h t l i c h e, die den ursprünglichen Sinn des Namens oder seiner Teile zu erkennen sucht, und die k u l t u r g e s c h i c h t l i c h e, der es um die Beziehungen des Namens zur Tradition und Umwelt der jeweiligen Namensträger geht. Beide Gesichtspunkte lassen sich nicht scharf trennen. Aber an dem Bedeutungsgehalt eines Namens haben immer auch die Menschen teil, die ihn führen und an die Nachwelt weitergeben. So hat *Elisabeth* in der christlichen Welt früh Verbreitung gefunden als Name der Mutter Johannes' des Täufers. Die hebräische Grundbedeutung dieses Namens „Gott ist Vollkommenheit" war vielleicht den Zeitgenossen bewußt, nicht aber den späteren Generationen, für die *Elisabeth* eben der Name der biblischen Heiligen war und in Deutschland seit dem 13. Jh. für viele auch der Name der heiligen Landgräfin von Thüringen. Für den einzelnen aber kann er, je nach den Trägerinnen, die er kennt, ganz verschiedenen Charakter haben: als Name der englischen Königin, als Vorname einer berühmten Schauspielerin oder Sängerin (Elisabeth Bergner, Elisabeth Schwarzkopf u. a.) oder ganz einfach als Vorname einer Verwandten oder Freundin, die die Patin eines Mädchens geworden ist. Natürlich kann der Name durch die Erinnerung an einen unsympathischen Menschen, den man kennengelernt hat, auch negativen Gehalt bekommen.

Es soll damit nur angedeutet werden, wie vielfältig die Vorstellungen sein können, die sich mit einem Namen verbinden und seinen Sinngehalt ausmachen. Es kommt hinzu, daß wir bei vielen Namen gar nicht mehr sagen können, was sie eigentlich bedeuten. Dies gilt auch – und gerade – von den altdeutschen zweigliedrigen Namen. Man kennt zwar meist die wörtliche Bedeutung ihrer Bestandteile, aber Namen, die sich als Ganzes verstehen lassen, sind selten: *Bertram* „glänzender Rabe", *Dietrich* „Herrscher des Volkes", *Friedrich* „Friedensherrscher" u. a. Der Grund dafür liegt darin, daß schon im frühen Mittelalter viele alte Namenwörter nicht mehr verstanden wurden und daß es bereits germanische Sitte war, die Glieder einer Sippe durch gemeinsame Namensbestandteile zu kennzeichnen (vgl. in der Heldensage *Heribrant – Hildebrant – Hadubrant* als Großvater, Vater und Sohn), daß man also viele Namen ohne Rücksicht auf die Wortbedeutung zusammensetzte. So konnten etwa Eheleute, die *Eberhard* (Eber + hart) und *Hildburg* (Kampf + Burg) hießen, ihre Kinder *Burkhard* und *Eberhild* nennen, ohne daß den Eltern die Wortbedeutung der einzelnen Bestandteile dabei besonders wichtig erschien. Das Namenverzeichnis dieses Buches beschränkt sich daher bei den altdeutschen Namen mit wenigen Ausnahmen darauf, nur die Namenteile zu erklären, es will nicht die Namen als Ganzes in ihrer Bedeutung festlegen.

Unter diesen Namenteilen ist auch in der Gegenwart noch manches verständlich: Tiernamen wie *Wolf, Eber, Bär*, Eigenschaftswörter wie *treu, traut, hart, lieb*, Hauptwörter wie *Mut, Friede, Sieg, Burg, Adel, Neid* gehören ja noch der deutschen Gegenwartssprache an. Allerdings ist ihre Bedeutung oft nicht mehr die gleiche wie in altdeutscher Zeit. So bedeutete z. B. *Neid* (in *Neidhard*) ursprünglich „[Kampfes]wut, Haß", *hart* (in *Bernhard, Eberhard* u. a.) nicht nur „hart", sondern auch „kräftig, ausdauernd". Die mit *Fried-* „Friede" gebildeten Namen (z. B. *Friedrich*) können ursprünglich konkret einen umhegten („eingefriedeten") Platz gemeint haben (vgl. auch *Heinrich* aus *Haganrich*, zu ahd. *hagan* „umhegter Bezirk, Hag, Gehege").

Auch heute noch ist die wörtliche Bedeutung eines Vornamens in einigen Fällen ein Motiv für die Namenwahl. In Männernamen wie *Gottfried, Eberhard, Friedemann, Helmut* und Frauennamen wie *Waltraut, Adelheid, Edelgard, Sieglind* ist zum mindesten ein Bestandteil dem heutigen Sprachgefühl verständlich, und wer Lateinisch oder Griechisch versteht, wird *Benedikt* (Gesegneter), *Grazia* (Anmut), *Felizitas* (Glück), *Irene* (Friede) nach ihrem Wortsinn wählen können. Solche Namen dürfen auch heute noch als Wunschnamen gelten.

In den meisten Fällen jedoch sind es andere Motive, die die Namenwahl bestimmen. Die Familientradition ist auch heute noch vereinzelt wirksam und führt durch Generationen überlieferte Namen fort, wie z. B. *Ado, Boleslaw, Bolko, Edzard, Hasso.* Stärker wirkt sich die Verehrung historischer Persönlichkeiten, berühmter Dichter, Künstler und Gelehrter, die Bewunderung für große Sportler oder auch die Erinnerung an Gestalten der Literatur aus. Ein Chemiker wählt Justus Liebig als Namensvorbild und läßt seinen Sohn Justus taufen. Eine Schauspielerin gibt ihrer Tochter den Vornamen Beatrice, weil die Beatrice in Shakespeares „Viel Lärm um nichts" ihre Lieblingsrolle ist, und ein Fußballanhänger nennt seinen Sohn Uwe, weil Uwe Seeler sein Fußballidol ist. Bedeutsam ist auch noch die Wirkung der Heiligennamen in vielen katholischen Landschaften, weil sie eine persönliche Beziehung zu dem Namenspatron auszudrücken vermögen. Vorbei ist dagegen im ganzen die Zeit der fürstlichen Vorbilder (*Friedrich* und *Wilhelm* in Preußen, *Ludwig* in Bayern und Hessen, *August* in Sachsen u. ä.).

Eine Rolle bei der Wahl des Vornamens spielt auch das Bestreben, den Vornamen als Gegengewicht zum Familiennamen zu setzen. Von Eltern mit nichtdeutschen Familiennamen werden daher gern typisch deutsche Vornamen wie *Dietrich, Gerhard, Siegfried, Wolfgang* gewählt, dagegen bevorzugen Eltern mit Familiennamen, die in Deutschland sehr häufig sind *(Schmidt, Müller, Meier, Krause)*, aus diesem Grunde gelegentlich ungewöhnliche Vornamen.

Hauptmotiv für die Vornamenwahl ist der Wohlklang, ist das Bestreben, einen schönen, wohlklingenden Vornamen zu finden, der mit dem Familiennamen zusammenpaßt. Dieser Wunsch führt oft dazu, ausländische Namen und Namenformen wegen ihres besonderen Klanges zu wählen *(Claudia, Denise, Isabella, Tanja, Karen, Mary, André, Mike, Alec)*. Er hat aber auch die Verbreitung niederdeutscher und ostfriesischer Namen in Mittel- und Süddeutschland gefördert *(Elke, Heike, Silke, Uwe, Kai, Heiko)*, weil diese Namen anscheinend einem modernen Zug zu klaren, unsentimentalen Formen besonders entsprechen. Es darf nicht vergessen werden, daß Zeitgeist und Mode starken Einfluß auf die Namenwahl haben. Das ist zu allen Zeiten so gewesen, es wirkt sich aber heute stärker aus, weil viele alte Bindungen gelöst sind. Wer heute sein Kind *Alexander, Konstantin, Martin, Thomas, Christine, Barbara, Esther* nennt, der denkt zumeist nicht an historische Vorbilder oder an bestimmte Heilige, sondern er folgt dem Beispiel, das Freunde, Kollegen und Nachbarn geben. Auch hierbei ist es vor allem der Klang des Namens, der als zeitgemäß empfunden wird.

6. *Zum Anteil verschiedener Namengruppen am Gesamtbestand der Vornamen*

Auf mancherlei Weise läßt sich die große Zahl der Vornamen gliedern, die im deutschen Sprachgebiet heute zur Verfügung stehen. Deutsche oder fremde Herkunft, größere oder geringere Beliebtheit in verschiedenen Zeiten, allgemeine oder nur landschaftliche Verbreitung sind nur einige der Merkmale, die man dabei zugrunde legen kann.

Der Anteil der deutschen und der nichtdeutschen Vornamen am deutschen Namenschatz

Die Einteilung der Vornamen nach ihrer deutschen oder fremdsprachlichen Herkunft ist nicht nur der wissenschaftlichen Namenkunde geläufig, sondern auch in der Allgemeinheit in großen Zügen bekannt. Allerdings werden die Grenzen dabei recht unterschiedlich gezogen. Für das allgemeine Sprachgefühl gelten auch viele Vornamen fremder Herkunft *(Martin, Paul, Peter, Anna)*, besonders aber viele eingedeutschte Kurzformen *(Hans, Grete, Klaus, Magda, Käte)* als „deutsche Namen". Diese Meinung ist durchaus anzuerkennen, denn hier liegen ähnliche Verhältnisse vor wie bei den Lehnwörtern der allgemeinen Sprache: *Mauer* (aus lat. *murus), Fieber* (aus lat. *febris)* u. a. Andererseits müssen Namen, die aus anderen germanischen Sprachen (Englisch, Schwedisch, Norwegisch, Dänisch) stammen, ebenso als Entlehnungen betrachtet werden wie die Namen romanischer oder lateinischer Herkunft. *Alfred, Edith, Edgar* oder *Ingeborg* und *Helga* sind also trotz ihres Klanges keine „deutschen" Vornamen.

Ein Werturteil ist mit dieser Kennzeichnung natürlich nicht verbunden. Für die Einordnung in den deutschen Namenschatz ist in erster Linie der Grad der Anpassung an die deutschen Lautverhältnisse maßgebend, und diese Anpassung ist grundsätzlich bei Namen der verschiedensten sprachlichen Herkunft möglich.

In der folgenden Aufstellung wurden die Namen rein wortgeschichtlich nach ihrer sprachlichen Zugehörigkeit geordnet, also ohne Rücksicht auf den Grad ihrer Eindeutschung.

1. **Arabisch**: Achmed, Alina, Eleonore, Elmira, Fatima, Leila, Rabea, Suleika.

2. **Hebräisch**: Abel, Abigail, Abraham, Adam, Anna, Benjamin, Daniel, David, Debora, Delilah, Dina, Edna, Elisabeth, Ephraim, Esra, Eva, Gabriel, Gideon, Hannah, Hiob, Immanuel, Jakob, Jeremias, Jessica, Joachim, Johanna, Johannes, Jonas, Jonathan, Joseph, Josua, Judith, Lea, Magdalena, Maria, Martha, Matthias, Melchior, Michael, Miriam, Nathan, Rachel, Raphael, Rebekka, Ruth, Salome, Salomon, Samson, Samuel, Sara[h], Susanne, Thaddäus, Thomas, Tobias, Zacharias.

3. **Griechisch**: Agathe, Ägid, Aglaia, Agnes, Alexander, Alexandra, Alexis, Amarante, Ambrosius, Anastasia, Anastasius, Anatol, Andrea, Andreas, Angela, Angelika, Angelus, Apollonia, Apollonius, Aspasia, Baptist, Barbara, Basilius, Berenike, Christoph, Christian, Christiane, Cynthia, Damaris, Daphne, Delia, Diotima, Dorothea, Erasmus, Eugen, Eugenie, Eulalia, Eusebia, Eusebius, Georg, Gregor, Hektor, Helene, Hermione, Hieronymus, Hippolyt, Iolanthe, Irene, Iris, Isidor, Isidora, Katharina, Klytus, Kosmas, Leander, Lydia, Melanie, Melitta, Monika, Narziß, Nikodemus, Nikolaus, Olympia, Ophelia, Pantaleon, Peter, Petra, Philine, Philipp, Philomela, Philomena, Phyllis, Sebastian, Sibylle, Sophia, Stephan, Thekla, Theodor, Theophil, Theresia, Timotheus, Xenia, Zeno.

4. **Lateinisch**: Adrian, Adriane, Afra, Alban, Amadeus, Amanda, Amandus, Anton, Antonia, August, Aurelia, Aurelius, Aurora, Beate, Beatrix, Beatus, Benedikt, Benedikta, Blanda, Blasius, Bonifatius, Cäcilie, Camilla, Candida, Candidus, Cäsar, Claudius, Clelia, Clemens, Clementia, Cordula, Cornelia, Cornelius, Corona, Crescentia, Desideria, Desiderius, Diana, Dominika, Dominikus, Fabian, Fabius, Felix, Felizitas, Flora, Florens, Florian, Gemma, Gloria, Gracia, Hortensia, Innozentia, Innozenz, Julia, Julian, Juliana, Julius, Justina, Justinus, Justus, Klara, Konstantin, Konstanze, Laura, Laurentius, Leo, Livia, Livius, Lucia, Lucius, Magnus, Maja, Markus, Martin, Marcellus, Maximilian, Miranda, Natalie, Oktavia, Oliver, Olivia, Patrizia, Patrizius, Paul, Perdita, Pia, Pius, Prosper, Prudentia, Regina, Regula, Renate, Rosa, Rufus, Sabine, Scholastika, Sergius, Servatius, Silvester,

Sixtus, Stella, Titus, Urban, Ursula, Valentin, Valeria, Viktor, Viktoria, Vinzenz, Viola, Vitus.

5. Italienisch: Aldo, Alois, Aloisia, Angelina, Beatrice, Bella, Beppo, Bianca, Camillo, Carina, Carlo, Claudio, Cosima, Daniela, Dario, Enrica, Enrico, Ezzo, Flavia, Gilda, Griselda, Isabella, Rita, Rosa, Rosalia, Zita.

6. Spanisch: Alfons, Alfonsa, Alma, Anita, Benita, Blanka, Carmela, Carmen, Dolores, Elvira, Esmeralda, Estrella, Ferdinand, Ines, Lola, Mercedes, Ramón, Ramona, Xaver.

7. Französisch: Adele, Annette, Antoinette, Ariane, Aribert, Aristid, Arlette, Babette, Blanche, Charlotte, Claire, Claude, Claudette, Danielle, Denise, Dorette, Eduard, Eliane, Emil, Fleur, Gaston, Georgette, Henriette, Jacques, Jacqueline, Jean, Jeanne, Jeannette, Jeannine, Louis, Lucien, Lucienne, Luise, Madeleine, Margot, Marion, Melusine, Michèle, Nanette, Nicole, Odette, Pierre, Raoul, René, Renée, Roger, Simone, Yvette, Yvonne, Zoe.

8. Keltisch: Brigitte, Donald, Douglas, Gwendolin, Imogen, Jennifer, Jodokus, Jost, Kilian, Muriel, Tristan.

9. Englisch: Alfred, Alice, Artur, Barnet, Belinda, Beryl, Bob, Bobby, Burt, Carol, Daisy, Edgar, Edith, Edmund, Edwin, Ellen, Evelyn, Glenn, Harriet, Harry, Helen, Henry, Jane, Jenny, Jim, Jimmy, Joan, John, Johnny, Kim, Leslie, Lilian, Mabel, Mary, Merle, Mike, Mildred, Mortimer, Nelly, Percy, Polly, Ralph, Richard, Robin, Ronald, Sammy, Scarlett, Sean, Tilly, Tom, Tommy, Vivian.

10. Niederländisch: Hendrikje, Saskia.

11. Nordisch (= Dänisch, Schwedisch, Norwegisch, Isländisch): Agda, Annika, Arne, Arwed, Astrid, Axel, Baldur, Berit, Birger, Birgit[ta], Birte, Björn, Bodil, Börge, Dagmar, Dagny, Einar, Erich, Erik, Erland, Freia, Frithjof, Gefion, Gerda, Greta, Gun, Gunhild, Gunnar, Gustav, Hakon, Harald, Hedda, Helga, Helge, Hjalmar, Holger, Holm, Iduna, Inga, Ingeborg, Ingrid, Ingwar, Ivar, Jens, Karen, Karin, Kerstin, Kirsten, Knut, Lars, Leif, Olaf, Ragna, Ragnar, Ragnhild, Rurik, Signe, Sigrid, Solveig, Sven, Svenja, Torsten.

12. Slawisch (= Russisch, Polnisch usw.): Anja, Anka, Anuschka, Asja, Bogdan, Bogislaw, Danuta, Darja, Dunja, Fedor, Feodora, Igor, Irina, Iwan, Jana, Jaromir, Jaroslaw, Kasimir, Katinka, Katja, Ladislaus, Lara, Larissa, Libussa, Ludmilla, Natascha, Nepomuk, Nina, Olga, Sascha, Sonja, Stanislaus, Tamara, Tanja, Tatjana, Vera, Wanda, Wenzel, Wenzeslaus, Wladimir, Zdenko.

13. Ungarisch: Béla, Ferenc, Ilona, Ilonka, Marika, Tibor.

14. Persisch: Daria, Darius, Esther, Soraya.

Die Bevorzugung bestimmter Namen

Namenmoden hat es zu allen Zeiten gegeben, doch waren sie in früheren Jahrhunderten beharrlicher als heute. Man weiß z. B. aus statistischen Untersuchungen, welche Namen während des Hoch- und Spätmittelalters in Deutschland besonders beliebt waren. Es sind, mit wenigen zeitlichen Veränderungen, wenn auch landschaftlich wechselnd, etwa die folgenden altdeutschen und entlehnten Männernamen: *Heinrich, Konrad, Hermann, Dietrich; Johannes, Peter, Nikolaus, Martin, Georg.* Bei den Frauen sind es vor allem *Adelheid, Mechthild, Gertrud, Hedwig, Gisela; Elisabeth, Katharina, Margarete, Agnes, Anna.* Zu diesen vollen Namensformen kommen noch entsprechende Kurz- und Koseformen, die besonders seit dem 13. Jh. zahlreich in den Urkunden erscheinen, aber sicher auch vorher schon im täglichen Umgang gebraucht wurden, also z. B. *Heinz (Heinzo), Thilo, Hans, Klaus, Elsa.*

Viele von diesen Namen haben sich durch die Jahrhunderte in etwa gleichem Anteil gehalten. Die Tradition ist dabei im allgemeinen stärker gewesen als der Wunsch, auffällig Neues anzunehmen oder weiterzugeben. Erst in der Neuzeit kann man beobachten, daß bestimmte Namen plötzlich in größerer Zahl auftreten und den herkömmlichen Bestand verändern. Das war z. B. bei der Wiederbelebung altdeutscher Namen unter dem Einfluß der Ritterdichtung um 1800 der Fall (vgl. S. 16). Ausgesprochen modisch wurde ferner in der zweiten Hälfte des 19. Jahrhunderts der Name *Else*, veranlaßt durch den Roman „Goldelse" (1867) der vielgelesenen Schriftstellerin Eugenie Marlitt. Es war aber gewiß nicht so, daß alle Eltern, die ihre Töchter nun *Else* nannten, diesen Roman gelesen hatten. Man könnte sogar fragen, warum die Schriftstellerin ihrer Heldin gerade diesen Namen gab. Er entsprach wohl der Vorstellung der Zeit von einem schönen Mädchennamen, und so konnte das Beispiel Schule machen. Überhaupt ist es sehr schwer zu erkennen, warum ein bestimmter Name plötzlich in der allgemeinen Gunst steigt. Wer ihn zwei- oder dreimal in Geburtsanzeigen liest oder unter den Schul- und Spielkameraden seiner Kinder Beispiele kennenlernt, der hat oft schon das Gefühl, hier einen modernen und gefälligen Namen vor sich zu haben, und dies reizt wiederum manchen, den Namen für das eigene Kind zu übernehmen. So mag es mit *Thomas* gegangen sein, mit *Jürgen* und *Michael*, mit *Monika*, *Andrea* und *Gabriele* und manchen anderen. Meist sind es Namen, die schon lange üblich waren, ohne aufzufallen, bis sie dann plötzlich zu Modenamen wurden. Das trifft auch für die beliebten norddeutschen und friesischen Namensformen zu (vgl. S. 20), die sich aus ihrem Heimatgebiet bis nach Süddeutschland ausgebreitet haben.

Zur landschaftlichen Verbreitung einiger Vornamen

Nicht alle Vornamen, die im deutschen Sprachgebiet üblich sind, findet man gleichmäßig über das ganze Gebiet verteilt. Es gibt Vornamen, die für eine Landschaft besonders charakteristisch sind, weil sie von den Einheimischen bevorzugt werden. So heben sich vor allem die katholischen Gebiete im Westen und Süden durch den stärkeren Gebrauch der Heiligennamen heraus. Einen Anton, Alois, Xaver, Joseph, eine Veronika oder Therese wird man in Kassel, Hannover oder Berlin lange suchen müssen. Doch gibt es auch typisch protestantische Namen, etwa Gustav (nach Gustav Adolf), Johannes, Christian, Joachim. Ebenso trifft man noch Reste der Namengebung nach den Fürstenfamilien an (vgl. S. 20). Jedoch sind all diese landschaftlichen Gruppen heute meist überlagert von den allgemein verbreiteten Namen deutscher und fremder Herkunft wie Albert, Friedrich, Hermann, Wolfgang, Günter, Walter, Georg, Thomas, Paul, Klaus, Michael.

Eine geschlossene Namenlandschaft mit eigenem Charakter bildet auch heute noch Ostfriesland, weil sich dort seit Jahrhunderten typische Kurzformen erhalten haben, die als selbständige Vornamen auftreten: Männernamen wie *Enno*, *Tjark*, *Ubbo*, Frauennamen wie *Theda*, *Gesa*, *Herma*, *Hilke*. Auch hier zeigt sich allerdings heute der Übergang zu allgemein bekannten Namen wie *Hans*, *Helga*, *Erika* usw.

In den Randlandschaften des deutschen Sprachgebiets machen sich einige Einflüsse der Nachbarsprachen geltend, die z. T. wohl durch Heirat und Verwandtschaft über die Grenzen hinweg gestützt werden. So kommen *Jens* und *Lars* in Schleswig-Holstein nach dänischem Beispiel vor, der deutsche Westen und Südwesten kennt französische Formen wie *Jean*, *Jeanette*, *Louis*, in Österreich gibt es – wenigstens als Koseformen – *Pepi* und *Schani*, die aus dem Italienischen stammen, in Ostdeutschland traten polnische und tschechische Namen wie *Stanislaus*, *Jan*, *Milan*, *Ludmilla* auf. Wer einem solchen Namen begegnet, der wird fast immer Beziehungen zu den genannten Landschaften feststellen können.

Im ganzen läßt sich sagen, daß die Auswahl aus den in Europa vorhandenen Vornamen und die gebräuchlichen Formen in allen Ländern deutscher Sprache so viel Gemeinsames haben, daß wir den deutschen Namenschatz von den in den Nachbarländern herausgebildeten Gruppen als eine – wenn auch vielfältige – Einheit abheben können.

A

Aaron, (auch:) **Aron:** aus der Bibel übernommener männl. Vorn. hebräischen Ursprungs. Die Bedeutung des Namens ist nicht geklärt. Im Arabischen entspricht „Aaron" der Name Harun. – Nach der Bibel war Aaron der ältere Bruder des Moses, sein Begleiter und Vertreter beim Zug zum Sinai. – Der Name spielt heute nur noch in der Namengebung bei jüdischen Familien eine Rolle. Bekannter Namensträger: Aaron Copland, amerikanischer Komponist (20. Jh.).

Abbo: Nebenform des männlichen Vornamens → Abo.

Abel: aus der Bibel übernommener männl. Vorn. hebräischen Ursprungs, eigentlich „Hauch, Vergänglichkeit". Nach der Bibel war Abel der zweite Sohn Adams, der von seinem Bruder Kain erschlagen wurde.

Abelke: weibl. Vorn., niederdeutsche Koseform von → Alberta; vgl. zur Bildung z. B. die Vornamen Elke, Heike und Frauke.

Abigail: aus der Bibel übernommener weibl. Vorn. hebräischen Ursprungs, eigentlich „Vaterfreude". – Nach der Bibel war Abigail die schöne und kluge Frau Nabals, nach dessen Tod die Frau König Davids. Der Name ist heute relativ selten. Bekannte literarische Gestalten sind die Abigail in Eugène Scribes „Das Glas Wasser" und die Abigail in Arthur Millers „Hexenjagd".

Abo, (auch:) **Abbo:** männl. Vorn., Kurzform von Namen, die mit „Adal-" gebildet sind, gewöhnlich von → Adalbert.

Abraham: aus der Bibel übernommener männl. Vorn. hebräischen Ursprungs, eigentlich „Vater der Menge". – Nach der Bibel lautete der Name des Erzvaters ursprünglich Abram (eigentlich „erhabener Vater") und wurde von Gott in Abraham umgewandelt. Im Arabischen entspricht „Abraham" der Name Ibrahim. – Bekannte Namensträger: Abraham a

San[c]ta Clara, deutscher Prediger und Schriftsteller (17. Jh.); Abraham Lincoln, 16. Präsident der Vereinigten Staaten (19. Jh.).

Absalom: → Axel.

Achim: männl. Vorn., Kurzform von → Joachim. Als Namensvorbild wurde häufig Achim von Arnim, deutscher Dichter der Romantik (18./19. Jh.), gewählt.

Achim von Arnim

Achmed, (auch:) **Ahmed:** aus dem Arabischen entlehnter männl. Vorn., eigentlich „jmd., der es wert ist, gepriesen zu werden; der Preiswürdige".

Ada, (auch:) **Adda:** weibl. Vorn., Kurzform von Namen, die mit „Adel-" gebildet sind, gewöhnlich von → Adelheid und → Adelgunde.

Adalbald, (auch:) **Adalbold:** alter deutscher männl. Vorn. (ahd. *adal* „edel, vornehm; Abstammung, [edles] Geschlecht" + ahd. *bald* „kühn").

Adalbero: alter deutscher männl. Vorn. (ahd. *adal* „edel, vornehm; Abstammung, [edles] Geschlecht" + ahd.

bero „Bär"). Bekannter Namensträger: der heilige Adalbero, Bischof von Würzburg (11. Jh.), Namenstag: 6. Oktober.

Adalbert, (auch:) Adelbert; Adalbrecht, Adelbrecht: alter deutscher männl. Vorn. (ahd. *adal* „edel, vornehm; Abstammung, [edles] Geschlecht" + ahd. *beraht* „glänzend"), eigentlich etwa „von glänzender Abstammung". – Die volle Namensform trat im ausgehenden Mittelalter hinter den Kurzformen → Albert und → Albrecht zurück. Sie wurde durch die Ritterdichtung und romantische Dichtung zu Beginn des 19. Jh.s neu belebt, ist heute aber wieder selten. Eine bekannte literarische Gestalt ist der Adalbert von Weislingen in Goethes „Götz von Berlichingen". Bekannte Namensträger: der heilige Adalbert, Erzbischof von Magdeburg (10. Jh.), Namenstag: 20. Juni; Adelbert von Chamisso, deutscher Dichter der Romantik (18./19. Jh.); Adalbert Stifter, österreichischer Dichter (19. Jh.).

Adalberta: weibl. Vorn., weibliche Form des männlichen Vornamens → Adalbert.

Adalbold: Nebenform des männlichen Vornamens → Adalbald.

Adalbrand, (auch:) Adelbrand; Aldebrand, Al[e]brand: alter deutscher männl. Vorn. (ahd. *adal* „edel, vornehm; Abstammung, [edles] Geschlecht" + ahd. *brant* „[brennenden Schmerz verursachende] Waffe, Schwert").

Adalbrecht: Nebenform des männlichen Vornamens → Adalbert.

Adalfried: alter deutscher männl. Vorn. (ahd. *adal* „edel, vornehm; Abstammung, [edles] Geschlecht" + ahd. *fridu* „Schutz vor Waffengewalt, Friede").

Adalger, (auch:) Adelger; Aldeger, Aldiger: alter deutscher männlicher Vorn. (ahd. *adal* „edel, vornehm; Abstammung, [edles] Geschlecht" + ahd. *gēr* „Speer"). Die volle Namensform spielt im Gegensatz zu der Kurzform → Elger in der heutigen Namengebung kaum noch eine Rolle. Bekannter Namensträger: der heilige

Adalger, Erzbischof von Hamburg (9./10. Jh.), Namenstag: (meist) 29. April.

Adalhard, (auch:) Adelhard: alter deutscher männl. Vorn. (ahd. *adal* „edel, vornehm; Abstammung, [edles] Geschlecht" + ahd. *harti, herti* „hart, kräftig, stark"). Sowohl die volle Namensform als auch die Kurzform Alard spielen in der heutigen Namengebung kaum noch eine Rolle. Bekannter Namensträger: Adalhard, fränkischer Abt von Corbie und Corvey (8./9. Jh.).

Adalhelm, (auch:) Adelhelm; Aldhelm, Adhelm: alter deutscher männl. Vorn. (ahd. *adal* „edel, vornehm; Abstammung, [edles] Geschlecht" + ahd. *helm* „Helm").

Adalmann, (auch:) Adelmann: alter deutscher männl. Vorn. (ahd. *adal* „edel, vornehm; Abstammung, [edles] Geschlecht" + ahd. *man* „Mann").

Adalmar, (auch:) Adelmar; Aldemar: alter deutscher männl. Vorn. (ahd. *adal* „edel, vornehm; Abstammung, [edles] Geschlecht" + ahd. *-mār* „groß, berühmt", vgl. *māren* „verkünden, rühmen").

Adalrich, (auch:) Adelrich; Alderich: alter deutscher männl. Vorn. (der 1. Bestandteil ist ahd. *adal* „edel, vornehm; Abstammung, [edles] Geschlecht"; der 2. Bestandteil gehört zu german. **rīk-* „Herrscher, Fürst. König", vgl. got. *reiks* „Herrscher, Oberhaupt", ahd. *rīhhi* „Herrschaft, Reich", *rīhhi* „mächtig; begütert, reich").

Adalwin, (auch:) Adelwin: alter deutscher männl. Vorn., eigentlich etwa „edler Freund" (ahd. *adal.* „edel, vornehm; Abstammung, [edles] Geschlecht" + ahd. *wini* „Freund"). Die volle Namensform spielt im Gegensatz zu der Kurzform → Alwin in der Namengebung heute kaum noch eine Rolle.

Adalwolf, (auch:) Adalwulf: alter deutscher männl. Vorn., eigentlich etwa „edler Wolf" (ahd. *adal* „edel, vornehm; Abstammung, [edles] Geschlecht" + ahd. *wolf* „Wolf"). Die volle Namensform spielt im Gegensatz zu → Adolf in der heutigen Namengebung keine Rolle mehr.

Adam: aus der Bibel übernommener männl. Vorn. hebräischen Ursprungs, eigentlich „Mensch". – Nach der Bibel war Adam der erste, von Gott erschaffene Mensch, aus Ackerboden gebildet und mit Lebensodem erfüllt. Bekannte Namensträger: Adam Kraft, deutscher Bildhauer (15./ 16. Jh.); Adam Ries (volkstümlich: Riese), deutscher Rechenmeister (15./ 16. Jh.); Adam Opel, deutscher Industrieller (19. Jh.).

Adda: Nebenform des weiblichen Vornamens → Ada.

Addo: Nebenform des männlichen Vornamens → Ado.

Adela, (auch:) Adele: alter deutscher weibl. Vorn., wohl Kurzform von → Adelheid. Bekannte Namensträgerinnen: die heilige Adela, Gründerin und Äbtissin des Frauenklosters bei Trier (8. Jh.); Markgräfin Adela von Thüringen (12. Jh.).

Adelaide: französische Form des weiblichen Vornamens → Adelheid. Bekannt ist der Name heute vor allem durch Beethovens Lied „Adelaide". Bekannte Namensträgerin: Adélaide, Prinzessin von Orleans (18./19. Jh.).

Adelar: alter deutscher männl. Vorn., vermutlich Umdeutung von Adelher(i) (ahd. *adal* + ahd. *heri* „Heer" zu „edler Adler" (ahd. *adal* „edel, vornehm; Abstammung, Geschlecht" + ahd. *aro* „Adler"). Vgl. Adolar.

Adelberga, (auch:) Adelburga; Adelburg: alter deutscher weibl. Vorn. (ahd. *adal* „edel, vornehm; Abstammung, [edles] Geschlecht" + ahd. *-berga* „Schutz, Zuflucht", vgl. *bergan* „in Sicherheit bringen, bergen").

Adelbert: Nebenform des männlichen Vornamens → Adalbert.

Adelbrand: Nebenform des männlichen Vornamens → Adalbrand.

Adelbrecht: Nebenform des männlichen Vornamens → Adalbert.

Adelburg[a]: Nebenform des weiblichen Vornamens → Adelberga.

Adele: aus dem Französischen (Adèle) übernommener weibl. Vorn., der seinerseits aus dem Deutschen entlehnt ist, und zwar aus → Adela, Adele

(mit Anfangsbetonung). Der Name, der im 19. Jh. bei uns in Gebrauch kam, spielt in der Namengebung heute kaum noch eine Rolle. Allgemein bekannt ist er durch die Adele in Wilhelm Buschs Bildergeschichte „Fips der Affe". Eine bekannte Operettenfigur ist die Adele in der Operette „Die Fledermaus" von Johann Strauß. Bekannte Namensträgerin: Adele Schopenhauer, deutsche Schriftstellerin (18./19. Jh.); Adele Sandrock, österreichische [Film]-schauspielerin (19./20. Jh.).

Adelger: Nebenform des männlichen Vornamens → Adalger.

Adelgunde, (auch:) Adelgund; Aldegunde, Aldegund: alter deutscher weibl. Vorn. (ahd. *adal* „edel, vornehm; Abstammung, [edles] Geschlecht" + ahd. *gund* „Kampf"). Bekannte Namensträgerin: die heilige Adelgunde aus dem Hennegau (7. Jh.), Namenstag: 30. Januar.

Adelhard: Nebenform des männlichen Vornamens → Adalhard.

Adelheid: alter deutscher weibl. Vorn., eigentlich etwa „von edler Art, edlem Wesen" (ahd. *adal* „edel, vornehm; Abstammung, [edles] Geschlecht" + ahd. *heit* „Art; Wesen; Stand, Rang"). Der Name war im Mittelalter überaus beliebt. Er wurde durch die Ritterdichtung und romantische Dichtung zu Beginn des 19. Jh.s neu belebt, ist heute aber wieder selten. Eine bekannte literarische Gestalt ist die Adelheid in Goethes „Götz von Berlichingen". Bekannte Namensträgerinnen: die heilige Adelheid, Frau Kaiser Ottos des Großen (10. Jh.), Namenstag: 16. Dezember. Adelheid Seeck, deutsche Schauspielerin (20. Jh.).

Adelhelm: Nebenform des männlichen Vornamens → Adalhelm.

Adelhilde, (auch:) Adelhild: alter deutscher weibl. Vorn. (ahd. *adal* „edel, vornehm; Abstammung, [edles] Geschlecht" + ahd. *hilt[j]a* „Kampf").

Adelinde: alter deutscher weibl. Vorn. (ahd. *adal* „edel, vornehm; Abstammung, [edles] Geschlecht" + ahd. *linta* „Schild [aus Lindenholz]").

Adeline: weibl. Vorn., Weiterbildung von → Adele. Bekannte Namensträgerin: Adeline, Gräfin zu Rantzau, deutsche Schriftstellerin (19./20. Jh.).

Adelmann: Nebenform des männlichen Vornamens → Adalmann.

Adelmar: Nebenform des männlichen Vornamens → Adalmar.

Adelmut, (auch:) Adelmute; Adelmoda; Almudis, Almod[a]: alter deutscher weibl. Vorn. (ahd. *adal* „edel, vornehm; Abstammung, [edles] Geschlecht" + ahd. *muot* „Sinn, Gemüt, Geist"), eigentlich etwa „von edlem Sinn". Die volle Namensform spielt im Gegensatz zu der Kurzform → Almut in der heutigen Namengebung keine Rolle mehr.

Adelrich: Nebenform des männlichen Vornamens → Adalrich.

Adelrun, (auch:) Adelrune: alter deutscher weibl. Vorn. (ahd. *adal* „edel, vornehm; Abstammung, [edles] Geschlecht" + ahd. *rūna* „Geheimnis; geheime Beratung").

Adeltraud, (auch:) Adeltrud: alter deutscher weibl. Vorn. (ahd. *adal* „edel, vornehm; Abstammung, [edles] Geschlecht" + ahd. *-trud* „Kraft, Stärke", vgl. altisländ. *Þrūðr* „Stärke"). Vgl. die neuere Namensform Edeltraud.

Adelwin: Nebenform des männlichen Vornamens → Adalwin.

Adhelm: Nebenform des männlichen Vornamens → Adalhelm.

Adina: weibl. Vorn., Weiterbildung von → Ada.

Ado, (auch:) Addo: männl. Vorn., Kurzform von → Adolf.

Adolar: männl. Vorn., Nebenform von → Adelar. Der Name spielte im 19. Jh., ausgelöst durch die Ritterdichtung und die romantische Dichtung, eine Rolle. Bekannt ist er durch den Grafen Adolar in Webers Oper „Euryanthe".

Adolf, (veraltet auch:) Adolph: männl. Vorn., der sich aus der vollen Namensform → Adalwolf entwickelt hat. Zu der früheren Beliebtheit des Namens hat viel der Schwedenkönig Gustav Adolf beigetragen. In den dreißiger Jahren des 20. Jh.s spielte der Name vorübergehend eine stärkere Rolle in der Namengebung, weil Adolf Hitler als Namensvorbild gewählt wurde. Nach dem zweiten Weltkrieg wird er in Deutschland gemieden. Bekannte Namensträger: Adolf Kolping, Begründer des katholischen Gesellenvereins (19. Jh.); Adolph von Menzel, deutscher Maler (19./20. Jh.); Adolf v. Harnack, deutscher Theologe (19./20. Jh.); Adolf Wohlbrück, österreichischer [Film]schauspieler (20. Jh.); Adolf Butenandt, deutscher Chemiker (20. Jh.).

Adolfa: weibl. Vorn., weibliche Form des männlichen Vornamens → Adolf.

Adolfine: weibl. Vorn., Weiterbildung von → Adolfa.

Adriaen: → Adrian.

Adrian, (älter auch:) Hadrian: aus dem Lateinischen übernommener männl. Vorn., lat. [H]adrianus „der aus der Stadt Adria (südl. von Venedig) Stammende". – Bekannter Namensträger: Adrian Hoven, deutscher Filmschauspieler. – Französ. Form: Adrien [adriäng]. Engl. Form: Adrian [e̍idri̍en]. Niederländ. Form: Adriaen.

Adriane: weibl. Vorn., weibliche Form des männlichen Vornamens → Adrian.

Adrien: → Adrian.

Aenna, (auch:) Aenne: Nebenform des weiblichen Vornamens → ¹Anne.

Afra: weibl. Vorn., der vermutlich lateinischen Ursprungs ist und eigentlich „Afrikanerin" bedeutet (zu lat. *Afer, Afra, Afrum* „afrikanisch"). Bekannte Namensträgerin: die heilige Afra, Märtyrerin (2./3. Jh.), Namenstag: 7. August.

Agathe, (auch:) Agatha: weibl. Vorn. griechischen Ursprungs, eigentlich „die Gute" (zu griech. *agathós, -ế, -ón* „gut"). Der Name, der früher überaus beliebt war, kommt heute selten vor. Bekannt ist er durch die Agathe in Karl Maria von Webers Oper „Der Freischütz". Eine literarische Gestalt ist Agathe, die Schwester Ulrichs, in Robert Musils Roman „Der Mann ohne Eigenschaften". Bekannte Namensträgerinnen: die heilige Agathe von Sizilien, Märtyrerin (2./3. Jh.), Namenstag: 5. Februar; Agatha Christie, englische Kriminalschriftstellerin (19./20. Jh.).

Agda: in neuerer Zeit aus dem Schwedischen übernommener weibl. Vorn., schwedische Form von → Agathe.

Agemar: → Agimar.

Aggie [ägi], (auch:) Aggy: englische Koseform des weiblichen Vornamens → Agathe.

Agi: Kurz- und Koseform des weiblichen Vornamens → Agnes.

Ägid, (auch:) Ägidius; Egid; Egidius: männl. Vorn. griechischen Ursprungs, eigentlich wohl „Schildhalter" (zu griech. *aigís, -idos* „Ziegenfell", Bezeichnung des Schutzmantels oder Harnischs des Zeus oder der Athena, auch als Schild gebraucht). Bekannter Namensträger: der heilige Ägidius, Einsiedler, dann Abt von St.-Gilles; einer der 14 Nothelfer (7./8. Jh.), Namenstag: 1. September.

Agilbert: alter deutscher männl. Vorn. (der 1. Bestandteil Agil- „Schwert" gehört zu ahd. *ecka* „Ecke; Spitze; Schwertschneide"; der 2. Bestandteil ist ahd. *beraht* „glänzend").

Agilhard: alter deutscher männl. Vorn. (der 1. Bestandteil Agil- „Schwert" gehört zu ahd. *ecka* „Ecke; Spitze; Schwertschneide"; der 2. Bestandteil ist ahd. *harti, herti* „hart").

Agilo: männl. Vorn., Kurzform von Namen, die mit „Agil-" gebildet sind, gewöhnlich von → Agilbert. Vgl. den männlichen Vornamen Egilo.

Agilolf, (auch:) Agilulf: alter deutscher männl. Vorn. (der 1. Bestandteil Agil- „Schwert" gehört zu ahd. *ecka* „Ecke; Spitze; Schwertschneide"; der 2. Bestandteil ist ahd. *wolf* „Wolf"). Bekannter Namensträger: der heilige Agilolf, Bischof von Köln (8. Jh.), Namenstag: 9. Juli.

Agilwart: alter deutscher männl. Vorn. (der 1. Bestandteil Agil- „Schwert" gehört zu ahd. *ecka* „Ecke; Spitze; Schwertschneide"; der 2. Bestandteil ist ahd. *wart* „Hüter, Schützer").

Agimar: alter deutscher männl. Vorn. (der 1. Bestandteil Agi- „Schwert" gehört zu ahd. *ecka* „Ecke; Spitze; Schwertschneide"; der 2. Bestandteil ist ahd. *-mār* „groß, berühmt", vgl. ahd. *māren* „verkünden, rühmen").

Agimund: alter deutscher männl. Vorn. (der 1. Bestandteil Agi- „Schwert" gehört zu ahd. *ecka* „Ecke; Spitze; Schwertschneide"; der 2. Bestandteil ist ahd. *munt* „[Rechts]schutz").

Aglaia, (auch:) Aglaja: weibl. Vorn. griechischen Ursprungs, eigentlich „Glanz, Pracht" (griech. Aglaía = *aglaia* „Glanz, Pracht"). „Aglaia" kam als Name einer der drei griechischen Göttinnen der Anmut auf. – Eine bekannte literarische Gestalt ist die Aglaja in Dostojewskis Roman „Der Idiot". Bekannte Namensträgerin: Aglaja Schmid, österreichische Schauspielerin (20. Jh.).

Agnes: weibl. Vorn. griechischen Ursprungs, eigentlich „die Keusche, Reine" (griech. *hagnós, -ḗ, -ón* „keusch, rein; hehr; geheiligt"). Der Name war im 19. Jh. überaus beliebt, und zwar auf Grund der Dichtungen und Lieder über Agnes Bernauer, Geliebte Herzog Albrechts III. von Bayern. Bekannte Namensträgerinnen: die heilige Agnes von Rom, Märtyrerin (2./3. Jh.), Namenstag: 21. Januar; Agnes Sorel, Geliebte Karls VII. von Frankreich (15. Jh.); Agnes Günther, deutsche Schriftstel-

Agnes Bernauer

lerin (19./20. Jh.); Agnes Miegel, deutsche Dichterin (19./20. Jh.); Agnes Fink, deutsche Schauspielerin (20. Jh.). Span. Form: Inés.

Ago: männl. Vorn., Kurzform von Namen, die mit „Agil-" gebildet sind.

Ahmed: → Achmed.

Aigolf, (auch:) Aigulf: Nebenform des männlichen Vornamens → Agilolf.

Ailbert: Nebenform des männlichen Vornamens → Agilbert.

Aimé: französische Form des männlichen Vornamens → Amatus.

Aimée: französische Form des weiblichen Vornamens → Amata.

Alard: männl. Vorn., Kurzform von → Adalhard.

Alban: aus dem Lateinischen übernommener männl. Vorn., eigentlich „der aus der Stadt Alba Stammende" (lat. *Albānus* „von, aus Alba"). Bekannte Namensträger: der heilige Alban von Mainz, Märtyrer (4./5. Jh.), Namenstag: 21. Juni. Alban Berg, österreichischer Komponist (19./20. Jh.).

Alberich, (auch:) Elberich: alter deutscher männl. Vorn., eigentlich etwa „Herrscher der Naturgeister" (der 1. Bestandteil Alb- „Elf, Naturgeist" gehört zu ahd. *alb, alp* „Nachtmahr, gespenstisches Wesen"; der 2. Bestandteil gehört zu german. **rīk-* „Herrscher, Fürst, König", vgl. got. *reiks* „Herrscher, Oberhaupt", ahd. *rīhhi* „Herrschaft, Reich", *rīhhi* „mächtig; begütert, reich").

Albero: männl. Vorn., Kurzform von → Adalbero. Berühmter Namensträger: Albero, Erzbischof von Trier († 1152).

Albert: männl. Vorn., Kurzform von → Adalbert. Bekannte Namensträger: Albertus Magnus (latinisiert), bedeutender Gelehrter des Mittelalters (13. Jh.); (Gustav) Albert Lortzing, deutscher Opernkomponist (19. Jh.); Albert Schweitzer, Arzt, Theologe und Philosoph (19./20. Jh.); Albert Einstein, deutschamerikanischer Physiker (19./20. Jh.). – Engl. Form: Albert [älbᵉt]. Französ. Form: Albert [albär].

Alberta: weibl. Vorn., weibliche Form des männl. Vornamens → Albert.

Albertina: weibl. Vorn., Weiterbildung von → Alberta.

¹Albin: Nebenform des männlichen Vornamens → Albwin.

²Albin, (auch:) Albinus: männl. Vorn. lateinischen Ursprungs, Verkleinerungsbildung zu lat. Albus „der Weiße".

Alboin, (auch:) Albuin: Nebenformen des männl. Vornamens → Albwin.

Albrand: männl. Vorn., Kurzform von → Adalbrand.

Albrecht: männl. Vorn., Kurzform von Adalbrecht (→ Adalbert). Der Name war früher, besonders beim Adel, überaus beliebt. Bekannte Namensträger: Markgraf Albrecht der Bär (12. Jh.); Albrecht von Scharfenberg, mhd. Dichter (13. Jh.); Albrecht Dürer, deutscher Maler (15./16. Jh.); Albrecht Altdorfer, deutscher Maler (15./16. Jh.); Herzog Albrecht von Preußen, letzter Hochmeister des Deutschen Ritterordens (15./16. Jh.); Albrecht Haller, deutscher Dichter (18. Jh.); Albrecht Graf von Roon, preußischer Feldmarschall (19. Jh.).

Albrun, (auch:) Albruna; Alfrun, Elfrun: alter deutscher weibl. Vorn. (der 1. Bestandteil Alb- „Elf, Naturgeist" gehört zu ahd. *alb, alp* „Nachtmahr, gespenstisches Wesen"; der 2. Bestandteil ist ahd. *rūna* „Geheimnis; geheime Beratung").

Albwin, (auch:) Albuin, Alboin; Albin: alter deutscher männl. Vorn. (1. Bestandteil Alb- „Elf, Naturgeist" zu ahd. *alb, alp* „Nachtmahr, gespenstisches Wesen" + ahd. *wini* „Freund"), eigentlich etwa „Freund der Naturgeister, der Alben".

Aldebrand: → Nebenform des männlichen Vornamens → Adalbrand.

Aldeger: Nebenform des männlichen Vornamens → Adalger.

Aldegund, (auch:) Aldegunde: Nebenform des weiblichen Vornamens → Adelgunde.

Aldemar: Nebenform des männlichen Vornamens → Adalmar.

Alderich: Nebenform des männlichen Vornamens → Adalrich.

Aldhelm: Nebenform des männlichen Vornamens → Adalhelm.

Aldiger: Nebenform des männlichen Vornamens → Adalger.

Aldo: aus dem Italienischen übernommener männl. Vorn., Kurzform von Aldobrando (→ Adalbrand).

Alebrand: Nebenform des männlichen Vornamens → Adalbrand.

Alec [älᵉk]: englische Kurzform des männlichen Vornamens → Alexander.

Aleide: weibl. Vorn., Kurzform von → Adelheid; besonders in Norddeutschland gebräuchlich.

Aleit: weibl. Vorn., Kurzform von → Adelheid; besonders in Norddeutschland gebräuchlich.

Alena: weibl. Vorn., Kurzform von →Magdalena.

Alessandra: → Alexandra.

Alessandro: → Alexander.

Aletta, (auch:) **Alette:** weibl. Vorn., friesische Kurzform von → Adelheid.

Alex: männl. Vorn., Kurzform von → Alexander.

Alexander: männl. Vorn. griechischen Ursprungs, eigentlich etwa „der Männer Abwehrende; Schützer" (griech. Aléxandros, zu aléxō „wehre ab, schütze, verteidige" + anér, andrós „Mann"). Der Name fand in Deutschland erst im 18. Jh. größere Verbreitung. Zur Beliebtheit des Namens nach den Freiheitskriegen trug die Bewunderung für Zar Alexander I. von Rußland bei, der den deutschen Befreiungskampf gegen Napoleon unterstützte. Immer wieder wird auch Alexander der Große (4. Jh. v. Chr.) als Namensvorbild gewählt. – Bekannte Namensträger: Papst Alexander I. (1./2. Jh.), Namenstag: 3. Mai; Alexander Sergejewitsch Puschkin, russischer Dichter (18./19. Jh.); Alexander von Humboldt, deutscher Naturforscher und Geograph (18./19. Jh.); Alexander Nikolajewitsch Ostrowski, russischer Dramatiker (19. Jh.); Alexander Lernet-Holenia, österreichischer Schriftsteller (19./20. Jh.); Alexander Golling, deutscher Schauspieler (20. Jh.); Alexander Kerst, deutscher Schauspieler (20. Jh.). – Italien. Form: Alessandro. Franzö s. Form: Alexandre [aläxandr]. Engl. Form: Alexander [äligsandᵉ].

Alexandra: weibl. Vorn., weibliche Form des männlichen Vornamens → Alexander. Italien. Form: Alessandra.

Alexandre: → Alexander.

Alexandrine: weibl. Vorn., Weiterbildung von → Alexandra.

Alexei: → Alexis.

Alexis, (auch:) **Alexius:** männl. Vorn. griechischen Ursprungs, eigentlich wohl „Hilfe" (griech. álexis „Hilfe; Abwehr"). Bekannter Namensträger: der heilige Alexius (5. Jh.); Namenstag: 17. Juli. – Russ. Form: Alexei.

Alf: männl. Vorn., Kurzform von →Alfred und → Adolf.

Alfons: männl. Vorn., der aus dem Französischen oder (durch französische Vermittlung) aus dem Spanischen ins Deutsche gelangte. Der Name fand erst im 19. Jh. in Deutschland größere Verbreitung, ausgelöst durch den heiligen Alfons von Liguori (17./18. Jh.), Namenstag: 2. August. Eine bekannte literarische Gestalt ist Alfons Herzog von Ferrara in Goethes Schauspiel „Torquato Tasso". – Spanisch Alfonso, daraus französisch Alphonse, ist germanischen Ursprungs (der 1. Bestandteil entspricht entweder ahd. al „ganz" oder ahd. adal „edel, vornehm; Abstammung, [edles] Geschlecht", vgl. Adalbert, Albert; der 2. Bestandteil

Alexander der Große

entspricht ahd. *funs* „eifrig, bereit, willig"). – Span. und italien. Form: Alfonso. Französ. Form: Alphonse [alfõŋßß].

Alfonsa: weibl. Vorn., weibliche Form des männlichen Vornamens → Alfons.

Alfonso: → Alfons.

Alfred: aus dem Englischen übernommener männl. Vorn., eigentlich etwa „Ratgeber mit Hilfe der Naturgeister" (engl. Alfred, altengl. Ælfred, zu *ælf* „Elf, Naturgeist" + *rǣd* „Rat" vgl. ahd. Albrat). Der Name fand in Deutschland im 19. Jh. größere Verbreitung, als man sich in Deutschland stärker für England und seine Menschen zu interessieren begann. Bekannte Namensträger: Alfred der Große, angelsächsischer König (9. Jh.); Alfred de Musset, französischer Dichter (19. Jh.); Alfred Kubin, österreichischer Zeichner u. Graphiker (19./20. Jh.); Alfred Nobel, schwedischer Chemiker (19. Jh.); Alfred Brehm, deutscher Zoologe und Schriftsteller (19. Jh.); Alfred Graf von Schlieffen, preußischer Generalfeldmarschall (19./20. Jh.); Alfred Döblin, deutscher Schriftsteller (19./20. Jh.); Alfred Andersch, deutscher Schriftsteller (20. Jh.).

Alfried: männl. Vorn., Kurzform von → Adalfried. Ein anderer Name ist →Alfred. – Bekannter Namensträger: Alfried Krupp von Bohlen und Halbach, deutscher Industrieller (20. Jh.).

Alfrun: Nebenform des weiblichen Vornamens → Albrun.

Alhard: männl. Vorn., Kurzform von → Adalhard.

Alheid, (auch:) **Alheit:** weibl. Vorn., Kurzform von → Adelheid.

Alice: aus dem Englischen übernommener weibl. Vorname. Englisch Alice kann Kurzform von → Elisabeth, von → Adelheid oder (wie Alix) von → Alexandra sein. Der Name spielt in der Namengebung in Deutschland erst seit dem 19. Jh. eine Rolle. Bekannt ist er durch das englische Kinderbuch „Alice in Wonderland" von Lewis Carroll. Bekannte Namensträgerin: Alice Treff, deutsche Schauspielerin (20. Jh.).

Alida: weibl. Vorn., Kurzform von → Adelheid.

Alina, (auch:) **Aline:** aus dem Arabischen entlehnter weibl. Vorn., eigentlich wohl „die Erhabene".

Alinde: weibl. Vorn., Kurzform von → Adelinde.

Alix: weibl. Vorn., Kurzform von → Alexandra.

Alja: weibl. Vorn., Kurzform von → Alexandra.

Alke, (auch:) **Alkje:** weibl. Vorn., niederdeutsche Koseform von Namen die mit „Adel-" gebildet sind, besonders von → Adelheid.

¹Alma: aus dem Spanischen übernommener weibl. Vorname. Spanisch Alma bedeutet eigentlich „die Nährende, Segenspendende" (lat. *almus, -a, -um* „nährend, segenspendend, fruchtbar", vgl. Alma mater, Bezeichnung für Universität, eigentlich „nährende Mutter"). – Der Name kam in Deutschland im 19. Jh. in Gebrauch. Bekannte Namensträgerin: Alma Mahler-Werfel, Witwe des Komponisten Gustav Mahler (19./20. Jh.).

²Alma: weibl. Vorn., Kurzform von Namen, die mit „Amal-" gebildet sind.

Almar: männl. Vorn., Kurzform von → Adalmar.

Almarich, (auch:) **Almerich:** Nebenform des männlichen Vornamens → Amalrich.

Almod, (auch:) **Almoda:** Nebenformen des weiblichen Vornamens → Adelmut.

Almudis: Nebenform des weiblichen Vornamens → Adelmut.

Almut, (auch:) **Almuth;** Almute: weibl. Vorn., Kurzform von → Adelmut.

Alois, (auch:) Aloisius; Aloys, Aloysius: aus dem Italienischen übernommener männl. Vorn. (latinisiert), der vermutlich germanischen Ursprungs ist und auf ahd. Alwīsi „der sehr Weise" zurückgeht. Der Name kam in Deutschland erst im 18. Jh. auf, als der Jesuit Aloysius von Gonzaga (16. Jh.) im Jahre 1726 heiliggesprochen wurde; Namenstag: 21. Juni. Der Name ist als katholischer Heiligenname im wesentlichen auf Süddeutschland beschränkt. Bekannter Namensträger: Alois Senefelder, österreichischer Erfinder des Steindrucks (18./19. Jh.).

Aloisia, (auch:) Aloysia: weibl. Vorn., weibliche Form des männlichen Vornamens → Alois.

Alphonse: → Alfons.

Alrun, (auch:) Alrune, Alruna: weibl. Vorn., Kurzform von → Adelrune.

Altraud, (auch:) Altrud: weibl. Vorn., Kurzform von → Adeltraud.

Alwin: männl. Vorn., Kurzform von → Adalwin, Der Name wurde zu Beginn des 19. Jh.s durch die Ritterdichtung und romantische Dichtung neu belebt. Bekannter Namensträger: Alwin Schockemöhle, deutscher Springreiter (20. Jh.).

Alwine: weibl. Vorn., weibliche Form des männlichen Vornamens → Alwin.

Amadeus: aus lateinischen Bestandteilen gebildeter männl. Vorn., eigentlich „liebe Gott!", d. i. „Gottlieb" (lat. *amā* „liebe!" zu *amāre* „lieben" + *deus* „Gott"). Bekannter Namensträger: Wolfgang Amadeus Mozart, österreichischer Komponist (18. Jh.). Italien. Form: Amadeo. Französ. Form: Amédé [amede].

Amadeo: → Amadeus.

Amalberga, (auch:) Amalburga: alter deutscher weibl. Vorn. (der 1. Bestandteil *Amal-* gehört vermutlich zu Amaler, Amelungen, dem Namen des ostgotischen Königsgeschlechts; der 2. Bestandteil *-berga* „Schutz, Zuflucht" gehört zu ahd. *bergan* „in Sicherheit bringen, bergen") „Amalberga" wäre demnach etwa als „Schützerin der Amaler" zu deuten.

Amalbert: alter deutscher männl. Vorn. (der 1. Bestandteil *Amal-* gehört vermutlich zu Amaler, Amelungen, dem Namen des ostgotischen Königsgeschlechts; der 2. Bestandteil ist ahd. *beraht* „glänzend").

Amalberta: weibl. Vorn., weibliche Form des männlichen Vornamens → Amalbert.

Amalburga: Nebenform des weiblichen Vornamens → Amalberga.

Amalfried: alter deutscher männl. Vorn. (der 1. Bestandteil *Amal-* gehört vermutlich zu Amaler, Amelungen, dem Namen des ostgotischen Königsgeschlechts; der 2. Bestandteil ist ahd. *fridu* „Schutz vor Waffengewalt, Friede").

Amalfrieda: weibl. Vorn., weibliche Form des männlichen Vornamens → Amalfried.

Amalgund, (auch:) Amalgunde: alter deutscher weibl. Vorn. (der 1. Bestandteil *Amal-* gehört vermutlich zu Amaler, Amelungen, dem Namen des ostgotischen Königsgeschlechts; der zweite Bestandteil ist ahd. *gund* „Kampf").

Amalie, (auch:) Amalia: weibl. Vorn., Kurzform von Namen, die mit „Amal-" gebildet sind, besonders von → Amalberga. Der Name, der im 18. Jh. überaus beliebt war, ist heute aus der Mode. Allgemein bekannt ist er durch die Amalia in Schillers Drama „Die Räuber". Bekannte Namensträgerinnen: Herzogin Anna Amalia von Sachsen-Weimar (18./ 19. Jh.), häufig als Namensvorbild gewählt; Prinzessin Amalie von Preußen, Äbtissin von Quedlinburg (18. Jh.); Amalie Sieveking, Vorkämpferin der evangelischen weiblichen Diakonie (18./19. Jh.). – Französ. Form: Amélie [ameli].

Anna Amalia,
Herzogin von Sachsen-Weimar

Amalrich, (auch:) Amelrich, Emelrich: alter deutscher männl. Vorn. (der 1. Bestandteil *Amal-* gehört vermutlich zu Amaler, Amelungen, dem Namen des ostgotischen Königsgeschlechts; der 2. Bestandteil gehört zu german. *rīk-* „Herrscher, Fürst, König", vgl. got. *reiks* „Herrscher, Oberhaupt", ahd. *rīhhi* „Herrschaft, Reich", *rīhhi* „mächtig; begütert, reich").

Amanda: weibl. Vorn. lateinischen Ursprungs, eigentlich „die Liebenswerte" (lat. *amandus, -a, -um* „zu liebend, liebenswert", zu *amāre* „lieben"). Der Name fand in Deutschland zu Beginn des 19. Jh.s größere Verbreitung. Heute klingt er altmodisch.

Amandus: männl. Vorn. lateinischen Ursprungs, eigentlich „der Liebenswerte" (lat. *amandus, -a, -um* „zu liebend, liebenswert", zu *amāre* „lieben"). Bekannter Namensträger: der heilige Amandus, Apostel der Belgier (7. Jahrhundert), N a m e n s t a g : 6. Februar.

Amarante: weibl. Vorn. griechischen Ursprungs, eigentlich „die Unverwelkbare" (griech. *amárantos* „unverwelkbar, unvergänglich", zu *maraínō* „lösche aus, vernichte").

Amata: weibl. Vorn. lateinischen Ursprungs, eigentlich „die Geliebte" (lat. *amatus, -a, -um* „geliebt", zu *amāre* „lieben").

Amatus: männl. Vorn. lateinischen Ursprungs, eigentlich „der Geliebte" (lat. *amatus, -a, -um* „geliebt", zu *amāre* „lieben"). Bekannter Namensträger: der heilige Amatus, Bischof von Sitten (7. Jh.), N a m e n s t a g : 13. September.

Ambrosius, (auch:) Ambros: männl. Vorn. griechischen Ursprungs, eigentlich „der Unsterbliche" (griech. *ambrósios* „unsterblich, göttlich"). Bekannter Namensträger: der heilige Ambrosius, Bischof von Mailand, Kirchenlehrer (4. Jh.), N a m e n s t a g : 7. Dezember.

Amédé: → Amadeus.

Amelie [auch: Amelie]: weibl. Vorn., Nebenform von → Amalie oder eindeutschende Form von französisch → Amélie.

Amélie: französische Form des weiblichen Vornamens → Amalie.

Ämilia: → Emilie.

Ämilius: → Emil.

Amöna: weibl. Vorn. lateinischen Ursprungs, eigentlich „die Anmutige" (lat. *amoenus, -a, -um* „anmutig, lieblich, reizend").

Amos: aus der Bibel übernommener männl. Vorn. hebräischen Ursprungs, eigentlich „der (von Gott) Getragene, schützend auf den Arm Genommene". Nach der Bibel war Amos ein Viehhirte aus Tekoa, der von Gott zum Propheten berufen wurde.

Amrei: weibl. Vorn., besonders in Süddeutschland übliche Kurzform des weiblichen Vornamens → Annemarie.

Amy [e'mi]: englische Kurzform des weiblichen Vornamens → Amata.

Anabel: → Annabella.

Anastasia: weibl. Vorn. griechischen Ursprungs, eigentlich „die Auferstandene" (zu griech. *anástasis* „Auferstehung"). Eine bekannte literarische Gestalt ist die Anastasia in Friedrich Dürrenmatts Stück „Die Ehe des Herrn Mississippi". Bekannte Namensträgerinnen: die heilige Anastasia, Märtyrerin (2./3. Jh.), N a m e n s t a g : 25. Dezember; Anastasia, Tochter des Zaren Nikolaus II. (20. Jh.).

Anastasius, (auch:) Anastas: männl. Vorn. griechischen Ursprungs, eigentlich „der Auferstandene" (zu griech. *anástasis* „Auferstehung"). Bekannte Namensträger: Anastasios I. Dikoros, byzantinischer Kaiser (5./6. Jh.); Papst Anastasius I., Heiliger (4./5. Jh.); der heilige Anastasius (der Perser), Märtyrer (7. Jh.), N a m e n s t a g : 22. Januar.

Anatol, (auch:) Anatolius: männl. Vorn. griechischen Ursprungs, eigentlich „der aus dem Morgenland (Kleinasien, Anatolien) Stammende" (zu griech. *anatolé* „Sonnenaufgang; Gegend des Sonnenaufgangs; Morgenland, Kleinasien"). Den Vornamen Anatol gibt Max Frisch seinem Helden Stiller in dem Roman „Stiller". Französ. Form: Anatole [anatol]. Bekannter Namensträger: Anatole France, französischer Schriftsteller (19./20. Jh.).

Andel: süddeutsche Verkleinerungs- oder Koseform des weiblichen Vornamens → Anna.

Anders: männl. Vorn., Kurzform von → Andreas.

Andi: Koseform des männlichen Vornamens → Andreas.

André: in neuerer Zeit aus dem Französischen übernommener männl. Vorn., französ. Form von → Andreas. Bekannter Namensträger: André Gide, französ. Schriftsteller (19./20. Jh.).

Andrea: weibl. Vorn., weibliche Form des männlichen Vornamens → Andreas. Andrea ist heute Modename.

Andreas: männl. Vorn. griechischen Ursprungs, eigentlich „der Mannhafte, Tapfere" (griech. Andréas, zu andreîos „männlich, mannhaft, tapfer"). Der Name gelangte mit anderen griechischen Namen (z. B. → Stephan) in hellenistischer Zeit nach Palästina und fand als Apostelname in der christlichen Welt schon früh große Verbreitung. Heute ist Andreas Modename. Bekannte Namensträger: der heilige Andreas, Apostel, Bruder des Simon Petrus, Namenstag: 30. November; Andreas Gryphius, deutscher Dichter des Barocks (17. Jh.); Andreas Schlüter, deutscher Baumeister und Bildhauer (17./18. Jh.); Andreas Hofer tirolischer Freiheitsheld (18./19. Jh.). Französ. Form: André [angdre]. Engl. Form: Andrew [ändru]. Russ. Form: Andrei, Andrej.

Andrée: französische Form des weiblichen Vornamens → Andrea.

Andrei, Andrej: → Andreas.

Andres: männl. Vorn., Nebenform von → Andreas.

Andrew: → Andreas.

Andy [ändi]: engl. Kurzform von Andrew (→ Andreas).

Anemone: in neuerer Zeit aufgekommener weibl. Vorn., der mit dem Namen der Blume identisch ist.

Angela: weibl. Vorn. griechischen Ursprungs, eigentlich „Engel" (lat. angela „weiblicher Engel", zu angelus „Engel" aus griech. ággelos „Bote; Bote Gottes, Engel"). Bekannte Na-

mensträgerin: die heilige Angela von Merici (15./16. Jh.), Namenstag: 1. Juni. – Französ. Form: Angèle [angschäl]. Italien. Form: Angela [andschela].

Angèle: → Angela.

Angelika, (auch:) Angelica: weibl. Vorn. griechischen Ursprungs, eigentlich „die Engelhafte" (lat. angelicus, -a, -um, griech. aggelikós „zum Engel gehörend, engelhaft", Ableitung von ággelos „Bote; Bote Gottes, Engel", vgl. Angela). Eine bekannte Operngestalt ist die Angelica in Puccinis Oper „Schwester Angelica". Bekannte Namensträgerin: Angelika Kauffmann, schweizerische Malerin der Goethezeit. – Französ. Form: Angélique [angschelik].

Angelina: weibl. Vorn., wahrscheinlich aus dem Italienischen übernommen, eigentlich „Engelchen" oder „die Engelhafte" (italien. Angelina, Verkleinerungsbildung zu ággelos mit Ableitung von italien. Angela, → Angela). Italien. Form: Angelina [andschelina.

Angélique: → Angelika.

Angelus: männl. Vorn. griechischen Ursprungs, eigentlich „Bote Gottes, Engel" (lat. angelus aus griech. ággelos „Bote; Bote Gottes, Engel"). Bekannter Namensträger: Angelus Silesius, deutscher Dichter (17. Jh.).

Anita: aus dem Spanischen übernommener weibl. Vorn., spanische Koseform von → Anna oder Kurzform von Juanita (→ Johanna). Bekannte Namensträgerin: Anita Ekberg, schwedische Filmschauspielerin (20. Jh.).

Anja: aus dem Russischen übernommener weibl. Vorn., russische Form von → Anna. Bekannte Namensträgerin: Anja Silja, deutsche Opernsängerin (20. Jh.).

Anka: aus dem Polnischen übernommener weibl. Vorn., Kose- oder Verkleinerungsform von → Anna.

Anke: weibl. Vorn., niederdeutsche Kose- oder Verkleinerungsform von → Anna; vgl. zur Bildung z. B. Elke, Heike, Frauke. Die verhochdeutschte Form von Anke von Tharau ist Ännchen von Tharau.

Ann: → Anna.

¹**Anna:** weibl. Vorn. hebräischen Ursprungs, eigentlich „Huld, Gnade". – Anna hieß nach der christlichen Überlieferung die Mutter Marias. Der Name kam, ausgelöst durch die Verehrung Annas, im christlichen Abendland etwa seit den Kreuzzügen auf, fand aber erst zu Beginn des 16. Jh.s große Verbreitung. Namenstag: 26. Juli. – Eine bekannte literarische Gestalt ist die Anna Karenina in Leo Tolstois gleichnamigem Roman. Eine Opernfigur ist die Anna in Heinrich Marschners Oper „Hans Heiling". Bekannte Namensträgerinnen: Anna Boleyn, 2. Frau Heinrichs VIII. (16. Jh.); Anna Seghers, deutsche Schriftstellerin (20. Jh.); Anna Magnani, italienische Filmschauspielerin (20. Jh.). – Französ. Form: Anne [an]. Engl. Form: Ann, (auch:) Anne [än]. Russ. Form: Anja.

²**Anna:** alter deutscher weibl. Vorn., weibliche Form des männlichen Vornamens → Anno. Der Name wurde bereits im ausgehenden Mittelalter von dem Namen der heiligen Anna (→ ¹Anna) verdrängt.

Annabarbara: weibl. Doppelname aus → Anna und → Barbara.

Annabella: weibl. Vorn., entweder Doppelname aus → Anna und → Bella oder Umgestaltung des weiblichen Vornamens Amabel (lat. *amābilis, -e* „liebenswert", vgl. Mabel) zu Anabel und weiter zu Annabella. – Engl. Form: An[n]abel [änᵉbel].

Ännchen: Verkleinerungsform des weiblichen Vornamens → Anna. Die Verkleinerungsform ist durch das Volkslied „Ännchen von Tharau" bekannt.

¹**Anne,** (auch:) Änne: Nebenform des weiblichen Vornamens → Anna.

²**Anne:** → Anna.

Annedore: weibl. Doppelname aus → Anna und → Dorothea bzw. Dora.

Annegret: weibl. Doppelname aus → Anna und → Margarete bzw. Grete.

Anneheide, (auch:) Anneheid: weibl. Doppelname aus → Anna und → [Adel]heid.

Annekathrin: weibl. Doppelname aus → Anna und → Katharina.

Annele: süddeutsche Verkleinerungs- oder Koseform des weiblichen Vornamens → Anna.

Annelene: weibl. Doppelname aus → Anna und → Magdalene oder → Helene bzw. → Lene.

Anneli, (auch:) Annelie: süddeutsche Verkleinerungs- oder Koseform des weibl. Vorn. → Anna.

Anneliese, (auch:) Annelies: weibl. Doppelname aus → Anna und → Elisabeth oder → Luise bzw. Liese. Bekannte Namensträgerin: Anneliese Rothenberger, deutsche Opernsängerin (20. Jh.).

Annelore: weibl. Doppelname aus → Anna und → Eleonore bzw. Lore.

Annemarei: Nebenform des weiblichen Vornamens → Annemarie.

Annemarie, (auch:) Annemaria: weibl. Doppelname aus → Anna und → Maria, der zu den beliebtesten Doppelnamen des 20. Jh.s gehört.

Annemie: Nebenform des weiblichen Vornamens → Annemarie.

Annerl: süddeutsche Verkleinerungs- oder Koseform des weiblichen Vornamens → Anna. Beachte Max Brods Roman „Annerl"!

Annerose: weibl. Doppelname aus → Anna und → Rosa.

Annetraude, (auch:) Annetraud: weibl. Doppelname aus → Anna und → [Ger]traude.

Annette: im 17./18. Jh. aus dem Französischen übernommener weibl. Vorn., Verkleinerungsform von französ. Anne (→ Anna). Bekannte Namensträgerin: Annette von Droste-Hülshoff, deutsche Dichterin (18./19. Jh.); Annette Kolb, deutsche Schriftstellerin (19./20. Jh.).

Anni: Koseform des weiblichen Vornamens → Anna.

Annika: aus dem Schwedischen übernommener weibl. Vorn., Verkleinerungsform von schwed. Anna (→ ¹Anna), eigentl. also „Ännchen"; bekannt geworden durch das Kinderbuch „Pippi Langstrumpf".

Annina: weibl. Vorn., Weiterbildung von → Anna.

Anno: alter deutscher männl. Vorn., Kurzform von → Arnold. Bekannte Namensträger: der heilige Anno,

Erzbischof von Köln (11. Jh.), Namenstag: 4. Dezember; Anno von Sangerhausen, Hochmeister des Deutschen Ordens (13. Jh.).

Annunziata: aus dem Italienischen übernommener weibl. Vorn., eigentlich „die Angekündigte" (italien. [Maria] Annunziata, auf die heilige Maria bezogen). Der Name bezieht sich auf das Fest Mariä Verkündigung (25. März).

Ansbert: alter deutscher männl. Vorn. (der 1. Bestandteil *Ans-* gehört zu german. **ans-* „Gott"; der 2. Bestandteil ist ahd. *beraht* „glänzend").

Anselm, (auch:) Anshelm: alter deutscher männl. Vorn. (der 1. Bestandteil *Ans-* gehört zu german. **ans-* „Gott"; der 2. Bestandteil ist ahd. *helm* „Helm"). Die latinisierte Form lautet Anselmus. Zur Verbreitung des Namens im Mittelalter trug die Verehrung des heiligen Anselm von Canterbury (11./12. Jh.) bei, Namenstag: 21. April. Bekannter Namensträger: Anselm Feuerbach, deutscher Maler (19. Jh.). Eine literarische Gestalt ist der Student Anselmus in E. T. A. Hoffmanns Kunstmärchen „Der goldene Topf".

Anselma: weibl. Vorn., weibliche Form des männlichen Vornamens → Anselm.

Ansgar: alter deutscher männl. Vorn. (der 1. Bestandteil *Ans-* gehört zu german. **ans-* „Gott"; der 2. Bestandteil ist ahd. *gēr* „Speer"). Bekannter Namensträger: der heilige Ansgar, Bischof von Hamburg-Bremen (9. Jh.), Namenstag: der 3. Februar.

Ansgard: alter deutscher weibl. Vorn. (der 1. Bestandteil „*Ans-*" gehört zu german. ** ans-* „Gott"; Bedeutung und Herkunft des 2. Bestandteils „-gard" sind unklar; vielleicht zu → Gerda).

Antje: weibl. Vorn., niederdeutsche Verkleinerungs- oder Koseform von → Anna. Der Name ist allgemein bekannt durch Volks- und Soldatenlieder. Bekannte Namensträgerin: Antje Weisgerber, deutsche [Film]schauspielerin (20. Jh.).

Antoinette [aŋgtoanät]: im 17./18. Jh. aus dem Französischen übernommener weibl. Vorn., Verkleinerungsform von französ. Antoine (→ Antonia). Bekannte Namensträgerin: Marie Antoinette, Frau Ludwigs XVI. (18. Jh.).

Anton, (auch:) Antonius: männl. Vorn. lateinischen Ursprungs (lat. Antōnius, altrömischer Geschlechtername). Der Name fand in Deutschland vor allem durch die Verehrung des heiligen Antonius von Padua (12./13. Jh.) Verbreitung; Namenstag: 13. Juni. – Eine literarische Gestalt ist Anton Wohlfahrt in Gustav Freytags Roman „Soll und Haben". Eine bekannte Gestalt der Jugendbuchliteratur ist der Anton in Erich Kästners „Pünktchen und Anton". Bekannte Namensträger: der heilige Antonius, Einsiedler in Ägypten, als Patriarch des Mönchtums verehrt (3./4. Jh.), Namenstag: 17. Januar; Anton von Bourbon, Führer des katholischen Heeres im Hugenottenkrieg (16. Jh.); Anton Bruckner, österreichischer Komponist (19. Jh.); Anton Tschechow, russischer Schriftsteller (19./20. Jh.); Anton Dvořák, tschechischer Komponist (19./20. Jh.). – Französ. Form: Antoine [aŋgtoan]. Italien. Form: Antonio. Engl. Form: Anthony [änteni].

Antonius von Padua

Antonella: italienischer weibl. Vorn., Koseform von → Antonia.

Antonia, (auch:) **Antonie:** weibl. Vorn., weibl. Form des männlichen Vornamens → Antonius.

Antonina: italienischer weibl. Vorn., Koseform von → Antonia.

Anuschka: aus dem Slawischen (Polnischen, Russischen) übernommener weibl. Vorn., Verkleinerungsform von → Anna.

Apollonia: weibl. Vorn., weibliche Form des männlichen Vornamens → Apollonius. Zur Verbreitung des Namens im Mittelalter trug die Verehrung der heiligen Apollonia (3. Jh.) bei; Namenstag: 9. Februar.

Apollonius: männl. Vorn. griechischen Ursprungs, eigentlich „der dem Gott Apollo Geweihte" (lat. Apollōnius, griech. Apollṓnios zum Götternamen griech. Apóllōn). Bekannte Namensträger: Apollonios von Perge, Mathematiker und Astronom (2. Jh.); der heilige Apollonius, römischer Philosoph, Märtyrer (2. Jh.); Namenstag: 18. April.

Arabella: weibl. Vorn., dessen Bedeutung und Herkunft dunkel sind. – Eine bekannte Operngestalt ist Arabella, die älteste Tochter des Grafen Waldner, in Richard Strauss' Oper „Arabella".

Araldo: → Harold.

Arbo: männl. Vorn., Kurzform von → Arbogast.

Arbogast: alter deutscher männl.Vorn. (ahd. *arbi, erbi* „Erbe, hinterlassenes Gut" + ahd. *gast* „Fremdling; Feind, feindlicher Krieger"), eigentlich etwa „Erb-Fremdling; jmd., der als Fremder ein Erbe antritt". Die Verehrung des heiligen Arbogast, Bischofs von Straßburg (7. Jh.), hat dazu beigetragen, daß der Name in der Pfalz bis ins 18. Jh. in der Namengebung eine Rolle spielte.

Archibald: Nebenform des männlichen Vornamens → Erkenbald.

Arend: männl. Vorn., Kurzform von → Arnold.

Ariane: aus dem Französischen übernommener weibl. Vorn., französische Form von Ariadne, dem Namen der Tochter des Königs Minos. Der Name ist bekannt durch den Roman „Ariane" von Claude Anet und den amerikanischen Spielfilm „Ariane" (Liebe am Nachmittag).

Aribert: aus dem Französischen übernommener männl. Vorn., französische Form von → Herbert. Bekannter Namensträger: Aribert Wäscher, deutscher [Film]schauspieler (20. Jh.).

Aristid: aus dem französischen übernommener männl. Vorn., eindeutschende Schreibung für französ. Aristide. Der französ. Vorname geht zurück auf griechisch Aristídēs, Aristeídēs, eigentlich „Sohn des Vornehmsten" (zu griech. *áristos* „bester, erster, vornehmster").

Arlette, (auch:) Arlett: aus dem Französischen übernommener weiblicher Vorn., dessen Bedeutung und Herkunft unklar sind.

Armand: → Hermann.

Armando: → Hermann.

Armgard: weibl. Vorn., Nebenform von → Irmgard.

Armin: männl. Vorn., der auf den Namen des Cheruskerfürsten Arminius zurückgeht (vgl. auch den Vornamen Hermann). Bekannter Namensträger: Armin Hary, deutscher Weltrekordsprinter (20. Jh.).

Arnd, (auch:) Arndt: männl. Vorn., Kurzform von → Arnold.

Arne: männl. (in Skandinavien auch weibl.) Vorn., der wahrscheinlich aus dem Dänischen oder Schwedischen übernommen worden ist. Dän., schwed. Arne ist Kurzform von Namen, die mit „Arn-" gebildet sind, wie z. B. Arnbjörn (vgl. Arnold).

Arnfried: alter deutscher männl. Vorn. (ahd. *arn* „Adler" + ahd. *fridu* „Schutz vor Waffengewalt, Friede").

Arnfriede: weibl. Vorn., weibliche Form des männlichen Vornamens → Arnfried.

Arno: alter deutscher männl. Vorn., Kurzform von Vornamen, die mit „Arn-" gebildet sind, besonders von → Arnold. Bekannte Namensträger: Arno Holz, deutscher Schriftsteller (19./20. Jh.); Arno Schmidt, deutscher Schriftsteller (20. Jh.).

Arnold: alter deutscher männl. Vorn. (ahd. *arn* „Adler" + ahd. *-walt* zu *waltan* „walten, herrschen"), eigentlich etwa „der wie ein Adler herrscht". Zur Verbreitung des Namens im Mittelalter trug die Verehrung des heiligen Arnold, Lautenspieler am Hofe Karls des Großen, bei. Der Name, der zu Beginn der Neuzeit außer Gebrauch kam, wurde um 1800 durch die Ritterdichtung und romantische Dichtung neu belebt und war im 19. Jh. sehr beliebt. Bekannte Namensträger: Arnold Winkelried, schweizerischer Volksheld (14. Jh.); Arnold Böcklin, schweizerischer Maler (19. Jh.); Arnold Zweig, deutscher Schriftsteller (19./20. Jh.); Arnold Schönberg, österreichischer Komponist (19./20. Jh.).

Arnulf: alter deutscher männl. Vorn. (ahd. *arn* „Adler" + ahd. *wolf* „Wolf"). Bekannte Namensträger: der heilige Arnulf, Bischof von Metz, Ahnherr der Arnulfinger und Karolinger (6./7. Jh.), Namenstag: 19. August; Arnulf, deutscher Kaiser (9. Jh.).

Aron: → Aaron.

Artur, (auch:) **Arthur:** aus dem Englischen übernommener männl. Vorn., der in Deutschland erst seit dem Ende des 18. Jh.s allmählich Verbreitung fand. Engl. Arthur geht wahr-

Arthur Wellesley, Herzog von Wellington

scheinlich auf Artus, den Namen des sagenhaften walisischen Königs, zurück. König Artus (oder Arthur) und die Ritter seiner Tafelrunde sind der Mittelpunkt eines großen, ursprünglich keltischen Sagenkreises des Mittelalters. Zu der Beliebtheit des Namens in Deutschland trug Arthur Wellington bei, der zusammen mit Blücher über Napoleon siegte. – Bekannte Namensträger: Arthur Schopenhauer, deutscher Philosoph (18./19. Jh.); Arthur Schnitzler, österreichischer Schriftsteller (19./20. Jh.); Arthur Honegger, französ.-schweizerischer Komponist (19./20. Jh.); Arthur Rubinstein, polnischer Pianist (19./20. Jh.). Italien. Form: Arturo. Französ. Form: Arthur [artür]. Engl. Form: Arthur [ᵃrᵗhᵉr].

Arturo: → Artur.

Arwed: aus dem Schwedischen übernommener männl. Vorn. (schwed. Arvid, zu *örn* „Adler" und *ved* „Baum, Wald").

Asgard: weibl. Vorn., Nebenform von → Ansgard.

Asja: aus dem Russischen übernommener weibl. Vorn., Kurzform von → Anastasia.

Asmus: männl. Vorn., Kurzform von → Erasmus. Bekannter Namensträger: Asmus Jakob Carstens, deutscher Maler des 18. Jh.s.

Aspasia: weibl. Vorn. griechischen Ursprungs, eigentlich „die Erwünschte, die Willkommene" (griech. Aspasía zu *aspásios* „willkommen; freudig"). Bekannte Namensträgerin: Aspasia, griechische Hetäre, zweite Frau des Perikles (5. Jh. v. Chr.).

Assunta: aus dem Italienischen übernommener weibl. Vorn., eigentlich „die (in den Himmel) Aufgenommene" (ital. [Maria] Assumpta, auf die heilige Maria bezogen). Der Name bezieht sich auf das Fest Mariä Himmelfahrt (15. August). Vgl. z. B. die weiblichen Vornamen Carmen und Mercedes. Span. Form: Asunción.

Asta: weibl. Vorn., Kurzform von → Anastasia, → Astrid und → Augusta. Allgemein bekannt wurde der Name in Deutschland durch Asta

Asta Nielsen

Nielsen, dänische Schauspielerin der Stummfilmzeit (19./20. Jh.).

Astrid: in neuerer Zeit aus dem Schwed. übernommener weibl. Vorn. (schwed. Astrid, runenschwed. Asfriþ; zu schwed. *as*, german. **ans*- „Gott" [vgl. Anselm] + *frid* „schön"). Bekannte Namensträgerin: Astrid Varnay, schwedische Opernsängerin (20. Jh.).

Athanasius: männl. Vorn. griechischen Ursprungs, eigentlich „der Unsterbliche" (vgl. griech. *athanasía* „Unsterblichkeit", a-thánatos „unsterblich"). Bekannter Namensträger: der heilige Athanasius, Kirchenlehrer, Bischof von Alexandria (4. Jh.), Namenstag: 2. Mai; Athanasius Kircher, deutscher Gelehrter, der die Urform der Laterna magica entwikkelte (17. Jh.).

Attila: männl. Vorn., der auf den Namen des Hunnenkönigs Attila zurückgeht, eigentlich „Väterchen" (got. *attila* „Väterchen", Verkleinerungs- oder Koseform von *atta* „Vater"). Bekannter Namensträger: Attila Hörbiger, österreichischer [Film]schauspieler (19./20. Jh.).

Audomar: alter deutscher männl. Vorn., westfränkische Form von → Otmar

Audrey [odri]: englischer weibl. Vorn., der auf altenglisch Æðelðrÿð zurückgeht (altengl. *œðele* „edel" + *ðrÿð* „Stärke, Macht"). Bekannte Namensträgerin: Audrey Hepburn, amerik. Filmschauspielerin (20. Jh.).

August: männl. Vorn. lateinischen Ursprungs, eigentlich „der Erhabene" (lat. *augustus, -a, -um* „heilig; ehrwürdig; erhaben"). Lateinisch Augustus war ehrender Beiname des ersten römischen Kaisers Gaius Octavianus. Augustus ist durch das Weihnachtsevangelium allgemein bekannt. Ihm zu Ehren ist der achte Monat des Kalenderjahres benannt: lat. *[mēnsis] Augustus*. – Der Name kam in Deutschland, zunächst beim Adel, erst im 16. Jh. auf, nachdem der Humanismus das Interesse an der altrömischen Geschichte geweckt hatte. Er wurde im 19. Jh. so häufig gebraucht, daß er abgewertet wurde und als Bezeichnung für einen unbedeutenden, einfältigen oder dummen Menschen verwendet wurde, daher auch „dummer August" für „Spaßmacher im Zirkus, Clown". Bekannte Namensträger: August II., der Starke, Kurfürst von Sachsen (17./18. Jh.); August von Kotzebue, deutscher Dramatiker (18./19. Jh.); August

Kaiser Augustus

Graf von Platen, deutscher Dichter (18./19. Jh.); August Oetker, deutscher Unternehmer (19./20. Jh.). Französ. Form: Auguste [ogüßt].

¹Auguste, (auch:) Augusta: weibliche Form des männlichen Vornamens → August. Eine literarische Gestalt ist die Auguste in Dürrenmatts Komödie „Der Meteor". Bekannte Namensträgerinnen: Augusta, deutsche Kaiserin (19. Jh.); Auguste Viktoria, deutsche Kaiserin (19./20. Jh.).

²Auguste: → August.

Augustin: männl. Vorn., Weiterbildung von → Augustus (lat. Augustīnus). Der Name ist allgemein bekannt durch das Lied „Ach, du lieber Augustin". Bekannte Namensträger: der heilige Augustinus, Kirchenlehrer (4./5. Jh.), Namenstag: 28. August; der heilige Augustinus, Apostel der Angelsachsen (6./7. Jh.), Namenstag: 28. Mai.

Augustine: weibl. Vorn., weibliche Form des männlichen Vornamens → Augustin.

Aurelia, (auch:) Aurelie: weibl. Vorn., weibliche Form des männlichen Vornamens → Aurelius. Bekannte literarische Gestalten sind die Aurelie in Goethes Roman „Wilhelm Meisters Lehrjahre" und die Aurelie in E. T. A. Hoffmanns Roman „Die Elixiere des Teufels".

Aurelius: männl. Vorn. lateinischen Ursprungs (lat. Aurēlius, altrömischer Geschlechtername, vgl. Marcus Aurelius, römischer Kaiser).

Aurica: in neuerer Zeit aus dem Rumänischen übernommener weibl. Vorn., eigentlich „die Goldige".

Aurora: weibl. Vorn. lateinischen Ursprungs, eigentlich „Morgenröte" (lat. Aurōra „Göttin der Morgenröte").

Axel: im 19. Jh. aus dem Schwedischen übernommener männl. Vorname. Schwed. Axel ist eine umgebildete Kurzform des biblischen Namens Absalom, der hebräischen Ursprungs ist und eigentlich „Vater des Friedens" bedeutet. – Der Name wurde in Deutschland vor allem durch den schwedischen Arzt und Schriftsteller Axel Munthe (19./20. Jh.) bekannt. – Bekannter Namensträger: Axel von Ambesser, deutscher Schriftsteller und Schauspieler (20. Jh.).

B

Babette, (auch:) Babett: im 17./18. Jh. aus dem Französischen übernommener weibl. Vorn., Verkleinerungsform von → Barbara oder → Elisabeth.

Balda: alter deutscher weibl. Vorn., Kurzform von weiblichen Vornamen, die mit „Bald-" gebildet sind, wie z. B. → Baldegunde.

Baldebert: alter deutscher männl. Vorn. (ahd. bald „kühn" + ahd. beraht „glänzend").

Baldegunde, (auch:) Baldegund: alter deutscher weibl. Vorn. (ahd. bald „kühn" + ahd. gund „Kampf").

¹Balder: Nebenform des männlichen Vornamens → Baldur.

²Balder: Kurzform von männlichen Vornamen, die mit „Bald-" gebildet sind, wie z. B. → Baldebert.

Balduin: alter deutscher männl. Vorn., eigentlich etwa „kühner Freund" (ahd. bald „kühn" + ahd. wini „Freund"). – Balduin war im Mittelalter Traditionsname bei den Grafen von Flandern. Im Französischen entspricht „Baudouin", beachte Baudouin I., König von Belgien. Allgemein bekannt ist der Name durch die Wilhelm-Busch-Gestalt Balduin Bählamm. Engl. Form: Baldwin [báldwin]. – Bekannte Namensträger: Balduin von Trier, Erzbischof (13./14. Jh.); Balduin Möllhausen, deutscher Schriftsteller (19./20. Jh.).

Baldur: aus dem Nordischen übernommener männl. Vorn., der auf den altnordischen Götternamen Baldr zurückgeht. – Nach der altnordischen Mythologie ist Baldr, der Sohn Odins, der Gott des Lichtes und der Fruchtbarkeit. Sein Tod zieht den Tod aller anderen Götter nach sich. Bekannter Namensträger: Baldur von Schirach, nationalsozialistischer Jugendführer (20. Jh.).

Baldwin: → Balduin.

Balthasar: männl. Vorn. babylonischen Ursprungs, eigentlich „Gott schütze sein Leben". Balthasar ist die hebräische Form von babylonisch Baltsazar. Diesen Namen gab der oberste Kämmerer Nebukadnezars dem Propheten Daniel. In Deutschland wurde „Balthasar" im Mittelalter vor allem als Name eines der Heiligen Drei Könige bekannt (vgl. die Vornamen Kaspar und Melchior). – Bekannte Namensträger: Balthasar Neumann, deutscher Baumeister der Barockzeit (17./18. Jh.); Balthasar Gracián y Morales, spanischer Philosoph und Schriftsteller (17. Jh.).

Baptist: männl. Vorn. griechischen Ursprungs, eigentlich „der Täufer" (zu griech. *baptízō* „tauche ein; taufe", *baptistḗs* „Täufer"). Der Name ist eigentlich der Beiname Johannes des Täufers und kommt gewöhnlich in dem Doppelnamen Johann Baptist vor. Bekannte Namensträger: Johann Baptist Zimmermann, dt. Stukkateur und Maler (17./18. Jh.); Johann Baptist Gradl, deutscher Verleger und Politiker (20. Jh.). – Französ. Form: Baptiste [baptißt]. Italien. Form: Battista.

Barb: Kurzform des weiblichen Vornamens Barbara oder eindeutschende Form von französisch Barbe (→ Barbara).

Barbara: aus dem Lateinischen übernommener weibl. Vorn. griechischen Ursprungs, eigentlich „die Fremde" (lat. *barbarus, -a, -um* „fremd, ausländisch; roh, barbarisch" aus gleichbedeutend griech. *bárbaros*). – Zu der Verbreitung des Namens hat die Verehrung der heiligen Barbara aus Nikomedien (3./4. Jh.) beigetragen; Namenstag: 4. Dezember. Die heilige Barbara gehört zu den Vierzehn Nothelfern und ist Schutzpatronin der Bergleute. Bekannte Namensträgerinnen: Barbara Blomberg, Geliebte Kaiser Karls V. (16. Jh.); Barbara Rütting, deutsche [Film]schau-

spielerin (20. Jh.). – Französ. Form: Barbe [barb]. Schwed.Form: Barbro. Russ. Form: Warwara.

Barbe: → Barbara.

Bärbel: weibl. Vorn., Verkleinerungs- oder Koseform von → Barbara.

Barbi: Verkleinerungs- oder Koseform des weiblichen Vornamens → Barbara, besonders in Süddeutschland üblich.

Barbro: → Barbara.

Bardo: männl. Vorn., Kurzform von → Bardolf.

Bardolf, (auch:) **Bardulf:** alter deutscher männl. Vorn. (ahd. *barta* „Streitaxt" + ahd. *wolf* „Wolf"). Der Name kommt heute sehr selten vor.

Barnabas: aus der Bibel übernommener männl. Vorn. aramäischen Ursprungs, eigentlich „Sohn des Trostes". Barnabas ist der Beiname des Leviten Joseph aus Zypern, des Begleiters und Helfers des Apostels Paulus; Namenstag: 11. Juni.

Barnd: männl. Vorn., friesische Kurzform von → Bernhard.

Barnet: aus dem Englischen übernommener männl. Vorn., englische Form von → Bernhard.

Barthel: männl. Vorn., Kurzform von → Bartholomäus.

Barthold: männl. Vorn., niederdeutsche Nebenform von → Berthold. Bekannte Namensträger: Barthold Hinrich Brockes, deutscher Dichter (17./18. Jh.); Barthold Georg Niebuhr, dt. Historiker und Diplomat (18./19. Jh.).

Bartholmäus: aus der Bibel übernommener männl. Vorn. aramäischen Ursprungs, eigentlich „Sohn des Tolmai" (aramäisch Bar Tolmai, griech. Bartholomaĩos). Nach der Bibel war Bartholomäus einer der Jünger Jesu; Namenstag: 24. August. Der Vorname spielt heute kaum noch eine Rolle in der Namengebung. Bekannte Namensträger: Bartholomäus Welser, Stifter des Welserhauses (15./16. Jh.); Bartholomäus Ringwaldt, deutscher Dichter und Theologe (16. Jh.).

Basilius, (auch:) **Basil:** männl. Vorn. griechischen Ursprungs, eigentlich „der Königliche" (griech. Basíleios, zu *basileús* „König"). Bekannter Namensträger: der heilige Basilius, Kirchenlehrer, Erzbischof von Cäsarea, Namenstag: 14. Juni. – Engl. Form: Basil [be̱isil]. Russ. Form: Wassili.

Bastian: männl. Vorn., Kurzform von → Sebastian

Bastien: → Sebastian

Bathilde: alter deutscher weibl. Vorn. (der 1. Bestandteil „Bat-" gehört zu germ. **badwō* „Kampf"; der 2. Bestandteil ist ahd. *hilt[j]a* „Kampf"). Eine Sagengestalt ist die Königstochter Bathilde in der Wielandsage.

Baudouin: → Balduin.

Bea: weibl. Vorn., Kurzform von → Beate.

Beate, (auch:) Beata: weibl. Vorn. lateinischen Ursprungs, eigentlich „die Glückliche" (lat. *beātus, -a, -um* „glücklich"). „Beate" gehört im 20. Jh. zu den beliebtesten weiblichen Vornamen.

Beatrice [... tri̱ße: italien. Ausspr.: ... tri̱tsche]: aus dem Italienischen übernommener weibl. Vorn., der auf mittellateinisch Beatrix (→ Beatrix) zurückgeht. Allgemein bekannt ist der Name durch Beatrice, die Jugendgeliebte Dantes. Bekannte literarische Gestalten sind die Beatrice in Schillers „Braut von Messina" und die Beatrice in Shakespeares „Viel Lärm um nichts".

Beatrix, (auch:) Beatrix: weibl. Vorn. lateinischen Ursprungs, eigentlich „die Beglückende, die Glücklichmachende". Mittellat. Beatrix ist eine Bildung zu lat. *beātus* „glücklich" (vgl. Beate). – Der Name hat früher in der Namengebung beim Adel eine Rolle gespielt, ist aber nie volkstümlich geworden. Bekannte Namensträgerinnen: die heilige Beatrix (3./4. Jh.), Namenstag: 29. Juli; Beatrix von Burgund, 2. Frau Friedrich Barbarossas (12. Jh.); Beatrix, Kronprinzessin der Niederlande (20. Jh.).

Beatus: männl. Vorn. lateinischen Ursprungs, eigentlich „der Glückliche" (lat. *beātus, -a, -um* „glücklich"). Nach der Legende hieß der erste Glaubensbote in der Schweiz Beatus (2. Jh.). Er wird als Patron des Schwei-

zerlandes verehrt.

Becki: Kurz- und Koseform des weiblichen Vornamens → Rebekka. Engl. Form: Becky.

Beda: männl. Vorn., der auf Beda [Venerabilis], den Namen des angelsächsischen Kirchenlehrers (7./8. Jh.) zurückgeht; Gedenktag: 27. Mai. Ursprung und Bedeutung von „Beda" sind dunkel.

Beke, (auch:) Beka: weibl. Vorn., niederdeutsche Koseform von → Berta.

Béla: ungarische Form des männlichen Vornamens Adalbert. Bekannter Namensträger: Béla Bartók, ungarischer Komponist (19./20. Jh.).

Bele: weibl. Vorn., Kurzform – eigentlich Lallform aus der Kindersprache – von → Gabriele. Bekannte Namensträgerin: Bele Bachem, deutsche Malerin (20. Jh.).

Belinda Lee

Belinda: im 20. Jh. aus dem Englischen übernommener weibl. Vorn.; Herkunft und Bedeutung des Vornamens sind unklar. Der Vorname wurde in Deutschland durch die englische Filmschauspielerin Belinda Lee (20. Jh.) bekannt.

¹**Bella:** aus dem Italienischen oder Spanischen übernommener weibl. Vorn., eigentlich „die Schöne" (italien., span. *bello, -a* „schön").

²**Bella:** Kurzform von weibl. Vorn.,

die mit „-bella" gebildet sind, besonders von → Isabella.

Ben: männl. Vorn., Kurzform von → Benjamin, die wahrscheinlich aus dem Englischen übernommen worden ist. Beachte: Nicht identisch damit ist Ben in jüdischen Familiennamen, wie z. B. in [David] Ben Gurion. Hebräisch *ben* bedeutet „Sohn".

Bendine: weibl. Vorn., friesische Kurzform von → Bernhardine.

Bendix: männl. Vorn., Kurzform von → Benedikt.

Benedetta: → Benedikta.

Benedetto: → Benediktus.

Benedikt, (auch:) Benediktus: männl. Vorn. lateinischen Ursprungs, eigentlich „der Gesegnete" (mittellat. Bene-

Benedikt von Nursia

dictus, zu lat. *benedīcere* „segnen"). Als Name des heiligen Benediktus von Nursia (5./6. Jh.), des Vaters des abendländischen Mönchtums, war Benedikt[us] früher weit verbreitet. Namenstag: 21. März. – Bekannt ist der Name auch durch den Benedikt in Shakespeares „Viel Lärm um nichts". Italien. Formen: Benedetto; Benito. Französ. Form: Benoît [benoá]. Engl. Formen: Benedict [bänidikt]; Bennet [bänit]. Schwed. Form: Bengt. Dän. Form: Bent.

Benedikta: weibl. Vorn., weibliche Form des männlichen Vornamens

→ Benedikt. Italien. Form: Benedetta. Span. Form: Benita.

Bengt: → Benedikt.

Benigna: weibl. Vorn. lateinischen Ursprungs, eigentlich „die Gütige" (lat. *benīgnus, -a, -um* „gütig"). Der Vorname kommt in Deutschland schon immer nur vereinzelt vor.

Benignus: männl. Vorn. lateinischen Ursprungs, eigentlich „der Gütige" (lat. *benīgnus, -a, -um* „gütig). Der Vorname kommt in Deutschland schon immer nur vereinzelt vor.

Benita: aus dem Spanischen übernommener weibl. Vorn., spanische Form von → Benedikta.

Benjamin: aus der Bibel übernommener männl. Vorn. hebräischen Ursprungs, eigentlich „Sohn der rechten Hand" (= „Glückskind"). – Nach der Bibel war Benjamin der jüngste Sohn Jakobs. Seine Mutter Rahel, die bei der Geburt stirbt, nannte ihn Benoni „Sohn des Schmerzes", aber Jakob änderte seinen Namen in Benjamin. – Der Name kam in Deutschland im 16. Jh. auf, ist aber nicht volkstümlich geworden. Bekannte Namensträger: Benjamin Franklin, amerikanischer Staatsmann (18. Jh.); Benjamin Vautier, schweizerischer Maler (19. Jh.).

Bennet: → Bernhard.

Benno: alter deutscher männl. Vorn., Kurzform von → Bernhard. Das inlautende *r* wird in Kurz- und Koseformen häufig beseitigt, vgl. das Verhältnis von Irma (Irmgard, Irmtraud) zu Imma, Imme. Bekannte Namensträger: der heilige Benno, Bischof von Meißen (11./12. Jh.), Namenstag: 16. Juni; Benno Reifenberg, deutscher Publizist und Schriftsteller (19./20. Jh.).

Benny: englischer männl. Vorn., Koseform von → Benjamin. Bekannter Namensträger: Benny Goodman, amerikanischer Jazzmusiker (20. Jh.).

Bénoît: → Benedikt.

Bent: → Benedikt.

Beppo: aus dem Italienischen übernommener männl. Vorn., Koseform – eigentlich Lallform aus der Kindersprache – von Giuseppe (→ Joseph). Bekannter Namensträger: Beppo

Brem, deutscher [Film]schauspieler (20. Jh.).

Berenike, (auch): Berenice: weibl. Vorn. griechischen (mazedonischen) Ursprungs, eigentlich „die Siegbringerin".

Berhard: Nebenform des männlichen Vornamens → Bernhard.

Berit: in neuerer Zeit aus dem Schwedischen übernommener weibl. Vorn., Nebenform von → Birgit.

Berlind, (auch:) Berlinde, Berlindis: alter deutscher weibl. Vorn. (ahd. *bero* „Bär" + ahd. *linta* „Schild [aus Lindenholz]"). Der Vorname spielt heute in der Namengebung kaum noch eine Rolle.

Berna: weibl. Vorn., Kurzform von → Bernharde.

Bernadette [...dät]: französischer weibl. Vorn., Verkleinerungsform von Bernarde (→ Bernharde). Der Vorname ist allgemein bekannt durch die heilige Bernadette (Maria Bernarda Soubirous), die in einer Grotte bei Lourdes mehrere Marienerscheinungen erlebte (literarisch behandelt von Werfel in dem Roman „Das Lied von Bernadette").

Bernald: → Bernold.

Bernard: → Bernhard.

Bernd, (auch:) Bernt: männl. Vorn., Kurzform von → Bernhard. Zur Beliebtheit des Namens hat Bernd Rosemeyer, der deutsche Automobilrennfahrer (20. Jh.), beigetragen. Bekannter Namensträger: Bernt von Heiseler, deutscher Schriftsteller (20. Jh.).

Bernhard: alter deutscher männl.Vorn. (ahd. *bero* „Bär" + ahd. *harti, herti* „hart"), eigentlich etwa „hart, kräftig, ausdauernd wie ein Bär". Zur großen Beliebtheit des Namens im Mittelalter trug die Verehrung des heiligen Bernhard von Clairvaux (11./12. Jh.) bei; Namenstag: 20. August. Im 19. Jh. fand der Name vor allem durch die Ritterdichtung und romantische Dichtung größere Verbreitung. Bekannte Namensträger: der heilige Bernhard von Menthon, Archidiakon von Aosta, Patron der Alpinisten (10./11. Jh.); Herzog Bernhard von Sachsen-Weimar,

Heerführer im Dreißigjährigen Krieg (17. Jh.); Bernhard Kellermann, deutscher Schriftsteller (19./20. Jh.); Bernhard Grzimek, deutscher Zoologe (20. Jh.); Bernhard Wicki, schweizerischer [Film]schauspieler und Regisseur. – Französ. Form: Bernard [bärnar]. Italien. Form: Bernardo. Engl. Form: Bernard [bö rn ed].

Bernharde, (auch:) Bernharda: weibl. Vorn., weibliche Form des männlichen Vornamens → Bernhard. – Französ. Form: Bernarde [bärnard].

Bernhardine: weibl. Vorn., Weiterbildung von → Bernharde.

Bernhelm: alter deutscher männl.

Bernd Rosemeyer

Vorn. (ahd. *bero* „Bär" + ahd. *helm* „Helm").

Bernhild, (auch:) Bernhilde: alter deutscher weibl. Vorn. (ahd. *bero* „Bär" + ahd. *hilt[j]a* „Kampf").

Bernhold: → Bernold.

Berno: alter deutscher männl. Vorn., Kurzform von Namen, die mit „Bern-" gebildet sind, besonders von → Bernhard. Bekannter Namensträger: Berno, Abt von Reichenau (10./11. Jh.), Namenstag: 13. Januar.

Bernold, (auch:) Bernhold; Bernald: alter deutscher männl. Vorn., eigentlich etwa „der wie ein Bär herrscht" (ahd. *bero* „Bär" + ahd. *-walt* zu *waltan* „walten, herrschen").

Bernward: alter deutscher männl. Vorn. (ahd. *bero* „Bär" + ahd. *wart* „Hüter, Schützer"). Bekannter Namensträger: der heilige Bernward, Bischof von Hildesheim (10./11. Jh.), N a m e n s t a g : 26. Oktober.

Bero: männl. Vorn., Kurzform von Namen, die mit „Bern-" gebildet sind, besonders von → Bernhard.

Bert: männl. Vorn., Kurzform von Namen, die mit „Bert-" oder „-bert" gebildet sind, z. B. → Berthold, →Bertram oder → Albert, → Herbert.

Berta, (älter auch:) Bertha: alter deutscher weibl. Vorn., eigentlich „die Glänzende" (zu ahd. *beraht* „glänzend"). Wahrscheinlich ist Berta eine alte Kurzform von weiblichen Vornamen, die mit „Bert-" oder „-berta" gebildet sind, wie z. B. → Berthilde oder → Amalberta. – Der Name, der im Mittelalter sehr beliebt war, wurde zu Beginn des 19. Jh., durch die Ritterdichtung und romantische Dichtung neu belebt. Eine literarische Gestalt ist die Berta von Bruneck in Schillers Drama „Wilhelm Tell". Bekannte Namensträgerinnen: Bert[h]a von Avenay, Äbtissin (7. Jh.), N a m e n s t a g : 1. Mai; Bertha (Berhta), Frau Pippins des Kleinen, Mutter Karls des Großen (8. Jh.); Bertha von Suttner, österreichische Schriftstellerin, Trägerin des Friedensnobelpreises (19./20. Jh.); Berta Drews, deutsche [Film]schauspielerin (20. Jh.).

[1]Bertel: Verkleinerungs- oder Koseform des männlichen Vornamens → Berthold. – Schwed. Form: Bertil.

[2]Bertel: Verkleinerungs- oder Koseform des weiblichen Vornamens → Berta.

Bertfried: alter deutscher männl. Vorn. (ahd. *beraht* „glänzend" + ahd. *fridu* „Schutz vor Waffengewalt, Friede").

Berthild, (auch): Berthilde: alter deutscher weibl. Vorn. (ahd. *beraht* „glänzend" + ahd. *hilt[j]a* „Kampf").

Berthold, (auch:) Bertold, Bertolt: alter deutscher männl. Vorn., der sich aus ahd. Berhtwald (ahd. *beraht* „glänzend" + ahd. *-walt* zu *waltan* „walten; herrschen") entwickelt hat, eigentlich etwa „der glänzend Herrschende". – Der Name spielte bei den Herzögen von Zähringen eine bedeutende Rolle und war daher vor allem in Südwestdeutschland sehr beliebt. Bekannte Namensträger: der heilige Berthold von Garsten, Benediktinermönch (11./12. Jh.), N a m e n s t a g : 27. Juli; Berthold von Regensburg, deutscher Franziskaner (13. Jh.); Berthold von Holle, niederdeutscher Dichter am Braunschweiger Hofe (13. Jh.); Berthold (Schwarz), angeblicher Erfinder des Schießpulvers (14. Jh.); Bertolt Brecht, deutscher Dichter (19./20. Jh.); Berthold Beitz, deutscher Industriekaufmann (20. Jh.).

Berti: Verkleinerungs- oder Koseform des männlichen Vornamens → Berthold.

Bertil: → Bertel.

Bertina, (auch:) Bertine: weibl. Vorn., Kurzform von Namen wie → Albertina, Albertine.

Berto: männl. Vorn., Kurzform von Namen, die mit „Bert-" gebildet sind, besonders von → Berthold.

Bertold: → Berthold.

Bertolf, (auch:) Bertulf: alter deutscher männl. Vorn. (ahd. *beraht* „glänzend" + ahd. *wolf* „Wolf").

Bertram: alter deutscher männl. Vorn., der sich aus ahd. Beraht-hraban (ahd. *beraht* „glänzend" + ahd. *hraban* „Rabe") entwickelt hat, eigentlich „glänzender Rabe". Bekannter Namensträger: Meister Bertram, deutscher Maler und Bildschnitzer (14./15. Jh.).

Bertrand: alter deutscher männl. Vorn. (ahd. *beraht* „glänzend" + ahd. *rant* „Schild").

Bertrun, (auch:) Bertrune: alter deutscher weibl. Vorn. (ahd. *beraht* „glänzend" + ahd. *rūna* „Geheimnis; geheime Beratung").

Beryl: im 20. Jh. aus dem Englischen übernommener weibl. Vorn., der wahrscheinlich mit engl. *beryl* „Beryll, kristallisierendes Mineral" identisch ist. In England ist z. B. auch Pearl (identisch mit *pearl* „Perle") als weiblicher Vorname gebräuchlich.

Bess: englischer weibl. Vorn., Kurzform von Elizabeth (→ Elisabeth). Eine bekannte Operngestalt ist die Bess in Gershwins Oper „Porgy and Bess".

Bessy: englischer weibl. Vorn., Kurz- und Koseform von Elizabeth (→ Elisabeth).

Betsy: englischer weibl. Vorn., Kurz- und Koseform von Elizabeth (→ Elisabeth).

Betti: weibl. Vorn., Kurz- und Koseform von → Elisabeth. – Engl. Form: Betty.

Bettina, (auch:) Bettine: weibl. Vorn., Weiterbildung einer Kurzform von → Elisabeth (vgl. Betti). Der Name ist wahrscheinlich aus dem Italienischen übernommen worden. Die italien. Form von Elisabeth ist Elisabetta; Kurzform dazu ist Betta (vgl. das Verhältnis Angela: Angelina). Bekannte Namensträgerin: Bettina von Arnim, deutsche Dichterin (18./19. Jh.).

Betty: → Betti.

Bianca, (auch:) Bianka: aus dem Italienischen übernommener weibl. Vorn., eigentlich „die Weiße" (zu italien. *bianco, -a* „weiß"; das aus dem Germanischen stammt, vgl. ahd. *blanch* „blank", mhd. *blanc* „blank; weißglänzend; schön"). Literarische Gestalten sind die Bianca in Shakespeares Komödie „Der Widerspenstigen Zähmung" und die Bianka in Eichendorffs Novelle „Das Marmorbild".

Bibiana: weibl. Vorn. lateinischen Ursprungs, dessen Bedeutung unklar ist. Der Name fand im Mittelalter Verbreitung durch die Verehrung der heiligen Bibiana, Märtyrerin (4. Jh.), N a m e n s t a g : 2. Dezember. Heute kommt er sehr selten vor.

Biddy: → Brigitte.

Bill: englischer männl. Vorn., Anredeform für William (→ Wilhelm).

Billfried: alter deutscher männl. Vorn. (ahd. *billi* „Schwert" + ahd. *fridu* „Schutz vor Waffengewalt, Friede").

Billhard: alter deutscher männl. Vorn.

(ahd. *billi* „Schwert" + ahd. *harti, herti* „hart").

Billhild: alter deutscher weibl. Vorn. (ahd. *billi* „Schwert" + ahd. *fridu* „Schutz vor Waffengewalt, Friede"). Bekannte Namensträgerin: die heilige Bilhild, Äbtissin (8. Jh.), N a m e n s t a g : 27. November.

Billo: männl. Vorn., Kurzform von Namen, die mit „Bill-" gebildet sind, wie z. B. → Billhard.

Billy: englischer männl. Vorn., Koseform von → Bill.

Bine, (auch:) Bina: weibl. Vorn., Kurzform von Namen, die auf „-bine, -bina" ausgehen, besonders von → Sabine, Sabina.

Birger: im 20. Jh. aus dem Nordischen (Schwedischen, Norwegischen) übernommener männl. Vorn., wohl Kurzform von Namen wie altschwed. Biærgh-ulf „Bergwolf". – Der Name wurde in Deutschland vor allem durch skandinavische Sportler bekannt.

Birgit: aus dem Schwedischen übernommener weibl. Vorn., kürzere Form von → Birgitta. – Bekannte Namensträgerin: Birgit Nilsson, schwedische Opernsängerin (20. Jh.).

Birgitta: aus dem Schwedischen übernommener weibl. Vorn., der sich aus der älteren Form Brighitta entwickelt

HI. Birgitta von Schweden

hat und mit → Brigitte identisch ist. – Zu der Verbreitung des Namens wie auch der Namensformen Brigitta, Brigitte hat die Verehrung der heiligen Birgitta von Schweden (14. Jh.) beigetragen; Namenstag: 8. Oktober. Die heilige Birgitta war eine bedeutende Mystikerin und gründete den Erlöserorden (Birgittenorden).

Birk: männl. Vorn., alemannische Kurzform von → Burkhard.

Birke: im 20. Jh. aufgekommener weibl. Vorn., der mit dem Baumnamen identisch ist; vgl. die Namen → Jasmin und → Rose.

Birte: in neuerer Zeit aus dem Schwedischen übernommener weibl. Vorn., Kurzform von → Birgit.

Biterolf: alter deutscher männl. Vorn. (ahd. *bittar* „beißend" + ahd. *wolf* „Wolf"). Bekannt ist Biterolf als Name eines Helden aus dem Sagenkreis um Dietrich von Bern.

Björn: im 20. Jh. aus dem Norwegischen (oder Schwedischen) übernommener männl. Vorn., eigentlich „Bär" (norweg. *bjørn,* schwed. *björn* „Bär"). Der Name wurde in Deutschland vor allem durch skandinavische Sportler bekannt.

Blanche [blangsch]: im 20. Jh. aus dem Französischen übernommener weibl. Vorn., eigentlich „die Weiße" (zu französ. *blanc, blanche* „weiß", das aus dem Germanischen stammt, vgl. ahd. *blanch* „blank", mhd. *blanc* „blank; weißglänzend; schön").

Blanda: weibl. Vorn. lateinischen Ursprungs, eigentlich „die Freundliche, Reizende" (zu lat. *blandus, -a, -um* „schmeichelnd; liebkosend; freundlich; reizend"). Der Vorname kommt schon immer in Deutschland sehr selten vor.

Blandine, (auch:) Blandina: weibl. Vorn., Weiterbildung von → Blanda. Zu der Verbreitung des Namens im Mittelalter trug vor allem die Verehrung der heiligen Blandina (2. Jh.) bei; Namenstag: 2. Juni. Bekannte Namensträgerin: Blandine Ebinger, deutsche Schauspielerin (20. Jh.).

Blanka: aus dem Spanischen stammender weibl. Vorn., eigentlich „die Weiße" (zu span. *blanco, -a* „weiß", das aus dem Germanischen stammt, vgl. ahd. *blanch* „blank", mhd. *blanc* „blank; weißglänzend; schön").Blanka fand als Name der heiligen Blanka (12./13. Jh.) Verbreitung; Namenstag: 2. Dezember. Die heilige Blanka war die Tochter König Alfons' VIII. Sie heiratete König Ludwig VIII. und war bis zur Volljährigkeit ihres Sohnes, Ludwigs IX., Regentin.

Blasius: aus dem Lateinischen übernommener männl. Vorn., dessen Bedeutung und weitere Herkunft dunkel sind. Der Name wurde im Mittelalter durch den heiligen Blasius (3./4. Jh.) volkstümlich; Namenstag: 3. Februar. Der heilige Blasius ist einer der Vierzehn Nothelfer. Der Blasiussegen wird zum Schutze gegen Halskrankheiten erteilt.

Bob: englischer männl. Vorn., Kurzform – eigentlich Lallform aus der Kindersprache – von → Robert.

Bobby: englischer männl. Vorn., Kurz- und Koseform von → Robert.

Bodil: aus dem Schwedischen übernommener weibl. Vorn., dessen Herkunft und Bedeutung unklar sind.

Bodo: alter deutscher männl. Vorn., wahrscheinlich eine früh selbständig gewordene Kurzform von Namen wie → Bodomar und → Bodowin. – Der Name war in altdeutscher Zeit sehr beliebt. In der Neuzeit wurde er zu Beginn des 19. Jh.s durch die Ritterdichtung und romantische Dichtung neu belebt.

Bodomar, (auch:) Bodmar: alter deutscher männl. Vorn. (der 1. Bestandteil ist wahrscheinlich ahd. *boto,* asächs. *bodo* „Bote"; der 2. Bestandteil ist ahd. *-mār* „groß, berühmt", vgl. *māren* „verkünden, rühmen").

Bodowin, (auch:) Bodwin, Botwin: alter deutscher männl. Vorn. (der 1. Bestandteil ist wahrscheinlich ahd. *boto,* asächs. *bodo* „Bote"; der 2. Bestandteil ist ahd. *wini* „Freund").

Bogdan: aus dem Slawischen übernommener männl. Vorn., der – wie auch Theodor – eigentlich „Gottesgeschenk" bedeutet (vgl. russ. *bog* „Gott", *dan* „Abgabe, Tribut").

Bogislaw, (auch:) Bogislav; Boguslaw, Boguslav: aus dem Slawischen über-

nommener männl. Vorn., eigentlich
„Ruhm oder Lob Gottes" (vgl. russ.
bog „Gott", *sláva* „Ruhm, Lob,
Ehre"). „Bogislaw" entspricht der
deutsche Vorname Gottlob.
Bogumil: aus dem Slawischen übernommener männl. Vorn., eigentlich
„Gottlieb" (vgl. russ. *bog* „Gott",
milyj „lieb; lieblich; angenehm").
Bohumil: tschechische Form des männ-
lichen Vornamens → Bogumil.
Bohuslaw: tschechische Form des
männlichen Vornamens → Bogislaw.
Boi, (auch:) Boie: → Boje.
Boje, (auch:) Boie, Boi; Boy: friesi-
scher männl. Vorn., eigentlich „Kna-
be". Der friesische Name entspricht
dem engl. Wort *boy* „Knabe, Junge".
Bekannter Namensträger: Boy Go-
bert, deutscher Schauspieler (20. Jh.).
Boleslaw, (auch:) Boleslav: aus dem
Slawischen übernommener männl.
Vorn., eigentlich wohl „mehr Ruhm"
(vgl. russ. *bólee* „mehr", *sláva* „Ruhm,
Lob, Ehre"). Bekannter Namens-
träger: Boleslaw Barlog, deutscher
Regisseur und Intendant (20. Jh.).
Bolko: männl. Vorn., Kurzform von
→ Boleslaw.
Bolo: männl. Vorn., Kurzform von
→ Boleslaw. Bolo ist weniger ge-
bräuchlich als die Kurzform → Bolko.
Bonaventura: aus lateinischen Be-
standteilen gebildeter männl. Vorn.,
eigentlich „gute Zukunft" (lat. *bonus,
-a, -um* „gut" + *ventūra* „Zukunft"
zu *venīre* „kommen"). – „Bonaventura" fand als Name des heiligen
Bonaventura (13. Jh.) Verbreitung;
Namenstag: 14. Juli. Der heilige
Bonaventura war ein bedeutender
Kirchenlehrer und General des Fran-
ziskanerordens. – Der Name Bonaventura ist auch durch den Roman
„Die Nachtwachen des Bonaventura", eines der bedeutendsten Werke
der Hochromantik, bekannt.
Bonifatius, (auch:) Bonifaz: männl.
Vorn. lateinischen Ursprungs, eigentlich „der gutes Geschick Ver-
heißende" (mittellat. Bonifātius, zu
lat. *bonus, -a, -um* „gut" + lat. *fārī
[for, fātum]* „verkünden, verheißen").
Der Name wurde später in Bonifacius
umgedeutet, eigentlich „der Gutes

tut, Wohltäter" (zu lat. *facere* „tun,
machen"). – „Bonifatius" war im
Mittelalter beliebter Papstname. Zur
Verbreitung des Namens trug vor
allem die Verehrung des heiligen Bonifatius, des Apostels der Deutschen,
bei (7./8. Jh.); Namenstag: 5. Juni.
Bekannt ist der Name auch als Bezeichnung eines Tages der Eisheiligen
(14. Mai).
Boppo: alter deutscher männl. Vorn.,
eigentlich Lallwort mit der Bedeutung „Bube, Junge". Boppo war
traditioneller Name bei dem fränk.
Grafengeschlecht der Babenberger.
Börge: im 20. Jh. aus dem Nordischen
(dän., norweg. Børge, vgl. schwed.
Börje) übernommener männl. Vorn.,
Nebenform von → Birger.
Boris: aus dem Slawischen (Russischen, Bulgarischen) übernommener
männl. Vorn., Kurzform von Namen,
die mit *bor-* „Kampf" gebildet sind.
Bekannte Namensträger: Boris I.,
erster christlicher Herrscher Bul-
gariens (9./10. Jh.); Boris Godunow,
russischer Zar (16./17. Jh.); Boris
Pasternak,russischer Dichter (20.Jh.);
Boris Blacher, deutscher Komponist
(20. Jh.).
Bork: männl. Vorn., niederdeutsche
Kurzform von → Burkhard.
Börries, (auch:) Borries: männl. Vorn.,
niederdeutsche Kurzform von → Liborius. Bekannter Namensträger:
Börries Freiherr von Münchhausen,
deutscher Dichter (19./20. Jh.).
Bosse, (auch:) Bosso: männl. Vorn.,
niederdeutsche Kurzform von
→ Burkhard.
Boto, (auch:) Botho: alter deutscher
männl. Vorn., Nebenform von →Bo-
do.
Boy: → Boje.
Brand: männl. Vorn., Kurzform von
Namen, die mit „Brand-" oder
„-brand" gebildet sind, wie z. B.
→ Brandolf und → Hildebrand.
Brandolf: alter deutscher männl. Vorn.
(ahd. *brant* „[brennenden Schmerz
verursachende] Waffe, Schwert" +
ahd. *wolf* „Wolf").
Brecht: männl. Vorn., Kurzform von
Namen, die mit „-brecht" gebildet
sind, besonders von → Albrecht.

Briddy: → Brigitte.

Bride: → Brigitte.

Bridget: → Brigitte.

Briga, (auch:) Brigga: weibl. Vorn., Kurzform von → Brigitte.

Brigitte, (auch:) Brigitta: weibl. Vorn. keltischen Ursprungs. Altirisch Brigit, latinisiert Brigida, bedeutet eigentlich „die Hohe, die Erhabene".–Der Name geht auf die heilige Brigitte (5./6 .Jh.), die legendäre Gründerin des Klosters Kildare und irische Nationalheilige, zurück. Im Rahmen der Missionstätigkeit irischer und schottischer Mönche auf dem Festland fand ihr Kult schon früh auch in Deutschland, vor allem in West- und Süddeutschland, Verbreitung. – Mit „Brigitte" identisch ist der aus dem Schwedischen übernommene weibl. Vorn. → Birgitta, der gleichfalls auf den Namen der irischen Heiligen zurückgeht. Auch die Verehrung der heiligen Birgitta oder Brigitta von Schweden (14. Jh.) hat zu der Verbreitung der Namensform Brigitte in Deutschland beigetragen. – Eine bekannte literarische Gestalt ist die Brigitta in Adalbert Stifters gleichnamiger Novelle. Bekannte Namensträgerinnen: Brigitte Horney, deutsche [Film]-schauspielerin (20. Jh.); Brigitte Bardot, französische Filmschauspielerin (20. Jh.). – Französ. Form: Brigitte [brischit]. Engl. Formen: Brigit, Bridget [bridschit]; Kurz- und Koseformen dazu: Bride [braid], Briddy [bridi], Biddy [bidi].

Brit: in neuerer Zeit aus dem Schwedischen übernommener weibl. Vorn., Kurzform von → Birgit, Birgitta.

Britta: weibl. Vorn., Kurzform von → Brigitte.

Broder: friesischer männl. Vorn., eigentlich „Bruder".

Bronia: weibl. Vorn., Kurzform von → Bronislawa.

Bronislaw, (auch:) Bronislav: aus dem Slawischen übernommener männl. Vorn. (vgl. russ. *bronja* „Brünne, Harnisch, Panzer", *sláva* „Ruhm, Lob, Ehre").

Bronislawa, (auch:) Bronislava: weibl. Vorn., weibliche Form des männlichen Vornamens → Bronislaw.

Bror: männl. Vorn., Kurzform von → Broder.

Brun: alter deutscher männl. Vorn., Kurzform von Bruno. Bekannter Namensträger: der heilige Brun von Querfurt, sächsischer Missionar (10./ 11. Jh.).

Bruna: weibl. Vorn., Kurzform von → Brunhild.

Brunhild, (auch:) Brunhilde: alter deutscher weiblicher Vorn., eigentlich „Kämpferin in der Brünne" (ahd. *brunni* „Brünne, Brustpanzer" + ahd. *hilt[j]a* „Kampf"). Der Name ist vor allem durch die Brunhild der Nibelungensage, die Frau König Gunthers und Rivalin Kriemhilds, bekannt. Zur Verbreitung des Namens trug auch Richard Wagners Opernzyklus „Der Ring des Nibelungen" bei.

Bruni: weibl. Vorn., Kurz- und Koseform von → Brunhild. Bekannte Namensträgerin: Bruni Löbel, deutsche [Film]schauspielerin (20. Jh.).

Bruno: alter deutscher männl. Vorn., eigentlich „der Braune" als Bezeichnung des Bären (zu ahd.*brūn* „braun"; auch unser Wort *Bär* bedeutet eigentlich „der Braune"). „Bruno" war ursprünglich Beiname und schrieb dem Träger die Eigenschaften des Bären zu. – Der Name, der im Mittelalter sehr beliebt war und in der Namengebung im sächsischen Herzogsgeschlecht eine bedeutende Rolle spielte, kam im ausgehenden Mittelalter außer Gebrauch. Er wurde zu Beginn des 19. Jh.s durch die Ritterdichtung neu belebt. Eine bekannte literarische Gestalt ist der Bruno in Gerhart Hauptmanns Drama „Die Ratten". Bekannte Namensträger: der heilige Bruno, Erzbischof von Köln und Herzog von Lothringen, Sohn Kaiser Heinrichs I. und Bruder Kaiser Ottos I. (10. Jh.); Namenstag: 11. Oktober; der heilige Bruno von Köln, Gründer des Kartäuserordens (11./12. Jh.); Namenstag: 6. Oktober; Bruno Frank, deutscher Schriftsteller (19./20. Jh.); Bruno Walter, deutscher Dirigent (19./ 20. Jh.); Bruno Apitz, deutscher Schriftsteller (20. Jh.).

Brunold: alter deutscher männl. Vorn. (ahd. *brūn* „der Braune, Bär" + ahd. *-walt* zu *waltan* „walten, herrschen"), eigentlich etwa „der wie ein Bär herrscht".

Bruntje: friesische Verkleinerungs- oder Koseform des weiblichen Vornamens → Brunhild.

Burga: weibl. Vorn., Kurzform von Namen, die mit „Burg-" oder „-burg" gebildet sind, wie z. B. → Burghild oder → Walburga.

Burgel, (oberdeutsch auch:) Burgl: Verkleinerungs- oder Koseform des weiblichen Vornamens → Burga; v.a. in Süddeutschland gebräuchlich.

Burghild, (auch:) Burghilde: alter deutscher weibl. Vorn. (ahd. *burg* „Burg" + ahd. *hilt[j]a* „Kampf").

Burk, (auch:) Bürk: männl. Vorn., Kurzform von → Burkhard.

Burkhard, (auch:) Burchard; Burghard; Burkhart, Burkart: alter deutscher männl. Vorn. (ahd. *burg* „Burg" + ahd. *harti, herti* „hart"). Der Name war früher besonders in Franken und Schwaben beliebt. Bekannte Namensträger: der heilige Burkhard, Bischof von Würzburg (8. Jh.), Namenstag: 14. Oktober; Burkhart von Hohenfels, schwäbischer Minnesänger (13. Jh.); Burkhard Waldis, deutscher Dichter (15./16. Jh.).

Burt [bö^{r}t]: englischer männl. Vorn., Kurzform von Burton (eigentl. engl. Familienname), z.T. auch nur andere Schreibung von Bert (Kurzform von Albert). Bekannter Namensträger: Burt Lancaster, amerik. Filmschauspieler (20. Jh.).

Busse, (auch:) Busso: männl. Vorn., niederd. Kurzform von → Burkhard.

C

Cäcilie, (auch:) Cäcilia; Zäzilie; Zäzilia: weibl. Vorn. lateinischen Ursprungs. Lat. Caecilia ist weibliche Form des altrömischen Geschlechternamen Caecilius und bedeutet also „Frau aus dem Geschlecht der Caecilier". Da der Ahnherr dieses Geschlechts blind gewesen sein soll, ist Caecilius wahrscheinlich eine Bildung zu lat. *caecus, -a, -um* „blind".– Zu der Verbreitung des Namens hat vor allem die Verehrung der heiligen Cäcilie (3. Jh.) beigetragen; Namenstag: 22. November. Seit dem 15. Jh. wird die heilige Cäcilie, die nach der Legende die Orgel erfand, auch als Schutzheilige der Musik verehrt. – Bekannte Namensträgerin: Kronprinzessin Cecilie von Preußen (19./20. Jh.). – Französ. Form: Cécile [ßeßil]. Engl. Form: Cecily [ßißili].

Cajus: → Kajus.

Camilla, (auch:) Kamilla: weibl. Vorn. lateinischen (etruskischen) Ursprungs, eigentlich „Opfer-, Altardienerin" (zu lat. *camilla* „edelgeborenes unerwachsenes Mädchen"). Der Name kam in Deutschland im 19. Jh. auf. Eine bekannte literarische Gestalt ist die Camilla in Stifters Novelle „Die Schwestern". Bekannte Namensträgerin: Camilla Horn, deutsche Filmschauspielerin (20. Jh.).

Camillo, (auch:) Kamillo: aus dem Italienischen übernommener männl. Vorn., der auf lateinisch *camillus* „edelgeborener Knabe als Opfer-, Altardiener" zurückgeht (vgl. Camilla). Der Vorname ist allgemein bekannt durch den Don Camillo in Guareschis Roman „Don Camillo und Peppone".

Candida, (auch:) Kandida: weibl. Vorn. lateinischen Ursprungs, eigentlich „die blendend Weiße, Fleckenlose, Lautere" (zu lat. *candidus, -a, -um* „blendend weiß; fleckenlos; heiter; rein, lauter, ehrlich"). Eine bekannte literarische Gestalt ist die Candida in George Bernard Shaws gleichnamigem Stück.

Candidus: männl. Vorn., eigentlich „der Fleckenlose, Lautere" (s. Candida). Der Name kommt ganz selten vor.

Carina, (auch:) Karina: im 20. Jh. aus dem Italienischen übernommener weibl. Vorn., eigentlich „die Hübsche" (zu italien. *carino, -a* „hübsch, lieb"). Vgl. aber den Vornamen ¹Karina.

Caritas: → Charitas.

Carl: → Karl.

Carla: latinisierende Schreibung des weiblichen Vornamens → Karla.

Carlo: italienische Form des männlichen Vornamens → Karl. Bekannte Namensträger: Carlo Schmid, deutscher Politiker (19./20. Jh.); Carlo Mierendorff, deutscher Politiker (19./20. Jh.).

Carlos: → Karl.

Carlota: → Charlotte.

Carlotta: → Charlotte.

Carmela: aus dem Spanischen übernommener weibl. Vorn., volkstümliche Nebenform von → Carmen.

Carmen: aus dem Spanischen übernommener weibl. Vorname. Span. Carmen ist gekürzt aus Virgen del Carmen „Jungfrau [Maria] vom Berge Karmel", deren Fest (16. Juli) auf ein Marienbild zurückgeht, das sich in dem Karmeliterkloster auf dem palästinischen Berge Karmel befindet. Auch andere spanische weibliche Vornamen beziehen sich auf Marienfeste, z. B. → Mercedes und Asunción (→ Assunta). – Zu der Verbreitung des Namens in Deutschland trug Georges Bizets Oper „Carmen" (1875) bei.

¹**Carol** [kärᵉl]: englischer weibl. Vorn., Kurzform von → Caroline.

²**Carol** [kärᵉl]: englischer männl. Vorn. vereinzelt wohl Kürzung aus → Carolus, meist aber anglisierte Form von poln. Karol und tschech. Karel (→ Karl), vor allem in Amerika bei Nachkommen von poln. und tschech. Einwanderern.

Carola, (auch:) Karola: weibl. Vorn., latinisierte Form von → Karla. Bekannte Namensträgerin: Carola Höhn, deutsche [Film]schauspielerin (20. Jh.).

Carolina, (auch:) Karolina: weibl. Vorn., Weiterbildung von → Carola. Der Vorname ist heute modisch.

Caroline: → Karoline.

Caroline [kärᵉlain]: → Karoline.

Carolus: männl. Vorn., latinisierte Form von → Karl.

Carry, (auch:) Carrie [käri]: engl. Koseform des weiblichen Vornamens Carol, Caroline (→ Karoline).

Carsta: → Karsta.

Carsten: → Karsten.

Cäsar: männl. Vorn. lateinischen Ursprungs (lat. Caesar ist altrömischer Familienname). Nach volkstümlicher Deutung soll der Name Caesar zu dem Verb *caedere, caesum* „schlagen, hauen, [heraus]schneiden" gehören, weil der erste Träger dieses Namens bei der Geburt aus dem Mutterleib herausgeschnitten worden sein soll.

Gajus Julius Cäsar

Im Mittelalter war der Name in der Form Cäsarius gebräuchlich: der heilige Cäsarius, Erzbischof von Arles (5./6. Jh.), Namenstag: 27. August; Cäsarius von Heisterbach, deutscher Geschichtsschreiber und Erzähler (12./13. Jh.). – „Cäsar" kam in Deutschland als Name des römischen Feldherrn und Staatsmannes C. Julius Cäsar in der Zeit des Humanismus (15./16. Jh.) auf. Bekannter Namensträger: Cäsar Flaischlen, deutscher Schriftsteller (19./20. Jh.). Französ. Form: César [ßesar]. Italien. Form: Cesare [tschesare].

Casimir: → Kasimir.

Caterina: italienische Form des weiblichen Vornamens → Katharina. Bekannte Namensträgerin: Caterina Valente, deutsche Sängerin, Tänzerin und Schauspielerin (20. Jh.).

Cathérine: → Katharina.

Cęlia: weibl. Vorn., Kurzform von → Cäcilie.

Cęlla, (auch:) Zęlla: weibl. Vorn., Kurzform von → Marcella.

César: → Cäsar.

Cesare: → Cäsar.

Charis: weibl. Vorn. griechischen Ursprungs, eigentlich „Anmut" (griech. *cháris* „Anmut, Liebreiz; Huld, Gnade"). Der Name spielt heute in der Namengebung kaum noch eine Rolle.

Charitas, (auch:) Caritas: weibl. Vorn. lateinischen Ursprungs, eigentlich „Liebe" im Sinne von „Nächstenliebe, Wohltätigkeit" (lat. *cāritās* „Wert, Wertschätzung, Liebe"). Der Name kam früher vereinzelt in katholischen Familien vor.

Charles: → Karl.

Charlotte: aus dem Französischen übernommener weibl. Vorn., Weiterbildung des männlichen Vornamens Charles (→ Karl). Der Name kam in Deutschland im 17. Jh. auf und wurde im 18. Jh. zum Modenamen. Bekannte Namensträgerinnen: Charlotte Buff, Goethes Freundin in Wetzlar (18./19. Jh.); Charlotte von Stein, Goethes Freundin (18./19.Jh.); Kurfürstin Sophie Charlotte von Preußen, nach der Charlottenburg in Berlin benannt ist (17./18. Jh.). Italien. Form: Carlotta. Span. Form: Carlota.

Chiara: → Klara.

Chlodwig: männl. Vorn., der auf den Namen des ersten katholischen Frankenkönigs (5./6. Jh.) zurückgeht. Chlodwig (altfränkisch Chlodovech) entspricht → Ludwig. – Bekannter Namensträger: Chlodwig Fürst zu Hohenlohe-Schillingsfürst, deutscher Staatsmann (19./20. Jh.).

Chlothilde: → Klothilde.

¹Chris: englische Kurzform des männlichen Vornamens Christian (→ Christian) oder Christopher (→ Christoph). Bekannter Namensträger: Chris Howland, englischer Schallplattenjockei (20. Jh.).

²Chris: englische Kurzform des weiblichen Vornamens Christiana (→ Christiane) oder Christabel.

Christa, (auch:) Krista: weibl. Vorn., Kurzform von → Christiane. Bekannte Namensträgerinnen: Christa Reinig, deutsche Lyrikerin (20. Jh.); Christa Ludwig, deutsche Opernsängerin (20. Jh.); Christa Wolf, deutsche Schriftstellerin (20. Jh.).

Christamaria: Doppelname aus → Christa und → Maria.

¹Christel, (oberdeutsch auch:) Christl: weibl. Vorn., Verkleinerungs- oder Koseform von → Christiane oder dessen Kurzform → Christa. Bekannt ist der Name durch das Lied „Ich bin die Christel von der Post" aus der Operette „Der Vogelhändler" und durch Jarnos Operette „Die Försterchristel".

²Christel, (oberdeutsch auch:) Christl: Verkleinerungs- oder Koseform des männlichen Vornamens → Christian; in Süddeutschland und Österreich gebräuchlich.

Christfried: in der Zeit des Pietismus (17./18. Jh.) gebildeter männlicher Vorname.

Christhild: in der Zeit des Pietismus (17./18. Jh.) gebildeter weiblicher Vorname.

Christian: aus dem Lateinischen übernommener männl. Vorn. griechischen Ursprungs, eigentlich „Christ" (lat. *Christiānus* „christlich, zu Christus gehörend", substantiviert „Christ", zu *Christus* „Christus" aus griech. *Christós*, eigentlich „der Gesalbte"). Der Name fand in Deutschland nach der Reformation größere Verbreitung und war vor allem bei den Protestanten in Norddeutschland beliebt. Heute gehört Christian zu den beliebtesten Vornamen in Deutschland. In Dänemark ist Christian auch Königsname. – Eine bekannte literarische Gestalt ist der Christian in Thomas Manns Roman „Buddenbrooks". – Bekannte Namensträger: Christian, Bischof der Preußen (13. Jh.); Christian VII., König von Dänemark und Norwegen(18./19.Jh.); Christian Fürchtegott Gellert, deutscher Dichter (18. Jh.); Christian

Friedrich Hebbel, deutscher Dichter (19. Jh.); Christian Morgenstern, deutscher Dichter (19./20. Jh.). Als 2. Vorname: Hans Christian Andersen, dänischer Schriftsteller (19. Jh.). Dän., schwed. Form: Kristian.

Christiane, (auch:) Christiana: weibl. Vorn., weibliche Form des männlichen Vornamens → Christian. Bekannte Namensträgerinnen: Christiane Vulpius, Frau Goethes (18./19. Jh.); Christiane Hörbiger, österreichische Schauspielerin (20. Jh.).

Christine, (auch:) Christina: weibl. Vorn., Nebenform von → Christiane. Der Vorname ist heute in Deutschland sehr beliebt. Bekannte Namensträgerinnen: die heilige Christina von Bolsena, Märtyrerin (3./4. Jh.), Namenstag: 24. Juli; Königin Christine von Schweden (17. Jh.). Schwed. Form: Kristina. Dän. Formen: Kristine; Kirstine.

Christlieb: in der Zeit des Pietismus (17./18. Jh.) gebildeter männl. Vorname. Vgl. z. B. die pietistischen Vornamen Gottlieb, Gotthelf, Traugott.

Christof: → Christoph.

Christoffer: → Christopher.

Christoph, (auch:) Christof: männl. Vorn. griechischen Ursprungs, eigentlich „Christusträger" (griech. *Christo-phóros* „Christus tragend"). – „Christoph" fand im Mittelalter als Name des heiligen Christophorus, der als einer der Vierzehn Nothelfer verehrt wurde, Verbreitung; Namenstag: 25. Juli. Der Märtyrer Christophorus starb im 3. Jh. Um seinen Namen bildete sich später die Legende von dem Riesen, der das Jesuskind auf den Schultern durch das Wasser trägt. Bekannte Namensträger: Christoph der Kämpfer, Herzog von Bayern (15. Jh.); Christoph Columbus, Entdecker Amerikas (15./16. Jh.); Christoph Willibald Gluck, deutscher Komponist (18. Jh.); Christoph Martin Wieland, deutscher Dichter (18./19. Jh.).

Christopher, (auch:) Christoffer: männl. Vorn. Nebenform von → Christoph. Engl. Form: Christopher [krißtefe].

Chrysantha: weibl. Vorn., weibliche Form von → Chrysanthus.

Chrysanthus, (auch:) Chrysanth: männl.Vorn. griechischen Ursprungs, eigentlich „Goldblume" (griech. Chrýsanthos, zu *chrysós* „Gold" + *ánthos* „Blume"). Der Name ist für den Raum Münstereifel bezeugt, wo sich die Reliquien des heiligen Chrysanthus befinden; Namenstag: 25. Oktober.

Chrysostomus: männl. Vorn. griechischen Ursprungs, eigentlich „Goldmund" (griech. Chrysóstomos, zu *chrysós* „Gold" + *stóma* „Mund"). Bekannter Namensträger: der heilige Chrysostomos, griechischer Kirchenlehrer (4./5. Jh.), Namenstag: 27. Januar.

Cilli, (auch:) Cilly; Zilli: weibl. Vorn., Kurzform von → Cäcilie.

Cirila: spanische Form des weiblichen Vornamens → Zyrilla.

Cissi: → Zissi.

Cita: → Zita.

Claartje: → Klara.

Claas: → Klaas.

Claire [klärᵉ], (auch:) Cläre; Kläre: aus dem Französischen übernommener weibl. Vorn., französische Form von → Klara. Bekannte Namensträgerin: Claire Waldoff, deutsche Kabarettistin (19./20. Jh.).

Clara: → Klara.

Clarissa, (auch:) Clarisse: → Klarissa.

Claude Debussy

¹Claude [klọd]: aus dem Französischen übernommener männl. Vorn., französische Form von → Claudius. Als Namensvorbild wurde in Deutschland häufiger der Komponist Claude Debussy (19./20. Jh.) gewählt.

²Claude [klọd]: französische Form des weiblichen Vornamens → Claudia.

Claudette [klodạt]: aus dem Französischen übernommener weibl. Vorn., Verkleinerungsform von → ²Claude.

Claudia, (auch:) Klaudia: weibl. Form des männlichen Vornamens → Claudius. Der Name kam in Deutschland im 18. Jh. auf und ist heute – z. T. unter italienischem Einfluß – Modename. Eine bekannte literarische Gestalt ist die Claudia in Arnold Zweigs Roman ,,Novellen um Claudia". Bekannte Namensträgerin: Claudia Cardinale, italienische Filmschauspielerin (20. Jh.).

Claudine, (auch:) Klaudine: weibl. Vorn., Weiterbildung von → Claudia.

Claudio: aus dem Italienischen übernommener männl. Vorn., italienische Form von → Claudius. Eine bekannte literarische Gestalt ist Claudio in Hugo von Hofmannsthals Drama ,,Der Tor und der Tod". Bekannter Namensträger: Claudio Monteverdi, italienischer Komponist (16./17. Jh.).

Claudius, (auch:) Klaudius: männl. Vorn. lateinischen Ursprungs, eigentlich ,,der aus dem Geschlecht der Claudier" (lat. Claudius altrömischer Geschlechtername, zu lat. *claudus, -a, -um* ,,lahm, hinkend", ursprünglich also ,,der Lahme"). – ,,Claudius" kam in Deutschland als Name des römischen Kaisers Claudius (Tiberius Claudius Nero) in der Zeit des Humanismus (15./16. Jh.) auf.

Claus: → Klaus.

Clelia: weibl. Vorn., der auf lat. Cloelia, die weibliche Form zu dem altrömischen Geschlechternamen Cloelius (auch: Cluilius), zurückgeht. Er bedeutet also eigentlich ,,Frau aus dem Geschlecht der Cloelier".

Clemens, (auch:) Klemens: männl. Vorn. lateinischen Ursprungs, eigentlich ,,der Milde, der Gnädige" (lat. *clēmens* ,,mild, gnädig"). – ,,Clemens" fand im Mittelalter vor allem als Name des heiligen Clemens Verbreitung; Namenstag: 23. November. Nach altkirchlicher Überlieferung war der heilige Clemens, genannt Clemens Romanus, im 1. Jh. Bischof von Rom (Papst). Bekannte Namensträger: Clemens August, Kurfürst von Köln (18. Jh.); Klemens Fürst Metternich, österreichischer Staatsmann (18./19. Jh.); Clemens Brentano, deutscher Dichter der Romantik (18./19. Jh.); Clemens Krauss, österreich. Dirigent (19./20. Jh.).

Tiberius Claudius

Clementia, (auch:) Klementia: weibl. Vorn. lateinischen Ursprungs, eigentlich ,,Milde, Gnade" (lat. *clementia* ,,Milde, Gnade").

Clementine, (auch:) Klementine: weibl. Vorn., Weiterbildung von → Clementia.

Clio: weibl. Vorn., der auf den Namen der Muse der Geschichte zurückgeht. ,,Clio" ist die lateinische Form von griech'isch Kleió, Kleó, eigentlich ,,die Rühmerin" (zu griech. *kleíō, kléō* ,,ich rühme, preise, verkünde").

Clytus: → Klytus.

Cölestin, (auch:) Zölestin; Zölestin, Zölestinus: männl. Vorn. lateinischen Ursprungs, eigentlich ,,der

Himmlische" (lat. *coelestīnus, caelestīnus, -a, -um* „himmlisch", zu *coelum, caelum* „Himmel"). Zu der Verbreitung des Namens im Mittelalter hat die Verehrung des heiligen Cölestinus (13. Jh.), des Papstes und Ordensstifters, beigetragen; Namenstag: 19. Mai.

Cölestine, (auch:) Zölestine: weibl. Vorn. lateinischen Ursprungs, eigentlich „die Himmlische" (lat. *coelestīnus, caelestīnus, -a, -um* „himmlisch", zu *coelum, caelum* „Himmel"). Französische Form: Célestine [ßeleßtĩn].

Coletta: weibl. Vorn., Kurzform von → Nicoletta. – Französ. Form: Colette [kolät].

Colette: → Coletta.

Colin: englische Kurzform von Nicolas (→ Nikolaus).

Coloman: → Koloman.

¹Conni, (auch:) Conny; (selten auch:) Konni, Konny; männl. Vorn., Koseform von → Konrad. Bekannte Namensträger: Conny Rudhoff, deutscher Boxer (20. Jh.); Conny Freundorfer, deutscher Tischtennisspieler (20. Jh.).

²Conni, (auch:) Conny: weibl. Vorn., Koseform von → Cornelia.

Connie, (auch:) Conny: engl. Kurz- und Koseform des weiblichen Vornamens Constance (→ Constance).

Conrad: → Konrad.

Constance: → Konstanze.

Constantin: → Konstantin.

Constanze: → Konstanze.

¹Cora, (auch:) Kora: weibl. Vorn., Kurzform von → Cordula, Cordelia. Vgl. aber Kora.

²Cora: → Kora.

Cord: → Kord.

Cordelia, (auch:) Kordelia: weibl. Vorn., Nebenform von → Cordula. Eine bekannte literarische Gestalt ist die Cordelia in Shakespeares Drama „König Lear".

Cordula, (auch:) Kordula: weibl. Vorn. lateinischen Ursprungs, eigentlich „Herzchen" (Verkleinerungsbildung zu lat. *cor, cordis* „Herz"). Zu der Verbreitung des Namens hat die Verehrung der heiligen Cordula, Märtyrerin aus der Schar der heiligen Ursula, beigetragen; Namenstag: 22. Oktober. Bekannte Namensträgerin: Cordula Trantow, deutsche [Film]schauspielerin (20. Jh.).

Corin: → Quirin.

¹Corinna, (auch:) Korinna: weibl. Vorn., Weiterbildung von Cora. Vgl. aber Korinna.

²Corinna: → Korinna.

Corinne [korin]: französische Form des weibl. Vornamens → ²Korinna.

Cornelia, (auch:) Kornelia: weibl. Vorn., weibliche Form des männlichen Vornamens → Cornelius. Bekannt ist Cornelia, die Tochter des Publius Cornelius Scipio Africanus. Sie wurde wegen ihrer Tapferkeit, edlen Gesinnung und umfassenden Bildung zum altrömischen Frauenideal. Diesen Namen trug auch Goethes Schwester. Bekannte Namensträgerin: Cornelia Froboess, deutsche Schlagersängerin und [Film]schauspielerin (20. Jh.). – Französ. Form: Cornélie [korneli].

Cornélie: → Cornelia.

Cornelius, (auch:) Kornelius: männl. Vorn. lateinischen Ursprungs, eigentlich „der aus dem Geschlecht der Cornelier" (lat. Cornēlius altrömischer Geschlechtername). Zu der Verbreitung des Namens hat die Verehrung des heiligen Cornelius (Papst von 251 bis 253) beigetragen; Namenstag: 16. September.

Cornell: weibl. Vorn., Kurzform von → Cornelia. Bekannte Namensträgerin: Cornell Borchers, deutsche Filmschauspielerin (20. Jh.).

Corny: englische Koseform des weiblichen Vornamens → Cornelia.

Corona, (auch:) Korona: weibl. Vorn. lateinischen Ursprungs, eigentlich „Kranz, Blumenkrone" (lat. *corōna* „Kranz, Krone"). Der Vorname ist in Deutschland nicht volkstümlich geworden und kommt auch heute sehr selten vor. Bekannte Namensträgerinnen: die heilige Corona, Märtyrerin (2. Jh.), Namenstag: 14. Mai; Corona Schröter, Sängerin und Schauspielerin (18./19. Jh.); schrieb die Musik zu Goethes Singspiel „Die Fischerin".

Cosette [kosät], (auch:) Cosett: französischer weibl. Vorn., Verkleinerungsform von → Nicole.

Cosima, (auch:) Kosima: aus dem Italienischen übernommener weibl. Vorn. griechischen Ursprungs, eigentlich „die Ordnungsliebende, Ordentliche" oder „die Sittsame" (zu griech. *kósmios* „wohlgeordnet; ordentlich; sittlich; ruhig"). Der Vorname kommt in Deutschland nur vereinzelt vor. Bekannte Namensträgerin: Cosima Wagner, Frau von Richard Wagner (19./20. Jh.).

Crescentia, (auch:) Kreszentia; Kreszenz: weibl. Vorn. lateinischen Ursprungs, eigentlich etwa „die Aufblühende, Wachsende" (zu lat. *crēscere* „wachsen"). – Zu der Verbreitung des Namens hat die Verehrung der heiligen Crescentia (3./4. Jh.), der legendären Amme des heiligen Vitus, beigetragen; Namenstag: 15. Juni. Der Name, vor allem die Koseform Zenzi, war früher auf Grund der Verehrung der Kreszentia von Kaufbeuren (17./18. Jh.) in Bayern sehr beliebt; Namenstag: 7. April.

Crispinus, (auch:) Crispin; Krispinus, Krispin: männl. Vorn. lateinischen Ursprungs, „der Kraushaarige, Krauskopf" (zu lat. *crispus* „kraus"). Der Vorname spielt heute in der Namengebung keine Rolle mehr. Bekannter Namensträger: der heilige Crispinus (3./4. Jh.), Märtyrer, Namenstag: 25. Oktober.

Curd: → Kurt.

Curt: → Kurt.

Cynthia: weibl. Vorn. griechischen Ursprungs, eigentlich „die vom Berge Kynthos auf der Insel Delos Stammende" (Beiname der Göttin Artemis; vgl. den Vornamen Delia). Nach der griechischen Sage wurden Apollo und Artemis auf dem Berg Kynthos geboren. – Eine bekannte literarische Gestalt ist die Cynthia in Hans Carossas Roman „Der Arzt Gion".

Cyprianus, (auch:) Cyprian; Zyprianus, Zyprian: männl. Vorn. lateinischen Ursprungs, eigentlich „der von der Insel Zypern Stammende" (zu lat. Cyprus „Zypern"). Zur Verbreitung des Namens im Mittelalter trug die Verehrung des heiligen Cyprianus von Antiochien (3./4. Jh.) bei; Namenstag: 26. September. Heute spielt der Vorname in der Namengebung keine Rolle mehr. Bekannter Namensträger: der heilige Cyprianus, Bischof von Karthago (3. Jh.).

Cyriacus, (auch:) Cyriac; Zyriakus, Zyriak: männl. Vorn. griechischen Ursprungs, eigentlich „der zum Herrn (= Christus, Gott) Gehörende" (griech. *kyriakós* „zum Herrscher, zum Herrn gehörend" zu *kýrios* „Herrscher, Herr"). – „Cyriacus" spielte früher in der Namengebung eine gewisse Rolle, und zwar als Name des heiligen Cyriacus, eines der Vierzehn Nothelfer; Namenstag: 8. August. – Vgl. den männl. Vorn. Dominikus.

Cyrillus, (auch:) Cyrill; Kyrillus, Kyrill: männl. Vorn. griechischen Ursprungs, eigentlich „der zum Herrn (= Christus) Gehörende" (griech. Kýrillos, zu *kýrios* „Herrscher, Herr"). – „Cyrillus" spielte als Heiligenname früher in der Namengebung eine gewisse Rolle. Bekannte Namensträger: der heilige Cyrillus, Bischof von Jerusalem und Kirchenlehrer (4. Jh.); der heilige Cyrillus, Patriarch von Alexandrien und Kirchenlehrer (4./5. Jh.); der heilige Kyrill[os] (Cyrillus), Apostel der Slawen (9. Jh.), Namenstag: 7. Juli.

D

Dag: männl. Vorn., Kurzform von Namen, die mit „Dago-" gebildet sind, besonders von → Dagobert und → Dagomar.

Dagmar: um 1900 aus dem Dänischen übernommener weiblicher Vorname. „Dagmar" kam in Dänemark als Name der böhmischen Prinzessin

Dagmar auf, die im 13. Jh. Königin von Dänemark war. Es handelt sich wahrscheinlich um den als Frauennamen gebrauchten männl. Vorn. → Dagomar. Bekannte Namensträgerin: Dagmar Altrichter, deutsche Schauspielerin (20. Jh.).

Dagny: in neuerer Zeit aus dem Nordischen übernommener weibl. Vorn., eigentlich „neuer Tag" (vgl. schwed. *dag* „Tag", *ny* „neu").

Dagobert: alter deutscher männl. Vorn. (der 1. Bestandteil „Dago-" gehört vermutlich zu kelt. **dago-* „gut"; der 2. Bestandteil ist ahd. *beraht* „glänzend"). Dagobert war im 7. Jh. merowingischer Königsname. Der Name kam im Mittelalter außer Gebrauch und wurde erst im 19. Jh. neu belebt.

Dagomar: alter deutscher männl. Vorn. (der 1. Bestandteil „Dago"- gehört vermutlich zu kelt. **dago-* „gut"; der 2. Bestandteil ist ahd. *-mār* „groß, berühmt", vgl. *māren* „verkünden, rühmen"). Der Name kam im Mittelalter außer Gebrauch und wurde erst im 19. Jh. neu belebt.

Daisy [dēisi]: in neuerer Zeit aus dem Englischen übernommener weibl. Vorn., eigentlich „Maßliebchen, Gänseblümchen" (engl. *daisy* „Maßliebchen, Gänseblümchen").

Damaris: weibl. Vorn. griechischen Ursprungs (griech. Dámaris, wohl zu *dámar* „Gattin, Ehefrau").

Damian: → Kosmas.

Dan [dän]: englischer männl. Vorn., Kurzform von → Daniel.

Daniel: aus der Bibel übernommener männl. Vorn. hebräischen Ursprungs, eigentlich etwa „Gott ist mein Richter". – „Daniel" fand als Name des alttestamentlichen Propheten schon in altdeutscher Zeit Verbreitung; Namenstag: 21. Juli. Bekannte Namensträger: Daniel Czepko, deutscher Dichter des Barocks (17. Jh.); Daniel Casper Lohenstein, deutscher Dichter des Barocks (17. Jh.); Daniel Chodowiecki, deutscher Kupferstecher, Zeichner und Maler (18. Jh.); Daniel Defoe, englischer Schriftsteller (17./18. Jh.); Daniel Gelin, französischer Filmschauspieler (20. Jh.).

Französ. Form: Daniel [daniäl]. Engl. Form: Daniel [dänjel]. Slawische Form: Danilo.

Daniela, (auch:) Daniella: aus dem Italienischen übernommener weibl. Vorn., italienische weibliche Form von → Daniel.

Danielle [daniäl]: aus dem Französischen übernommener weibl. Vorn., französische weibliche Form von → Daniel. Bekannte Namensträgerin: Danielle Darrieux, französische Filmschauspielerin (20. Jh.).

Danilo: → Daniel.

Dankmar: alter deutscher männl. Vorn. (ahd. *danc* „Denken; Gedanke; Erinnerung; Dank" + *-mār* „groß, berühmt", vgl. *māren* „verkünden, rühmen").

Dankrad: alter deutscher männl. Vorn. (ahd. *danc* „Denken; Gedanke; Erinnerung; Dank" + ahd. *rāt* „Rat[geber]; Ratschlag").

Dankrade: weibl. weibliche Form von → Dankrad. Der Vorname spielt heute kaum noch eine Rolle in der Namengebung.

Dankward, (auch:) Dankwart: alter deutscher männl. Vorn. (ahd. *danc* „Denken; Gedanke; Erinnerung; Dank" + ahd. *wart* „Hüter, Schützer"). – Bekannt ist der Name durch Dankwart, den Bruder Hagens, im Nibelungenlied.

Danny [däni]: englische Koseform von Dan, der Kurzform des männlichen Vornamens → Daniel.

Danuta: aus dem Polnischen übernommener weibl. Vorn., dessen Herkunft und Bedeutung dunkel sind.

Dany [dani]: französischer weibl. Vorn., Koseform von → Danielle. Bekannte Namensträgerinnen: Dany Robin, französische Filmschauspielerin (20. Jh.); Dany Saval, französische Filmschauspielerin (20. Jh.).

Daphne: weibl. Vorn. griechischen Ursprungs, eigentlich „Lorbeer" (griech. *dáphnē* „Lorbeer; Lorbeerbaum"). Der Name geht zurück auf eine griechische Sagengestalt. Nach der griechischen Sage war Daphne eine Nymphe, die, von Apollo begehrt und verfolgt, auf ihre Bitte hin in einen Lorbeerbaum verwandelt

Daphne (Bronze, Reneé Sintenis)

wurde (von Richard Strauss in der Oper „Daphne" behandelt). – Eine literarische Gestalt ist die Daphne in Annette Kolbs Roman „Daphne Herbst". Bekannte Namensträgerin: Daphne du Maurier, englische Schriftstellerin (20. Jh.).

Darja: weibl. Vorn. persischen Ursprungs, weibliche Form zu dem persischen Königsnamen Darius. „Daria" kam als Name der heiligen Daria auf, die zusammen mit Chrysanthus in Rom den Martertod erlitt. Namenstag: 25. Oktober.

Dario: italienischer männl. Vorn., italien. Form von → Darius.

Darius: männl. Vorn. persischen Ursprungs, der mit dem pers. Königsnamen Darius (eigentl. „Besitzer des Guten") identisch ist. Bekannter Namensträger: Darius Milhaud, französ. Komponist (19./20. Jh.).

Darja: russische weibl. Vorn., Anredeform für Dorofeja (→ Dorothea).

David: aus der Bibel übernommener männl. Vorn. hebräischen Ursprungs, eigentlich „der Geliebte, Liebling". – Als Name des alttestamentlichen Königs und Ahnherrn Jesu kam David in Deutschland im späten Mittelalter auf. Eine bekannte literari-

sche Gestalt ist David Copperfield aus dem gleichnamigen Roman von Charles Dickens. Eine Opernfigur ist David, Sachs' Lehrjunge, in Richard Wagners Oper „Die Meistersinger". – Bekannter Namensträger: David von Augsburg, deutscher Volksprediger (13. Jh.); David Hilbert, deutscher Mathematiker (19./20. Jh.); David Oistrach, russ. Geiger (20. Jh.).

Davida: weibl. Vorn., weibliche Form des männlichen Vornamens → David.

Debald: niederdeutsche Form des männlichen Vornamens → Dietbald.

Deborah, (auch:) Debora: aus der Bibel übernommener weibl. Vorn. hebräischen Ursprungs, eigentlich „Biene" (d. h. „die Fleißige"). – Nach der Bibel war Debora eine Richterin und Prophetin in Israel. – Eine literarische Gestalt ist die Deborah in Adalbert Stifters Novelle „Abdias". Bekannte Namensträgerin: Deborah Kerr, amerik. Filmschauspielerin (20. Jh.).

Dedo, (auch:) Deddo: männl. Vorn., niederdeutsche und friesische Kurzform von Namen, die mit „Diet-" (niederdeutsche Form „De[t]-") gebildet sind.

Degenhard: alter deutscher männl. Vorn. (ahd. *degan* „[junger] Held, Krieger" + ahd. *harti, herti* „hart").

Deike: friesische weibl. Vorn., dessen Herkunft und Bedeutung unklar sind.

Dela, (auch:) Dele: weibl. Vorn., Kurzform von → Adele.

Delf: männl. Vorn., Kurzform von → Detlef.

Delia: weibl. Vorn. griechischen Ursprungs, eigentlich „die von der Insel Delos Stammende" (Beiname der Göttin Artemis; vgl. den Vornamen Cynthia). Nach der griech. Sage wurden Apollo und Artemis auf dem Berg Kynthos auf der Insel Delos geboren.

Delila[h]: weibl. Vorn. hebräischen Ursprungs, eigentlich wohl „die mit herabwallendem Haar". – Nach der Bibel war Delilah die Geliebte Simsons, die ihm das Geheimnis seiner Kraft entlockte und ihn dann an ihre Landsleute auslieferte.

Demetrius: aus dem Griechischen übernommener männl. Vorn., eigentlich „Sohn der Erdgöttin Demeter" (griech. Dēmētrios, zu Dēmēter Name der Erdgöttin). – Russ. Form D[i]-mitri.

Denise [dᵉnis]: französischer weibl. Vorn., der auch in der deutschen Namengebung vereinzelt vorkommt. Denise ist weibl. Form des männlichen Vornamens Denis [dᵉni], der auf → Dionys[ius] zurückgeht.

Deno: männl. Vorn., Kurzform von → Degenhard.

Derk, (auch:) **Derek:** männl. Vorn., niederdeutsche Kurzform von → Dietrich. Vgl. Dirk und Dierk.

Desideria: weibl. Vorn., weibliche Form des männlichen Vornamens → Desiderius. – Französ. Form: Désirée [desire].

Desiderius: männl. Vorn. lateinischen Ursprungs, eigentlich wohl „der Erwünschte" (zu lat. *desideräre* „begehren, verlangen wünschen"). Bekannter Namensträger: Desiderius, letzter König der Langobarden (8. Jh.). – Französ. Form: Désiré [desire].

Désiré: → Desiderius.

Désirée: → Desideria.

Deta: weibl. Vorn., niederdeutsche Form von → Dieta.

Detlef [dätläf, detläf], (auch:) **Detlev:** männl. Vorn., eigentlich niederdeutsche Form des heute nicht mehr

Detlev von Liliencron

gebräuchlichen Vornamens Dietleib, etwa „Sohn des Volkes" (der 1. Bestandteil ist ahd. *diot* „Volk"; der 2. Bestandteil „-leib" gehört vermutlich im Sinne von „Nachkomme, Sohn" zu ahd. *leiba* „Hinterlassenschaft, Erbschaft; Überbleibsel"). – „Detlev" wurde durch den Dichter Detlev von Liliencron (19./20. Jh.) auch außerhalb des niederdeutschen Sprachgebietes allgemein bekannt.

Detmar [dätmar, detmar]: männl. Vorn., niederdeutsche Form von → Dietmar.

Dewald: niederdeutsche Form des männlichen Vornamens → Dietbald oder → Dietwald.

Diana: aus dem Lateinischen übernommener weibl. Vorn. (lat. Diäna Name der römischen Jagd- und Mondgöttin). In der deutschen Namengebung spielt „Diana" kaum eine Rolle, wohl aber in der englischen. Bekannte Namensträgerin: Diana Rigg, englische Schauspielerin (20. Jh.). – Französ. Form: Diane [djan].

Diane: → Diana.

Dick: englischer männl. Vorn., Anredeform für Richard (→ Richard).

Didda: friesischer weibl. Vorn., Kurzform von Namen, die mit „Diet-" gebildet sind. – Dän. Form: Ditte.

Diebald: männl. Vorn., Nebenform von → Dietbald.

Diego: → Jakob.

Diemo: männl. Vorn., Kurzform von → Dietmar.

Diemut: weibl. Vorn., Nebenform von → Dietmut.

Dierk: männl. Vorn., niederdeutsche und friesische Kurzform von → Dietrich. Vgl. Derk und Dirk.

Dieta: weibl. Vorn., Kurzform von Namen, die mit „Diet-" gebildet sind, z. B. → Dietlind und → Diethild.

Dietbald: alter deutscher männl. Vorn. (ahd. *diot* „Volk" + ahd. *bald* „kühn"). Bekannter als Dietbald ist die latinisierte Form → Theobald (vgl. das Verhältnis Dietrich: Theoderich).

Dietberga, (auch:) **Dietburga:** alter deutscher weibl. Vorn. (ahd. *diot* „Volk" + ahd. *-berga* „Schutz, Zuflucht", vgl. *bergan* „in Sicherheit bringen, bergen").

Dietbert: alter deutscher männl. Vorn. (ahd. *diot* „Volk" + ahd. *beraht* „glänzend").

Dietbrand: alter deutscher männl. Vorn. (ahd. *diot* „Volk" + ahd. *brant* „[brennenden Schmerz verursachende] Waffe, Schwert").

¹Dieter, (auch:) Diether [diter, dithär]: alter deutscher männl. Vorn. (ahd. *diot* „Volk" + ahd. *heri* „Heer"). Bekannt ist der Name durch Diether, den jungen Bruder Dietrichs von Bern, der nach der Sage im Kampf gegen Wittich getötet wurde. Der Name war im Mittelalter weit verbreitet und spielte auch in der Namengebung beim Adel eine Rolle. In der Neuzeit ist er mit → ²Dieter, der Kurzform des männlichen Vornamens Dietrich, zusammengefallen. Eine Möglichkeit, die beiden Namen auseinanderzuhalten, besteht nicht, weil die Kurzform von Dietrich – älterer Orthographie folgend – gelegentlich mit „h" geschrieben wird. Bekannter Namensträger: Diet[h]er, Graf von Isenburg, Erzbischof und Kurfürst von Mainz, Gründer der Mainzer Universität (15. Jh.).

²Dieter, (älter auch:) Diether: männl. Vorn., Kurzform von → Dietrich. Die Kurzform ist mit dem alten männl. Vorn. → ¹Dieter (ahd. *diot* „Volk" + ahd. *heri* „Heer") zusammengefallen. „Dieter" ist im 20. Jh. sehr beliebt geworden.

Dietfried: alter deutscher männl. Vorn. (ahd. *diot* „Volk" + ahd. *fridu* „Schutz vor Waffengewalt, Friede"). Vgl. auch den männlichen Vornamen Theodefried.

Dietgard: alter deutscher weibl. Vorn. (der 1. Bestandteil ist ahd. *diot* „Volk"; Bedeutung und Herkunft des 2. Bestandteils sind unklar; vielleicht zu → Gerda).

Dietger: alter deutscher männl. Vorn. (ahd. *diot* „Volk" + ahd. *gēr* „Speer").

Diethard: alter deutscher männl. Vorn. (ahd. *diot* „Volk" + ahd. *harti, herti* „hart").

Diethelm: alter deutscher männl. Vorn.

(ahd. *diot* „Volk" + ahd. *helm* „Helm").

¹Diether: → ¹Dieter.

²Diether: → ²Dieter.

Diethild, (auch:) Diethilde: alter deutscher weibl. Vorn. (ahd. *diot* „Volk" + ahd. *hilt[i]a* „Kampf").

Dietleib: → Detlev.

Dietlind, (auch:) Dietlinde; Dietlindis: alter deutscher weibl. Vorn. (ahd. *diot* „Volk" + ahd. *linta* „Schild [aus Lindenholz]"). Von den mit „Diet-" gebildeten weiblichen Vornamen kommt „Dietlind" heute am häufigsten vor.

Dietmar: alter deutscher männl. Vorn., eigentlich etwa „der im Volk Berühmte" (ahd. *diot* „Volk" + ahd. *-mār* „groß, berühmt", vgl. *māren* „verkünden, rühmen"). Der Name war im Mittelalter sehr beliebt (vgl. auch die latinisierte Namensform Theodemar). Bekannte Namensträger: Theodemar, König der Ostgoten, Vater Theoderichs des Großen (5. Jh.); Dietmar von Aist, deutscher Minnesänger (12. Jh.); Dietmar Schönherr, österreichischer Schauspieler und Regisseur (20. Jh.).

Dietmut, (auch:) Dietmute: alter deutscher weibl. Vorn. (ahd. *diot* „Volk" + ahd. *muot* „Sinn, Gemüt, Geist").

Dietram: alter deutscher männl. Vorn. (ahd. *diot* „Volk" + ahd. *hraban* „Rabe").

Dietrich: alter deutscher männl. Vorn., eigentlich etwa „Herrscher des Volkes" (der 1. Bestandteil ist ahd. *diot* „Volk"; der 2. Bestandteil gehört zu german. *rīk-* „Herrscher" Fürst, König", vgl. got. *reiks* „Herrscher, Oberhaupt", ahd. *rīhhi* „Herrschaft, Reich", *rīhhi* „mächtig; begütert, reich"). Der Name spielte in der Namengebung im Mittelalter eine überragende Rolle. Er war allgemein bekannt durch die Sagengestalt Dietrich von Bern, in der der große Ostgotenkönig Theoderich (5./6. Jh.) fortlebt. (Theoderich, Theodericus ist die latinisierte Form von gotisch *Þiuda-reiks* „Herrscher des Volkes" und entspricht Dietrich.) In der Neuzeit kam der Name außer Gebrauch und wurde erst zu Beginn des

Dietrun

20. Jh.s neu belebt. Bekannte Namensträger: Dietrich Buxtehude, deutscher Organist und Komponist (17./18. Jh.); Dietrich Bonhoeffer, deutscher ev. Theologe (20. Jh.); Dietrich Fischer-Dieskau, deutscher Sänger (20. Jh.).

Dietrich von Bern

Dietrun, (auch:) Dietrune: alter deutscher weibl. Vorn. (ahd. *diot* „Volk" + ahd. *rūna* „Geheimnis; geheime Beratung").

Dietwald: alter deutscher männl. Vorn. (ahd. *diot* „Volk" + ahd. *-walt* zu *waltan* „walten, herrschen"). Eine literarische Gestalt ist Graf Dietwald in Ludwig Ganghofers Roman „Der Klosterjäger".

Dietward: alter deutscher männl. Vorn. (ahd. *diot* „Volk" + ahd. *wart* „Hüter, Schützer").

Dietz: oberdeutsche Kurzform des männlichen Vornamens → Dietrich.

Diktus: männl. Vorn., Kurzform von →Benediktus.

Dilia: weibl. Vorn., Kurzform von → Odilia.

Dimitri: russischer männl. Vorn., russische Form von → Demetrius. Der Vorname ist in Rußland (und in Bulgarien) überaus beliebt und spielt auch in der russischen Literatur eine bedeutende Rolle.

¹Dina, (auch:) Dinah: weibl. Vorn. hebräischen Ursprungs, eigentlich „die Richterin".

²Dina: weibl. Vorn., Kurzform von Namen, die auf -dina, -tina (-dine, -tine) ausgehen, wie z. B. → Bernhardine, → Christina, → Leopoldine.

Dionysius, (auch:) Dionys: männl. Vorn. griechischen Ursprungs, eigentlich „der dem Gott Dionysos Geweihte" (griech. Dionýsios). Zu der Verbreitung des Namens im Mittelalter trug die Verehrung des heiligen Dionysius (3. Jh.) bei; Namenstag: 9. Oktober. Der heilige Dionysius war der erste Bischof von Paris und ist einer der Vierzehn Nothelfer.

Diotima [auch: Diotima]: aus dem Griechischen übernommener weibl. Vorn. (griech. Diotíma „die Gottgeweihte"). Bekannt ist der Name durch die Diotima in Platons „Symposion", die Sokrates über das Wesen der Liebe belehrt. Als Diotima verehrte Friedrich Hölderlin im „Hyperion" und in Gedichten Frau Susette Gontard. Eine literarische Gestalt ist auch die Diotima (= Ermelinda Tuzzi) in Musils Roman „Der Mann ohne Eigenschaften".

Dirk: männl. Vorn., niederdeutsche Kurzform von → Dietrich. Vgl. Derk und Dierk.

Ditte: → Didda.

Dittmar, (auch:) Dittmer: Nebenform des männl. Vornamens → Dietmar.

Dix: männl. Vorn., Kurzform von → Benediktus.

Dmitri: Nebenform von → Dimitri.

¹Dodo: weibl. Vorn., Kurz- und Koseform – eigentlich Lallform aus der Kindersprache – von → Dorothea.

²Dodo: ostfries. männl. Vorn., Nebenform von → Dudo.

Dolf: männl. Vorn., Kurzform von Namen, die auf „-dolf" ausgehen, wie → Rudolf und → Adolf. Bekannter Namensträger: Dolf Sternberger, deutscher Publizist (20. Jh.).

Dolly, (auch:) Doly; Doll: englischer weibl. Vorn., Kurz- und Koseform von Dorothy (→ Dorothea).

Dolores: aus dem Spanischen übernommener weiblicher Vorname. Span.

Dolores ist gekürzt aus Nuestra Señora de los Dolores, dem Beinamen Marias (= lat. Mater dolorosa „schmerzensreiche Mutter"). Vgl. die weibl. Vorn. → Carmen und → Mercedes.

Domenica: → Dominika.

Domenico: → Dominikus.

Domingo: → Dominikus.

Dominic: → Dominikus.

Dominika: weibl. Vorn. weibliche Form des männlichen Vornamens → Dominikus. – Italien. Form: Domenica. Französ. Form: Dominique [dominik].

Dominikus, (auch:) Dominik: männl. Vorn. lateinischen Ursprungs, eigentlich „der zum Herrn (= Christus, Gott) Gehörende" (lat. *dominicus* „zum Herrn gehörend", zu *dominus* „Herr"). „Dominikus" kam in Deutschland als Name des Spaniers Dominikus Guzman (12./13. Jh.) auf, Namenstag: 4. August. Der heilige Dominikus

Hl. Dominikus

ist der Gründer des Dominikanerordens. Bekannter Namensträger: Dominikus Zimmermann, deutscher Baumeister (17./18. Jh.). – Span. Form: Domingo. Ital. Domenico. Französ. Form: Dominique [dominik]. Engl. Form: Dominic.

¹Dominique [dominik]: in neuerer Zeit aus dem Französischen übernommener weibl. Vorn., französische Form von → Dominika.

²Dominique: → Dominikus.

Donald: aus dem Englischen übernommener männl. Vorn. keltischen Ursprungs, eigentlich etwa „Weltherrscher".

Donata: weibl. Vorn., weibliche Form des männlichen Vornamens → Donatus.

Donatus, (auch:) Donat: männl. Vorn. lateinischen Ursprungs, eigentlich „der (Gott oder von Gott) Geschenkte" (zu lat. *dōnāre* „schenken, geben"). – „Donatus" spielte als Name des heiligen Donatus früher in der Namengebung eine Rolle; Namenstag: 7. August. Nach der Legende starb der heilige Donatus im 4. Jh. den Märtyrertod. Seine Reliquien wurden im 17. Jh. nach Münstereifel überführt. Bekannt ist der Name auch durch den römischen Grammatiker Donatus (4. Jh.).

Dora, (auch:) Dore: weibl. Vorn., Kurzform von → Dorothea oder → Theodora. Bekannte Namensträgerin: Dore Hoyer, deutsche Tänzerin (20. Jh.).

Doreen [dorin]: englischer weibl. Vorn., eigentlich irische Verkleinerungsform von → Dorothea.

Dorel: oberdeutsche Verkleinerungs- oder Koseform des weiblichen Vornamens → Dora.

Dorette, (auch:) Dorett: aus dem Französischen übernommener weibl. Vorn., Verkleinerungsform von Dorothée (→ Dorothea).

Dorina: weibl. Vorn., im 20. Jh. aufgekommene Weiterbildung von → Dora (vgl. zur Bildung Angelina: Angela; Albertina: Alberta).

Doris: weibl. Vorn., Ende des 17., Anfang des 18. Jh.s in der Schäferpoesie aufgekommene Kurzform von → Dorothea oder → Theodora (vermutlich angelehnt an andere Namen der Schäferpoesie auf „-is", wie z. B. Phyllis).

Dorit, (auch:) Doritt: weibl. Vorn., Kurzform von → Dorothea.

Dorle: Verkleinerungs- oder Koseform des weiblichen Vornamens → Dora.

Doro: weibl. Vorn., Kurzform von → Dorothea.

Dorofeja: → Dorothea.

Dorothea: weibl. Vorn. griechischen Ursprungs, eigentlich „Gottesgeschenk" (griech. Dōrothéa, zu *dōron* „Geschenk, Gabe" und *theós* „Gott", vgl. den gleichbedeutenden weibl. Vorn. Theodora). – „Dorothea" fand im Mittelalter als Name der heiligen Dorothea (3./4. Jh.) Verbreitung;

Dorothea,
Kurfürstin von Brandenburg

Namenstag: 6. Februar. Nach der Legende brachte ihr ein Knabe, bevor sie enthauptet wurde, einen Korb mit Rosen und Äpfeln aus dem Paradies (daher Patronin der Gärtner). Bekannt wurde der Name in Preußen vor allem durch die selige Dorothea von Montau (14. Jh.), die Schutzheilige Preußens. In der Neuzeit wurde „Dorothea" als Name mehrerer deutscher Fürstinnen – besonders der Kurfürstin Dorothea von Brandenburg, der zweiten Frau des Großen Kurfürsten – beliebt. Zur Beliebtheit des Namens trug auch Goethes Epos „Hermann und Dorothea" bei. Bekannte Namensträgerin: Dorothea Schlegel (geb. Mendelssohn), Frau Friedrich Schlegels (18./19. Jh.). – Französ. Form: Dorothée [dorote]. Engl. Form: Dorothy [dor^ethi]. Russ. Form: Dorofeja.

Dorothy: → Dorothea.

Dorte, (auch:) Dorthe: weibl. Vorn., niederdeutsche Kurzform von →Dorothea.

Dörte: weibl. Vorn., niederdeutsche Kurzform von → Dorothea.

Dortel: oberdeutsche Verkleinerungs- oder Koseform des weiblichen Vornamens → Dorothea.

Dortje: weibl. Vorn., friesische Kurz- und ∫ Koseform von → Dorothea.

Douglas [dagl^eß]: aus dem Englischen übernommener männl. Vorn. keltischen Ursprungs (zu irisch *dub[h]-glas* „dunkelblau").

Drewes: männl. Vorn., niederdeutsche Kurzform von → Andreas.

Dries: männl. Vorn., niederdeutsche Kurzform von → Andreas.

Dudo, (auch:) Dodo: ostfriesischer männl. Vorn., wohl Lallform von → Ludolf.

Dunja: in neuerer Zeit aus dem Slawischen übernommener weibl. Vorn. (z. B. serbokroat., russ. Dúnja, Koseform von Avdómeja aus griech. Eudokía „die Wohlangesehene, Hochgeschätzte"). Eine bekannte literarische Gestalt ist die Dunja in Puschkins Novelle „Der Postmeister". Bekannte Namensträgerin: Dunja Rajter, jugoslawische Filmschauspielerin und Sängerin (20. Jh.).

Dürte, Dürten: weibl. Vorn., niederdeutsche Kurzform von → Dorothea.

E

Ebba: weibl. Vorn., Kurzform von Namen, die mit „Eber-" gebildet sind, wie z. B. → Ebergard und → Eberhild.

Ebbo, (auch:) Ebo: männl. Vorn., Kurzform von Namen, die mit „Eber-" gebildet sind, besonders von → Eberhard. Bekannter Namensträger: Eb[b]o von Reims, Bibliothekar Ludwigs des Frommen, Erzbischof von Reims (8./9. Jh.).

Eber: männl. Vorn., Kurzform von Namen, die mit „Eber-" gebildet sind, besonders von → Eberhard.

Ebergard: alter deutscher weibl. Vorn. (der 1. Bestandteil ist ahd. *ebur* „Eber"; Bedeutung und Herkunft des 2. Bestandteiles „-gard" sind unklar; vielleicht zu → Gerda).

Ebergund, (auch:) Ebergunde: alter deutscher weibl. Vorn. (ahd. *ebur* „Eber" + ahd. *gund* „Kampf").

Eberhard, (auch:) Eberhart: alter deutscher männl. Vorn., eigentlich etwa „hart, kräftig, ausdauernd wie ein Eber" (ahd. *ebur* „Eber" + ahd. *harti, herti* „hart"). Von den zahlreichen Namen mit „Eber-", die früher gebräuchlich waren (z. B. Eberhelm, Eberwolf, Ebergard, Eberhild), ist nur „Eberhard" bis heute volkstümlich geblieben. Der Name war früher bei den Grafen und Herzögen von Württemberg beliebt. Bekannte Namensträger: der heilige Eberhard, Erzbischof von Salzburg (11./12. Jh.), Namenstag: 22. Juni; Eberhard im Bart, Herzog von Württemberg, Gründer der Universität Tübingen (15. Jh.).

Eberharde: weibl. Vorn., weibliche Form von → Eberhard.

Eberhardine: weibl. Vorn., Weiterbildung von → Eberharde.

Eberhelm: alter deutscher männl. Vorn. (ahd. *ebur* „Eber" + ahd. *helm* „Helm").

Eberhild, (auch:) Eberhilde: alter deutscher weibl. Vorn. (ahd. *ebur* „Eber" + ahd. *hilt[j]a* „Kampf").

Ebermund: alter deutscher männl. Vorn. (ahd. *ebur* „Eber" + ahd. *munt* „[Rechts]schutz").

Eberta: weibl. Vorn., Kurzform von →Eberharde.

Ebertine: weibl. Vorn., Weiterbildung von → Eberta.

Eberwin: alter deutscher männl. Vorn. (ahd. *ebur* „Eber" + ahd. *wini* „Freund").

Eberwolf, (auch:) Eberolf: alter deutscher männl. Vorn. (ahd. *ebur* „Eber" + ahd. *wolf* „Wolf").

Eckart: Nebenform des männlichen Vornamens → Eckehard.

Eckbert, (auch:) Eckbrecht; Egbert, Egbrecht: alter deutscher männl. Vorn., eigentlich etwa „der mit dem glänzenden Schwert" (ahd. *ecka* „Ecke; Spitze; Schwertschneide" + ahd. *beraht* „glänzend"). Der Name war früher vor allem im niederdeutschen Sprachgebiet beliebt. Eine literarische Gestalt ist der Eckbert aus Ludwig Tiecks Kunstmärchen „Der bonde Eckbert".

Eckehard, (auch:) Eckehart; Eckhard, Eckhart; Eckart; Ekkehard: alter deutscher männl. Vorn., eigentlich etwa „der mit dem harten Schwert" (ahd. *ecka* „Ecke; Spitze; Schwertschneide" + ahd. *harti, herti* „hart"). Der Name war seit dem Mittelalter in Deutschland allgemein bekannt durch die Sagengestalt „der getreue Eckart". Als Vorname kommt Eckehard seit dem Ende des 19. Jh.s häufiger vor. Bekannte Namensträger: Ekkehard I. von St. Gallen, mittelalterlicher Dichter (10. Jh.), bekannt durch Scheffels Roman „Ekkehard"; Meister Eckart, deutscher Mystiker (13./14. Jh.); Eckart von Naso, deutscher Schriftsteller und Dramaturg (19./20. Jh.).

Ed: englische Kurzform des männl. Vornamens Edward (→ Eduard).

Edda: weibl. Vorn., Kurzform von Namen die mit „Ed-" gebildet sind, wie z. B. → Edith. Bekannte Namensträgerin: Edda Buding, deutsche Tennisspielerin (20. Jh.).

Eddy, (auch:) Eddie: englische männl. Vorn., Kurz- und Koseform Edward (→ Eduard).

Ede: männl. Vorn., Kurzform von → Eduard.

Edel: weibl. Vorn., Kurzform von Namen, die mit „Edel-" gebildet sind, wie z. B. → Edeltraud und → Edelgard.

Edelbert: männl. Vorn., neuere Form für → Adalbert.

Edelberta: weibl. Vorn., neuere Form für → Adalberta.

Edelburg, (auch:) Edelburga: weibl. Vorn., neuere Form für Adelburg[a] (→ Adelberga).

Edelgard: weibl. Vorn., neuere Form für den in altdeutscher Zeit gebräuchlichen Namen Adalgard (der 1. Bestandteil ist ahd. *adal* „edel, vornehm, Abstammung, [edles] Geschlecht"; Bedeutung und Herkunft des 2. Bestandteiles „-gard" sind unklar; vielleicht zu → Gerda).

Edelmar: männl. Vorn., neuere Form für → Adalmar.

Edeltraud, (auch:) Edeltrud: weibl. Vorn., neuere Form für → Adeltraud.

Edgar: aus dem Englischen übernommener männl. Vorn. (engl. Edgar, altengl. Ēadgār, zu altengl. *ēad* „Besitz; Reichtum; Glück" + *gār* „Ger, Speer"). Der Name fand in Deutschland im 19. Jh. Verbreitung, nachdem er durch Shakespeares Drama „König Lear" bekannt geworden war. Bekannte Namensträger: Edgar Allan Poe, amerikanischer Dichter (19. Jh.); Edgar Wallace, englischer Kriminalschriftsteller (19./20. Jh.); Edgar Degas, französischer Maler (19./20. Jh.).

Edith: aus dem Englischen übernommener weibl. Vorn. (engl. Edith, altengl. Ēadgȳð zu altengl. *ēad* „Besitz; Reichtum; Glück" + *gūd* „Kampf"). Der Name kam in Deutschland erst im 19. Jh. auf, als man sich in Deutschland für England und seine Menschen stärker zu interessieren begann. Bekannte Namensträgerinnen: Edith Stein, deutsche Philosophin (19./20. Jh.); Edith Piaf, französische Chansonsängerin (20. Jh.).

Editha: weibl. Vorn., latinisierte Form von → Edith. Bekannte Namensträgerin: Editha, angelsächsische Königstochter, Frau Ottos des Großen (10. Jh.).

Edmund: aus dem Englischen übernommener männl. Vorn. (engl. Edmund, altengl. Ēadmund zu altengl. *ēad* „Besitz; Reichtum; Glück" + *mund* „Schutz"). Der Name wurde in Deutschland im 19. Jh. bekannt, als man sich in Deutschland für England und seine Menschen stärker zu interessieren begann. Bekannte Namensträger: der heilige Edmund, König von Ostanglien, Märtyrer, Patron der englischen Könige (9. Jh.);

Edmund Husserl, deutscher Philosoph (19./20. Jh.). Französ. Form: Edmond [ädmoṇg].

Edna: weibl. Vorn. hebräischen Ursprungs. Die Bedeutung des Namens ist unklar.

Édouard: → Eduard.

Eduard: aus dem Französischen übernommener männl. Vorn. englischen Ursprungs, eigentlich etwa „Hüter des Besitzes" (französ. Édouard aus engl. Edward, altengl. Ēadweard, zu altengl. *ēad* „Besitz; Reichtum; Glück" + *weard* „Hüter, Schützer; Herr"). Der Name wurde im 18. Jh. in Deutschland bekannt, und zwar durch den Édouard in Rousseaus vielgelesenem Roman „La nouvelle Héloïse" (1761; deutsche Übersetzung 1785 unter dem Titel „Julie oder die neue Heloise). Romane und Schauspiele von Vulpius, Kotzebue, Müllner u. a. trugen seit dem Ende des 18. Jh.s zu der Verbreitung des Namens bei. Eine bekannte literarische Gestalt ist z. B. der Eduard in Goethes Roman „Die Wahlverwandtschaften" (1809). Bekannte Namensträger: Eduard der Bekenner, angelsächsischer König, Heiliger (11. Jh.), Namenstag: 13. Oktober; Eduard von Bauernfeld, österreichischer Bühnendichter (19. Jh.); Eduard Mörike, deutscher Dichter (19. Jh.); Eduard Graf von Keyserling, deutscher Schriftsteller (19./20. Jh.); Eduard Künneke, deutscher Operettenkomponist (19./20. Jh.). – Französ. Form: Édouard [eduạr]. Engl. Form: Edward [ädwᵉd]. Schwed., norweg. Form: Edvard.

Edvard: → Eduard.

Edvige: → Hedwig.

Edward: → Eduard.

Edwin: aus dem Englischen übernommener männl. Vorn. (engl. Edwin, altengl. Ēadwine zu altengl. *ēad* „Besitz; Reichtum; Glück" + *wine* „Freund"). Der Name wurde in Deutschland im 19. Jh. bekannt, als man sich in Deutschland für England und seine Menschen stärker zu interessieren begann. Bekannter Namensträger: Edwin Fischer, schweizerischer Pianist (19./20. Jh.).

Edwine: weibl. Vorn., weibliche Form des männlichen Vornamens → Edwin.

Edzard: männl. Vorn., ursprünglich friesische Form von → Eckehard. Der Name spielte eine bedeutende Rolle in der Namengebung bei den ostfriesischen Grafen. Bekannte Namensträger: Edzard der Große, Graf von Ostfriesland (15./16. Jh.); Edzard Schaper, deutscher Schriftsteller (20. Jh.).

Effi: weibl. Vorn., Kurz- und Koseform von → Elfriede. Bekannt ist der Name durch die Effi in Theodor Fontanes Roman „Effi Briest".

Egbert: Nebenform des männlichen Vornamens → Eckbert.

Egberta: weibl. Vorn., weibliche Form des männlichen Vornamens Egbert (→ Eckbert).

Egbertine: weibl. Vorn., Weiterbildung von → Egberta.

Egbrecht: Nebenform des männlichen Vornamens → Eckbert.

Eggo, (auch:) **Egge:** männl. Vorn., friesische Kurzform von Namen, die mit „Egin-" gebildet sind, z. B. → Eginald und → Eginhard.

Egid, (auch:) **Egidius:** → Ägid.

Egil: männl. Vorn., Kurzform von Namen, die mit „Egil-" gebildet sind, wie z. B. → Egilbert.

Egilbert: Nebenform des männlichen Vornamens → Agilbert.

Egilo: männl. Vorn., Kurzform von Namen, die mit „Egil-" gebildet sind, wie z. B. → Egilbert. Vgl. den männl. Vorn. Agilo.

Egilolf: Nebenform des männlichen Vornamens → Agilolf.

Eginald: alter deutscher männl. Vorn. (der 1. Bestandteil ahd. *Egin-, Agin-* „Schwert" gehört zu ahd. *ecka* „Ecke; Spitze; Schwertschneide"; der 2. Bestandteil ahd. *-walt* gehört zu ahd. *waltan* „walten, herrschen").

Eginhard: alter deutscher männl. Vorn. (der 1. Bestandteil ahd. *Egin-, Agin-* „Schwert" gehört zu ahd. *ecka* „Ecke; Spitze; Schwertschneide"; der 2. Bestandteil ist ahd. *harti, herti* „hart").

Egino: alter deutscher männl. Vorn., Kurzform von Vornamen, die mit

„Egin-" gebildet sind, wie z. B. → Eginald und → Eginhard.

Eginolf: alter deutscher männl. Vorn. (der 1. Bestandteil ahd, *Egin-, Agin-* „Schwert" gehört zu ahd. *ecka* „Ecke; Spitze; Schwertschneide"; der 2. Bestandteil ist ahd. *wolf* „Wolf"). Die volle Namensform spielt im Gegensatz zu der Kurzform → Egon in der Namensgebung heute noch kaum eine Rolle.

Egmont: niederdeutsche und niederländische Form des männlichen Vornamens Egmund (→ Agimund).

Egmund: Nebenform des männlichen Vornamens → Agimund. Bekannter als „Egmund" ist die niederdeutsche und niederländische Namensform → Egmont.

Egolf, (auch:) **Egloff:** männl. Vorn., der sich aus der Namensform Egilolf (→ Agilolf) entwickelt hat.

Egon: männl. Vorn., seit dem ausgehenden Mittelalter gebräuchliche Nebenform von → Egino. Der Name spielte in der Namengebung bei den Grafen und Fürsten von Fürstenberg eine bedeutende Rolle. Er war noch in der ersten Hälfte des 20. Jh.s recht beliebt. Bekannt ist der Name auch durch den Schlager „Ach, Egon, Egon, Egon". Bekannte Namensträger: Egon Erwin Kisch, tschechoslowakischer Journalist und Schriftsteller deutsch-jüdischer Abstammung (19./20. Jh.); Hans Egon Holthusen, deutscher Schriftsteller (20. Jh.).

Ehm: männl. Vorn. niederdeutsche und friesische Kurzform von Namen, die mit „Egin-" gebildet sind, wie z. B. → Eginolf und → Eginhard. Bekannter Namensträger: Ehm Welk, deutscher Schriftsteller (19./20. Jh.).

Ehregott: in der Zeit des Pietismus (17./18. Jh.) gebildeter männl. Vorname. Vgl. z. B. die pietistischen Vornamen Fürchtegott, Traugott, Gotthelf.

Ehrenfried: um 1600 aufgekommener männl. Vorn., der auch heute noch gebräuchlich ist. Der Name ist wahrscheinlich eine Neubildung mit „Ehre". Ehrenfried kann aber auch eine Umdeutung des alten deutschen Namens Erinfrid (1. Bestandteil ahd.

arn, arin „Adler", vgl. Arnfried) sein. Bekannter Namensträger: Ehrenfried Liebich, Kirchenliederdichter (18. Jh.).

Ehrengard: weibl. Vorn., der wahrscheinlich eine Neubildung mit „Ehre" ist.

Ehrentraud, (auch:) Ehrentrud: seit etwa 1600 gebräuchlicher weibl. Vorn., der wahrscheinlich eine Neubildung mit „Ehre" ist. Ehrentraud kann aber auch eine Umdeutung des alten deutschen Namens Erinthrut (1. Bestandteil ahd. *arn, arin* „Adler") sein. Vgl. die Vornamen Ehrenfried und Arnfried.

Ehrhard: → Erhard.

[1]Eike, (auch:) Eiko: männl. Vorn., niederdeutsche Kurzform von Namen, die mit „Ecke-" oder „Eg-" gebildet sind, wie z. B. → Eckehard und → Egolf. Die Namensform Eike ist auch als weibl. Vorn. gebräuchlich. Bekannter Namensträger: Eike von Repgow, Verfasser des Sachsenspiegels (12./13. Jh.).

[2]Eike: weibl. Vorn. (vgl. [1]Eike).

Eilard: → Eilhard.

Eilbert: männl. Vorn., Nebenform von Egilbert (→ Agilbert).

Eilert: männl. Vorn., Nebenform von → Eilhard. Der Vorname ist in Friesland beliebt.

Eilhard, (auch:) Eilard: alter deutscher männl. Vorn., Nebenform von → Agilhard. Bekannter Namensträger: Eilhart von Oberge, erster deutscher Tristan-Dichter (12./13. Jh.).

Eilika: alter deutscher weibl. Vorn., weibliche Form des männlichen Vornamens → Eiliko.

Eiliko: alter deutscher männl. Vorn., niederdeutsche und friesische Koseform von Namen, die mit „Eil-" gebildet sind.

Eilmar: alter deutscher männl. Vorn., Nebenform von ahd. Agilmar (der 1. Bestandteil *Agil-* „Schwert" zu ahd. *ecka* „Ecke; Spitze; Schwertschneide"; der 2. Bestandteil ahd. *-mār* „groß, berühmt, vgl. ahd. *māren* „verkünden, rühmen").

Einar: aus dem Nordischen übernommener männl. Vorn. altisländischen Ursprungs (altisländ. Einarr zu alt-

isländ. *einn* „ein; allein" + altisländ. *herr* „Heer, Krieger; Menge, Volk", eigentlich etwa „der allein kämpft"). Der Vorname wurde in Deutschland weiteren Kreisen bekannt durch den Einar in Ibsens Drama „Brand" und den Einar in Hamsuns vielgelesenem Roman „Langerudkinder".

Einhard: männl. Vorn., alte Nebenform von → Eginhard. Bekannter Namensträger: Einhard, fränkischer Gelehrter und Geschichtsschreiber, Vertrauter und Berater Karls des Großen (8./9. Jh.).

Eitel: männl. Vorn., der aus der Verbindung von „eitel" mit einem Namen verselbständigt worden ist. Unser Wort „eitel", das heute gewöhnlich im Sinne von „eingebildet, selbstgefällig" verwendet wird, bedeutet auch noch „rein, unverfälscht; lediglich, bloß, nur" (vgl. eitel Gold „reines Gold", eitel Wonne „bloß, nur Wonne"). Wenn man also früher „eitel" vor einen Namen setzte, so bedeutete das, daß der Betreffende nur einen Namen hat, also z. B. Eitel Friedrich = „nur Friedrich" im Gegensatz etwa zu Georg Friedrich oder Ferdinand Friedrich. (Bekannter Namensträger ist Eitel Friedrich Prinz von Preußen, der zweite Sohn Wilhelms II.). Aus diesen Verbindungen entwickelten sich auch Doppelnamen wie Eitelfritz und Eiteljörg.

Eitelfritz: männl. Vorn., eigentlich „nur Fritz" (→ Eitel).

Eiteljörg: männl. Vorn., eigentlich „nur Jörg" (→ Eitel).

Eitelwolf: männl. Vorn., eigentlich „nur Wolf" (→ Eitel).

Ekkehard: → Eckehard.

Elard: männl. Vorn., niederdeutsche Form von → Eilhard.

Elbert: männl. Vorn., Nebenform der Namensform Egilbert oder Eilbert (→ Agilbert).

Eleanor: → Eleonore.

Elena: → Helene.

Eleonore, (auch:) Eleonora: weibl. Vorn. arabischen Ursprungs, eigentlich „Gott ist mein Licht". Der Name gelangte mit den Mauren nach Spanien und von dort nach Frankreich. In England wurde der Name durch Eleonore (altfranzös. Alienor) von Guyenne (12./13. Jh.), die Frau König Heinrichs II. von England und Mutter des Königs Richard Löwenherz, bekannt. Zu der Verbreitung des Namens in England trug die Verehrung der heiligen Eleonore (13. Jh.), Mutter König Eduards I., bei. Aus dem Englischen wurde der Name ins Deutsche übernommen und bürgerte sich in Deutschland im 18. Jh. ein, vor allem in der Form → Leonore. In neuerer Zeit wurde die italienische Schauspielerin Eleonora Duse häufiger als Namensvorbild gewählt. – Engl. Form: Eleanor, Ellinor [älinᵉr].

Eleonora Duse

Elert: Nebenform des männlichen Vornamens → Edlard.

Elfgard: weibl. Vorn., im 20. Jh. gebildet aus „Elf-" (vgl. z. B. Elfrun, Elfriede) und „-gard" (vgl. z. B. Hildegard). Nicht Fortsetzung des alten Namens ahd. Alfgard, Albgard[is].

Elfi, (auch:) Elfie: weibl. Vorn., Kurz- und Koseform von → Elfriede. Bekannte Namensträgerin: Elfie Mayerhofer, österreichische Sängerin (20. Jh.).

Elfriede: weibl. Vorn., dessen Her-

kunft und Bedeutung nicht sicher zu klären sind (vielleicht Fortsetzung eines alten deutschen Namens, gebildet aus ahd. *alb, alp* „Nachtmahr, gespenstisches Wesen" + ahd. *fridu* „Schutz vor Waffengewalt, Friede"). Der Name kam in Deutschland im 18. Jh. auf und war Ende des 19., Anfang des 20. Jh.s weit verbreitet.

Elfrun: weibl. Vorn., jüngere Nebenform von → Albrun.

Elga: weibl. Vorn., dessen Herkunft und Bedeutung unklar sind. Der Name wurde im 19. Jh. durch die Elga in Grillparzers Novelle „Das Kloster von Sendomir" bekannt. Eine Dramatisierung dieser Novelle ist Hauptmanns Schauspiel „Elga".

Elger: männl. Vorn., der sich aus der Namensform → Adalger entwickelt hat.

Eliane: in neuerer Zeit aus dem Französischen übernommener weibl. Vorname, weibliche Form zu dem männlichen Vornamen → Elias.

Elias: aus der Bibel übernommener männl. Vorn. hebräischen Ursprungs, eigentlich „(mein) Gott ist Jahwe". Nach der Bibel war Elias ein großer Prophet, der – von eindrucksvollen Wundern bestätigt – gegen den Baalskult kämpfte. Um ihn bildeten sich viele Legenden. Bekannte Namensträger: Elias Holl, deutscher Baumeister (16./17. Jh.); Ernst Elias Niebergall, deutscher Mundartdichter (19. Jh.). – Russ. Form: Ilja.

Eligius: männl. Vorn. lateinischen Ursprungs, eigentlich „der Auserwählte" (zu lat. *ē-ligere* „aussuchen, auswählen"). Der Name wurde in Deutschland durch den heiligen Eligius (6./7. Jh.) bekannt. Der heilige Eligius, Münzmeister am Merowingerhof u. später Bischof von Noyon, ist der Patron der Goldschmiede.

Elin: → Helene.

Elisa, (auch:) Elise: weibl. Vorn., Kurzform von → Elisabeth. Im Italienischen ist „Elisa" Kurzform von Elisabetta.

Elisabeth: aus der Bibel übernommener weibl. Vorn. hebräischen Ursprungs, eigentlich „(mein) Gott ist Vollkommenheit".„Elisabeth" wurde als Name der Mutter Johannes' des Täufers bekannt und war schon im Mittelalter überaus beliebt. Zu der Verbreitung des Namens in Deutschland trug besonders die Verehrung der heiligen Elisabeth von Thüringen (13. Jh.) bei, Namenstag: 19. November. Bekannte Namensträgerin-

HI. Elisabeth von Thüringen

nen: die heilige Elisabeth von Portugal (13./14. Jh.), Namenstag: 4. Juli; Elisabeth I., Königin von England (16./17. Jh.), Gegenspielerin von Maria Stuart; Elisabeth Petrowna, erste Kaiserin von Rußland (18.Jh.); Elisabeth Schumann, deutsche Sopranistin (19./20. Jh.); Elisabeth Langgässer, deutsche Schriftstellerin (19./20. Jh.); Elisabeth Bergner, österreichische [Film]schauspielerin (19./20. Jh.); Elisabeth Flickenschildt, deutsche [Film]schauspielerin (20. Jh.); Elisabeth Schwarzkopf, deutsche Sopranistin (20. Jh.); Elisabeth II., Königin von England (20. Jh.). – Italien. Form: Elisabetta. Engl. Form: Elizabeth [ilisəbeth]. Russ. Form: Jelisaweta. Ungar. Form: Erzsébet [ärschebät].

Elisabetta: → Elisabeth.

Elise: → Elisa.

Elizabeth: → Elisabeth.

Elke: weibl. Vorn., friesische Kose-

form von → Adelheid (vgl. den Vornamen Alke). Eine bekannte literarische Gestalt ist die Elke Haien in Theodor Storms Novelle „Der Schimmelreiter". „Elke" ist heute Modename. Bekannte Namensträgerin: Elke Sommer, deutsche Filmschauspielerin (20. Jh.).

Elko: männl. Vorn., friesische Kurzform von Namen, die mit „Adel-" oder mit „Agil-" („Egil-") gebildet sind. Vgl. den weiblichen Vornamen Elke.

Ella: weibl. Vorn., Kurzform von → Elisabeth, → Elfriede oder → Eleonore. Vgl. die Namensform Elli.

Ellen: im 19. Jh. aus dem Englischen übernommener weibl. Vorname. Ellen ist sowohl die englische Form von → Helene als auch Kurzform von Eleanor, Ellinor (→ Eleonore). Bekannte Namensträgerinnen: Ellen Key, schwedische Schriftstellerin und Pädagogin (19./20. Jh.); Ellen Schwiers, deutsche [Film]schauspielerin (20. Jh.).

Elli, (auch:) **Elly:** weibl. Vorn., Kurz- und Koseform von → Elisabeth. – Bekannte Namensträgerinnen: Elly Ney, deutsche Pianistin (19./20. Jh.); Elly Beinhorn, deutsche Fliegerin mit zahlreichen Auszeichnungen für Flugrekorde (20. Jh.).

[1]Ellinor: weibl. Vorn., Nebenform von → Eleonore.

[2]Ellinor: englische Form des weiblichen Vornamens → Eleonore.

Elly: → Elli.

Elmar, (auch:) **Elmer:** alter deutscher männl. Vorn., Nebenform von → Eilmar oder Kurzform von → Adalmar.

Elmira: aus dem Spanischen übernommener weibl. Vorn. arabischen Ursprungs, eigentlich „die Fürstin".

[1]Elmo: männl. Vorn., Kurzform von → Elmar.

[2]Elmo: → italienische Kurzform des männlichen Vornamens → Erasmus.

Elsa: weibl. Vorn., Kurzform von → Elisabeth (vgl. die Namensformen → Elisa und → Else). Auch in anderen Sprachen tritt „Elsa" als Kurzform auf. – Der Name ist bekannt durch die Elsa von Brabant aus der Lohengrinsage und aus Richard

Wagners Oper „Lohengrin". Bekannte Namensträgerinnen: Elsa Brändström, genannt „Engel von Sibirien" (19./20. Jh.); Elsa Wagner, deutsche Schauspielerin (19./20. Jh.); Elsa Sophia von Kamphoevener, deutsche Schriftstellerin (19./20. Jh.); Elsa Martinelli, italienische Filmschauspielerin (20. Jh.).

Elsabe: weibl. Vorn., Kurzform von → Elisabeth. Vgl. die Namensform Elsbe.

Elsbe: weibl. Vorn., Kurzform von → Elisabeth. Vgl. die Namensform Elsabe.

Elsbeth: weibl. Vorn., Kurzform von → Elisabeth. Die Namensform Elsbeth, die zu Beginn des 19. Jh.s durch die Ritterromane verbreitet worden war, ist heute wieder selten.

Else: weibl. Vorn., Kurzform von →Elisabeth (vgl. die Namensform Elsa). Literarische Gestalten sind die Else in Wilhelm Raabes Novelle „Else von der Tanne" und die Else in Eugenie Marlitts Roman „Goldelse". Bekannte Namensträgerin: Else Lasker-Schüler, deutsche Dichterin (19./20. Jh.).

Elseke, (auch:) **Elske:** niederdeutsche Kurz- und Koseform von → Elisabeth.

Elsi: Verkleinerungs- oder Koseform des weiblichen Vornamens → Elisabeth, besonders in Süddeutschland gebräuchlich. Eine literarische Gestalt, ist die Elsi in Gotthelfs Roman „Elsi, die seltsame Magd".

Elsie, (auch:) **Elsy:** englische Kurzform des weiblichen Vornamens Elizabeth (→ Elisabeth).

Elvira: aus dem Spanischen übernommener weibl. Vorn., dessen Herkunft und Bedeutung unklar sind. Der Name wurde in Deutschland im 18. Jh. durch die Elvira in Mozarts Oper „Don Giovanni" bekannt. Eine andere bekannte Operngestalt ist die Elvira in Aubers Oper „Die Stumme von Portici".

Emanuel: männl. Vorn., griechisch-lateinische Form von → Immanuel. Zu der Verbreitung des Namens in der Neuzeit trug Jean Pauls Roman „Hesperus" (1795) bei. Eine bekannte

literarische Gestalt ist der Emanuel in Gerhart Hauptmanns Roman „Der Narr in Christo Emanuel Quint". Bekannte Namensträger: Emanuel Swedenborg, schwedischer Naturphilosoph und Theosoph (17./18. Jh.); Emanuel Geibel, deutscher Dichter (19. Jh.).

Emanuela: weibl. Vorn., weibliche Form des männlichen Vornamens → Emanuel.

Emelrich: → Amalrich.

Emerentia, (auch:) **Emerenz:** weibl. Vorn. lateinischen Ursprungs, eigentlich „die Würdige, die Verdienstvolle" (zu lat. *ē-merērī* „verdienen; etwas verdienen, sich würdig erweisen"). Bekannte Namensträgerin: die heilige Emerentia (auch: Emerentiana), Märtyrerin; **Namenstag:** 23. Januar.

Emerenz: → Emerentia.

Emil: aus dem Französischen übernommener männl. Vorn., der in Deutschland im 18. Jh. bekannt wurde, und zwar durch Rousseaus vielgelesenen Erziehungsroman „Émile ou de l'éducation" (1762; deutsche Übersetzung unter dem Titel „Emil oder über die Erziehung"). Französ. Émile geht zurück auf lat. Aemilius, eigentlich „der aus dem Geschlecht der Ämilier" (altrömischer Geschlechtername, zu lat. *aemulus* „eifrig, nacheifernd, wetteifernd", ursprünglich also etwa „der Eifrige, der Nacheifernde"). – Der aus dem Französischen übernommene Vorname verdrängte die direkt entlehnte Namensform Ämilius. Der Vorname war Ende des 19. Jh.s in Deutschland überaus beliebt. – Eine bekannte Gestalt der Jugendliteratur ist der Emil in Erich Kästners Buch „Emil und die Detektive". Bekannte Namensträger: Emil von Behring, deutscher Bakteriologe (19./20. Jh.); Emil Nolde, deutscher Maler (19./20. Jh.); Emil Jannings, deutscher [Film]-schauspieler (19./20. Jh.); Emil Zátopek, tschechischer Langstreckenläufer (20. Jh.). – Italien. Form: Emilio. Französ. Form: Émile [emil].

Emile: → Emil.

Emilie, (auch:) **Emilia:** weibl. Vorn.,

weibliche Form des männlichen Vornamens → Emil. – „Emilie" kam im 18. Jh. auf und verdrängte die direkt entlehnte Namensform Ämilia, die in Deutschland keine allgemeine Verbreitung gefunden hatte. – Bekannte literarische Gestalten sind die Emilia in Lessings Drama „Emilia Galotti" und die Emilia in Shakespeares Drama „Othello" (vgl. Verdis gleichnamige Oper). – Französ. Form: Émilie [emilí]. Engl. Form: Emily [ämili].

Emilio: → Emil.

Emma: alter deutscher weibl. Vorn., Kurzform von Namen, die mit „Erm-" („Irm-") gebildet sind, wie z. B. Ermgard (→ Irmgard). Die Namensform Emma hat sich aus *Erma entwickelt. Das inlautende *r* wird in Kurz- und Koseformen häufig beseitigt, vgl. z. B. das Verhältnis von Bernhard zu Benno. – Der Name, der bereits im Mittelalter außer Gebrauch gekommen war, wurde in der Neuzeit zu Beginn des 19. Jh.s durch die Ritterdichtung und romantische Dichtung neu belebt. In der zweiten Hälfte des 19. Jh.s wurde „Emma" in der Namengebung so häufig verwendet, daß der Name – wie z. B. auch → Minna – abgewertet wurde. Auf die Häufigkeit des Namens um 1900 nahm Christian Morgenstern mit der Zeile „Die Möwen sahen alle aus, als ob sie Emma hießen" Bezug. In jüngster Zeit ist „Emma" durch die Emma Peel in der Fernsehserie „Mit Schirm, Charme und Melone" wieder aufgewertet worden. Eine bekannte literarische Gestalt ist die Emma Bovary in Gustave Flauberts Roman „Madame Bovary". Bekannte Namensträgerin: Lady Emma Hamilton, Geliebte Admiral Nelsons (18./19. Jh.).

Emmeline: weibl. Vorn., Weiterbildung von → Emma.

Emmerich, (auch:) **Emerich:** alter deutscher männl. Vorn., Nebenform von → Amalrich (Emelrich) oder umgestaltete Form von → Heimrich. Auch mit Heinrich (Henricus) ist Emmerich im Mittelalter gleichgesetzt worden. – Zu der Verbreitung des Namens hat die Verehrung des heiligen Emmerich beigetragen, Namenstag: 4. November. Der heilige Emmerich war der Sohn des heiligen Königs Stephan I. von Ungarn. Bekannte Namensträger: Emmerich Kálmán, ungarischer Operettenkomponist (19./20. Jh.); Emmerich Danzer, österreichischer Weltmeister im Eiskunstlauf (20. Jh.).–Ungar. Form: Imre.

Emmi, (auch:) **Emmy:** weibl. Vorn., Verkleinerungs- oder Koseform von → Emma.

¹Emmo: männl. Vorn., Kurzform von → Emmerich.

²Emmo: männl. Vorn., Kurzform von Namen, die mit „Erm-" gebildet sind, wie z. B. → Ermenrich.

Ena: weibl. Vorn., Kurzform von → Helena.

Enders: Nebenform des männlichen Vornamens → Anders.

Endres: Nebenform des männlichen Vornamens → Andres.

Engel: weibl. Vorn., Kurzform von → Engelberta.

Engelbert, (auch:) **Engelbrecht:** alter deutscher männl. Vorn. (1. Bestandteil ist der Stammesname der Angeln, die von Schleswig aus England besiedelten; der 2. Bestandteil ist ahd. *beraht* „glänzend"). Nach der Christianisierung wurde der Name wahrscheinlich als Bildung mit dem Lehnwort ahd. *engil* „Engel" aufgefaßt und als „glänzend wie ein Engel" gedeutet. Zu der Verbreitung des Namens im Mittelalter trug vor allem die Verehrung des heiligen Engelbert, des Erzbischofs von Köln (12./13.Jh.), bei. Namenstag: 7. November. Bekannte Namensträger: Engelbert Kämpfer, deutscher Forschungsreisender (17./18. Jh.); Engelbert Humperdinck, deutscher Komponist (19./20. Jh.).

Engelberta: weibl. Vorn., weibliche Form des männlichen Vornamens → Engelbert. Der Name spielt heute in der Namengebung kaum noch eine Rolle.

Engelbrecht: Nebenform des männlichen Vornamens → Engelbert.

Engelburga: alter deutscher weibl. Vorn. (1. Bestandteil ist der Stammesname der Angeln, die von Schleswig aus England besiedelten; der 2. Bestandteil ist ahd. *-burga* „Schutz, Zuflucht", vgl. ahd. *bergan* „in Sicherheit bringen, bergen"). Der Name spielt heute in der Namengebung keine Rolle mehr.

Engelfried: alter deutscher männl. Vorn. (1. Bestandteil ist der Stammesname der Angeln, die von Schleswig aus England besiedelten; der 2. Bestandteil ist ahd. *fridu* „Schutz vor Waffengewalt, Friede").

Engelhard: alter deutscher männl. Vorn. (1. Bestandteil ist der Stammesname der Angeln, die von Schleswig aus England besiedelten; der 2. Bestandteil ist ahd. *harti*, *herti* „hart"). Der Vorname spielt heute in der Namengebung kaum noch eine Rolle.

Engelmar: alter deutscher männl. Vorn. (1. Bestandteil ist der Stammesname der Angeln, die von Schleswig aus England besiedelten; der 2. Bestandteil ist ahd. *-mār* „groß, berühmt", vgl. ahd. *māren* „verkünden, rühmen"). Der Name kam früher vereinzelt in Bayern (bes. im Bayerischen Wald) vor, wo der Einsiedler Engelmar als Bauernheiliger verehrt wurde.

Enno: männl. Vorn., friesische Kurzform von Namen, die mit „Egin-", „Ein-" gebildet sind, wie z. B. → Eginhard, Einhard. Vgl. die Namensform Egino. Bekannter Namensträger: Enno Littmann, deutscher Archäologe und Orientalist (19./20. Jh.).

Enrica: italienischer weibl. Vorn., weibliche Form von → Enrico. Bekannte Namensträgerin: Enrica von Handel-Mazzetti, österreichische Schriftstellerin (19./20. Jh.).

Enrico: im 20. Jh. aus dem Italienischen übernommener männl. Vorn., italienische Form von → Heinrich. Der Name wurde in Deutschland durch den großen italienischen Tenor Enrico Caruso (19./20. Jh.) bekannt, der häufig auch als Namensvorbild gewählt wurde.

Enzio: italienische Kurzform des männlichen Vornamens → Enrico.

Enrico Caruso

Ephraim: aus der Bibel übernommener männl. Vorn. hebräischen Ursprungs, eigentlich wohl „Fruchtland". Nach der Bibel war Ephraim der zweite Sohn Josephs, den ihm Asnath in Ägypten gebar, bevor die sieben Hungerjahre begannen. – „Ephraim" ist in Deutschland nie volkstümlich geworden und spielt heute keine Rolle mehr in der Namengebung. Bekannter Namensträger: Gotthold Ephraim Lessing, deutscher Dichter (18. Jh.).

Eppo: Nebenform des männlichen Vornamens → Ebbo.

Erasmus: männl. Vorn. griechischen Ursprungs, eigentlich „der Liebenswerte, der Holde" (griech. Erasmós, zu griech. *erān* „lieben, begehren"). „Erasmus" fand im Mittelalter als Name des heiligen Erasmus (3./4. Jh.), der als einer der Vierzehn Nothelfer verehrt wurde, Verbreitung; Namenstag: 2. Juni. Er ist der Patron der Seeleute und Drechsler. Bekannter Namensträger: Erasmus von Rotterdam, niederländischer Humanist (15./16. Jh.).

Erdmann: im 17. Jh. – wahrscheinlich als Übersetzung von hebräisch Adam „aus Erde geschaffener Mann" – gebildeter männl. Vorn. Der Vorname setzt nicht den alten deutschen Personennamen (und heutigen Familiennamen) Erdmann, wohl Nebenform von → Hartmann, fort. Der Vorname Erdmann war noch im 19. Jh. recht häufig, spielt heute aber in der Namengebung keine Rolle mehr.

Erdmute, (auch:) Erdmuthe: im 17. Jh. – etwa nach dem Vorbild von Almut[e] – gebildeter weibl. Vorn. (vgl. den männl. Vorn. Erdmann). Der Vorname Erdmute, der im 17. Jh. als schöner deutscher weiblicher Vorname galt und noch im 19. Jh. üblich war, spielt heute in der Namengebung keine Rolle mehr.

Erhard, (auch:) Ehrhard; Erhart: alter deutscher männl. Vorn. (ahd. *ēra* „Ehre, Ansehen, Berühmtheit" + ahd. *harti, herti* „hart"). Der Name wurde in Süddeutschland im Mittelalter durch den heiligen Erhard (7./8. Jh.) volkstümlich; Namenstag: 8. Januar. Der heilige Erhard war um 700 Bischof von Regensburg und wurde als Patron gegen Pest und Viehseuchen verehrt. Bekannter Namensträger: Erhart Kästner, deutscher Schriftsteller (20. Jh.).

Erich: männl. Vorn. nordischen Ursprungs, eigentlich „der allein Mächtige" (schwed., dän. Erik, norw. Eirik). Der Name wurde in Deutschland erst im 19. Jh. als schwedischer Königsname allgemein bekannt, vor allem durch König Erich IX. (12. Jh.), den schwedischen Nationalheiligen, und durch König Erich XIV. (16. Jh.), der die Herrschaft Schwedens über die Ostsee errang. Er wurde, nachdem er seine Geliebte, eine Bauerntochter, geheiratet hatte, gestürzt und zum Tode verurteilt. Sein Schicksal wurde auch in Deutschland im 19. Jh. mehrfach dramatisch behandelt. – Zu der Verbreitung des Namens hat auch Richard Wagners Oper „Der fliegende Holländer" beigetragen (der Verlobte der Senta heißt Erik). Bekannte Namensträger: Erich der Rote (10./11. Jh.), norwegischer Wikinger, entdeckte im 10. Jh. Grönland; Erich Ludendorff, deutscher General und Politiker (19./20. Jh.); Erich Kästner, deutscher Schriftsteller (19./20. Jh.); Erich Maria Remarque, deutsch-amerikanischer Schriftsteller (19./20. Jh.); Erich Kuby, deutscher Schriftsteller (20. Jh.); Erich Mende, deutscher Politiker (20. Jh.). – Engl. Form: Eric [ặrik].

Erich XIV.,
König von Schweden

Erik: männl. Vorn., schwedische und dänische Namensform von → Erich, die – vor allem in Norddeutschland – neben „Erich" gebräuchlich ist.

Erika: weibl. Vorn., weibliche Form des männlichen Vornamens → Erich, die sich in der 2. Hälfte des 19. Jh.s mit dem Vornamen Erika (eigentlich „Heidekraut", aus griech. *ereíkē,* lat. *erīcē*) vermengte oder von diesem verdrängt wurde. Dieser Vorname wurde vor allem bekannt durch die Erika, genannt das Heideblümlein, in Scheffels Roman „Ekkehard" (1855) und durch Wilhelm Jensens Novelle „Die braune Erica" (1868). Bekannte Namensträgerinnen: Erika von Thellmann, deutsche [Film]schauspielerin (20. Jh.); Erika Köth, deutsche Sopranistin (20. Jh.).

Erkenbald: alter deutscher männl. Vorn. (ahd. *erkan* „ausgezeichnet, edel, echt, wahr" + ahd. *bald* „kühn").

Erkenbert: alter deutscher männl. Vorn. (ahd. *erkan* „ausgezeichnet, edel; echt, wahr" + ahd. *beraht* „glänzend").

Erkenfried: alter deutscher männl. Vorn. (ahd. *erkan* „ausgezeichnet, edel; echt, wahr" + ahd. *fridu* „Schutz vor Waffengewalt, Friede").

Erkengard: alter deutscher weibl. Vorn. (der 1. Bestandteil ist ahd. *erkan* „ausgezeichnet, edel; echt, wahr"; Bedeutung und Herkunft des 2. Bestandteiles „-gard" sind unklar; vielleicht zu → Gerda).

Erkenhild: alter deutscher weibl. Vorn. (ahd. *erkan* „ausgezeichnet, edel; echt, wahr" + ahd. *hilt[j]a* „Kampf").

Erkentrud, (auch:) **Erkentraud:** alter deutscher weibl. Vorn. (ahd. *erkan* „ausgezeichnet, edel; echt, wahr" + ahd. *-trud* „Kraft, Stärke", vgl. altisländ. *Þrūðr* „Stärke").

Erkenwald: alter deutscher männl. Vorn. (ahd. *erkan* „ausgezeichnet, edel; echt, wahr" + ahd. *-walt* zu *waltan* „walten, herrschen").

Erla: weibl. Vorn., Kurzform von Namen, die mit „Erl-" gebildet sind, wie z. B. → Erlfriede und Erltraud.

Erland, (auch:) **Erlend:** aus dem Nordischen übernommener männl. Vorn. (schon altisländ. Erlandr, Erlendr). Der Name gehört wahrscheinlich zu altisländ. *jarl* „Häuptling", dem ahd. *erl-* „[freier, edler] Mann" entspricht, vgl. Erlfried).

Erlfried: alter deutscher männl. Vorn. (ahd. *erl-* „[freier, edler] Mann", vgl. engl. *earl* „Graf" und altisländ. *jarl* „Häuptling", + ahd. *fridu* „Schutz vor Waffengewalt, Friede").

Erlfriede: alter deutscher weibl. Vorn., weibliche Form von → Erlfried.

Erlwin: alter deutscher männl. Vorn. (ahd. *erl-* „[freier, edler] Mann", vgl. engl. *earl* „Graf", + ahd. *wini* „Freund").

Erlwine: alter deutscher weibl. Vorn., weibliche Form von → Erlwin.

Erma: Nebenform des weiblichen Vornamens → Irma.

Ermenbert: Nebenform des männlichen Vornamens → Irmbert.

Ermenfried: Nebenform des männlichen Vornamens → Irmfried.

Ermengard, (auch:) **Ermgard:** Nebenformen des weiblichen Vornamens → Irmgard.

Ermenhard: Nebenform des männlichen Vornamens → Irmenhard.

Ermenhild, (auch:)**Ermenhilde:** Nebenformen des weiblichen Vornamens → Irmhild.

Ermenrich: alter deutscher männl. Vorn. (1. Bestandteil ist der germanische Stammesname der Herminonen [Irminonen] oder ahd. *irmin-*, *erman-* „groß, allumfassend"; 2. Bestandteil zu german. **rik-* „Herrscher, Fürst, König", vgl. got. *reiks* „Herrscher, Oberhaupt", ahd. *rīhhi* „Herrschaft, Reich"). Bekannter Namensträger: Erman[a]rich, ostgotischer König (4. Jh.).

Ermentraud, (auch:) **Ermentrud; Ermtraud, Ermtrud:** Nebenformen des weiblichen Vornamens → Irmtraud.

Ermlinde: Nebenform des weiblichen Vornamens → Irmlinde.

Erna: weibl. Vorn., Kurzform von → Ernesta, möglicherweise auch Kurzform von Namen, die mit „Arn-" („Ern-") gebildet sind, wie z. B. → Arnfriede (Nebenform: Ernfriede). Der Name war Ende des 19., Anfang des 20. Jh.s sehr beliebt. Eine bekannte hamburgische Witzfigur ist Klein Erna. Bekannte Namensträgerinnen: Erna Sack, deutsche Sopranistin (19./20. Jh.); Erna Berger, deutsche Sopranistin (20. Jh.).

Erne: weibl. Vorn., Nebenform von → Erna.

Ernest: → Ernst.

Ernesta: weibl. Vorn., weibliche Form von → Ernst.

Ernestine: weibl. Vorn., Weiterbildung von → Ernesta.

Ernestinus: männl. Vorn., Weiterbildung von → Ernestus.

Ernesto: → Ernst.

Ernestus: latinisierte Form des männlichen Vornamens → Ernst.

Ernfriede: Nebenform des weiblichen Vornamens → Arnfriede.

Erno: Kurzform des italienischen männlichen Vornamens Ernesto (→ Ernst).

Ernst: alter deutscher männl. Vorn., eigentlich „Ernst, Entschlossenheit,

Beharrlichkeit" (identisch mit unserem Wort *Ernst*, ahd. *ernust* „Ernst, Entschlossenheit, Beharrlichkeit; Kampf"). Der Name wurde im Mittelalter in Deutschland durch die Sage vom Herzog Ernst von Schwaben allgemein bekannt. Ernst II. (11. Jh.) lehnte sich wiederholt gegen seinen Stiefvater, Kaiser Konrad II., auf; er wurde wegen seiner Weigerung, seinem Freund die Treue zu brechen, geächtet und fiel mit seinem Freund im Kampf. Er ist der Held des Volksbuches vom „Herzog Ernst" (16.Jh.), des Trauerspiels „Ernst, Herzog von Schwaben" (1817) von Ludwig Uhland und des Schauspiels „Das Volksbuch vom Herzog Ernst" (1955) von Peter Hacks. Der Name, vor allem der Doppelname Ernst August, spielte auch in der Namengebung beim Adel eine Rolle. Bekannte Namensträger: Ernst II., Graf von Mansfeld, deutscher Heerführer (16./17. Jh.); Ernst Haeckel, deutscher Zoologe und Philosoph (19./20. Jh.); Ernst Ludwig Kirchner, deutscher Maler (19./20. Jh.); Ernst von Wildenbruch, deutscher Dichter (19./20. Jh.); Ernst Rowohlt, deutscher Verleger (19./20. Jh.); Ernst Barlach, deutscher Bildhauer, Graphiker und Dramatiker (19./20. Jh.); Ernst Bloch, deutscher Philosoph (19./20. Jh.); Ernst Wiechert, deutscher Schriftsteller (19./20. Jh.); Ernst Reuter, deutscher Politiker (19./20. Jh.); Ernst Jünger, deutscher Schriftsteller (19./20. Jh.); Ernst Deutsch, deutscher Schauspieler (19./20. Jh.); Ernst Derra, deutscher Herzchirurg (20. Jh.); Ernst von Salomon, deutscher Schriftsteller (20. Jh.). – Italien. Form: Ernesto. Franzöς. Form: Ernest [ärnä̱ßt]. Engl. Form: Ernest [ö̱rnißt].

Erwin: alter deutscher männl. Vorn., der sich aus der Namensform →Herwin entwickelt hat. Ein bekannter Namensträger aus dem Mittelalter ist Erwin von Steinbach (13./14. Jh.), der Erbauer des Straßburger Münsters. Zu der Verbreitung des Namens in der Neuzeit trug Goethe mit seinem Singspiel „Erwin und Elmire" bei. Bekannte Namensträger: Erwin Lendvai,

ungarischer Komponist (19./20. Jh.); Erwin Strittmatter, deutscher Schriftsteller (20. Jh.); Erwin Lindner, deutscher Schauspieler (20./Jh.); Erwin Wohlfahrt, deutscher Opernsänger (20. Jh.).

Erwine: weibl. Vorn., weibliche Form des männlichen Vornamens → Erwin. Der Vorname spielt heute kaum noch eine Rolle in der Namengebung.

Erzsébet: → Elisabeth.

Esmeralda: in der Neuzeit aus dem Spanischen übernommener weibl. Vorn., eigentlich „Smaragd" (span. *esmeralda* „Smaragd"). Der Vorname kommt nur ganz vereinzelt vor.

Esra, (älter auch:) **Ezra:** aus der Bibel übernommener männl. Vorn., eigentlich „(Gott ist) Hilfe". Nach der Bibel war Esra ein Schriftgelehrter, der als Bevollmächtigter des persischen Königs Artaxerxes nach Jerusalem ging und dem Gesetz Moses' wieder seine ursprüngliche Geltung verschaffte. – Der Name spielt heute nur noch in der Namengebung bei jüdischen Familien eine Rolle. Bekannter Namensträger: Ezra Pound, amerikanischer Dichter (19./20. Jh.). – Engl. Form: Ezra [ä̱sr^e].

Estella: ältere Form des weiblichen Vornamens → Estrella.

Estelle: → Stella.

Estévan, (auch:) **Estéban:** → Stephan.

Esther: aus der Bibel übernommener weibl. Vorn. persischen Ursprungs, eigentlich „Stern". Nach der Bibel war Esther, mit hebräischem Namen Hadassa „Myrte", die Pflegetochter Mardochais in Susa. Sie wurde von dem persischen König Ahasverus (Xerxes I.) zur Frau erwählt und vereitelte die Ausrottung der Juden in Persien. – Bekannte Namensträgerinnen: Esther Williams, amerikanische Filmschauspielerin (20. Jh.); Esther Ofarim, israelische Sängerin (20. Jh.).

Estrella: aus dem Spanischen übernommener weibl. Vorn., eigentlich „Stern" (span. *estrella* „Stern"). Die ältere Form des Vornamens ist Estella (→ Stella).

Ethel [e̱th^el]: englischer weibl. Vorn., Kurzform von Namen, die mit

„Ethel-" gebildet sind, wie z. B. Etheldred und Ethelinda.

Ethelgard: weibl. Vorn., Nebenform (vermutlich mit anglisierender Schreibung) von → Edelgard.

Etienne: → Stephan.

¹Etta: weibl. Vorn., Nebenform von → Edda.

²Etta: weibl. Vorn., Kurzform von → Henrietta.

Eugen [auch: Eugen]: männl. Vorn. griechischen Ursprungs, eigentlich „der Wohlgeborene" (griech. Eugénios, zu griech. *eu-genés* „wohlgeboren, von edler Abkunft, edel"). Der Name war im Mittelalter Papstname. Allgemein bekannt in Deutschland wurde er aber erst im 18. Jh. durch Prinz Eugen von Savoyen (17./18. Jh.), den österreichischen Feldmarschall und Staatsmann, der die Türken besiegte (vgl. das Volkslied „Prinz Eugen"). Eine literarische

Prinz Eugen

Gestalt ist der Eugen Onegin in Puschkins gleichnamigem Versroman, dessen Text Tschaikowskis Oper „Eugen Onegin" zugrunde liegt. Bekannte Namensträger: Eugen Diederichs, deutscher Verleger (19./20. Jh.); Eugen Roth, deutscher Schriftsteller (19./20. Jh.); Eugen Jochum, deutscher Dirigent (20. Jh.); Eugen Gersten-

maier, deutscher Politiker (20. Jh.). – Italien. Form: Eugenio [eᵘdschänjo]. Französ. Form: Eugéne [öschän]. Engl. Form: Eugene [judschin]. Ungar. Form: Jenő.

Eugenie, (auch:) Eugenia: weibl. Vorn., weibliche Form von → Eugen. Bekannte Namensträgerinnen: Eugenie (französ.: Eugénie [öscheni]), Frau Kaiser Napoleons III. (19./20. Jh.); Eugenie Marlitt, deutsche Schriftstellerin (19. Jh.).

Eulalia, (auch:) Eulalie: weibl. Vorn. griechischen Ursprungs, eigentlich etwa „die angenehme Plaudern, die Wohlredende" (griech. Eulalía, zu griech. *eú-lalos* „wohlredend, beredt"). Zu der Verbreitung des Namens im Mittelalter trug die Verehrung der heiligen Eulalia bei, Namenstag: 10. Dezember. Der Name ist heute abgewertet und spielt in der Namengebung kaum eine Rolle.

Euphemia: weibl. Vorn. griechischen Ursprungs, eigentlich etwa „gute Vorbedeutung, Verheißung von Glück; Glück" (griech. Euphēmía = *eu-phēmía* „das Sprechen von glückverheißenden Worten; gute Vorbedeutung, guter Ruf, Ruhm; andächtige Stille, Andacht"). – „Euphemia" spielte früher in der Namengebung als Heiligenname eine gewisse Rolle, und zwar als Name der heiligen Euphemia, die unter Diokletian den Martertod erlitt; Namenstag: 16. September.

Euphrosyne: weibl. Vorn. griechischen Ursprungs, eigentlich etwa „Frohsinn, Heiterkeit" (griech. Euphrosýnē = *eu-phrosýnē* „Frohsinn, Heiterkeit, Freude"). – „Euphrosyne" kam als Name einer griechischen Göttin auf. Bei den Griechen war Euphrosyne eine der drei Göttinnen der Anmut. – Der Name spielt heute in der Namengebung keine Rolle mehr.

Eusebia: weibl. Vorn., weibliche Form von → Eusebius.

Eusebius: männl. Vorn. griechischen Ursprungs, eigentlich „der Fromme, der Gottesfürchtige" (griech. Eusébios, zu griech. *eu-sebés* „fromm, gottesfürchtig"). – „Eusebius" fand im Mittelalter als Heiligenname Verbreitung, und zwar besonders als Name des heiligen Eusebius von Vercelli (3./4. Jh.), der nach der Legende von den Arianern gesteinigt wurde; Namenstag: 16. Dezember. Eusebius und Florestan heißen zwei Gestalten in Robert Schumanns Novelle „Die Davidsbündler" und in seinem Tagebuch, die zwei Seiten seines eigenen Wesens spiegeln. Bekannter Namensträger: Eusebius von Caesarea, griechischer Kirchenschriftsteller und Bischof von Caesarea (3./4. Jh.). In der heutigen Namengebung spielt „Eusebius" keine Rolle mehr.

Eustachius (auch:) Eustach: männl. Vorn. griechischen Ursprungs, eigentlich etwa „der Fruchtbare" (griech. Eustáchios, zu griech. *eũ* „wohl, gut, schön, reich" und *stáchys* „Ähre; Frucht").–„Eustachius" fand als Name des heiligen Eustachius Verbreitung. Der heilige Eustachius, der nach der Legende zunächst als römischer Offizier die Christen verfolgte, sich dann aber selbst zum Christentum bekehrte und im 2. Jh. den Martertod erlitt, ist einer der Vierzehn Nothelfer und Patron der Jäger; Namenstag: 20. September. Der Vorname spielt heute in der Namengebung kaum noch eine Rolle.

Ev: Kurzform des weiblichen Vornamens → Eva.

Eva: aus der Bibel übernommener weibl. Vorn. hebräischen Ursprungs, eigentlich „Leben". Nach der Bibel schuf Gott Eva aus der Rippe Adams und gab sie ihm zur Gefährtin. Sie erhielt den Namen „Leben", weil sie die Stammutter aller Lebenden ist. – „Eva" spielte schon im Mittelalter in der Namengebung in Deutschland eine Rolle, wurde aber erst nach der Reformation volkstümlich. Eine bekannte Opernfigur ist die Eva in Richard Wagners Oper „Die Meistersinger". Bekannte Namensträgerinnen: Eva Renzi, deutsche Filmschauspielerin (20. Jh.); Eva Bartok, ungarische Filmschauspielerin (20. Jh.). Französ. Form: Ève [ăw]. Engl. Form: Eve [iw].

Evamaria, (auch:) Evamarie: weibl.

Doppelname aus → Eva und →Maria.

¹Eve: Nebenform des weiblichen Vornamens → Eva. Eine bekannte literarische Gestalt ist die Eve in Heinrich Kleists Lustspiel „Der zerbrochene Krug".

²Eve: → Eva.

Evelyn, (auch:) Eveline: aus dem Englischen übernommener weibl. Vorn., vermutlich Weiterbildung von Eve (→ Eva). Bekannte Namensträgerin: Evelyn Künneke, deutsche Sängerin (20. Jh.).

Everose: weibl. Doppelname aus → Eva und → Rosa.

Evi: Koseform des weiblichen Vornamens → Eva. Bekannte Namensträgerin: Evi Kent, österreichische Sängerin und [Film]schauspielerin (20. Jh.).

Evita: span. weibl. Vorn., Koseform von →Eva. Bekannte Namensträgerin: Evita Perón (eigtl. [Maria] Eva de Duarte), argent. Politikerin (20. Jh.).

Ewald: alter deutscher männl. Vorn., eigentlich etwa „der nach dem Gesetz Herrschende" (ahd. *ēwa, ē* -*walt* zu *waltan* „walten, herrschen"). „Ewald" kam im Mittelalter als Heiligenname auf, und zwar als Name zweier angelsächsischer Missionare, die nach der Haarfarbe „weißer Ewald" und „schwarzer Ewald" genannt wurden. Die beiden Missionare wurden im 7. Jh. bei der Missionierung der Sachsen an der Lippe erschlagen; Namenstag der beiden Heiligen: 3. Oktober. Der Name, der früher hauptsächlich in Westfalen und im Rheinland, dem Verehrungsgebiet der beiden Heiligen, vorkam, fand erst seit dem 18. Jh. in Deutschland weitere Verbreitung. Bekannte Namensträger: Ewald Christian von Kleist, deutscher Dichter (18. Jh.); Ewald Wenck, deutscher Schauspieler (19./20. Jh.); Ewald Balser, deutscher [Film]schauspieler (19./20.Jh.); Ewald Mataré, deutscher Bildhauer (19./20. Jh.).

Ezzo: aus dem Italienischen übernommener männl. Vorn., Kurzform von Adolfo (→ Adolf).

F

Fabia: weibl. Vorn., weibliche Form von → Fabius.

Fabian: männl. Vorn. lateinischen Ursprungs, Weiterbildung von → Fabius. – Zu der Verbreitung des Namens im Mittelalter trug die Verehrung des heiligen Fabian (lat.: Fabiänus) bei, der als Papst im Jahre 250 den Martertod erlitt; Namenstag: 20. Januar. – Französ. Form: Fabien [fabiäng].

Fabiane: Weiterbildung des weiblichen Vornamens → Fabia.

Fabien: → Fabian.

Fabio: → Fabius.

Fabiola: weibl. Vorn., Weiterbildung von → Fabia. „Fabiola" spielte früher als Heiligenname in der Namengebung eine gewisse Rolle, und zwar als Name der heiligen Fabiola von Rom (4. Jh.); Namenstag: 27. Dezember. Bekannte Namensträgerin: Fabiola, Frau von König Baudouin I.

Fabius: männl. Vorn. lateinischen Ursprungs, eigentlich „der aus dem Geschlecht der Fabier" (lat. Fabius altrömischer Geschlechtername, zu lat. faba „Bohne", ursprünglich „Bohnenpflanzer"). – Span. Form: Fabio.

Falk, (auch:) Falke: jüngere Nebenformen des männlichen Vornamens → Falko.

Falko: alter deutscher männl. Vorn., eigentlich „Falke" (ahd. falc[h]o „Falke") oder „[West]fale" (zum Stammesnamen Falcho, vgl. den Vornamen Frank, eigentlich „der Franke"). „Falko" war ursprünglich also Beiname.

¹Fanni: weibl. Vorn., Kurzform von → Stephanie.

²Fanni, (auch:) Fanny: weibl. Vorn., Kurzform von → Franziska. Der Name wurde in Deutschland im 18. Jh. durch Übersetzungen englischer Romane allgemein bekannt, vor allem durch die Fanny in Fieldings vielgelesenem Roman „Joseph Andrews" (1742). Daher setzte sich auch die englische Form mit aus-

lautendem y weitgehend durch. Engl. Fanny ist Kurzform von Frances, der englischen Entsprechung von → Franziska. Eine bekannte literarische Gestalt ist die Fanny in John Clelands Roman „Fanny Hill" (1750, deutsche Übersetzung 1906). Bekannte Namensträgerinnen: Fanny Lewald, deutsche Schriftstellerin (19. Jh.); Fanny (eigentlich: Franziska) Elßler, österreichische Balletttänzerin (19. Jh.).

Farfried, (auch:) Ferfried: alter deutscher männl. Vorn. (der 1. Bestandteil gehört wahrscheinlich zu ahd. faran „fahren, reisen, ziehen"; der 2. Bestandteil ist ahd. fridu „Schutz vor Waffengewalt"). Der Vorname kommt heute sehr selten vor.

Farhild, (auch:) Ferhild: alter deutscher weibl. Vorn. (der 1. Bestandteil gehört wahrscheinlich zu ahd. faran „fahren, reisen, ziehen"; der 2. Bestandteil ist ahd. hilt[j]a „Kampf").

Farmund, (auch:) Fermund: alter deutscher männl. Vorn. (der 1. Bestandteil gehört wahrscheinlich zu ahd. faran „fahren, reisen, ziehen"; der 2. Bestandteil ist ahd. munt „[Rechts]schutz"). Der Vorname spielt heute kaum noch eine Rolle in der Namengebung.

Fatima: aus dem Arabischen übernommener weibl. Vorn., dessen Bedeutung unklar ist. Der Name ist in der arabischen Welt sehr beliebt. Bekannte Namensträgerin: Fatima, jüngste Tochter Mohammeds, Urahne der Fatimiden (7. Jh.).

Fausta: weibl. Vorn., weibliche Form des männlichen Vornamens → Faustus. Der Vorname kommt nur ganz vereinzelt vor.

Faustina, (auch:) Faustine: weibl. Vorn., Weiterbildung von → Fausta. Der Name, der im 19. Jh. aufkam, spielt heute in der Namengebung keine Rolle mehr.

Faustinus: männl. Vorn., Weiterbildung von → Faustus. – Faustinus spielte früher als Heiligenname eine gewisse Rolle in der Namengebung. Ein Faustinus erlitt zusammen mit seinem Bruder Jorita im 2. Jh. in Brescia den Martertod, N a m e n s t a g : 15. Februar, ein anderer Faustinus wurde mit seinen Geschwistern zu Beginn des 4. Jh.s in Rom getötet, N a m e n s t a g : 29. Juli.

Faustus: männl. Vorn. lateinischen Ursprungs, eigentlich „der Glückbringende" (lat. *faustus* „günstig, glückbringend"). Lateinisch Faustus war – wie z. B. auch Augustus (→August) – ursprünglich römischer Beiname. – Der Name spielt heute in der Namengebung keine Rolle mehr.

Feddo: männl. Vorn., friesische Kurzform von Namen, die mit „Fried-" gebildet sind, besonders von →Friedrich.

Fédéric: → Friedrich.

Federico: → Friedrich.

Federigo: → Friedrich.

Fedor, (auch:) Feodor: aus dem Russischen übernommener männl. Vorn., eingedeutschte Form von russisch Fjodor. Der russische Vorname geht auf griechisch Theódōros zurück, entspricht also unserem Vornamen → Theodor. – „Fedor" wurde in Deutschland im 19. Jh. bekannt. Bekannter Namensträger: Fedor (Fjodor) Dostojewski, russischer Dichter (19. Jh.); Fedor (Fjodor) Schaljapin, russischer Sänger (19./20. Jh.); Fedor, von Bock, deutscher Generalfeldmarschall (19./20. Jh); Fedor Stepun, russischdeutscher Kulturhistoriker (19./20. Jh.); Fedor von Zobeltitz, deutscher Schriftsteller (19./20. Jh.).

Fedora: weibl. Vorn., Nebenform von → Feodora.

Fee: weibl. Vorn., Kurzform von → Felizitas.

Feli: weibl. Vorn., Kurzform von → Felizitas.

Felice: → Felix.

Felipe: → Philipp.

Felix: männl. Vorn. lateinischen Ursprungs, eigentlich „der Glückliche" (lat. *felix* „fruchtbar; glücklich; glückbringend"). Lateinisch Felix war – wie z. B. auch Augustus

(→ August) – ursprünglich römischer Beiname. Der Name wurde mehreren unbekannten christlichen Märtyrern beigegeben und war im Mittelalter auch Papstname. In Deutschland blieb der Name zunächst auf den Süden beschränkt und wurde erst im 18. Jh. allgemein bekannt. – Felix heißt der Sohn von Wilhelm Meister in Goethes „Wilhelm Meister". Eine bekannte literarische Gestalt ist der Felix Krull in Thomas Manns Roman „Bekenntnisse des Hochstaplers Felix Krull". Bekannte Namensträger: der heilige Felix I., Papst und Märtyrer (3. Jh.), N a m e n s t a g : 30. Mai; der heilige Felix, Schutzheiliger der Stadt Zürich und ihrer beiden Münster (3./4. Jh.), N a m e n s t a g : 11. September; der heilige Felix von Valois, Mitbegründer des Trinitarierordens (12./13. Jh.), N a m e n s t a g : 20. November; Felix Dahn, deutscher Schriftsteller und Geschichtsforscher (19./20. Jh.); Felix Mendelssohn-Bartholdy, deutscher Komponist (19. Jh.); Felix Graf von Luckner, deutscher Seemann und Schriftsteller (19./20. Jh.); Felix Timmermans, flämischer Dichter (19./20. Jh.); Felix Wankel, Erfinder des Wankelmotors (20. Jh.). – Italien. Form: Felice.

Felizia, (auch:) Felicia: weibl. Vorn., weibliche Form von → Felix. – Französ. Form: Félicie [feliß̱i].

Felizitas, (auch:) Felicitas: weibl. Vorn. lateinischen Ursprungs, eigentlich „Glück, Glückseligkeit" (lat. *felicitas* „Fruchtbarkeit; Glück; Glückseligkeit", auch personifiziert: Göttin des Glücks). Zur Verbreitung des Namens trug die Verehrung von zwei Märtyrerinnen bei. Der Namenstag der heiligen Felicitas, die zusammen mit ihrer Herrin Perpetua Anfang des 3. Jh.s in Karthago getötet wurde, ist der 6. März, der Namenstag der heiligen Felicitas, die nach der Legende in Rom mit ihren sieben Söhnen wegen ihres Glaubens enthauptet wurde, ist der 23. November. Bekannte Namensträgerin: Felicitas Rose, deutsche Schriftstellerin (19./20. Jh.). – Engl. Form: Felicity [fi-liß̱iti].

Feodor: → Fedor.

Feodora: aus dem Russischen übernommener weibl. Vorn., weibliche Form von → Fedor.

Feodosi: → Theodosius.

Feodosia: russischer weibl. Vorn., weibliche Form des männlichen Vornamens Feodosi (→ Theodosius).

Ferdi: männl. Vorn., Kurzform von → Ferdinand.

Ferdinand: aus dem Spanischen übernommener männlicher Vorname. Spanisch Fernando (jüngere Nebenform: Hernando) ist germanischen Ursprungs und läßt sich etwa mit „kühner Schützer" wiedergeben (german. *friþu- „Schutz vor Waffengewalt, Friede" + german. *nanþa- „gewagt, wagemutig, kühn"). Der Name gelangte mit den Westgoten nach Spanien und wurde dort sehr beliebt. Von den Habsburgern wurde er im 16. Jh., nachdem Spanien durch Heirat an Österreich gefallen war, als spanischer Fürstenname übernommen. Durch die Habsburger, besonders durch die Kaiser Ferdinand I., II. und III., wurde der Name in Österreich und Bayern volkstüm-

Kaiser Ferdinand I.

lich und breitete sich dann über ganz Deutschland aus. – Eine bekannte literarische Gestalt ist der Ferdinand in Schillers Trauerspiel „Kabale und Liebe" (1784). Bekannte Namensträger: der heilige Ferdinand, König von Kastilien und León (12./13. Jh.), Namenstag: 30. Mai; der heilige Ferdinand, genannt „der Standhafte" (Vorbild für Calderóns Drama „Der standhafte Prinz"), Infant von Portugal (15. Jh.), Namenstag: 5. Juni; Ferdinand Raimund, österreichischer Dramatiker und Schauspieler (18./19. Jh.). Ferdinand Freiligrath, deutscher Dichter (19. Jh.); Ferdinand Lassalle, deutscher Politiker (19. Jh.); Ferdinand de Lesseps, französischer Diplomat, Erbauer des Sueskanals (19. Jh.); Ferdinand Graf von Zeppelin, deutscher Luftschiffkonstrukteur (19./20. Jh.); Ferdinand Avenarius, deutscher Schriftsteller (19./20. Jh.). Als zweiter Vorname: Conrad Ferdinand Meyer, schweizerischer Dichter (19. Jh.); Ernst Ferdinand Sauerbruch, deutscher Chirurg (19./20. Jh.). – Italien. Form: Fernando. Französ. Form: Ferrand [färaŋ].

Ferdinande: weibl. Vorn., weibliche Form des männlichen Vornamens → Ferdinand.

Ferdl: oberdeutsche Koseform des männl. Vornamens → Ferdinand.

Ferenc: ungarischer männl. Vorn., ungarische Form von → Franz. Bekannter Namensträger: Ferenc Fricsay, ungarischer Dirigent (20. Jh.).

Ferfried: männl. Vorn., Nebenform von → Farfried.

Ferhild: weibl. Vorn., Nebenform von → Farhild.

Fermund: männl. Vorn., Nebenform von → Farmund.

Fernando: → Ferdinand.

Ferry: französischer männl. Vorn., Kurzform von Frédéric (→ Friedrich).

Fidelis: männl. Vorn. lateinischen Ursprungs, eigentlich „der Treue" (lat. fidēlis „treu, zuverlässig"). Der Name spielte früher in Baden und Württemberg als Heiligenname in der Namengebung eine gewisse Rolle, und zwar als Name des heiligen Fidelis von Sigmaringen (16./17. Jh.); Namenstag: 24. April.

Fides: weibl. Vorn. lateinischen Ursprungs, eigentlich „Glaube" (lat. *fidēs* „Glaube"). Der Name kam früher häufiger im Elsaß vor, wo eine heilige Fides verehrt wurde.

Fieke: weibl. Vorn., niederdeutsche Kurzform und Kose- oder Verkleinerungsform von → Sophie.

Fiene, (auch:) **Fina:** weibl. Vorn., niederdeutsche Kurzform von → Josefine.

Fiete: männl. Vorn., niederdeutsche Kurzform von → Friedrich.

Filibert: alter deutscher männl. Vorn. (ahd. *filu* „viel" + ahd. *beraht* „glänzend"). Der Name, der früher durch Anlehnung an → Philipp auch in der Form Philibert vorkam, spielt heute in der Namengebung keine Rolle mehr. – Italien. Form: Filiberto.

Filiberta: weibl. Vorn., weibliche Form des männlichen Vornamens → Filibert.

Filippo: → Philipp.

Finni, (auch:) **Finne:** Nebenform des weiblichen Vornamens → Fiene.

Fips: Kurzform des männlichen Vornamens → Philipp.

Firminus, (auch:) **Firmin:** männl. Vorname, Weiterbildung von → Firmus.

Firmus: männl. Vorn. lateinischen Ursprungs, eigentlich „der Starke, der Standhafte" (lat. *firmus* „fest, stark, standhaft").

Fita: weibl. Vorn., wahrscheinlich niederdeutsche Kurzform von → Friederike. Bekannte Namensträgerin: Fita Benkhoff, deutsche [Film]schauspielerin (20. Jh.).

Fjodor: → Fedor.

Flavia: aus dem Italienischen übernommener weibl. Vorn., weibliche Form von Flavius (→ Flavio).

Flavio: aus dem Italienischen übernommener männl. Vorn. lateinischen Ursprungs, eigentlich „der aus dem Geschlecht der Flavier" (lat. Flavius altrömischer Geschlechtername, zu lat. *flāvus* „blond", ursprünglich also „der Blonde").

Fleur [flör]: aus dem Französischen übernommener weibl. Vorn., französische Form von → Flora.

Fleurette [flörät]: französischer weibl.

Vorn., Verkleinerungsform von → Fleur.

Flora: weibl. Vorn., der auf den Namen einer altrömischen Frühlingsgöttin zurückgeht (lat. Flora = Göttin der Blumen und Blüten, zu lat. *flōs, flōris* „Blume, Blüte"). Der Name wurde in Deutschland im 19. Jh. volkstümlich, begünstigt durch die Flora in Walter Scotts vielgelesenem Roman „Waverley" (1813, deutsche Übersetzung: 1833).

Florence: → Florenze.

Florens, (älter auch:) **Florenz;** Florentius: männl. Vorn. lateinischen Ursprungs, eigentlich „der Blühende, der in hohem Ansehen Stehende" (zu lat. *flōrens* „blühend; glänzend, in hohem Ansehen stehend"). Der Name spielte früher als Heiligenname am Niederrhein und in Holland in der Namengebung eine Rolle.

Florentin, (auch:) **Florentinus:** männl. Vorname, Weiterbildung von → Florens.

Florentine: weibl. Vorn., weibliche Form von → Florentin.

Florentius: → Florens.

Florenz: → Florens.

Florenze: weibl. Vorn., weibliche Form von → Florens. Französ. Form: Florence [floraṅß]. Engl. Form: Florence [flọrᵉnß].

Flori: oberdeutsche Verkleinerungsoder Koseform des männl. Vorn. → Florian.

Florian, (auch:) **Florianus:** männl. Vorn. lateinischen Ursprungs, Weiterbildung von lateinisch Flōrus, eigentlich „der Blühende, Prächtige" (lat. *flōrus* „blühend, prächtig, glänzend"). – „Florian" fand im Mittelalter als Name des heiligen Florian Verbreitung. Der heilige Florian wurde zu Beginn des 4. Jh.s wegen seines Glaubens in die Enns (Oberösterreich) gestürzt. Er ist der Schutzheilige von Oberösterreich und Patron gegen Feuersgefahr; Namenstag: 4. Mai. – „Florian" kam früher als katholischer Vorname hauptsächlich in Bayern und Österreich vor. – Bekannter Namensträger: Florian Geyer, Reichsritter und Bauernführer (15./16. Jh.).

HI. Florian

Floriane: weibl. Vorn., weibliche Form von → Florian.

Florin, (auch:) Florinus: männl. Vorn., Nebenform von → Florian.

Focke, (auch:) Focko: männl. Vorn., alte (besonders friesische) Kurzform von Namen, die mit ,,Volk-" gebildet sind, wie z. B. → Volkhard und → Volkmar.

¹**Folke,** (auch:) Folko: männl. Vorn., Kurzform von Namen, die mit ,,Volk-" gebildet sind, wie z. B. → Volkhard und → Volkmar.

²**Folke:** weibl. Vorn., (besonders friesische) Kurzform von Namen, die mit ,,Volk-" gebildet sind, vor allem von → Volkhild.

Folker → Volker.

Folkher: → Volkher.

Fons: Kurzform des männlichen Vornamens → Alfons.

Fortunat, (auch:) Fortunatus: männl. Vorn. lateinischen Ursprungs, eigentlich ,,der Beglückte, der Gesegnete" (lat. *fortunātus* ,,beglückt, gesegnet, glücklich"). Lateinisch Fortunatus war – wie z. B. auch → Felix und Augustus (→August) – ursprünglich römischer Beiname, z. B. Venantius Fortunatus, Kirchenschriftsteller (6. Jh.). – Fortunatus ist als Name mehrerer frühchristlicher Märtyrer

bezeugt. Eine bekannte literarische Gestalt ist der Fortunatus eines deutschen Volksbuches (um 1500), das vom Glückssäckel und Wunschhütlein erzählt. Heute spielt der Name in der Namengebung keine Rolle mehr.

Frances: → Franziska.

Francesca: → Franziska.

Francesco: → Franz.

Francis: → Franz.

Franciszek: → Franz.

François: → Franz.

Françoise: → Franziska.

Franek, (auch:) Frantek: polnische Koseform des männlichen Vornamens Franciszek (→ Franziskus).

Frank, (älter auch:) Franko: alter deutscher männl. Vorn., eigentlich ,,der Franke, der aus dem Volksstamm der Franken" (zum Stammesnamen ahd. *Franchur*, lat. *Franci* ,,Franken"). Der Name war ursprünglich Beiname. – ,,Frank" wurde in Deutschland erst im 19. Jh. volkstümlich, wahrscheinlich unter dem Einfluß des englischen Vornamens Frank. Bekannte Namensträger: Franko von Köln, Musiktheoretiker (13. Jh.); Frank Wedekind, deutscher Dramatiker (19./20. Jh.); Frank Thieß, deutscher Schriftsteller (19./20. Jh.).

Franka: weibl. Vorn., weibliche Form von → Frank.

Frankobert: alter deutscher männl. Vorn. (ahd. *franko* ,,Franke" + ahd. *beraht* ,,glänzend").

Frans: → Franz.

Franz: männl. Vorn., Kurzform von Franziskus, einer Latinisierung von italienisch Francesco. Der Name geht auf den heiligen Franz von Assisi (12./13. Jh.), den bedeutenden Prediger u. Stifter der Franziskanerbewegung, zurück; Namenstag: 4. Oktober. Franz von Assisi hieß eigentlich Giovanni Bernardone. Er wurde von seinem Vater Francesco (= ,,Franzose") genannt, weil seine Mutter Französin war und weil er gut Französisch sprach. – Der Name war zunächst in Süddeutschland und in Österreich beliebt, wurde dann aber in ganz Deutschland volkstümlich.

Franz von Assisi

Gebräuchlich ist auch der Doppelname Franz Joseph. Bekannte literarische Gestalten sind der Franz Moor aus Schillers Schauspiel „Die Räuber" und der Franz Sternbald aus Ludwig Tiecks Roman „Franz Sternbalds Wanderungen". – Bekannte Namensträger: der heilige Franz von Paula, italienischer Franziskaner, Gründer des Ordens der Minimen (15./16. Jh.), Namenstag: 2. April; der heilige Franz von Borgia, italienischer Jesuitengeneral (16. Jh.), Namenstag: 10. Oktober; der heilige Franz von Sales, Kirchenlehrer, Bischof von Genf (16./17. Jh.), Namenstag: 29. Januar; der heilige Franz Caracciolo, (16./17. Jh.), Namenstag: 4. Juni; der heilige Franz Xaver, spanischer Jesuit, Apostel der Inder (16. Jh.), Namenstag: 3. Dezember; Franz Grillparzer, österreichischer Dichter (18./19. Jh.); Franz Schubert, österreichischer Komponist (18./19. Jh.); Franz Liszt, ungarisch-deutscher Klaviervirtuose und Komponist (19. Jh.); Franz von Suppé, österreichischer Komponist (19. Jh.); Franz Lenbach, deutscher Maler (19./20. Jh.); Franz Marc, deutscher Maler (19./20. Jh.); Franz Kafka, österreichischer Dichter (19./

20. Jh.); Franz Lehár, ungarischer Operettenkomponist (19./20. Jh.); Franz Werfel, österreichischer Schriftsteller (19./20. Jh.); Franz Beckenbauer, deutsches Fußballidol (20. Jh.). – Italien. Form: Francesco [frantscheßko]. Französ. Form: François [frangßoạ]. Engl. Form: Francis [frạnßis]. Niederländ. Form: Frans. Schwed. Form: Frans. Poln. Form: Franciszek.

Fränze, (auch:) Fränzel: Verkleinerungs- oder Koseform des weiblichen Vornamens → Franziska.

Franzi: Verkleinerungs- oder Koseform des weiblichen Vornamens → Franziska.

Franzine, (auch:) Francine: zum männl. Vorn. → Franz gebildeter weibl. Vorname.

Franziska: im 18. Jh. aufgekommener weibl. Vorn., weibliche Form von → Franziskus. Bekannte literarische Gestalten sind die Zofe Franziska in Lessings Lustspiel „Minna von Barnhelm" und die Franziska in Wilhelm Raabes Roman „Der Hungerpastor". Bekannte Namensträgerinnen: die heilige Franziska von Rom (14./15. Jh.), Namenstag: 9. März; Franziska Kinz, österreichische [Film]schauspielerin (20. Jh.). – Italien. Form: Francesca [frantscheßka]. Französ. Form: Francoise [frangßoạs]. Engl. Form: Frances [frạnßes].

Franziskus: männl. Vorn., latinisierte Form von italienisch Francesco (→ Franz).

Frauke: weibl. Vorn., friesische und niederdeutsche Koseform zu *Frau*, eigentlich also „Frauchen, kleine Frau".

[1]Fred: männl. Vorn., Kurzform von → Alfred und → Manfred sowie niederdeutsche und friesische Kurzform von Frederik, Fred[e]rich (→ Friedrich). Bekannte Namensträger: Fred Raymond, österreichischer Operettenkomponist (20. Jh.); Fred Bertelmann, deutscher Schlagersänger (20. Jh.).

[2]Fred: englische Kurzform der männlichen Vornamen Alfred und Frederic[k].

Freddy: aus dem Englischen übernommener männl. Vorn., Kurzform von engl. Alfred (→ Alfred) und → engl. Frederic[k] (→ Friedrich). Bekannter Namensträger: Freddy Quinn, deutscher Schlagersänger (20. Jh.).

Fredegund, (auch:) Fredegunde: weibl. Vorn., Nebenform von → Friedegund.

Frederic, (auch:) Frederick: → Friedrich.

Frédéric: → Friedrich.

Frederich, (auch:) Fredrich: friesische Form des männlichen Vornamens → Friedrich.

Frederik: niederdeutsche Form des männlichen Vornamens → Friedrich.

Fredo, (auch:) Freddo: männl. Vorn., Nebenform von → Fred.

Fredrik: → Friedrich.

Freia, (auch:) Freya: aus dem Nordischen übernommener weibl. Vorn., der auf den Namen der altnordischen Göttin Freyja (eigentlich „Herrin, Frau") zurückgeht. „Freia" kam in Deutschland als Vorname Ende des 19. Jh.s auf.

Frek: männl. Vorn., niederdeutsche Kurzform von → Frederik.

Frerich: männl. Vorn., friesische Kurzform von → Frederich.

Frerk: männl. Vorn., niederdeutsche Kurzform von → Frederik.

Freya: → Freia.

Fricka: weibl. Vorn., Kurzform von → Friederike.

Frida: → Frieda.

Friddo: → Frido.

Fridericus: latinisierte Form von → Friedrich.

Friderun: → Friedrun.

Frido, (auch:) Friddo: alter deutscher männl. Vorn., Kurzform von → Friedrich.

Fridolin, (auch:) Friedolin: alter deutscher männl. Vorn., ursprünglich oberdeutsche Verkleinerungsform von → Friedrich. Der Name bedeutet demnach eigentlich „kleiner Friedrich". – Zu der Verbreitung des Namens hat die Verehrung des heiligen Fridolin von Säckingen (6. Jh.) beigetragen; Namenstag: 6. März. Allgemein bekannt ist der „fromme Knecht Fridolin" aus Schillers Ballade „Der Gang nach dem Eisen-

hammer". Eine bekannte Operettengestalt ist der Fridolin in Leo Falls Operette „Die Rose von Stambul".

Fried: männl. Vorn., Kurzform von Namen, die mit „Fried-" gebildet sind, besonders von → Friedrich.

Frieda, (älter auch:) Frida: weibl. Vorn., Kurzform von Namen, die mit „Fried-" oder „-friede" gebildet sind, besonders von → Friederike und → Elfriede. – Eine bekannte literarische Gestalt ist die Tante Frieda in Ludwig Thomas Geschichtensammlung „Tante Frieda". Bekannte Namensträgerin: Frida Schanz, deutsche Schriftstellerin (19./20. Jh.).

Friedbert, (auch:) Friedebert: alter deutscher männl. Vorn. (ahd. *fridu* „Schutz vor Waffengewalt, Friede" + ahd. *beraht* „glänzend"). Der Vorname kommt heute sehr selten vor.

Friedebald: alter deutscher männl. Vorn. (ahd. *fridu* „Schutz vor Waffengewalt, Friede" + ahd. *bald* „kühn"). Der Vorname spielt heute kaum noch eine Rolle in der Namengebung.

Friedegund, (auch:) Friedegunde: alter deutscher weibl. Vorn. (ahd. *fridu* „Schutz vor Waffengewalt, Friede" + ahd. *gund* „Kampf"). Der Vorname spielt heute kaum noch eine Rolle in der Namengebung.

¹Friedel: Verkleinerungs- oder Koseform von männl. Vorn., die mit „Fried-" oder „-fried" gebildet sind, besonders von → Friedrich, → Fridolin und von → Gottfried.

²Friedel: Verkleinerungs- oder Koseform von weibl. Vorn., die mit „Fried-" oder „-friede" gebildet sind, besonders von → Frieda und → Elfriede.

Friedelind, (auch:) Friedelinde: alter deutscher weibl. Vorn. (ahd. *fridu* „Schutz vor Waffengewalt, Friede" + ahd. *linta* „Schild [aus Lindenholz]"). Bekannte Namensträgerin: Friedelind Wagner, deutsche Regisseurin (20. Jh.).

Friedemann, (auch:) Friedmann: alter deutscher männl. Vorn. (ahd. *fridu* „Schutz vor Waffengewalt, Friede" + ahd. *man* „Mann"). Der Vorname wurde bekannt durch Friedemann

Bach (18. Jh.), den Sohn Johann Sebastian Bachs (vgl. Brachvogels Roman „Friedemann Bach").

Friedemar, (auch:) Friedmar: alter deutscher männl. Vorn. (ahd. *fridu* „Schutz vor Waffengewalt, Friede" + ahd. *-mār* „groß, berühmt", vgl. ahd. *māren* „verkünden, rühmen").

Friedemund, (auch:) Friedmund: alter deutscher männl. Vorn. (ahd. *fridu* „Schutz vor Waffengewalt, Friede" + ahd. *munt* „[Rechts]schutz").

Frieder: männl. Vorn., Kurzform von → Friedrich.

Friederike: weibl. Vorn., weibliche Form von → Friedrich. Der Name kam im 18. Jh. in Deutschland auf u. wurde durch Friederike Brion aus Se-

Friederike Brion

senheim, die Jugendliebe Goethes in der Straßburger Zeit, allgemein bekannt (vgl. Franz Lehárs Operette „Friederike"). Bekannte Namensträgerinnen: Friederike Kempner, schlesische Lyrikerin (19./20. Jh.); Friederike Sailer, deutsche Sopranistin (20. Jh.).

Friedewald, (auch:) Friedwald: alter deutscher männl. Vorn. (ahd. *fridu* „Schutz vor Waffengewalt, Friede" + ahd. *-walt* zu *waltan* „walten, herrschen"). Der Vorname spielt heute kaum noch eine Rolle in der Namengebung.

Friedger, (auch): Friedeger: alter deutscher männl. Vorn. (ahd. *fridu* „Schutz vor Waffengewalt, Friede" + ahd. *gēr* „Speer").

¹Friedhelm: alter deutscher männl. Vorn. (ahd. *fridu* „Schutz vor Waffengewalt, Friede" + ahd. *helm* „Helm").

²Friedhelm: in neuerer Zeit aus Fried(rich) und (Wil)helm gebildeter männlicher Vorname.

Friedhild, (auch:) Friedhilde: alter deutscher weibl. Vorn. (ahd. *fridu* „Schutz vor Waffengewalt, Friede" + ahd. *hilt[j]a* „Kampf"). Der Vorname kommt heute sehr selten vor.

Friedlieb: pietistische Neuschöpfung oder alter deutscher männl. Vorn., der sich unter Anlehnung an das Adjektiv „lieb" aus Friduleib entwickelt hat (ahd. *fridu* „Schutz vor Waffengewalt, Friede" + ahd. *-leip* „Nachkomme, Sohn", zu ahd. *leiba* „Überbleibsel"). Bekannter Namensträger: Friedlieb Ferdinand Runge, deutscher Chemiker (18./19. Jh.).

Friedo: männl. Vorn., Kurzform von Namen, die mit „Fried-" zusammengesetzt sind.

Friedrich: alter deutscher männlicher Vorn., eigentlich etwa „Friedensherrscher" (1. Bestandteil ahd. *fridu* „Schutz vor Waffengewalt, Friede";

Friedrich I. Barbarossa

2. Bestandteil zu german *rīk- „Herrscher, Fürst, König", vgl. got. *reiks* „Herrscher, Oberhaupt", ahd. *rīhhi* „Herrschaft; Reich", *rīhhi* „mächtig, begütert, reich"). Der Name spielte schon im Mittelalter eine bedeutende Rolle in der Namengebung. Er wurde durch die großen Herrscher Kaiser Friedrich Barbarossa (12. Jh.) und Kaiser Friedrich II. (12./13. Jh.) volkstümlich. Zu der Beliebtheit des Namens (und des Doppelnamens Friedrich Wilhelm in der Neuzeit) haben die Hohenzollern beigetragen, vor allem Friedrich der Große (18. Jh.). Bekannte Namensträger: Friedrich Schiller, deutscher Dichter (18./19. Jh.); Friedrich Schleierma-

Friedrich der Große

cher, deutscher Philosoph (18./19. Jh.); Friedrich Hölderlin, deutscher Dichter (18./19. Jh.); Friedrich Schlegel, deutscher Dichter (18./19. Jh.); Friedrich Hebbel, deutscher Dramatiker (19. Jh.); Friedrich Engels, deutscher Politiker (19. Jh.); Friedrich Nietzsche, deutscher Philosoph (19. Jh.); Friedrich von Flotow, deutscher Opernkomponist (19. Jh.); Friedrich von Bodelschwingh, deutscher ev. Theologe (19./20. Jh.); Friedrich Ebert, deutscher Reichspräsident (19./20. Jh.); Friedrich

Wolf, deutscher Dramatiker (19./20. Jh.); Friedrich Meinecke, deutscher Historiker (19./20. Jh.); Friedrich Dürrenmatt, schweizer. Schriftsteller (20. Jh.). Italien. Form: Federico. Span. Form: Federigo. Französ. Formen: Frédéric [frederįk]; Fédéric [federįk]. Engl. Form: Frederic[k] [fredᵉrik]. Schwed. Form: Fredrik.

Friedrun, (auch:) Friederun, Friderun: alter deutscher weibl. Vorn. (ahd. *fridu* „Schutz vor Waffengewalt, Friede" + ahd. *rūna* „Geheimnis; geheime Beratung").

Frieso, (auch:) Friso: alter deutscher männl. Vorn., eigentlich „der Friese, der aus dem Volksstamm der Friesen" (zum Stammesnamen ahd. *Friesan*, lat. *Frisii* „Friesen"). Der Name war ursprünglich Beiname, wie z. B. auch → Frank.

Frigga, (auch:) Frigge: weibl. Vorn., niederdeutsche Kurzform von →Friederike.

Frithjof: aus dem Nordischen übernommener männl. Vorn. (norweg., dän. Fridtjof, schwed. Fritiof; altisländ. Friðþjófr; 1. Bestandteil altisländ. *friðr* „Schutz, Friede"; 2. Bestandteil altisländ. *þjófr* „Dieb, Räuber"). Der Name wurde im 19. Jh. durch die Übersetzung von Esaias Tegnérs „Frithjofs-Sage" bekannt. – Bekannter Namensträger: Fridtjof Nansen, norwegischer Polarforscher (19./20. Jh.).

Fritz: männl. Vorn., im ausgehenden Mittelalter aufgekommene Kurzform von → Friedrich. Der Name ist durch den Alten Fritz (Friedrich den Großen) volkstümlich geworden. Fritz war zu Beginn des 20. Jh.s so häufig, daß Franzosen und Engländer im ersten Weltkrieg den Namen als Bezeichnung für den deutschen Soldaten verwendeten. Die Russen gebrauchen „Fritz" als Spitznamen für „Deutscher". In der Umgangssprache wird „Fritze" als abwertende Bezeichnung für „Kerl, nicht näher bekannte Person" verwendet; vgl. auch Zusammensetzungen wie Filmfritze, Zeitungsfritze, Versicherungsfritze. Bekannte Namensträger: Fritz Reuter, deutscher Dichter (19. Jh.); Fritz

Kreisler, österreichischamerikanischer Geigenvirtuose und Komponist (19./20. Jh.); Fritz von Unruh, deutscher Schriftsteller (19./20. Jh.); Fritz Kortner, österreichischer Schauspieler und Regisseur (19./20. Jh.); Fritz Walter, Ehrenspielführer der deutschen Fußballnationalmannschaft (20. Jh.); Fritz Wunderlich, deutscher Tenor (20. Jh.).

Fritzi, (auch:) Frizzi: weibl. Vorn., Kurz- und Koseform von → Friederike. Bekannte Namensträgerin: Fritzi Massary, österreichische Operettensängerin (19./20. Jh.).

Frodebert: alter deutscher männl. Vorn. (ahd. *frōt, fruot* ,,verständig, klug, weise'' + ahd. *beraht* ,,glänzend'').

Frodegard, (auch:) Frogard: alter deutscher weibl. Vorn. (der 1. Bestandteil ist ahd. *frōt, fruot* ,,verständig, klug, weise''; Herkunft und Bedeutung des 2. Bestandteils sind unklar; vielleicht zu → Gerda).

Frodehild, (auch:) Frohild: alter deutscher weibl. Vorn. (ahd. *frōt, fruot* ,,verständig, klug, weise'' + ahd. *hilt[j]a* ,,Kampf'').

Frodemund, (auch:) Fromund: alter deutscher männl. Vorn. (ahd. *frōt, fruot* ,,verständig, klug, weise'' + ahd. *munt* ,,[Rechts]schutz'').

Frodewin, (auch:) Frowin, Frowein: alter deutscher männl. Vorn., eigent-

lich etwa ,,verständiger, kluger Freund'' (ahd. *frōt, fruot* ,,verständig, klug, weise'' + ahd. *wini* ,,Freund'').

Frogard: Nebenform des weiblichen Vornamens → Frodegard.

Frohild: Nebenform des weiblichen Vornamens → Frodehild.

Fromund: Nebenform des männlichen Vornamens → Frodemund.

Fromut: alter deutscher weibl. Vorn. (ahd. *frōt, fruot* ,,verständig, klug, weise'' + ahd. *muot* ,,Sinn, Gemüt, Geist'').

Frowin, (auch:) Frowein: Nebenformen des männlichen Vornamens → Frodewin. Bekannter Namensträger: der selige Frowin, Abt von Engelberg (12. Jh.), Namenstag: 27. März.

Fulbert: männl. Vorn., Nebenform von Volbert (→ Volkbert).

Fulberta: weibl. Vorn., Nebenform von → Volkberta.

Fulke, (auch:) Fulko: männl. Vorn., friesische Kurzform von Namen, die mit ,,Volk-'' gebildet sind, wie z. B. → Volkhard und → Volkmar.

Fürchtegott: in der Zeit des Pietismus (17./18. Jh.) gebildeter männl. Vorname, eigentlich die Aufforderung, Gott zu fürchten. Vgl. z. B. die pietistischen Vornamen Traugott und Leberecht. Bekannter Namensträger: Christian Fürchtegott Gellert, deutscher Dichter (18. Jh.).

G

Gabi, (auch): Gaby: weibl. Vorn., Kurz- und Koseform von → Gabriele. Bekannte Namensträgerinnen: Gaby Casadesus, französische Pianistin (20. Jh.); Gaby von Schönthan, deutsche Schriftstellerin (20. Jh.).

Gábor: → Gabriel.

Gabriel: aus der Bibel übernommener männl. Vorn. hebräischen Ursprungs, eigentlich ,,Mann Gottes''. Gabriel fand im Mittelalter vor allem als Name des Erzengels Verbreitung; Namenstag: 24. März. – Bekannte Namensträger: der heilige Gabriel von der schmerzhaften Mutter (19. Jh.),

Namenstag: 27. Februar; Gabriel Marcel, französischer Philosoph und Schriftsteller (19./20. Jh.). – Italien. Form: Gabriele. Französ. Form: Gabriel [gabriäl]. Engl. Form: Gabriel [ge[i]bri[e]l]. Russ. Formen: Gawriil; Gawrila. Ungar. Form: Gábor.

[1]Gabriele: weibl. Vorn., im 19. Jh. aufgekommene weibliche Form von → Gabriel. Der Name ist heute Modename. Bekannte Namensträgerinnen: Gabriele Reuter, deutsche Schriftstellerin (19./20. Jh.); Gabriele Münter, deutsche Malerin (19./20.

Jh.); Gabriele Wohmann, deutsche Schriftstellerin (20. Jh.); Gabriele Seyfert, deutsche Eiskunstläuferin (20. Jh.).

²Gabriele: → Gabriel.

Gaby: → Gabi.

Gandolf, (auch:) Gandulf: alter deutscher männl. Vorn. (der 1. Bestandteil „Gan-" gehört vielleicht zu altisländ. *gandr* „Zauberei"; [Wer]wolf"; der 2. Bestandteil ist ahd. *wolf* „Wolf").

Gangolf: alter deutscher männl. Vorn., Umkehrung von → Wolfgang. – „Gangolf" fand im Mittelalter als Heiligenname Verbreitung, und zwar als Name des heiligen Gangolf (8. Jh.), Namenstag: 11. Mai. Der heilige Gangolf war ein burgundischer Edelmann, der wegen der Untreue seiner Frau zum Einsiedler wurde und auf ihre Veranlassung hin ermordet wurde.

Gard: friesische Kurzform des männlichen Vornamens → Gerhard.

Garlef: männl. Vorn., niederdeutsche und friesische Form des heute nicht mehr gebräuchlichen Vornamens Gerleib (ahd. *gēr* „Speer" + ahd. -*leip* „Sohn, Nachkomme", zu ahd. *leiba* „Hinterlassenschaft; Überbleibsel").

Garlieb: männl. Vorn., Nebenform (Umdeutung nach „lieb") von → Garlef.

Garrit: friesische Kurzform des männlichen Vornamens → Gerhard.

Gast: männl. Vorn., Kurzform von Namen, die mit „Gast-" oder „-gast" gebildet sind, wie z. B. → Gastold und → Arbogast.

Gaston [gaßtong]: in den an Frankreich angrenzenden Gebieten vorkommender französischer männl. Vorn., der wahrscheinlich auf Vedastus, den Namen eines flämischen Heiligen, zurückgeht.

Gawriil: → Gabriel.

Gawrila: → Gabriel.

Geba, (auch:) Gebba: weibl. Vorn., Kurzform von → Gebharde.

Gebbo: männl. Vorn., Kurzform von → Gebhard.

Gebhard: alter deutscher männl. Vorn. (ahd. *geba* „Gabe" + ahd. *harti*,

herti „hart"). Zu der Verbreitung des Namens im Mittelalter trug die Verehrung des heiligen Gebhard bei; Namenstag: 27. August. Der heilige Gebhard war im 10. Jh. Bischof von Konstanz. Er war für seine Frei-

Hl. Gebhard

gebigkeit bekannt und linderte die Not der Bauern im Schwarzwald. In den Bistümern Konstanz, Freiburg, St. Gallen und Basel wurde der Name Gebhard durch ihn volkstümlich. Bekannter Namensträger: Gebhard Leberecht Blücher, Fürst von Wahlstatt, preußischer Feldmarschall (18./19. Jh.).

Gebharde: weibl. Vorn., weibliche Form von → Gebhard.

Geelke: weibl. Vorn., friesische Koseform von → Gela.

Geert: männl. Vorn., Kurzform von → Gerhard.

Geerta, (auch:) Geerte: weibl. Vorn., niederdeutsche und friesische Kurzform von → Gertrud.

¹Geertje: männl. Vorn., friesische Verkleinerungsform von → Gerke.

²Geertje: weibl. Vorn., friesische Verkleinerungsform von → Gertrud.

Gefion: weibl. Vorn., der auf den Namen der altnordischen Meeresgöttin

Gefjon (eigentlich wohl „die Geben-
de, die Spenderin") zurückgeht. Der
Name spielt heute in der Namengebung kaum noch eine Rolle.

¹**Gela**, (auch:) G**e**le: weibl. Vorn.,
Kurzform von → Gertrud.

²**Gela**: Kurzform des weiblichen Vornamens → Angela.

Geli: Kurzform des weiblichen Vornamens → Angelika.

Gemma: weibl. Vorn. lateinischen Ursprungs, eigentlich „Edelstein, Kleinod" (lat. *gemma* „Knospe, Edelstein;
Kleinod, Juwel"). Der Name spielt
heute in der Namengebung kaum
noch eine Rolle.

Geneviève [schenewiäw]: französischer weibl. Vorn., französische Form
von → Genoveva. Der Vorname ist
in Frankreich sehr beliebt.

Genia: weibl. Vorn., Kurzform von
Eugenia (→ Eugenie).

Genoveva: alter deutscher weibl.
Vorn., dessen Bedeutung unklar ist.
Der Name wurde in Deutschland
durch die Sage und das Volksbuch
von Genoveva von Brabant allgemein bekannt. Nach der Sage war
Genoveva die Frau des Pfalzgrafen
Siegfried. Sie lebte, des Ehebruchs
beschuldigt, mit ihrem Sohn Schmer-
zensreich in der Wildnis, bis sich ihre
Unschuld herausstellte. Der Stoff
wurde oft literarisch behandelt, z. B.
von Hebbel und Tieck. – Der Name
spielt heute in der Namengebung
keine Rolle mehr. – Französ. Form:
Geneviève [schenewiäw].

Geo: Kurzform des männlichen Vornamens → Georg.

Geoffrey: → Gottfried.

Georg [auch G**e**org]: männl. Vorn.
griechischen Ursprungs, eigentlich
„Landmann, Bauer" (griech. Ge**ô**r-
gios, zu *georgós* „Landmann, Bauer").
„Georg" fand als Name des heiligen
Georg Verbreitung und war schon
im Mittelalter im christlichen Abendland überaus beliebt. Der heilige
Georg, vermutlich ein aus Kappa-
dozien stammender Krieger, erlitt
zu Beginn des 4. Jh.s den Martertod.
Um ihn bildeten sich schon früh
zahlreiche Legenden, u. a. über seinen Kampf mit dem Drachen. Nach

einer anderen Legende erschien er
den Kreuzfahrern und führte sie
zum Sturm auf Jerusalem an. Daher
hatten die Kreuzfahrer den heiligen
Georg im Banner. Der heilige Georg,
der seit dem 13. Jh. auch der Schutzheilige Englands ist, ist einer der
Vierzehn Nothelfer; N a m e n s t a g :
23. April. Bekannte Namensträger:

HI. Georg

Georg von Klausenburg, deutscher
Bildhauer und Erzgießer (14. Jh.);
Georg („Jörg") von Frundsberg, dt.
Landsknechtsführer (15./16. Jh.); Georg Friedrich Händel, deutscher
Komponist (17./18. Jh.); Georg Wenzeslaus Knobelsdorff, deutscher Bau-
meister (17./18. Jh.); Georg Philipp
Telemann, deutscher Komponist
(17./18. Jh.); Georg Christoph Lich-
tenberg, deutscher Physiker und
Schriftsteller (18. Jh.); Georg Büch-
ner, deutscher Dichter (19. Jh.);
Georg Kolbe, deutscher Bildhauer
(19./20. Jh.); Georg Kaiser, deutscher
Dichter (19./20. Jh.); Georg Trakl,
österr. Dichter (19./20. Jh.); Georg
Thomalla, deutscher [Film]schau-
spieler (20. Jh.). Als 2. Name: Kurt
Georg Kiesinger, deutscher Bundes-
kanzler (20. Jh.). – Französ. Form:
Georges [schorsch]. Engl. Form:
George [dschädsch]. Russ. Formen:

Juri; Jiri. Ungar. Form: György [djördj].

George: → Georg.

Georges: → Georg.

Georgette [schorschät]: aus dem Französischen übernommener weibl. Vorname, französische Verkleinerungsform von → Georgia.

Georgia: weibl. Vorn., weibliche Form von → Georg.

Georgine: weibl. Vorn., Weiterbildung von → Georgia. – Französ. Form: Georgine [schorschin]. Engl. Form: Georgina [dschädschine].

Gepa: weibl. Vorn., (friesische) Nebenform von → Geba.

Gerald, (auch:) Gerold: alter deutscher männl. Vorn., eigentlich etwa „der mit dem Speer herrscht" (ahd. gēr „Speer" + ahd. -walt zu waltan „walten, herrschen"). Der Name war im Mittelalter in Deutschland allgemein bekannt und kam in Süddeutschland auch als Heiligenname vor. In der Neuzeit kam er außer Gebrauch, ist heute aber wieder häufiger. – Italien. Form: Giraldo [dschiraldo]. Französ. Form: ˙Géraud [scherо]. Engl. Form: Gerald [dschäreld].

Geralde: weibl. Vorn., weibliche Form von → Gerald.

Geraldine: weibl. Vorn., Weiterbildung von → Geralde.

Gérard: → Gerhard.

Géraud: → Gerald.

Gerbald, (auch:) Gerbold: alter deutscher männl. Vorn. (ahd. gēr „Speer" + ahd. bald „kühn").

Gerbert: alter deutscher männl. Vorn. (ahd. gēr „Speer" + ahd. beraht „glänzend"). Bekannter Namensträger: Gerbert von Reims, der Lehrer Ottos III. und spätere Papst Silvester II. (10./11. Jh.).

Gerbod: alter deutscher männl. Vorn. (ahd. gēr „Speer" + ahd. boto „Bote").

Gerbold: Nebenform des männlichen Vornamens → Gerbald.

Gerbrand: alter deutscher männl. Vorn. (ahd. gēr „Speer" + ahd. brant „[brennenden Schmerz verursachende] Waffe, Schwert").

Gerburg, (auch:) Gerborg: alter deut-

scher weibl. Vorn. (der 1. Bestandteil ist ahd. gēr „Speer"; der 2. Bestandteil gehört zu ahd. bergan „in Sicherheit bringen, bergen").

Gerd, (auch:) Gert: männl. Vorn., Kurzform von → Gerhard. Bekannte Namensträger: Gerd Gaiser, deutscher Schriftsteller (20. Jh.); Gerd Bucerius, deutscher Verleger und Politiker (20. Jh.).

Gerda: in der 2. Hälfte des 19. Jh.s aus dem Nordischen übernommener weibl. Vorn., der zu Beginn des 20. Jh.s in Deutschland volkstümlich wurde. Der Name war im 19. Jh. in den nordischen Ländern überaus beliebt. Zu der Beliebtheit des Namens hatte Esaias Tegnérs Dichtung „Gerda" beigetragen. Auch Hans Christian Andersen verwendet den Namen in dem Märchen von der Schneekönigin. – „Gerda" ist eine Bildung zu dem altisländischen Frauennamen Gerðr (eigentlich wohl „Schützerin", zu altisländ. gerð „Umfriedung, Einhegung", garðr „Zaun"; dazu könnte auch „-gard" in deutschen weiblichen Vornamen, wie z. B. in → Hildegard, gehören). Gerda gehört nicht als „Gerte, die Biegsame, die Schlanke" zu ahd. gerta „Gerte". Der Name wird auch als Kurzform von → Gertrud gebraucht. – Eine bekannte literarische Gestalt ist Gerda, die Frau von Thomas Buddenbrook, in Thomas Manns Roman „Buddenbrooks".

Gereon: männl. Vorn., der auf den heiligen Gereon zurückgeht. Nach der Legende war Gereon˙Soldat der Thebaischen Legion und wurde mit mehreren Gefährten zu Beginn des 4. Jh.s in Köln enthauptet. Der Name des Märtyrers bedeutet wohl eigentlich „Greis, Alter" oder „Ältester" und gehört zu griech. gérōn „Greis". Der Name spielte früher in der Namengebung im Raum Köln, wo der heilige Gereon verehrt wurde, eine Rolle.

Gerfried: alter deutscher männl. Vorn. (ahd. gēr „Speer" + ahd. fridu „Schutz vor Waffengewalt, Friede").

Gerhard, (auch:) Gerhart: alter deutscher männl. Vorn. (ahd. gēr „Speer"

+ ahd. *harti, herti* „hart"). Der Name war schon im Mittelalter sehr häufig; er kam als Heiligenname vor und spielte auch eine Rolle in der Namengebung beim Adel, besonders bei den Grafen und Herzögen von Holstein, Jülich und Geldern. Zu der Beliebtheit des Namens trug auch die Sage vom guten Gerhard von Köln bei, die im 13. Jh. von Rudolf von Ems bearbeitet wurde. Bekannte Namensträger: der heilige Gerhard von Köln, Bischof von Toul, N a - m e n s t a g : 23. April; Meister Gerhard, erster Baumeister des Kölner Doms (13./14. Jh.); Gerhard Tersteegen, deutscher Liederdichter und pietistischer Prediger (17./18. Jh.); Gerhart Hauptmann, deutscher Dichter (19./20. Jh.); Gerhard Marcks, deutscher Bildhauer (19./20. Jh.); Gerhard Schröder, deutscher Politiker (20. Jh.); Gerhard Zwerenz, deutscher Schriftsteller (20. Jh.); Gerhard Wendland, deutscher Schlagersänger (20. Jh.). – Italien. Form: Gherardo. Französ. Form: Gérard [seherar].

Gerharde: weibl. Vorn., weibliche Form von → Gerhard. Der Vorname spielt heute kaum noch eine Rolle in der Namengebung.

Gerhardine: weibl. Vorn., Weiterbildung von → Gerharde.

Gerhart: → Gerhard.

Gerhild, (auch:) Gerhilde: alter deutscher weibl. Vorn. (ahd. *gēr* „Speer" + ahd. *hilt[j]a* „Kampf").

Gerit: → Gerrit.

¹Gerke, (auch:) Gerko: männl. Vorn., niederdeutsche und friesische Kurz- und Koseform von Namen, die mit „Ger-" gebildet sind, besonders von → Gerhard.

²Gerke: weibl. Vorn., niederdeutsche und friesische Kurz- und Koseform von Namen die mit „Ger-" gebildet sind, bes. von → Gertrud.

Gerko: → ¹Gerke.

Gerlinde, (auch:) Gerlind; Gerlindis: alter deutscher weibl. Vorn. (ahd. *gēr* „Speer" + ahd. *linta* „Schild [aus Lindenholz]"). Eine Sagengestalt ist Gerlind, die Mutter des Normannenkönigs Hartmut im Kudrunepos.

German, (auch:) Germanus: männl. Vorn. lateinischen Ursprungs, eigentlich „der Germane" (lat. Germānus). Der Name war – wie z. B. auch → Frank – ursprünglich Beiname. Bekannter Namensträger: der heilige German[us], Bischof von Auxerre (4./5. Jh.); N a m e n s t a g : 31. Juli.

Germar: alter deutscher männl. Vorn. (ahd. *gēr* „Speer" + ahd. *-mār* „groß, berühmt", vgl. ahd. *māren* „verkünden, rühmen").

Germo: alter deutscher männl. Vorn., Kurzform von → Germar.

Gernot: alter deutscher männl. Vorn. (ahd. *gēr* „Speer" + ahd. *nōt* „Bedrängnis [im Kampf], Gefahr"). Der Name ist in Deutschland allgemein bekannt durch den Gernot des Nibelungenliedes, den Bruder König Gunthers und Kriemhilds.

Gero: alter deutscher männl. Vorn., Kurzform von Namen, die mit „Ger-" gebildet sind, besonders von → Gerhard. Bekannte Namensträger: Gero, Markgraf der Ostmark unter Otto dem Großen (10. Jh.); der heilige Gero, Erzbischof von Köln (10. Jh.), N a m e n s t a g : 19. März.

Gerold: Nebenform des männlichen Vornamens → Gerald.

Gerolf: alter deutscher männl. Vorn. (ahd. *gēr* „Speer" + ahd. *wolf* „Wolf").

¹Gerrit, (auch:) Gerit: friesische Kurzform des männlichen Vornamens → Gerhard.

²Gerrit, (auch:) Gerit: friesische Kurzform des weiblichen Vornamens →Gerharde.

¹Gert: Nebenform des männlichen Vornamens → Gerd.

²Gert: Kurzform dss weiblichen Vornamens → Gertrud.

Gerta: weibl. Vorn., Kurzform von → Gertrud.

Gertraud, (auch:) Gertraut; Gertraude: Nebenform des weiblichen Vornamens → Gertrud.

Gertrud, (auch:) Gertrude: alter deutscher weibl. Vorn. (ahd. *gēr* „Speer" + ahd. *-trud* „Kraft, Stärke", vgl. altisländ. *Þrūðr* „Stärke"). Der Name war schon im Mittelalter in Deutschland überaus beliebt. Zu der Beliebtheit hatte vor allem die Verehrung der heiligen Gertrud von Nivelles (7. Jh.) beigetragen; Namenstag: 17. März. In der Neuzeit kam der Name außer Gebrauch und wurde erst zu Beginn des 19. Jh.s durch die Ritterdichtung neu belebt. – Eine bekannte literarische Gestalt ist Gertrud, die Frau Stauffachers, in Schillers „Wilhelm Tell". Bekannte Namensträgerinnen: die heilige Gertrud von Helfta bei Eisleben (13./14. Jh.), deutsche Mystikerin; Namenstag: 16. November; Gertrud von le Fort, deutsche Dichterin (19./20. Jh.); Gertrud Bäumer, deutsche Frauenrechtlerin (19./20. Jh.); Gertrude Stein, amerikanische Schriftstellerin (19./20. Jh.); Gertrud Fussenegger, österreichische Schriftstellerin (20. Jh.).

Gerwald: Nebenform des männlichen Vornamens → Gerald.

Gerwig: alter deutscher männl. Vorn. (ahd. *gēr* „Speer" + ahd. *wīg* „Kampf; Krieg").

Gerwin: alter deutscher männl. Vorn. (ahd. *gēr* „Speer" + ahd. *wini* „Freund").

Gerwine: alter deutscher weibl. Vorn., weibliche Form von → Gerwin.

Gesa, (auch:) **Gese:** weibl. Vorn., niederdeutsche und friesische Kurzform von → Gertrud. Eine literarische Gestalt ist die Gesa in Gorch Focks Roman „Seefahrt ist not".

Gesche: weibl. Vorn., [friesische] Nebenform von → Gesa.

Gesina, (auch:) **Gesine:** weibl. Vorn., Weiterbildung von → Gesa.

Gherardo: → Gerhard.

Gianna: italienische Kurzform von Giovanna (→ Johanna).

Gianni [dschani]: italienischer männl. Vorn., Kurzform von Giovanni (→ Johannes).

Giannina: italienische Koseform von → Gianna.

Gideon: männl. Vorn. hebräischen Ursprungs, eigentlich wohl „der mit zertrümmerter Hand".

Gil, (auch:) **Gils:** männl. Vorn., Kurzform von Ägilius, einer früher gebräuchlichen Nebenform von Ägidius (→ Ägid).

Gila: weibl. Vorn., Kurzform von → Gisela.

Gilbert: männl. Vorn., Kurzform von → Giselbert.

Gilbrecht: männl. Vorn., Kurzform von Giselbrecht (→ Giselbert).

Gilda: aus dem Italienischen übernommener weibl. Vorn., dessen Herkunft dunkel ist. In Deutschland ist er vor allem bekannt durch die Gilda in Verdis Oper „Rigoletto". Daneben gibt es aber auch (mit der Nebenform Gilta) einen heimischen Vornamen, der wohl mit → Gildo zusammenhängt.

Gildo: männl. Vorn., Kurzform von heute nicht mehr gebräuchlichem Namen mit „Gild-" als erstem Bestandteil, z. B. Gildebrecht. Die Bedeutung von „Gild-" ist dunkel.

Gilta: → Gilda.

Gils: → Gil.

Gina: weibl. Vorn., Kurzform von → Regina. – Italien. Form: Gina [dschina]. Bekannte Namensträgerin: Gina Lollobrigida, italienische Filmschauspielerin (20. Jh.).

Gine: Kurzform des weiblichen Vornamens Regine (→ Regina).

Giovanna: → Johanna.

Giovanni: → Johannes.

Giraldo: → Gerald.

Gisa: weibl. Vorn., Kurzform von → Gisela und Namen, die mit „Gis-" gebildet sind, wie z. B. → Gislinde.

Gisbert: alter deutscher männl. Vorn., Kurzform von → Giselbert.

Gisberta: weibl. Vorn., weibliche Form von → Gisbert.

Gisbrecht: männl. Vorn., Kurzform von Giselbrecht (→ Giselbert).

Gisela: alter deutscher weibl. Vorn., dessen Bedeutung unklar ist. Der Name kam schon im Mittelalter häufig vor. Gisela hießen die Schwester Karls des Großen und die Tochter Herzog Hermanns II. von Schwaben, die durch die Ehe mit Konrad II. deutsche Kaiserin wurde (10./11. Jh.). In der Neuzeit trug Eugenie Marlitts vielgelesener Roman „Reichsgräfin Gisela" (1869) zu der Beliebtheit des Namens bei. Bekannte Namensträgerinnen: Gisela Uhlen, deutsche [Film]schauspielerin (20. Jh.); Gisela

Schlüter, deutsche Kabarettistin (20. Jh.).

Giselberga, (auch:) Giselburga: alter deutscher weibl. Vorn. (die Bedeutung des 1. Bestandteiles „Gisel-" ist unklar; der 2. Bestandteil ahd. -*berga* „Schutz, Zuflucht" gehört zu ahd. *bergan* „in Sicherheit bringen, bergen").

Giselbert, (auch:) Giselbrecht: alter deutscher männl. Vorn. (die Bedeutung des 1. Bestandteiles „Gisel-" ist unklar; der 2. Bestandteil ist ahd. -*beraht* „glänzend").

Giselberta: alter deutscher weibl. Vorn., weibl. Form von → Giselbert.

Giselbrecht: Nebenform des männlichen Vornamens → Giselbert.

Giselher: alter deutscher männl. Vorn. (die Bedeutung des 1. Bestandteiles „Gisel-" ist unklar; der 2. Bestandteil ist ahd. *heri* „Heer"). Der Name ist in Deutschland allgemein bekannt durch den Giselher des Nibelungenliedes, den jüngsten Bruder König Gunthers. – Bekannter Namensträger: Giselher Klebe, deutscher Komponist (20. Jh.).

Giselmar: alter deutscher männl. Vorn. (die Bedeutung des 1. Bestandteiles „Gisel-" ist unklar; der 2. Bestandteil ist ahd. -*mār* „groß, berühmt", vgl. ahd. *māren* „verkünden, rühmen").

Giselmund: alter deutscher männl. Vorn. (die Bedeutung des 1. Bestandteiles „Gisel-" ist unklar; der 2. Bestandteil ist ahd. *munt* „[Rechts]-schutz").

Gislinde: alter deutscher weibl. Vorn. (der 1. Bestandteil ist gekürzt aus „Gisel-"; der 2. Bestandteil ist ahd. *linta* „Schild [aus Lindenholz]").

Gismar: alter deutscher männl. Vorn., Kurzform von → Giselmar.

Gismund: alter deutscher männl. Vorn., Kurzform von → Giselmund.

Giso: alter deutscher männl. Vorn., Kurzform von Namen, die mit „Gisel-" gebildet sind, wie z. B. → Giselbert und → Giselher.

Gitta, (auch:) Gita: weibl. Vorn., Kurzform von → Brigitte, Brigitta. Bekannte Namensträgerin: Gitta Alpar, deutsche Sängerin (20. Jh.).

Gitte: weibl. Vorn., Kurzform von → Brigitte.

Giulio: → Julius.

Giuseppe: → Joseph.

Glaubrecht: in der Zeit des Pietismus (17./18. Jh.) aufgekommener männl. Vorname. Vgl. z. B. die pietistischen Vornamen Leberecht und Fürchtegott.

Glenn, (auch: Glen): englischer, speziell in Amerika verbreiteter Vorname, der keltischen Ursprungs ist (gäl. Ghleanna, walis. Glyn). Bekannte Namensträger: Glenn Miller, amer. Bandleader (20. Jh.); Glenn Ford, amer. Filmschauspieler (20. Jh.).

Gloria: weibl. Vorn. lateinischen Ursprungs, eigentlich „Ruhm" (lat. *glōria* „Ruhm, Ehre"). Der Vorname kommt in Deutschland seit eh und je nur vereinzelt vor. Bekannte Namensträgerinnen: Gloria Swanson, amer. Filmschauspielerin, 19./20. Jh.); Gloria Davy, amerikanische Sopranistin (20. Jh.).

Goda: weibl. Vorn., Kurzform von Namen, die mit „God-" gebildet sind, besonders von → Godolewa.

Godehard: ältere und niederdeutsche Form des männlichen Vornamens → Gotthard. Bekannter Namensträger: der heilige Godehard, Bischof von Hildesheim, (10./11. Jh.), Namenstag: 4. Mai.

Godela: weibl. Vorn., Weiterbildung von → Goda.

Godelinde: alter deutscher weibl. Vorn. (ahd. *got* „Gott" + ahd. *linta* „Schild [aus Lindenholz]"). Eine bekannte literarische Gestalt ist die Gotelinde im „Meier Helmbrecht".

Godo: alter deutscher männl. Vorn., Kurzform von Namen, die mit „Gode-"(„Gott-") gebildet sind, wie z. B. → Godehard und Godefrid (→ Gottfried).

Godolewa: weibl. Vorn., niederdeutsche weibliche Form von → Gottlieb.

Godwin: ältere und niederdeutsche Form des männlichen Vornamens → Gottwin.

Golo: alter deutscher männl. Vorn., Kurzform von Namen, die mit „Gode-"(„Gott-") gebildet sind, wie z. B. → Godehard und Godefrid

(→ Gottfried). Der Name wurde in Deutschland durch die Sage und das Volksbuch von Genoveva von Brabant allgemein bekannt. Nach der Sage war Golo Haushofmeister des Pfalzgrafen Siegfried. Er bezichtigte Genoveva, die er leidenschaftlich liebte, des Ehebruchs. – Bekannter Namensträger: Golo (eigentlich Gottfried Angelus) Mann, deutscher Historiker (20. Jh.).

Gontard: → Gunthard.

Göntje: weibl. Vorn., [ost]friesische Verkleinerungs- oder Koseform von → Gunda.

Göran: schwedischer männl. Vorn., schwedische Form von → Jürgen.

Gorch: niederdeutsche Form des männl. Vornamens → Georg. Bekannter Namensträger: Gorch Fock, deutscher Schriftsteller (19./20. Jh.).

Gosbert: alter deutscher männl. Vorn. (der 1. Bestandteil gehört zum Stammesnamen der Goten; der 2. Bestandteil ist ahd. *beraht* „glänzend").

Gösta: → Gustav.

Goswin: alter deutscher männl. Vorn., eigentlich etwa „Freund der Goten" (der 1. Bestandteil gehört zum Stammesnamen der Goten; der 2. Bestandteil ist ahd. *wini* „Freund"). Der Name war im Mittelalter vor allem am Niederrhein sehr beliebt.

Gottbert: alter deutscher männl. Vorn. (ahd. *got* „Gott" + ahd. *beraht* „glänzend").

Gottfried: alter deutscher männl.Vorn., eigentlich etwa „Gottesfrieden" (ahd. *got* „Gott" + ahd. *fridu* „Schutz vor Waffengewalt, Friede"). Der Name war im Mittelalter in Deutschland überaus beliebt; er kam als Heiligenname vor und war fester Name bei den Herzögen von Lothringen. Zur Volkstümlichkeit des Namens trug Gottfried von Bouillon, Herzog von Niederlothringen und Eroberer Jerusalems, bei (11. Jh.). In der Neuzeit kam „Gottfried" in der Zeit des Pietismus (17./18. Jh.) wieder in Mode. Bekannte Namensträger: der heilige Gottfried von Amiens (11./12. Jh.), Namenstag: 8. November; der heilige Gottfried von Kappenberg (11./12. Jh.), Namenstag: 16. Januar; Gottfried von Straßburg,mittelhochdeutscher Dichter (um 1200); Gottfried Arnold, deutscher Theologe und Dichter (17./18. Jh.); Gottfried August Bürger, deutscher Dichter (18. Jh.); Gottfried Keller, schweizerischer Dichter (19. Jh.); Gottfried Benn, deutscher Dichter (19./20. Jh.); Gottfried von Cramm, deutscher Tennisspieler (20. Jh.); Gottfried von Einem, österreichischer Komponist (20. Jh.). Als 2. Vorname: Johann Gottfried Herder, deutscher Dichter und Philosoph (18./19. Jh.); Johann Gottfried Seume, deutscher Schriftsteller (18./19. Jh.); Johann Gottfried Schadow, deutscher Bildhauer (18./19. Jh.). – Engl. Formen: Geoffrey, Jeffrey [dschäfri].

Gottfried von Bouillon

Gotthard: alter deutscher männl. Vorn. (ahd. *got* „Gott" + ahd. *harti, herti* „hart"). Zu der Verbreitung des Namens im Mittelalter trug die Verehrung des heiligen Gotthard (Godehard) von Hildesheim (10./11. Jh.) bei, Namenstag: 4. Mai. In der Neuzeit kam „Gotthard" als pietistischer Vorname in Gebrauch.

Gotthelf, (auch:) Gotthilf: in der Zeit des Pietismus (17./18. Jh.) aufgekommener männl. Vorname. Vgl. z. B. die pietistischen Vornamen Traugott und Christlieb.

Gotthold: in der Zeit des Pietismus (17./18. Jh.) gebildeter männl. Vorname. Vgl. z. B. die pietistischen Vornamen Fürchtegott, Gotthelf und Christlieb. Ein anderer Name ist der im Mittelalter bezeugte Name Gotthold, der sich unter Anlehnung an das Adjektiv „hold" aus dem Namen → Gottwald entwickelt hat und in Familiennamen fortlebt (vgl. zur Entwicklung dieser Namensform den Vornamen Reinhold). Bekannter Namensträger: Gotthold Ephraim Lessing, deutscher Dichter (18. Jh.).

Gottlieb: in der Zeit des Pietismus (17./18. Jh.) gebildeter männl. Vorname. Vgl. z. B. die pietistischen Vornamen Gotthelf, Fürchtegott und Christlieb. Ein anderer Name ist der im Mittelalter bezeugte Name Gottlieb, der sich unter Anlehnung an das Adjektiv „lieb" aus Goteleib (ahd. *got* „Gott" + ahd. *-leip* „Nachkomme, Sohn", zu ahd. *leiba* „Überbleibsel") entwickelt hat. – Bekannte Namensträger: Gottlieb Wilhelm Daimler, deutscher Erfinder und Autoindustrieller (19. Jh.). Als zweiter Vorname: Friedrich Gottlieb Klopstock, deutscher Dichter (18./19. Jh.); Johann Gottlieb Fichte, deutscher Philosoph (18./19. Jh.).

Gottlob: in der Zeit des Pietismus (17./18. Jh.) gebildeter männl. Vorname. Vgl. z. B. die pietistischen Vornamen Gottlieb, Gotthelf und Fürchtegott. – Der Name spielt heute in der Namengebung keine Rolle mehr.

Gottschalk: alter deutscher männl. Vorn., eigentlich etwa „Gottesknecht" (ahd. *got* „Gott" + ahd. *scalc* „Knecht, Diener"). Der Name, der im Mittelalter häufig vorkam, spielt heute als Vorname keine Rolle mehr. Bekannte Namensträger: Gottschalk der Sachse, Mönch, Pre-

diger und Missionar (9. Jh.); der heilige Gottschalk, Wendenfürst und Märtyrer (11. Jh.), Namenstag: 7. Juni.

Gottwald: alter deutscher männl. Vorn. (ahd. *got* „Gott" + ahd. *-walt* zu *waltan* „walten, herrschen"). Der Name spielt heute in der Namengebung kaum noch eine Rolle.

Gottwin: alter deutscher männl. Vorn. (ahd. *got* „Gott" + ahd. *wini* „Freund"). Der Name spielt heute in der Namengebung keine Rolle mehr.

Götz: männl. Vorn., Kurzform von Namen, die mit „Gott-" gebildet sind, besonders von → Gottfried. Der Name wurde in Deutschland allgemein bekannt durch Götz (Gottfried) von Berlichingen, den Ritter mit der eisernen Hand (15./16. Jh.),

Götz von Berlichingen

literarisch behandelt von Goethe in dem Schauspiel „Götz von Berlichingen". Bekannter Namensträger: Götz George, deutscher [Film]schauspieler (20. Jh.).

Grace: → Grazia.

Gracia: → Grazia.

Gratian, (auch:) Grazian; (älter auch:) Gratianus: männl. Vorn. lateinischen Ursprungs, eigentlich etwa „der Anmutige" (zu lat. *grātia* „Anmut").

Bekannte Namensträger: Flavius Gratianus, römischer Kaiser (4. Jh.); Gratianus, italienischer Rechtsgelehrter (12. Jh.).

Grazia, (auch:) Gratia: weibl. Vorn. lateinischen Ursprungs, eigentlich „Anmut" (lat. *gratia* „Anmut"). Bekannte Namensträgerinnen: Grazia Deledda, italienische Schriftstellerin (19./20. Jh.); Gracia Patricia, Fürstin von Monaco (20. Jh.). – Span. Form: Gracia [grathja]. Engl. Form: Grace [greiß].

Greet: weiblicher Vorname, niederdeutsche Kurzform von → Margarete.

Gregor, (älter auch:) Gregorius: männl. Vorn. griechischen Ursprungs, eigentlich „der Wache, der Wachsame" (griech. Grēgórios, zu *ergégoros* „wach, wachsam; rege", *grēgoréō* „bin wach, passe auf"). Zur Verbreitung des Namens im Mittelalter trug vor allem die Verehrung des heiligen Gregor des Großen (6./7. Jh.) bei, Namenstag: 12. März. Gregor der Große, der das kirchliche Leben ordnete und erneuerte, ist einer der bedeutendsten Päpste und Kirchenlehrer der katholischen Kirche. Er ist der Patron der Sänger und Schüler. „Gregor" war im Mittelalter beliebter Papstname. – Eine legendäre Gestalt ist Papst Gregorius vom Steine, dessen Schicksal mehrmals literarisch behandelt worden ist, z. B. von dem mittelhochdeutschen, Dichter Hartmann von Aue („Gregorius"), in neuerer Zeit von Thomas Mann („Der Erwählte"). Bekannte Namensträger: der heilige Gregor, genannt der Wundertäter, griechischer Kirchenlehrer und Bischof von Neocaesarea (3. Jh.), Namenstag: 17. November; der heilige Gregor von Nazianz, genannt der Theologe, griechischer Kirchenlehrer (4. Jh.), Namenstag: 9. Mai; der heilige Gregor, Bischof von Tours, Geschichtsschreiber der Franken (6. Jh.); der heilige Gregor VII., Papst (11. Jh.), Namenstag: 25. Mai; Papst Gregor XIII. (16. Jh.), Kalenderreformer (Gregorianischer Kalender); Gregor von Rezzori österreichischer Schriftsteller (20. Jh.).

Engl. Form: Gregory [grägʰri]. Russ. Form: Grigori.

Gregory: → Gregor.

Greta: aus dem Schwedischen übernommener weibl. Vorn., schwedische Kurzform von Margareta (→ Margarete). Der Name wurde in Deutschland durch die schwedische Filmschauspielerin Greta Garbo (20. Jh.) allgemein bekannt.

Greta Garbo

Gretchen: Verkleinerungs- oder Koseform des weiblichen Vornamens → Grete. Eine bekannte literarische Gestalt ist das Gretchen in Goethes Schauspiel „Faust".

Grete, (auch:) Grethe: weibl. Vorn., Kurzform von → Margarete. Eine literarische Gestalt ist Grete Minde aus Fontanes gleichnamigem Roman (1880). Bekannte Namensträgerinnen: Grethe Weiser, deutsche Filmschauspielerin (20. Jh.); Grete Mosheim, deutsche Schauspielerin (20. Jh.).

Gretel: weibl. Vorn., Kose- oder Verkleinerungsform von → Grete. Die Namensform ist in Deutschland allgemein bekannt durch das Märchen „Hänsel und Gretel" sowie die Märchenoper gleichen Namens von Engelbert Humperdinck.

Gretje: weibl. Vorn., friesische Verkleinerungs- oder Koseform von → Grete.

Grietje: weibl. Vorn., friesische Verkleinerungs- oder Koseform von → Grete.

Grigori: → Gregor.

Grimald, (auch:) Grimold: Nebenformen des männlichen Vornamens → Grimwald. Die ältere Namensform Grimoald ist bekannt durch Grimoald, den Hausmeier in Austrasien (7. Jh.).

Grimbert: alter deutscher männl. Vorn. (der 1. Bestandteil „Grim-" bedeutet wahrscheinlich „Helm", vgl. altengl. *grima* „Maske, Helm"; der 2. Bestandteil ist ahd. *beraht* „glänzend"). Der Name spielt heute in der Namengebung keine Rolle mehr.

Grimwald: alter deutscher männl. Vorn. (der 1. Bestandteil „Grim-" bedeutet wahrscheinlich „Helm", vgl. altengl. *grīma* „Maske; Helm"; der 2. Bestandteil ahd. „-walt" gehört zu *waltan* „walten; herrschen". Der Name spielt heute in der Namengebung keine Rolle mehr.

Grischa: russische Koseform des männlichen Vornamens Grigori (→ Gregor).

Griselda, (auch:) Griseldis: aus dem Italienischen übernommener weibl. Vorn., dessen Ursprung und Bedeutung unklar sind. „Griselda" ist der Name einer italienischen Sagengestalt. Den Sagenstoff um Griselda verarbeitete der italienische Dichter Boccaccio in einer Novelle seiner Novellensammlung „Decamerone" (1348–53). Verbreitung fand die Sage – und damit auch der Name der Sagengestalt – durch eine lateinische Fassung des italienischen Dichters Petrarca, die auch ins Deutsche übertragen wurde. – Der Name spielt heute in der Namengebung keine Rolle mehr.

Grit, (auch:) Gritt: weibl. Vorn., Kurzform von → Margarete (vgl. die Namensformen Margarite und Margrit). Bekannte Namensträgerin: Gritt Böttcher, deutsche Schauspielerin (20. Jh.).

Grita, (auch:) Gritta: weibl. Vorn., Kurzform von → Margarete (vgl. die Namensformen Margarita und Margrit).

Gritli: weibl. Vorn., schweizerische Verkleinerungs- oder Koseform von → Grete. Der Name ist durch Johanna Spyris Erzählung „Gritli" auch in Deutschland bekannt.

Guda: alter deutscher weibl. Vorn., vermutlich Kurzform von Namen, die mit Gud- (Gund-) „Kampf" gebildet sind, besonders von → Gudrun. Der Vorname kommt heute nur noch vereinzelt vor.

Gudrun, (auch:) Gudrune: alter deutscher weibl. Vorn. (1. Bestandteil ahd. *gund-* „Kampf"; 2. Bestandteil ahd. *rūna* „Geheimnis; geheime Beratung"). Der Name wurde im 19. Jh. durch die Romantik neu belebt. Er wurde allgemein bekannt durch die Gudrun der Gudrunsage.

Gudula: alter deutscher weibl. Vorn., Weiterbildung von → Guda. Zu der Verbreitung des Namens im Mittelalter trug vor allem die Verehrung der heiligen Gudula von Brüssel (7./8. Jh.) bei. Namenstag: 8. Januar. Die heilige Gudula ist die Patronin von Brüssel. – Eine literarische Gestalt ist die Gudula in Albrecht Schaeffers gleichnamiger Novelle.

Guglielmo: → Wilhelm.

Guide: → Guido.

Guido: männl. Vorn., romanisierte Form von → Wido. Der Name, der im Mittelalter außer Gebrauch kam, wurde in der Neuzeit zu Beginn des 19. Jh.s durch die Ritterdichtung und romantische Dichtung neu belebt. Einen Roman „Guido" (1808) schrieb Otto Graf von Loeben. Auch Eichendorff verwendet den Namen in seiner Novelle „Aus dem Leben eines Taugenichts" (1826). – Bekannter Namensträger: Guido von Kaschnitz-Weinberg, deutschösterreichischer Archäologe (19./20. Jh.). – Ital. Form: Guido. Französ. Formen: Guide [gid]; Guy [gi].

Guilbert: → Wilbert.

Guillaume: → Wilhelm.

Guillermo: → Wilhelm.

Gumpert, (auch:) Gumprecht: heute nicht mehr gebräuchlicher männl. Vorn., alte Nebenform von → Guntbert.

Gun, (auch:) Gunn: in neuerer Zeit aus dem Nordischen übernommener weibl. Vorn., Kurzform von Namen, die mit „Gun-" gebildet sind, wie z. B. → Gunhild.

Gunar: → Gunnar.

Gunda, (auch:) Gunde: alter deutscher weibl. Vorn., Kurzform von Namen, die mit „Gund-" („Gunt-") oder „-gund[e]" gebildet sind, besonders von → Adelgund[e], → Hildegund[e] und → Kunigunde.

Gundel: weibl. Vorn., Koseform von Namen, die mit „Gund-" („Gunt-") oder „-gund[e]" gebildet sind, besonders von → Gunda, → Adelgund[e], → Hildegund[e] und → Kunigunde. Bekannte Namensträgerin: Gundel Thormann, deutsche Schauspielerin (20. Jh.).

Gundela: Nebenform des weiblichen Vornamens → Gundula.

Gundhilde: → Gunthild.

Gundobald: alter deutscher männl. Vorn. (ahd. gund- „Kampf" + bald „kühn"). Der Name spielt heute in der Namengebung keine Rolle mehr.

Gundobert: männl. Vorn., Nebenform von → Guntbert.

Gundolf: alter deutscher männl. Vorn. (ahd. gund- „Kampf" + ahd. wolf „Wolf"). Der Name spielt heute in der Namengebung kaum noch eine Rolle.

Gundula, (auch:) Gundela: weibl. Vorn., Weiterbildung von → Gunda. Bekannte Namensträgerin: Gundula Janowitz, deutsche Sopranistin (20. Jh.).

Gunhild [auch: Gunhild]: in neuerer Zeit aus dem Nordischen (dän., schwed. Gunhild) übernommener weibl. Vorname. Gunhild ist die nordische Entsprechung von → Gunthild.

Gunn: → Gun.

Gunnar, (auch:) Gunar: in neuerer Zeit aus dem Nordischen (dän., schwed., norweg. Gunnar) übernommener männl. Vorname. Gunnar ist die nordische Entsprechung von → Günter. Bekannte Namensträger: Gunnar Gunnarsson, isländischer Schriftsteller (19./20. Jh.); Gunnar Möller, deutscher [Film]schauspieler (20. Jh.).

Guntbert, (auch:) Guntbrecht: alter deutscher männl. Vorn. (ahd. gund- „Kampf" + ahd. beraht „glänzend").

Guntberta: alter deutscher weibl. Vorn., weibliche Form des männlichen Vornamens → Guntbert. Der Vorname spielt heute keine Rolle mehr in der Namengebung.

Gunter, (auch:) Gunther: männl. Vorn., Nebenform von → Günter. Bekannte Namensträger: Gunter Philipp, österreichischer Filmschauspieler (20. Jh.); Gunter Sachs, deutscher Filmproduzent und Kunstsammler (20. Jh.).

Günter, (auch:) Günther: alter deutscher männl. Vorn. (ahd. gund- „Kampf" + ahd. heri „Heer"). Der Name kam schon im Mittelalter häufig vor und blieb als Name des Burgunderkönigs Gunther aus dem Nibelungenlied durch die Jahrhunderte geläufig. Er war seit dem 12. Jh. traditionell im thüringischen Fürstenhaus Schwarzburg, beachte z. B. Günt[h]er von Schwarzburg (14. Jh.), Gegenkönig Karls IV. Zu der Verbreitung des Namens in Süddeutschland hat wahrscheinlich auch die Verehrung des heiligen Einsiedlers Günther (10./11. Jh.) beigetragen, Namenstag: 9. Oktober. – In den zwanziger Jahren unseres Jahrhunderts war Günter Modename. Die Namensform Gunt[h]er (ohne Umlaut) ist die ältere Namensform. Sie wurde von der umgelauteten Form Günt[h]er zurückgedrängt, kommt aber seit dem Ende des 19. Jh.s – als modische Variante – wieder häufiger vor. Bekannte Namensträger: Günther Ramin, deutscher Organist und Chordirigent (19./20. Jh.); Günther Weisenborn, deutscher Dramatiker und Erzähler (20. Jh.); Günter Eich, deutscher Lyriker und Hörspielautor (20. Jh.); Günter Neumann, deutscher Kabarettist (20. Jh.); Günter Grass, deutscher Schriftsteller (20. Jh.).

Guntfried: alter deutscher männl. Vorn. (ahd. gund- „Kampf" + ahd. fridu „Schutz vor Waffengewalt, Friede"). Der Vorname kommt heute sehr selten vor.

Gunthard: alter deutscher männl. Vorn. (ahd. gund- „Kampf" + ahd.

harti, herti „hart"). Der Vorname kommt heute sehr selten vor.

Gunther: → Gunter.

Günther: → Günter.

Gunthild, (auch:) Gunthilde; Gundhilde: alter deutscher weibl. Vorn. (ahd. *gund-* „Kampf" + ahd. *hilt[j]a* „Kampf"). Bekannte Namensträgerin: Gunthild Weber, deutsche Sopranistin (20. Jh.).

Guntlinde: alter deutscher weibl Vorn. (ahd. *gund-* „Kampf" + ahd. *linta* „Schild [aus Lindenholz]"). Der Vorname kommt heute sehr selten vor.

Guntmar: alter deutscher männl. Vorn (ahd. *gund-* „Kampf" + ahd. *-mār* „groß, berühmt", vgl. *māren* „verkünden, rühmen").

Guntrada, (auch:) Guntrade: alter deutscher weibl. Vorn. (ahd. *gund-* „Kampf" + ahd. *rāt* „Rat; Beratung"). Der Vorname spielt heute keine Rolle mehr in der Namengebung.

Guntram: alter deutscher männl. Vorn. (ahd. *gund-* „Kampf" + ahd. *hraban* „Rabe"). Der Vorname spielt heute kaum noch eine Rolle in der Namengebung.

Guntwin: alter deutscher männl. Vorn. (ahd. *gund-* „Kampf" + ahd. *wini* „Freund"). Der Vorname kommt heute sehr selten vor.

Gus: männl. Vorn., Kurzform von → Gustav.

Gustav, (auch:) Gustaf: aus dem Schwedischen übernommener männl. Vorn., eigentlich wohl „Stütze der Goten"(schwed. Gustav, aus schwed.. *göt* „Gote" + *stav* „Stab; Stütze"). Gustav fand in Deutschland als Name des Schwedenkönigs Gustav Adolf (16./17. Jh.) Verbreitung. Gustav Adolf, der in den Dreißigjährigen Krieg eingriff und für die Protestanten kämpfte, fiel 1632 in der Schlacht bei Lützen. – Der Name, der im 19. Jh. und zu Beginn des 20. Jh.s sehr beliebt war, ist heute außer Mode gekommen. Bekannte Namensträger: Gustav Wasa, König von Schweden (15./16. Jh.); Gustav Schwab, deutscher Dichter (18./19. Jh.); Gustav Freytag, deutscher Schriftsteller (19. Jh.); Gustav Mahler, österreichischer Komponist (19./20. Jh.); Gustav Frenssen, deutscher Schriftsteller (19./20. Jh.); Gustav Meyrink, österreichischer Schriftsteller (19./20. Jh.); Gustaf Gründgens, deutscher Schauspieler und Regisseur (19./20. Jh.); Gustav Knuth, deutscher Schauspieler (20. Jh.).

Gustav Adolf,
König von Schweden

Guste: weibl. Vorn., Kurzform von → Auguste.

¹Gustel: männlicher Vorname, Kurzund Koseform von → August und → Gustav.

²Gustel: weibl Vorn., Kurz- und Koseform von → Auguste.

Gusti: weibl. Vorn., Kurz- und Koseform von → Auguste.

Guy: → Guido.

Gwen: weibl. Vorn., Kurzform von → Gwendolin.

Gwenda: weibl. Vorn., Kurzform von → Gwendolin.

Gwendolin, (auch:) Gwendolyn: in neuerer Zeit aus dem Englischen übernommener weiblicher Vorname keltischen Ursprungs, dessen Bedeutung unklar ist. Der erste Bestandteil ist vermutlich bretonisch *gwenn* „weiß".

György: → Georg.

H

Hadburga, (auch:) Hadeburg: alter deutscher weibl. Vorn. (der 1. Bestandteil ist ahd. *hadu-* „Kampf"; der 2. Bestandteil -burga gehört zu ahd. *bergan* „in Sicherheit bringen, bergen"). Der Name spielt heute in der Namengebung kaum noch eine Rolle

Hadelind, (auch:) Hadelinde: alter deutscher weibl. Vorn. (ahd. *hadu-* „Kampf" + ahd. *linta* „Schild [aus Lindenholz]"). Der Vorname kommt heute sehr selten vor.

Hademar: alter deutscher männl. Vorn. (ahd. *hadu-* „Kampf" + ahd. *-mār* „groß, berühmt", vgl. *māren* „verkünden, rühmen"). Der Name spielt heute in der Namengebung kaum noch eine Rolle. Bekannter Namensträger: Hadamar von Laber, mittelhochdeutscher Dichter (14. Jh.).

Hadewin, (auch:) Hadwin: alter deutscher männl. Vorn. (ahd. *hadu-* „Kampf" + ahd. *wini* „Freund"). Der Name spielt heute in der Namengebung keine Rolle mehr.

Hadmut, (auch:) Hadmute: alter deutscher weibl. Vorn. (ahd. *hadu-* „Kampf" + ahd. *muot* „Sinn, Gemüt, Geist"). Der Name spielt heute in der Namengebung kaum noch eine Rolle.

Hadrian: → Adrian.

Hadwig: ältere Form des weiblichen Vornamens → Hedwig.

Hagen: alter deutscher männl. Vorn., entweder Kurzform von Namen, die mit „Hagan-" gebildet sind, wie z. B. Haganrich (→ Heinrich), oder aber selbständiger Name mit der Bedeutung „der aus der Einhegung, dem umfriedeten Land" (zu ahd. *hag* „Einhegung, Hag"). Der Name ist in Deutschland allgemein bekannt durch den Hagen von Tronje des Nibelungenliedes. Als Vorname spielt Hagen schon lange keine Rolle mehr, vermutlich deshalb, weil Hagen von Tronje der Mörder Siegfrieds ist.

Haike: seltenere Schreibung von → Heike.

Haiko: seltenere Schreibung von → Heiko.

Haila: seltenere Schreibung von → Heila.

Haimo: seltenere Schreibung von → Heimo.

Haio: seltenere Schreibung von → Heio.

Hajo: männl. Vorn., friesische Form von → Hagen (Kurzform von Haganrich, vgl. Heinrich).

Hakon: in neuerer Zeit aus dem Nordischen übernommener männl. Vorn. (altnord. *Hākvinn), dessen 1. Bestandteil unklar ist. Der 2. Bestandteil entspricht ahd. *wini* „Freund".

Hanjo: männl. Vorn., Kurzform der Doppelnamen Hansjoachim und Hansjosef.

Hanke, (auch:) Hanko: männl. Vorn., niederdeutsche Kurz- und Koseform von → Johannes.

Hanna: weibl. Vorn., Kurzform von → Johanna. Bekannte Namensträgerin: Hanna Reitsch, deutsche Fliegerin (20. Jh.).

Hannah: weibl. Vorn. hebräischen Ursprungs, eigentlich „Anmut". Der Name spielt vor allem in der Namengebung bei jüdischen Familien eine Rolle. Bekannte Namensträgerin: Hannah Arendt, amerikanische Soziologin deutscher Herkunft (20. Jh.).

Hanne: weibl. Vorn., Nebenform von → Hanna. Bekannte Namensträgerin: Hanne Wieder, deutsche Kabarettistin und Chansonsängerin (20. Jh.).

Hannedore: weibl. Doppelname aus → Hanna (Johanna) und → Dora (Dorothea).

Hannelore: weibl. Doppelname aus → Hanna (Johanna) und → Lore (Eleonore). Hannelore gehört zu den beliebtesten Doppelnamen des 20. Jh.s. Bekannte Namensträgerinnen: Hannelore Schroth, deutsche [Film]schauspielerin (20. Jh.); Hannelore

Auer, österreichische Schlagersängerin (20. Jh.).

Hannerose: weibl. Doppelname aus → Hanna (Johanna) und → Rosa.

Hannes: männl. Vorn., Kurzform von → Johannes. Bekannter Namensträger: Hannes Messemer, deutscher [Film]schauspieler (20. Jh.).

Hanno: männl. Vorn., Kurzform von → Johann[es], z. T. auch Kurzform von Doppelnamen wie Johannes Hugo. – Eine literarische Gestalt ist Hanno, der Sohn Thomas Buddenbrooks, in Thomas Manns Roman „Buddenbrooks".

Hanns: → Hans.

Hans, (selten auch:) **Hanns:** männl. Vorn., seit dem ausgehenden Mittelalter gebräuchliche Kurzform von → Johannes. Der Name gehört zu den beliebtesten deutschen Vornamen. Er kommt in zahlreichen Märchen, in Volksliedern und Schlagern vor. Allgemein bekannt sind die Märchengestalten Hans im Glück und Hans Guckindieluft (Struwwelpeter), der Rabe Hans Huckebein bei Wilhelm Busch, die Volkslieder „Heut' kommt der Hans zu mir", „Und der Hans schleicht umher" und „Hänschen klein" und der Schlager „Was machst du mit dem Knie, lieber Hans". Der Name wurde früher so häufig gebraucht, daß er zum Gattungsnamen wurde: Hanswurst, Hansdampf in allen Gassen, Prahlhans, Schmalhans usw. – Häufig kommt „Hans" auch in Verbindung mit anderen Namen vor. Bekannte Namensträger: Hans Holbein der Ältere und der Jüngere, deutsche Maler (15./16. Jh.); Hans von Kulmbach, deutscher Maler (15./16. Jh.); Hans Sachs, deutscher Meistersinger und Dichter (15./16. Jh.); Hans Joachim von Zieten, preußischer Reitergeneral (17./18. Jh.); Hans Christian Andersen, dänischer Erzähler (19. Jh.); Hans Guido von Bülow, deutscher Pianist und Dirigent (19. Jh.); Hans Thoma, deutscher Maler (19./20. Jh.); Hans Pfitzner, deutscher Komponist (19./20. Jh.); Hans Arp, deutscher Maler, Bildhauer und Dichter (19./

20. Jh.); Hans Knappertsbusch, deutscher Dirigent (19./20. Jh.); Hans Moser, österreichischer Filmschauspieler (19./20. Jh.); Hans Albers, deutscher Filmschauspieler (19./20. Jh.); Hans Henny Jahnn, deutscher Dichter (19./20. Jh.); Hans Carossa, deutscher Dichter (19./20.Jh.); Hans Fallada, deutscher Schriftsteller (19./20. Jh.); Hans Söhnker, deutscher Filmschauspieler (20. Jh.); Hans Schmidt-Isserstedt, deutscher Dirigent (20. Jh.); Hans Hotter, deutscher Kammersänger (20. Jh.); Hans Egon Holthusen, deutscher Schriftsteller (20. Jh.); Hans Urs von Balthasar, schweizerischer Theologe und Schriftsteller (20. Jh.); Hans Christian Blech, deutscher Schauspieler (20. Jh.); Hans Magnus Enzensberger, deutscher Dichter (20. Jh.); Hans-Joachim Kulenkampff, deutscher Schauspieler und Quizmaster (20. Jh.); Hanns Lothar, deutscher Schauspieler (20. Jh.); Hans Jürgen Bäumler, deutscher Eiskunstläufer (20. Jh.).

Hansdieter: männl. Doppelname aus → Hans und → Dieter.

Hänsel, (auch:) **Hansel:** süddeutsche Verkleinerungs- oder Koseform des männlichen Vornamens → Hans.

Hansgeorg [auch: Hansgeorg]: männl. Doppelname aus → Hans und → Georg.

¹Hansi: weibl. Vorn., Kurz- und Koseform von → Johanna. Bekannte Namensträgerin: Hansi Knotek, österreichische Filmschauspielerin (20. Jh.).

²Hansi: Koseform des männlichen Vornamens → Hans.

Hansjoachim: männl. Doppelname aus → Hans und → Joachim. Der Vorname gehört zu den beliebtesten Doppelnamen des 20. Jh.s.

Hansjürgen: männl. Doppelname aus → Hans und → Jürgen.

Harald: aus dem Nordischen (dän., norweg., schwed. Harald) übernommener männl. Vorn., nordische Entsprechung von → Harold. Der Name, der in den nordischen Ländern schon seit Jahrhunderten volkstümlich war, wurde in Deutschland erst zu Beginn des 20. Jh.s allgemein bekannt. Bekannte Namensträger: Harald Kreutzberg, österreichischer Tänzer (20. Jh.); Harald Genzmer, deutscher Komponist (20. Jh.); Harald Leipnitz, deutscher [Film]schauspieler (20. Jh.); Harald Norpoth, deutscher Rekordläufer (20. Jh.).

Harbert: friesische Form des männlichen Vornamens → Herbert.

Hard: männl. Vorn., Kurzform von Namen, die mit „Hart-"oder „-hard" gebildet sind, wie z. B. → Hartmut oder → Gerhard (vgl. den Vornamen Hardo).

Hardi, (auch:) Hardy: männl. Vorn., Kurz- und Koseform von Namen, die mit „Hart-"oder mit „-hard" gebildet sind, wie z. B. → Hartmut oder → Gerhard. Die Schreibung mit „y" kann auf englischem Einfluß beruhen. Bekannter Namensträger: Hardy Krüger, deutscher Filmschauspieler (20. Jh.).

Hardo: männl. Vorn., Kurzform von Namen, die mit „Hart-" oder mit „-hard" gebildet sind, wie z. B. → Hartmut oder → Gerhard (vgl. Hard).

Hardy: → Hardi.

Hariolf, (auch:) Hariulf: alter deutscher männl. Vorn., eigentlich „Heerwolf" (ahd. *heri* „Heer" + ahd. *wolf* „Wolf"). Der Vorname kommt heute sehr selten vor.

Harm: männl. Vorn., friesische Kurzform von → Harmen.

Harmen: friesische Form des männlichen Vornamens → Hermann.

Harmke: weibl. Vorn., friesische Koseform zu Harma. Der friesische Vorname Harma ist die weibliche Form zu → Harmen.

Harms: männl. Vorn., friesisches Patronymikum, eigentl. „Harmsohn" (Sohn des → Harm). Neben Harms kommt auch die Form Herms vor.

Haro: → Harro.

¹Harold: männl. Vorn., niederdeutsche Entsprechung von ahd. Herwald, Herold (ahd. *heri* „Heer" + ahd. *-walt* zu *waltan* „walten, herrschen"), eigentlich etwa „der im Heer herrscht". Italien. Form: Araldo. Französ. Form: Hérault [ero].

Engl. Form: Harold [häreld]. Dän., norweg., schwed. Form: Harald.

²Harold: → ¹Harold.

Harriet: aus dem Englischen übernommener weibl. Vorn., der zu → Harry (Nebenform von Henry) gebildet ist und → Henriette entspricht. – Im Englischen wird der Vorname häriet ausgesprochen.

Harro, (auch:) Haro: männl. Vorn., friesische Kurzform von → Harmen und → Harbert.

Harry, (eindeutschend auch:) Harri: im 18. Jh. aus dem Englischen übernommener männl. Vorn., Nebenform des englischen Vornamens → Henry. Im Englischen wird der Vorname häri ausgesprochen. Eine bekannte literarische Gestalt ist der Harry Haller in Hermann Hesses Roman „Der Steppenwolf". Bekannte Namensträger: Harry Piel, deutscher Filmschauspieler (19./20. Jh.); Harry Meyen, deutscher Schauspieler und Regisseur (20. Jh.); Harry Valerien, deutscher Sportreporter (20. Jh.).

Hartlieb: alter deutscher männl. Vorn. (ahd. *harti, herti* „hart" + ahd. *liob* „lieb").

Hartmann: alter deutscher männl. Vorn. (ahd. *harti, herti* „hart" + ahd. *man* „Mann; Mensch"). Der Name, der im Mittelalter weit verbreitet war, kam in der Neuzeit außer Gebrauch. Bekannte Namensträger: Hartmann von Aue, mittelhochdeutscher Dichter (12./13. Jh.); Hartmann Schedel, deutscher Humanist und Geschichtsschreiber (15./16. Jahrhundert).

Hartmut: alter deutscher männl. Vorn. (ahd. *harti, herti* „hart" + ahd. *muot* „Sinn, Gemüt, Geist"). Eine bekannte Gestalt aus der Gudrunsage ist Hartmut, der Sohn König Ludwigs von der Normandie, der Gudrun entführte. Von den mit „Hart-" gebildeten Namen ist Hartmut heute der gebräuchlichste.

Hartwig: alter deutscher männl. Vorn. (ahd. *harti, herti* „hart" + ahd. *wīg* „Kampf, Krieg"). Der Name, der im Mittelalter volkstümlich war, kommt heute selten vor. Bekannter Namensträger: Hartwig Steenken, deutscher Springreiter (20. Jh.).

Hartwin: alter deutscher männl. Vorn. (ahd. *harti, herti* „hart" + ahd. *wini* „Freund").

Hasko: männl. Vorn., friesische Koseform von → Hasso.

Hasse: männl. Vorn., Kurzform von Namen, die mit „Hart-" gebildet sind, besonders oft → Hartmann.

Hasso: alter deutscher männl. Vorn., eigentlich „Hesse, der aus dem Volksstamm der Hessen" (zu ahd. *Hassi* „Hessen"). Hasso war, wie z. B. auch → Frank, ursprünglich Beiname. Mit diesem Namen vermischte sich im ausgehenden Mittelalter Hasso, eine Kurzform von Namen, die mit „Hart-" gebildet sind (vgl. den Vornamen Hasse). Hasso spielte im wesentlichen in der Namengebung beim Adel eine Rolle und ist nicht volkstümlich geworden.

Hatto: männl. Vorn., Kurzform von Namen, die mit „Had-" gebildet sind, wie z. B. → Hademar und → Hadewin. Bekannter Namensträger: Hatto I., Erzbischof von Mainz (9./10. Jh.).

Haug: männlicher Vorname, friesische Kurzform von → Hugo und von Namen, die mit „Hug-" gebildet sind, wie z. B. → Hugbert.

[1]Hauke: männl. Vorn., seit dem ausgehenden Mittelalter gebräuchliche friesische Kurz- und Koseform von → Hugo und von Namen, die mit „Hug-" gebildet sind (vgl. Haug). – Eine bekannte literarische Gestalt ist Hauke Haien in Theodor Storms Novelle „Der Schimmelreiter" (1888).

[2]Hauke: ostfries. weibl. Vorn., Bildung wie z. B. → Harmke zu Namen, die mit „Hug-" gebildet sind (s. Haug und [1]Hauke).

Haymo: seltenere Schreibung von → Heimo.

Hayo: seltenere Schreibung von → Heio.

Hedda: im 19. Jh. aus dem Nordischen übernommener weibl. Vorn., nordische Kurzform von → Hedwig. Eine bekannte literarische Gestalt ist die Hedda Gabler in Ibsens gleichnamigem Drama (1890).

Hede: weibl. Vorn., Kurzform von → Hedwig.

Hedi, (auch:) Hedy: weibl. Vorn., Kurz- und Koseform von → Hedwig. Bekannte Namensträgerin: Hedy Lamarr (eigentlich Hedwig Kiesler), österr. Filmschauspielerin (20. Jh.).

Hedwig: alter deutscher weibl. Vorn., der sich aus der Namensform Hadwig (ahd. *hadu-* „Kampf" + ahd. *wīg* „Kampf; Krieg") entwickelt hat. Zu der Verbreitung des Namens im Mittelalter trug die Verehrung der heiligen Hedwig (12./13. Jh.), der Patronin von Schlesien, bei; Namenstag: 16. Oktober. Eine bekannte literarische Gestalt ist Hedwig, die Frau Wilhelm Tells, in Schillers Schauspiel „Wilhelm Tell" (1804). Bekannte Namensträgerinnen: Hedwig Courths-Mahler, deutsche Schriftstellerin (19./20. Jh.); Hedwig Bleibtreu, österr. Schauspielerin (19./20. Jh.). – Französ. Form: Edwige [edwísch]. Schwed. Form: Hedvig. Poln. Form: Jadwiga.

Heide: weibl. Vorn., Kurzform von → Adelheid. Bekannte Namensträgerin: Heide Rosendahl, deutsche Leichtathletin (20. Jh.).

Heidelinde: weibl. Doppelname aus → Heide und → Linda. Bekannte Namensträgerin: Heidelinde Weis, österreichische Filmschauspielerin (20. Jh.).

Heidelore: weibl. Doppelname aus → Heide und → Lore.

Heidemarie, (auch:) Heidemaria: weibl. Doppelname aus → Heide und → Maria. – Heidemarie gehört zu den beliebtesten Doppelnamen des 20. Jh.s. Bekannte Namensträgerin: Heidemarie Hatheyer, schweizerische [Film]schauspielerin (20. Jh.).

Heiderose: weibl. Doppelname aus → Heide und → Rosa.

Heidi: weibl. Vorn., Kurz- und Koseform von → Adelheid. Der Name gehört zu den beliebtesten Vornamen des 20. Jh.s. Zu seiner Beliebtheit hat das vielgelesene Mädchenbuch „Heidi" (1881) von Johanna Spyri beigetragen. – Heute ist Heidi auch als Kurz- und Koseform von Namen gebräuchlich, die mit „Heide-" gebildet sind, wie z. B. → Heidemarie und → Heidrun. Bekannte Namensträgerinnen: Heidi Kabel, deutsche Volksschauspielerin (20. Jh.); Heidi Brühl, deutsche Schlagersängerin und Filmschauspielerin (20. Jh.); Heidi Biebl, deutsche Schiläuferin (20. Jh.).

Heidrun: im 20. Jh. nach dem Muster von Gudrun, Sigrun u. a. gebildeter weibl. Vorn. mit → ,,Heide" als erstem Bestandteil.

¹Heike, (selten auch:) Haike: weibl. Vorn., friesische Kurz- und Koseform von → Heinrike. Wie andere friesische Vornamen, z. B. Elke, Frauke, Silke, ist auch Heike heute Modename.

²Heike: → Heiko.

Heiko, (seltener auch:) Haiko; Heike: männl. Vorn., friesische Kurz- und Koseform von → Heinrich. Wie der weibl. Vorn. Heike ist auch Heiko heute modisch. Die Nebenform Heike kommt selten vor; sie wird wohl wegen des gleichlautenden weiblichen Vornamens gemieden.

Heila: alter deutscher weibl. Vorn., wahrscheinlich Kurzform von Namen, die mit ,,Heil-" gebildet sind, wie z. B. → Heilgard und → ²Heilwig. Der Name spielt heute in der Namengebung keine Rolle mehr.

Heilgard: alter deutscher weibl. Vorn. (der 1. Bestandteil ist ahd. *heil* ,,gesund, unversehrt, heil"; Bedeutung und Herkunft des 2. Bestandteils ,,-gard" sind unklar; vielleicht zu → Gerda).

Heilke: weibl. Vorn., friesische Kurz- und Koseform von Namen, die mit ,,Heil-" gebildet sind, besonders von → ²Heilwig. Vgl. den Vornamen Heila.

Heilko: männl. Vorn., friesische Kurz- und Koseform von Namen, die mit ,,Heil-" gebildet sind, wie z. B. → ¹Heilwig. Vgl. den Vornamen Heilo.

Heilmar: alter deutscher männl. Vorn. (ahd. *heil* ,,gesund, unversehrt, heil" + ahd. *-mār* ,,groß, berühmt", vgl. *māren* ,,verkünden, rühmen"). Der Name spielt heute in der Namengebung kaum noch eine Rolle.

Heilmut, (auch:) Heilmuth: alter deutscher männl. Vorn. (ahd. *heil* ,,ge-

sund, unversehrt, heil" + ahd. *muot* ,,Sinn, Gemüt, Geist"). Der Name spielt heute in der Namengebung keine Rolle mehr.

Heilo: alter deutscher männl. Vorn., wahrscheinlich Kurzform von Namen, die mit ,,Heil-" gebildet sind, wie z. B. → Heilmar.

¹Heilwig, (auch:) Helwig: alter deutscher männl. Vorn. (ahd. *heil* ,,gesund, unversehrt, heil" + ahd. *wīg* ,,Kampf; Krieg"). Bereits im Mittelalter war Heilwig auch als weibl. Vorn. gebräuchlich.

²Heilwig: alter deutscher weibl. Vorn. (ahd. *heil* ,,gesund, unversehrt, heil" + ahd. *wīg* ,,Kampf; Krieg").

Heima: alter deutscher weibl. Vorn., Kurzform von heute nicht mehr gebräuchlichen Namen mit ,,Heim-" als erstem Bestandteil, wie z. B. Heim[h]ilt und Haimerada (der 1. Bestandteil ist ahd. *heim* ,,Haus").

Heimbrecht: alter deutscher männl. Vorn. (ahd. *heim* ,,Haus" + ahd. *beraht* ,,glänzend"). Der Name spielt heute in der Namengebung kaum noch eine Rolle.

Heimeran: alter deutscher männlicher Vorn. (ahd. *heim* ,,Haus" + ahd. *hraban* ,,Rabe"). Der Name kam im Mittelalter auch in der latinisierten Form Emmeram[us] vor.

Heimerich, (auch:) Heimrich: alter deutscher männl. Vorn. (der 1. Bestandteil ist ahd. *heim* ,,Haus"; der 2. Bestandteil gehört zu germ. **rīk-* ,,Herrscher, Fürst, König", vgl. got. *reiks* ,,Herrscher, Oberhaupt", ahd. *rīhhi* ,,Herrschaft, Reich", *rīhhi* ,,mächtig; begütert, reich"). Der Name spielt heute in der Namengebung keine Rolle mehr.

Heimfried: alter deutscher männl. Vorn. (ahd. *heim* ,,Haus" + ahd. *fridu* ,,Schutz vor Waffengewalt, Friede"). Der Name kommt in der Neuzeit nur vereinzelt vor.

Heimito: männl. Vorn., Weiterbildung von → Heimo. Der Name kommt sehr selten vor. Bekannter Namensträger: Heimito von Doderer, österreichischer Schriftsteller (19./20. Jh.).

Heimke: weibl. Vorn., niederdeutsche u. friesische Koseform von → Heima.

Heimo, (seltener auch:) Haimo, Haymo: alter deutscher männl. Vorn., Kurzform von Namen, die mit „Heim-" gebildet sind, wie z. B. → Heimeran und → Heimerich. Bekannter Namensträger: Heimo Erbse, deutscher Komponist (20. Jh.).

Hein: männl. Vorn., besonders niederdeutsche Kurzform von → Heinrich. Seit dem 17. Jh. ist „Freund Hein" als verhüllende Bezeichnung für den Tod gebräuchlich. Bekannter Namensträger: Hein ten Hoff, deutscher Boxer (20. Jh.).

Heiner: männl. Vorn., Kurzform von →Heinrich.

Heinfried: in neuerer Zeit aus Hein-(rich) und Fried(rich) gebildeter männlicher Vorname. Vgl. den Vornamen Friedhelm.

Heini: Kurz- und Koseform des männlichen Vornamens → Heinrich. Im modernen Sprachgebrauch wird „Heini" auch als Bezeichnung für einen unsportlichen oder einfältigen Menschen gebraucht.

¹Heinke: weibl. Vorn., niederdeutsche Kurz- und Koseform von → Heinrike.

²Heinke: → Heinko.

Heinko, (auch:) Heinke: männl. Vorn., niederdeutsche und friesische Kurz- und Koseform von → Heinrich.

Heino: männl. Vorn., Kurzform von → Heinrich.

Heinrich: alter deutscher männl. Vorn., der sich aus → Heimerich oder aber aus dem heute nicht mehr gebräuchlichen Vornamen Haganrich entwickelt hat. Der 1. Bestandteil von Haganrich gehört zu ahd. hag „Einhegung, Hag"; der 2. Bestandteil gehört zu german. *rīk „Herrscher, Fürst, König", vgl. got. reiks „Herrscher, Oberhaupt", ahd. rīhhi „Herrschaft, Reich", rīhhi „mächtig, begütert, reich". In Heinrich können auch beide Namen zusammengefallen sein. – Heinrich war schon im Mittelalter einer der beliebtesten deutschen Vornamen. Zahlreiche Herzöge, Könige, und Kaiser trugen diesen Namen, oft in Erinnerung an Heinrich I., den Vogler (9./10. Jh.).

Heinrich I.,
genannt der Vogler

Zu der Verbreitung des Namens trug vor allem die Verehrung Kaiser Heinrichs II. (10./11. Jh.), des Heiligen, bei; Namenstag: 15. Juli. An der Formel *Hinz und Kunz* (Kurzformen von Heinrich und Konrad) = „jedermann" läßt sich die einstige Volkstümlichkeit des Namens noch erkennen. Bekannte literarische Gestalten sind der Heinrich in Gottfried Kellers Roman „Der Grüne Heinrich" und Heinrich von Ofterdingen in Novalis' gleichnamigem Roman. Bekannte Namensträger: Heinrich IV., deutscher König (11./12. Jh.), bekannt durch seinen Bußgang nach Canossa; Heinrich der Löwe, Herzog von Sachsen (12. Jh.); Heinrich von Veldeke, mittelhochdeutscher Dichter (12./13. Jh.); Heinrich von Morungen, mittelhochdeutscher Dichter (12./13. Jh.); Heinrich Seuse, deutscher Mystiker (13./14. Jh.); Heinrich von Meißen, genannt Frauenlob, mittelhochdeutscher Dichter (13./14. Jh.); Heinrich von Plauen, Hochmeister des Deutschen Ordens (14./15. Jh.); Heinrich VIII., englischer König (15./16. Jh.), bekannt wegen seiner sechs Frauen; Heinrich Schütz, deutscher Komponist (16./17. Jh.); Heinrich von

Kleist, deutscher Dichter (18./19. Jh.); Heinrich Heine, deutscher Dichter (18./19. Jh.); Heinrich von Treitschke, deutscher Historiker (19. Jh.); Heinrich Schliemann, deutscher Archäologe (19. Jh.); Heinrich Rudolph Hertz, deutscher Physiker (19. Jh.); Heinrich Mann, deutscher Schriftsteller (19./20. Jh.); Heinrich George, deutscher [Film]schauspieler (19./20. Jh.); Heinrich Schlusnus, deutscher Sänger (19./20. Jh.); Heinrich Lübke, deutscher Politiker (19./20. Jh.); Heinrich Böll, deutscher Schriftsteller (20. Jh.). Als 2. Vorname: Johann Heinrich Pestalozzi, schweizerischer Pädagoge (18./19. Jh.). – Italien. Form: Enrico. Franzöz. Form: Henri [aŋgri]. Engl. Form: Henry [hänri]. Schwed. Form: Henrik.

Heinrike: Nebenform des weiblichen Vornamens → Henrike.

Heinz: männl. Vorn., Kurzform von → Heinrich. -„Heinz" gehört zu den beliebtesten Vornamen des 20. Jh.s. Bekannte Namensträger: Heinz Hilpert, deutscher Regisseur (19./20. Jh.); Heinz Rühmann, deutscher Filmschauspieler (20. Jh.); Heinz Maegerlein, deutscher Sportreporter (20. Jh.); Heinz Drache, deutscher [Film]schauspieler (20. Jh.); Heinz Piontek, deutscher Schriftsteller (20. Jh.).

Heio, (seltener auch:) Haio, Hayo: männl. Vorn., friesische Kurzform von Namen, die mit „Hein-" gebildet sind, wie z. B. → Heinrich.

Hektor: männl. Vorn. griechischen Ursprungs, der auf griech. Héktōr, den Namen des trojanischen Helden, zurückgeht. Nach der Ilias fällt Hektor im Kampf gegen Achill. Der Name kam im 16. Jh. in Deutschland auf, wurde aber nicht volkstümlich. In Italien und Frankreich kommt er häufig vor. Italien. Form: Ettore. Franzöz. Form: Hector [äktọr].

Hela: Nebenform des weiblichen Vornamens → Hella.

Helen, (auch:) Helen: in neuerer Zeit aus dem Englischen übernommener weibl. Vorn., englische Form von → Helene. Bekannte Namensträge-rinnen: Helen Keller, amerikanische Schriftstellerin (19./20. Jh.); Helen Vita, deutsche Chansonsängerin (20. Jh.).

Helene, (auch:) Helena: weibl. Vorn. griechischen Ursprungs. Die Bedeutung von griech. Helénē ist unklar. – Der Name kam im Mittelalter in Deutschland als Heiligenname auf, und zwar als Name der heiligen Helena (3./4. Jh.), die nach der Legende das Kreuz Christi aufgefunden haben soll; Namenstag: 18. August. In der Neuzeit wurde der Name durch die schöne Helena in der griechischen Sage allgemein bekannt; beachte auch Jacques Offenbachs Operette „Die schöne Helena". Die Namensform Helene war im 19. Jh. sehr beliebt, ist heute aber wieder seltener. Die Namensform Helena ist nie volkstümlich geworden. Eine bekannte literarische Gestalt ist Wilhelm Buschs fromme Helene. Bekannte Namensträgerinnen: Helene Lange, deutsche Frauenrechtlerin (19./20. Jh.); Helene Böhlau, deutsche Schriftstellerin (19./20. Jh.); Helene Voigt-Diederichs, deutsche Schriftstellerin (19./20. Jh.); Helene Weigel, deutsche Schauspielerin (20. Jh.). Italien. Form: Elena. Franzöz. Form: Hélène [elän]. Engl. Formen: Helen [hälin], Ellen [älin]. Schwed. Formen: Helena, Elin. Ungar. Form: Ilona.

Hélène: → Helene.

Helfgott: in der Zeit des Pietismus (17./18. Jh.) aufgekommener männl. Vorn., Kehrform von → Gotthelf.

Helfried, (auch:) Hellfried: männl. Vorn., jüngere Nebenform von → Helmfried.

Helga: aus dem Nordischen übernommener weibl. Vorn., eigentlich etwa „die Geweihte, die Heilige" (zu schwed. helig „heilig"). Der Name wurde erst um 1900 in Deutschland volkstümlich. Bekannte Namensträgerin: Helga Anders, deutsche Filmschauspielerin (20. Jh.).

Helgard: Nebenform des weiblichen Vornamens → Heilgard.

¹**Helge,** (seltener auch:) Helgi: aus dem Nordischen übernommener

männl. Vorn., eigentlich etwa „der Geweihte, der Heilige" (zu schwed. *helig* „heilig"). Im Gegensatz zu dem weibl. Vorn. → Helga ist Helge bei uns nicht volkstümlich geworden. Bekannt wurde der Name in Deutschland vor allem durch den dänischen Tenor Helge Rosvænge (19./20. Jh.).

Helge Rosvaenge

²**Helge:** Nebenform des weiblichen Vornamens → Helga.

Helke: weibl. Vorn., niederdeutsche Form von → Heilke.

Hella, (auch:) Hela: weibl. Vorn., Kurzform von → Helene und Koseform von → Helga.

Helle: Kurz- und Koseform von → Helmut.

Hellfried: → Helfried.

Hellmuth: ältere Schreibung von → Helmut.

Helma, (auch:) Hilma: weibl. Vorn., Kurzform von Namen, die mit „Helm-" oder mit „-helma" gebildet sind, wie z. B. → Helmtraud und → Wilhelma.

Helmar: männl. Vorn., jüngere Nebenform von → Heilmar oder von → Hildemar.

Helmbrecht: alter deutscher männl. Vorn. (ahd. *helm* „Helm" + ahd. *beraht* „glänzend"). Eine literarische Gestalt ist der Helmbrecht in dem mittelhochdeutschen Versepos „Meier Helmbrecht". Der Vorname

Helmburg: alter deutscher weibl. Vorn. (der 1. Bestandteil ist ahd. *helm* „Helm"; der 2. Bestandteil „-burg" gehört zu ahd. *bergan* „in Sicherheit bringen, bergen"). Der Vorname spielt heute keine Rolle mehr in der Namengebung.

Helmfried: alter deutscher männl. Vorn. (ahd. *helm* „Helm" + ahd. *fridu* „Schutz vor Waffengewalt, Friede").

Helmine, (auch:) Helmina: weibl. Vorn., Kurzform von → Wilhelmine. Bekannte Namensträgerin: Helmina Chézy, deutsche Schriftstellerin, Verfasserin des Textes zu Karl Maria von Webers Oper „Euryanthe" (18./19. Jh.).

¹**Helmke:** weibl. Vorn., Kurzform von Namen, die mit „Helm-" oder mit „-helma" gebildet sind, wie z. B. → Helmtraud und → Wilhelma.

²**Helmke:** → Helmko.

Helmko, (auch:) Helmke: männl. Vorn., Kurzform von Namen, die mit „Helm-" oder mit „-helm" gebildet sind, wie z. B. → Helmut und → Wilhelm.

Helmo: männl. Vorn., Kurzform von Namen, die mit „Helm-" oder mit „-helm" gebildet sind, wie z. B. → Helmtraud und → Wilhelm.

Helmold: alter deutscher männl. Vorn. (ahd. *helm* „Helm" + ahd. *-walt* zu waltan „walten, herrschen"). Bekannter Namensträger: Helmold [von Bossau], deutscher Geschichtsschreiber (12. Jh.).

Helmtraud, (auch:) Helmtraut; Helmtrud: alter deutscher weibl. Vorn. (ahd. *helm* „Helm" + ahd. *-trud* „Kraft, Stärke", vgl. altisländ. Þrúðr „Stärke").

Helmut, (auch:) Helmuth; Hellmuth: männl. Vorn., vermutlich Nebenform von → Heilmut oder → Hildemut. Die Geschichte des Namens läßt sich erst seit dem Beginn der Neuzeit verfolgen. Bis zum 19. Jh. war er wenig gebräuchlich, im wesentlichen nur in Mecklenburg. Er wurde erst durch Helmuth von Moltke (19. Jh.) allgemein bekannt

Helmuth Graf von Moltke

und volkstümlich. Bekannte Namensträger: Helmut Käutner, deutscher Regisseur (20. Jh.); Helmut Krebs, deutscher Opernsänger (20. Jh.); Helmut Schön, deutscher Fußballbundestrainer (20. Jh.); Helmut Schmidt, deutscher Politiker (20. Jh.); Helmut Heissenbüttel, deutscher Lyriker (20. Jh.); Helmut Lange, deutscher Schauspieler (20. Jh.).

Helmward, (auch:) **Helmwart:** alter deutscher männl. Vorn. (ahd. *helm* „Helm" + ahd. *wart* „Hüter, Schützer"). Der Vorname spielt heute kaum noch eine Rolle in der Namengebung.

Helwig: männl. Vorn., jüngere Nebenform von → ¹Heilwig.

Hemma: weibl. Vorn., Koseform von → Helma.

Hendrik: männl. Vorn., besonders niederdeutsche und niederländische Nebenform von → Henrik. Neben Henricus, der latinisierten Form von Heinrich, ist auch die Form mit „d" Hendricus bezeugt.

Hendrikje: aus dem Niederländischen übernommener weibl. Vorn., niederländische Koseform von → Henrike. Der Name wurde in Deutschland vor allem durch Hendrickje Stoffels bekannt, die nach Saskias Tod die Lebensgefährtin Rembrandts war.

Henne: → Henno.

Henner: männl. Vorn., Kurzform von → Heinrich.

Hennes: männl. Vorn., rheinische Kurzform von → Johannes.

Henni, (auch:) **Henny:** weibl. Vorn., Kurzform von → Henrike. Bekannte Namensträgerin: Henny Porten, deutsche Filmschauspielerin (19./20. Jh.).

Hennig, (auch:) **Henning:** männl. Vorn., Kurz- und Koseform von → Johannes und → Heinrich. Der Name kommt hauptsächlich im niederdeutschen Sprachgebiet vor.

Henno, (auch:) **Henne:** männl. Vorn., Kurzform von → Heinrich und → Johannes.

Henny: → Henni.

Henri: → Heinrich.

Henriette: im 17. Jh. aus dem Französischen übernommener weibl. Vorn., französische Verkleinerungsbildung zu Henri (→ Heinrich). Zur Bildung vgl. z. B. die Vornamen Annette und Babette. – Bekannte Namensträgerin: Henriette Sontag, deutsche Sängerin (19. Jh.).

¹Henrik: männl. Vorn., niederdeutsche Form von → Heinrich.

²Henrik: schwedische Form von → Heinrich, die aus dem Niederdeutschen stammt.

Henrike: weibl. Vorn., weibliche Form des männlichen Vornamens → Henrik.

Henry: aus dem Englischen übernommener männl. Vorn., englische Form von → Heinrich.

Hérault: → ¹Harold.

Herbald: alter deutscher männl. Vorn. (ahd. *heri* „Heer" + ahd. *bald* „kühn"). Der Name spielt heute in der Namengebung kaum noch eine Rolle.

Herbert, (selten auch:) **Heribert:** alter deutscher männl. Vorn. (ahd. *heri* „Heer" + ahd. *beraht* „glänzend"). Der Name kam im Mittelalter hauptsächlich im Rheinland vor, wo der heilige Heribert (10./11. Jh.), Erzbischof von Köln, verehrt wurde; Namenstag: 16. März. Bekannte Namensträger: Herbert Wehner, deutscher Politiker (20. Jh.); Herbert von Karajan, österr. Dirigent (20. Jh.). Französ. Form: Aribert.

Herberta: alter deutscher weibl. Vorn., weibliche Form von → Herbert.

Herdi: weibl. Vorn., wohl Koseform zu fries. Herdina, einer Bildung zu Vornamen mit „Her-" als erstem Bestandteil, wie z. B. Hertrud.

Herdis: weibl. Vorn., dessen Geschichte unklar ist. Vielleicht besteht Zusammenhang mit den mit „Hart-" oder „-hard" gebildeten Namen, vgl. z. B. die alten Namen Hartgildis und Raginhardis.

Herlinde: alter deutscher weibl. Vorn. (ahd. *heri* „Heer" + ahd. *linta* „Schild [aus Lindenholz]").

Herma: weibl. Vorn., Kurzform von → Hermine.

Hermann: alter deutscher männl. Vorn., eigentlich „Mann des Heeres, Krieger" (ahd. *heri* „Heer" + ahd. *man* „Mann"). Der Name war im Mittelalter sehr beliebt. Bekannte Namensträger aus dem Mittelalter sind Herzog Hermann von Sachsen, Ahnherr der Billunger (10. Jh.), und Hermann von Salza, Hochmeister des Deutschen Ordens (12./13. Jh.). In der Neuzeit wurde der Name im 18. Jh. neu belebt, vor allem als Name des Cheruskerfürsten. Im 18. und 19. Jh. setzte man nämlich fälschlich „Hermann" mit „Arminius" gleich. Zu der Beliebtheit des Namens haben Klopstocks Dramen „Hermanns Schlacht", „Hermann und die Fürsten" und „Hermanns Tod" sowie Goethes Epos „Hermann und Dorothea" beigetragen. Namensträger: Hermann Helmholtz, deutscher Physiker (19. Jh.); Hermann Bahr, österreichischer Schriftsteller und Kritiker (19./20. Jh.); Hermann Löns, deutscher Schriftsteller (19./20. Jh.); Hermann Hesse, deutscher Dichter (19./20. Jh.); Hermann Broch, österreichischer Dichter (19./20. Jh.); Hermann Kasack, deutscher Schriftsteller (19./20. Jh.); Hermann Abendroth, deutscher Dirigent (19./20. Jh.); Hermann Kesten, deutscher Schriftsteller (20. Jh.); Hermann Prey, deutscher Sänger (20. Jh.).

Italien. Form: Ermanno. Französ. Form: Armand [armãg]. Engl. Form: Herman [hörmen].

Hermine: weibl. Vorn., um 1800 aufgekommene Bildung zu → Hermann. Namensträgerin: Hermine Körner, deutsche Schauspielerin (19./20. Jh.).

Hermione: weibl. Vorn. griechischen Ursprungs (griech. Hermióne zum Götternamen Hermes). Der Name wurde in Deutschland vor allem durch die Hermione in Shakespeares „Wintermärchen" bekannt.

Herms: Nebenform des männlichen Vornamens → Harms.

Hernando: → Ferdinand.

Herta, (auch:) Hertha: weibl. Vorn., der auf einer falschen Lesart des Namens der germanischen Göttin Nerthus beruht (Tacitus, Germania, Kap. 40). Bekannte Namensträgerin: Hertha Feiler, deutsche [Film]schauspielerin (20. Jh.).

Hertwig: männl. Vorn., Nebenform von → Hartwig.

Hertwiga: weibl. Vorn., weibliche Form von → Hertwig.

Herward, (auch:) Herwart: alter deutscher männl. Vorn. (ahd. *heri* „Heer" + ahd. *wart* „Hüter, Schützer"). Der

Herwig: alter deutscher männl. Vorn. (ahd. *heri* „Heer" + ahd. *wīg* „Kampf; Krieg"). Eine Sagengestalt ist Herwig von Seeland, der Verlobte Gudruns, in der Gudrunsage.

Herwiga: weibl. Vorn., weibliche Form von → Herwig.

Herwin: alter deutscher männl. Vorn. (ahd. *heri* „Heer" + ahd. *wini* „Freund"). – „Herwin" ist von der h-losen Namensform → Erwin zurückgedrängt worden.

Hesso: alter deutscher männl. Vorn., Nebenform von → Hasso (eigentlich „der Hesse").

Hester: → Esther.

Hetti, (auch:) Hetty: weibl. Vorn., Kurz- und Koseform von → Hedwig.

Hias: oberdeutsche Kurzform des männlichen Vornamens → Matthias.

Hieronymus: männl. Vorn. griechischen Ursprungs, eigentlich „der mit heiligem Namen" (griech. Hierónymos, aus *hierós* „heilig" und *ónyma*, *ónoma* „Name"). – Hieronymus kam im Mittelalter als Name des heiligen Hieronymus (4./5. Jh.) auf; Namenstag: 30. September. Der heilige Hieronymus ist der Schöpfer der lateinischen Bibelübersetzung „Vulgata" (beachte Dürers Kupferstich „Hieronymus im Gehäuse"). Eine literarische Gestalt ist der Kandidat Hieronymus Jobs in Kortums komischem Epos „Die Jobsiade" (1799). Der Name spielt heute in der Namengebung keine Rolle mehr. Bekannter Namensträger: Hieronymus Bosch, niederländischer Maler (15./16. Jh.). Französ. Form: Jerôme [schero͞m]. Engl. Form: Gerome [dschirо͞um].

Hilarius, (auch:) Hilar: männl. Vorn., lateinischen Ursprungs, eigentlich „der Heitere" (zu lat. *hilarus, -a, -um* „heiter, fröhlich"). Zu der Verbreitung des Namens im Mittelalter trug die Verehrung des heiligen Hilarius, des Bischofs von Poitiers, bei; Namenstag: 14. Januar. Der Name spielt heute in der Namengebung kaum noch eine Rolle.

Hilbert, (auch:) Hilpert: männl. Vorn. Kurzform von → Hildebert.

Hilda: seltenere Nebenform von → Hilde.

Hildburg: alter deutscher weibl. Vorn. (ahd. *hilt[j]a* „Kampf" + ahd. *burg* „Burg"). Eine Sagengestalt ist Hildeburg, die Begleiterin Gudruns, in der Gudrunsage.

Hilde, (seltener auch:) Hilda: alter deutscher weibl. Vorn., Kurzform von Namen, die mit „Hilde-" oder „-hild[e]" gebildet sind, wie z. B. → Hildegard und → Mathilde. Bekannte Namensträgerinnen: Hilde Hildebrand, deutsche Filmschauspielerin (20. Jh.); Hilde Körber, deutsche [Film]schauspielerin (20. Jh.); Hilde Krahl, österreichische [Film]schauspielerin (20. Jh.); Hilde Güden, österreichische Sängerin (20. Jh.); Hilde Domin, deutsche Lyrikerin (20. Jh.).

Hildebert, (auch:) Hildebrecht: alter deutscher männl. Vorn. (ahd. *hilt[j]a* „Kampf" + ahd. *beraht* „glänzend").

Hildeberta: alter deutscher weibl. Vorn., weibliche Form des männlichen Vornamens → Hildebert. Der

Vorname spielt heute kaum noch eine Rolle in der Namengebung.

Hildebrand: alter deutscher männl. Vorn. (ahd. *hilt[j]a* „Kampf" + ahd. *brant* „[brennenden Schmerz verursachende] Waffe, Schwert"). Der Name, der im Mittelalter allgemein gebräuchlich war, spielt heute kaum noch eine Rolle in der Namengebung. Eine bekannte Sagengestalt ist Hildebrand, der Waffenmeister Dietrichs von Bern.

Hildebrecht: → Hildebert.

Hildefons: (auch:) Ildefons: männl. Vorn. (ahd. *hilt[j]a* „Kampf" + ahd. *funs* „eifrig, bereit, willig"), der in Deutschland vor allem als Name des heiligen Ildefons (7. Jh.) Verbreitung fand. Der heilige Ildefons (latinisiert Ildefonsus, spanisch Ildefonso) war Erzbischof von Toledo und verfaßte zahlreiche theologische Schriften; Namenstag: 23. Januar. Bekannter Namensträger: Ildefons Herwegen, Abt von Maria Laach (19./20. Jh.).

Hildegard: alter deutscher weibl. Vorn. (der 1. Bestandteil ist ahd. *hilt[j]a* „Kampf"; Bedeutung und Herkunft des 2. Bestandteils „-gard" sind unklar; vielleicht zu → Gerda). Der Name war schon im Mittelalter beliebt. Eine berühmte mittelalter-

Hildegard von Bingen

liche Namensträgerin ist die heilige Hildegard von Bingen (11./12. Jh.); Namenstag: 17. September. In der Neuzeit wurde der Name zu Beginn des 19. Jh.s durch die Ritterdichtung neu belebt. Bekannte Namensträgerinnen: Hildegard Knef, deutsche Filmschauspielerin und Chansonsängerin (20. Jh.); Hildegard Hillebrecht, deutsche Sopranistin (20. Jh.).

Hildeger: alter deutscher männl. Vorn. (ahd. *hilt[i]a* ,,Kampf'' + ahd. *gēr* ,,Speer'').

Hildegunde: alter deutscher weibl. Vorn. (ahd. *hilt[i]a* ,,Kampf'' + ahd. *gund* ,,Kampf''). Der Name war im Mittelalter sehr beliebt. In der Neuzeit kam er außer Gebrauch und spielt heute in der Namengebung kaum noch eine Rolle. Eine bekannte Sagengestalt ist die Hildegunde (Hiltgunt) der Walthersage.

Hildemar: alter deutscher männl. Vorn. (ahd. *hilt[i]a* ,,Kampf'' + ahd. *-mār* ,,groß, berühmt'', vgl. *mären* ,,verkünden, rühmen'').

Hildemut: alter deutscher männl.Vorn. (ahd. *hilt[i]a* ,,Kampf'' + ahd. *muot* ,,Sinn, Gemüt, Geist'').

Hilderich: alter deutscher männl. Vorn. (der 1. Bestandteil ist ahd. *hilt[i]a* ,,Kampf''; der 2. Bestandteil gehört zu german. **rīk-* ,,Herrscher, Fürst, König'', vgl. got. *reiks* ,,Herrscher, Oberhaupt'', ahd. *rīhhi* ,,Herrschaft, Reich'', *rīhhi* ,,mächtig; begütert, reich'').

Hildrun: alter deutscher weibl. Vorn. (ahd. *hilt[i]a* ,,Kampf'' + ahd. *rūna* ,,Geheimnis; geheime Beratung'').

Hilger: männl. Vorn., Kurzform von → Hildeger.

Hilke: weibl. Vorn., friesische Kurz- und Koseform von Namen, die mit ,,Hilde-'' gebildet sind, besonders von → Hildegard. Der Vorname ist – wie auch ,,Silke'' und ,,Heike'' – heute modisch.

Hilla, (auch:) **Hille:** weibl. Vorn., Kurzform von Namen, die mit ,,Hilde-'' oder ,,-hild[e]'' gebildet sind, wie z. B. → Hildegard und → Mathilde.

Hilma: Nebenform des weiblichen Vornamens → Helma.

Hilmar: männl. Vorn., Kurzform von → Hildemar.

Hilpert: → Hilbert.

Hiltraud, (auch:) **Hiltrud:** alter deutscher weibl. Vorn. (ahd. *hilt[i]a* ,,Kampf'' + ahd. *-trud* ,,Kraft, Stärke'', vgl. altisländ. *Þrūðr* ,,Stärke'').

Hinnerk: männl. Vorn., niederdeutsche und friesische Koseform von → Heinrich.

Hinrich: männl. Vorn., niederdeutsche Form von → Heinrich.

Hinz: männl. Vorn., Nebenform von → Heinz. Im Gegensatz zu Heinz spielt Hinz heute als Vorname kaum noch eine Rolle.

Hiob: aus der Bibel übernommener männl. Vorn. hebräischen Ursprungs. Die Bedeutung des Namens ist unklar. – Hiob ist die Namensform der Septuaginta, der griechischen Bibelübersetzung, während Job die Namensform der Vulgata, der lateinischen Bibelübersetzung, ist. – Der Name spielt heute in der Namengebung kaum noch eine Rolle. Eine bekannte literarische Gestalt ist Dr. med. Hiob Prätorius in der gleichnamigen Komödie von Curt Goetz.

Hippo: männl. Vorn., friesische Kurzform von → Hippolyt.

Hippolyt, (auch:) Hippolytus: männl. Vorname griechischen Ursprungs (griech. Hippólytos), eigentlich etwa ,,der die Pferde losläßt''. Der Name kam im Mittelalter in Deutschland als Heiligenname auf, und zwar als Name des heiligen Hippolyt (2./3. Jh.), des Kirchenvaters und ersten Gegenpapstes; Namenstag: 13. August. Der Name war früher in Süddeutschland gebräuchlich, wo der heilige Hippolyt viel verehrt wurde. Heute spielt er keine Rolle mehr in der Namengebung. Französ. Form: Hippolyte [ipolít].

Hjalmar: in neuerer Zeit aus dem Nordischen übernommener männl. Vorn. (schwed., dän. Hjalmar; altisländ. Hjalmarr aus altisländisch *hjalmr* ,,Helm'' + altisländ. *herr* ,,Heer''). Bekannte Namensträger: Hjalmar Schacht, deutscher Finanzpolitiker (19./20. Jh.); Hjalmar Kutzleb, deutscher Schriftsteller (19./20. Jahrhundert).

Holda: Nebenform des weiblichen Vornamens → Hulda.

Holdine: weibl. Vorn., Weiterbildung von → Holda.

Holdo: männl. Vorn., Kurzform von Namen, die mit ,,-hold" gebildet sind, besonders von → Reinhold.

Holger: in neuerer Zeit aus dem Nordischen (Dänischen) übernommener männl. Vorn. (dän., schwed. Holger; altisländ. Holmgeirr aus altisländ. *holmi, holmr* ,,Insel" + altisländ. *geirr* ,,Speer"). In Dänemark ist Holger sehr beliebt, denn Holger Danske heißt der dänische Nationalheld, der nach der Sage aus dem Schlaf erwacht und in den Kampf zieht, wenn Dänemark in Not gerät.

Holm: in neuerer Zeit aus dem Nordischen übernommener männl. Vorn. (schwed. Holm; altisländ. Holmr zu altisländ. *holmi, holmr* ,,Insel", eigentlich ,,der von der Insel, der auf der Insel Gebürtige").

Horant: männl. Vorn., der auf Horant, den Namen des Spielmannes in der Gudrunsage, zurückgeht. Nach der Sage gewann Horant durch die Kunst seines Gesanges die schöne Hilde von Irland für seinen Herrn, den König Hettel von Dänemark.

Horst: deutscher männl. Vorn., der vermutlich mit mittelniederdeutsch *horst* ,,Gehölz; niedriges Gestrüpp" zusammenhängt und eigentlich wohl ,,der aus dem Gehölz" bedeutet. Bis zum 18. Jh. kam der Name nur vereinzelt im niederdeutschen Sprachgebiet vor. Dann wurde er durch den Horst in Klopstocks Drama ,,Hermanns Schlacht" (1769) allgemein bekannt, aber erst zu Beginn des 20. Jahrhunderts modisch. Bekannte Namensträger: Horst Caspar, deutscher Schauspieler (20. Jh.); Horst Wolfram Geissler, deutscher Schriftsteller (20. Jh.); Horst Bienek, deutscher Schriftsteller (20. Jh.); Horst Buchholz, deutscher Filmschauspieler (20. Jh.); Horst Jankowski, deutscher Komponist und Chorleiter (20. Jh.).

Horstmar: in neuerer Zeit aufgekommener männl. Vorn., der zu Horst nach dem Muster von Namen auf ,,-mar" (Dietmar, Helmar usw.) gebildet worden ist.

Hortensia: weibl. Vorn. lateinischen Ursprungs, weibliche Form zu lat. Hortensius, dem Namen eines altrömischen Geschlechts. Hortensia bedeutet also ,,die aus dem Geschlecht der Hortensier". Französ. Form: Hortense [ortãß].

Hosea: aus der Bibel übernommener männl. Vorn. hebräischen Ursprungs, eigentlich ,,der Herr ist Hilfe oder Rettung". Nach der Bibel war Hosea ein Prophet, der sich gegen den Götzendienst und die politischen und sozialen Mißstände wandte.

Hroswitha: alte Schreibung des weiblichen Vornamens → Roswitha.

Hubert: alter deutscher männl. Vorn., Kurzform von → Hugbert, Hugubert. Zu der Verbreitung des Namens hat die Verehrung des heiligen Hubert (7./8. Jh.), des Bischofs von Lüttich und Apostels der Ardennen, beigetragen; Namenstag: 3. November. Bekannt ist der heilige Hubert vor allem als Patron der Jäger (latinisiert: St. Hubertus). Bekannte Namensträger: Hubert Giesen, deutscher Pianist (19./20. Jh.); Hubert von Meyerinck, deutscher [Film]schauspieler (19./20. Jh.).

Huberta: weibl. Vorn., weibliche Form des männl. Vornamens → Hubert.

Hubertus: männl. Vorn., latinisierte Form von → Hubert.

Hugbald: alter deutscher männl. Vorn. (ahd. *hugu* ,,Gedanke; Verstand, Geist; Sinn" + ahd. *bald* ,,kühn"). Der Vorname spielt heute keine Rolle mehr in der Namengebung.

Hugbert: alter deutscher männl. Vorn. (ahd. *hugu* ,,Gedanke; Verstand, Geist; Sinn" + ahd. *beraht* ,,glänzend"), eigentlich etwa ,,der mit glänzendem Verstand". – Hugbert ist von der jüngeren Namensform → Hubert zurückgedrängt worden.

Hugdietrich: alter deutscher männl. Vorn., Doppelname aus → Hugo und → Dietrich. Eine bekannte Sagengestalt ist Hugdietrich (Wolfdietrich-Epos).

Hugh: → Hugo.

Hughes: → Hugo.

Hugo: alter deutscher männl. Vorn., Kurzform von Namen, die mit „Hug-" gebildet sind, wie z. B. → Hugbert und → Hugbald. Der Name, der im Mittelalter weit verbreitet war, kam zu Beginn der Neuzeit außer Gebrauch. Er wurde um 1800 durch die Ritterromane neu belebt. – Durch Hugo Capet, den Herzog der Franken und späteren französischen König (10. Jh.), gelangte der Name nach Frankreich, wo er sehr beliebt wurde. Bekannte Namensträger: der heilige Hugo von Cluny (11./12. Jh.), Namenstag: 29. April; Hugo von Sankt Viktor, französischer Scholastiker (11./12. Jh.); Hugo von Trimberg, mittelhochdeutscher Dichter (13./14. Jh.); Hugo von Hofmannsthal, österreichischer Dichter (19. Jh.); Hugo Stinnes, deutscher Industrieller (19./20. Jh.); Hugo Eckener, deutscher Luftfahrtpionier und Zeppelinkonstrukteur (19./20. Jh.); Hugo Wolf, österreichischer Komponist (19./20. Jh.). – Italien. Form: Ugo. Französ. Formen: Hugo [ügo], Hugues [üg]. Engl. Formen: Hugo [hjugoᵘ], Hugh [hju], Hughes˙[hjus]. Schwed. Form: Hugo.

Hugues: → Hugo.

Hulda, (auch:) Holda: weibl. Vorn., der vermutlich identisch ist mit Hulda, Holda (= Frau Holle; zu ahd. *hold* „gnädig, günstig; dienstbar; treu", vgl. ahd. *holda* „[guter] weiblicher Geist"). Der Name kam im 19. Jh. in Mode, wird heute aber als komischer Name gemieden. Allgemein bekannt ist er durch den Schlager „Ist denn kein Stuhl da, Stuhl da, Stuhl da, für meine Hulda, Hulda, Hulda".

Huldreich: männl. Vorn., volksetymologische Umdeutung von Uldricus, → Ulrich. Der schweizerische Reformator Ulrich Zwingli (15./16. Jh.) unterschrieb mit Huldrych Zwingli. Heute spielt der Vorname Huldreich in der Namengebung kaum noch eine Rolle.

Humbert, (auch:) Humbrecht: alter deutscher männl. Vorn., der sich aus der Namensform Hunber[h]t entwickelt hat. Herkunft und Bedeutung des 1. Bestandteils sind unklar; vielleicht hängt er mit *Hüne* zusammen. Der 2. Bestandteil ist ahd. *beraht* „glänzend". – Humbert war Traditionsname im Hause Savoyen, dann auch – in der Form Umberto – im italienischen Königshaus, das aus dem savoyischen Herzogsgeschlecht hervorgegangen ist. In Deutschland spielt der Vorname kaum noch eine Rolle in der Namengebung. – Italien. Form: Umberto.

Humberta: weibl. Vorn., weibliche Form des männlichen Vornamens → Humbert. Der Vorname spielt heute keine Rolle mehr in der Namengebung.

Hunfried: alter deutscher männl. Vorn. (Herkunft und Bedeutung des 1. Bestandteils „Hun-" sind unklar; vielleicht zu *Hüne*; der 2. Bestandteil ist ahd. *fridu* „Schutz vor Waffengewalt, Friede").

Hunold: alter deutscher männl. Vorn. (Herkunft und Bedeutung des 1. Bestandteils „Hun-" sind unklar; vielleicht zu *Hüne*; der 2. Bestandteil ist ahd. *-walt* zu *waltan* „walten, herrschen", vgl. Arnold). Der Name, der im Mittelalter weit verbreitet war, kam in der Neuzeit außer Gebrauch.

Huschke: männlicher Vorn., tschechische und sorbische Koseform von → Johannes.

Hyazinth, (auch:) Hyacinth; Hyacinthus: männl. Vorn. griechischen Ursprungs (griech. Hyákinthos), dessen Bedeutung unklar ist. Bekannt ist „Hyazinth" als Heiligenname und als Name einer griechischen Sagengestalt. Nach der griechischen Sage wurde Hyazinth, der Liebling Apolls, von Apoll versehentlich mit einem Diskus getötet. Aus seinem Blut entsprang die Hyazinthe. – Der Name kommt in Deutschland seit eh und je nur ganz vereinzelt vor. Bekannte Namensträger: der heilige Hyacinthus, römischer Märtyrer (3. Jh.); Namenstag: 11. September; der heilige Hyazinth von Polen (12./13. Jh.); Namenstag: 17. August.

I

Ibrahim: arabische Form von → Abraham.

Ida: alter deutscher weibl. Vorn., Kurzform von heute nicht mehr gebräuchlichen Vornamen, wie z. B. ahd. Idaberga. Der Name war im Mittelalter sehr beliebt. In der Neuzeit kam er außer Gebrauch und wurde erst zu Beginn des 19. Jh.s durch die Ritterdichtung und romantische Dichtung neu belebt. Heute wird „Ida" als altmodisch empfunden. Bekannte Namensträgerinnen: Ida Kerkovius, deutsche Malerin (19./20. Jh.); Ida Wüst, deutsche Filmschauspielerin (19./20. Jh.); Ida Ehre, österreichische Schauspielerin und Regisseurin (20. Jh.).

Iduna: aus dem Nordischen übernommener weibl. Vorn., der auf den Namen der altnordischen Göttin Iðunn (eigentlich „die Verjüngende") zurückgeht.

Ignatia: weibl. Vorn., weibliche Form des männl. Vornamens → Ignatius.

Ignatius, (auch:) **Ignaz:** männl. Vorn., der im 18. Jh. als Name des heiligen Ignatius von Loyola (15./16. Jh.) in Deutschland Verbreitung fand, nachdem der Gründer des Jesuitenordens im 17. Jh. heiliggesprochen worden war; Namenstag: 31. Juli. Der heilige Ignatius von Loyola, eigentlich Íñigo López de Recalde, nannte sich so nach dem heiligen Ignatius von Antiochien (1./2. Jh.); Namenstag: 1. Februar. Der heilige Ignatius, Bischof von Antiochien, verfaßte auf der Fahrt nach Rom, wo er den Martertod erleiden sollte, die sieben berühmten Briefe an christliche Gemeinden in Kleinasien. – Ignatius ist Nebenform von lateinisch Egnatius, dessen Bedeutung unklar ist. Der Name ist als katholischer Heiligenname im wesentlichen auf Süddeutschland beschränkt. Bekannte Namensträger: Ignaz von Döllinger, deutscher katholischer Theologe (18./19. Jh.); Ignaz Philipp Semmel-

weis, österreichisch-ungarischer Arzt (18./19. Jh.).

Ignatius von Loyola

Igor: aus dem Russischen übernommener männl. Vorn., der seinerseits germanischen Ursprungs ist und auf altnordisch Ingvarr, Yngvarr (→ Ingwar) zurückgeht. Der Name gelangte im frühen Mittelalter mit den schwedischen Warägern nach Rußland (vgl. den Vornamen Olga). Bekannt ist der Name durch die Oper „Fürst Igor" von A. P. Borodin. Bekannte Namensträger: Igor Strawinski, amerikanischer Komponist russischer Herkunft (19./20. Jh.); Igor Oistrach, russischer Geiger (20. Jh.).

Iken: niederländische Koseform von → Ida.

Ildefons: Nebenform des männlichen Vornamens → Hildefons.

Ilga: alter deutscher weibl. Vorn., dessen Herkunft unklar ist. Eine heilige Ilga ist im Mittelalter im Bodenseegebiet verehrt worden.

Iliane: flämische Form von → Juliane.

Ilja: russischer männl. Vorn., russische Form von → Elias.

Ilka: weibl. Vorn., Kurzform von → Ilona.

Ilona [auch: Ilona]: aus dem Ungarischen übernommener weibl. Vorn., ungarische Form von → Helene.

Ilonka [auch: Ilonka]: aus dem Ungarischen übernommener weibl. Vorn., ungarische Koseform von → Ilona.

Ilse, (selten auch:) Ilsa: weibl. Vorn., Kurzform von → Elisabeth (vgl. den Vornamen Else). Der Name fand erst im 19. Jh. größere Verbreitung. Zu der Beliebtheit des Namens trug Gustav Freytags Roman „Die verlorene Handschrift" (1864) bei, dessen Heldin Ilse Bauer heißt. Bekannte Namensträgerinnen: Ilse Werner, deutsche Filmschauspielerin und Sängerin (20. Jh.); Ilse Aichinger, österr. Schriftstellerin (20. Jh.).

Ilsedore: weibl. Doppelname aus → Ilse u. → Dorothea bzw. → Dora.

Ilsegret: weibl. Doppelname aus → Ilse und → Margarete bzw. → Grete.

Ilsemaria, (auch:) Ilsemarie: weibl. Doppelname aus → Ilse und → Maria.

Ilsetraude, (auch:) Ilsetraud: weibl. Doppelname aus → Ilse und → [Ger]-traude.

Imke: weibl. Vorn., friesische Kurz- und Koseform von Namen, die mit „Irm-" gebildet sind, besonders von → Irmgard.

Imma, (auch:) Imme: weibl. Vorn., Kurzform von Namen, die mit „Irm-" gebildet sind, wie z. B. → Irmgard und → Irmtraud. Das inlautende *r* wird in Kurz- und Koseformen häufig beseitigt, vgl. z. B. das Verhältnis von Bernhard zu Benno. – Eine bekannte literarische Gestalt ist die Imma Spoelmann in Thomas Manns Roman „Königliche Hoheit". Die Namensform Imme wird landschaftlich gleichgesetzt mit *Imme* und als „Biene" verstanden.

Immanuel: aus der Bibel übernommener männl. Vorn. hebräischen Ursprungs, eigentlich „Gott mit uns". Die griechische-lateinische Form von Immanuel ist → Emanuel. Bekannter Namensträger: Immanuel Kant, deutscher Philosoph (18./19. Jh.).

Imme: → Imma.

Immo: männl. Vorn., Kurzform von Namen, die mit „Irm[en]-" gebildet sind, wie z. B. → Irmbert.

Imogen: weibl. Vorn., dessen Herkunft unklar ist (vielleicht keltischen Ursprungs und zu altirisch *ingen* „Tochter, Mädchen" gehörig). Der Name wurde durch die Imogen in Shakespeares „Cymbeline" bekannt.

Imre: ungarischer männl. Vorn., ungarische Form von → Emmerich.

Ina, (auch:) Ine: weibl. Vorn., Kurzform von Namen, die auf -ina oder -ine ausgehen, besonders von → Katharina und → Karoline. Bekannte Namensträgerin: Ina Seidel, deutsche Schriftstellerin (19./20. Jh.).

Ines: aus dem Spanischen (span. Inés) übernommener weibl. Vorn., spanische Form von → Agnes.

Inga: aus dem Nordischen (dän., schwed. Inga) übernommener weibl. Vorn., nordische Kurzform von → Ingeborg.

Ingalisa: schwedischer weibl. Doppelname aus → Inga und → Lisa.

Ingbert: Nebenform des männl. Vorn. → Ingobert.

Inge: weibl. Vorn., Kurzform von → Ingeborg. Bekannte Namensträgerinnen: Inge Meysel, deutsche Schauspielerin (20. Jh.); Inge Brandenburg, deutsche Jazzsängerin (20. Jh.).

Ingeborg: aus dem Nordischen übernommener weibl. Vorn. (dän., schwed. Ingeborg; altisländ. Ingibjorg aus altisländ. Ingi, zu *Yngvi*, Name eines Gottes, und altisländ. *bjorg* „Schutz, Hilfe"). Der Name wurde in Deutschland im 19. Jh. durch die Ingeborg in Esaias Tegnérs „Frithjof-Sage" (deutsche Übersetzung: 1826) bekannt, aber erst in der ersten Hälfte des 20. Jh.s modisch. Zu der Beliebtheit des Namens trugen Bernhard Kellermanns Roman „Ingeborg" und Curt Goetz' Komödie „Ingeborg" bei. Bekannte Namensträgerinnen: Ingeborg Bachmann, österreichische Lyrikerin (20. Jh.); Ingeborg Hallstein, deutsche Sopranistin (20. Jh.); Ingeborg Schöner, dt. Filmschauspielerin (20. Jh.).

Ingelore: weibl. Doppelname aus → Inge und → Lore.

Ingemar: → Ingomar.

Ingemarie: weibl. Doppelname aus → Inge und → Maria.

Ingerose: weibl. Doppelname aus → Inge und → Rosa.

Ingetraud, (auch:) Ingetrud: weibl. Doppelname aus → Inge und → Traude.

¹Ingmar: Nebenform des männlichen Vornamens → Ingomar.

²Ingmar: → Ingomar.

Ingo: alter deutscher männl. Vorn., Kurzform von Namen, die mit „Ingo-" gebildet sind, wie z. B. → Ingobert und → Ingomar. Der Name wurde erst im 19. Jh. durch den Ingo in Gustav Freytags Romanzyklus „Die Ahnen" (1873 ff.) allgemein bekannt. Bekannter Namensträger: Ingo Buding, deutscher Tennisspieler (20. Jh.).

Ingobert: alter deutscher männl. Vorn. (ahd. *Ing[wio]-* Name einer germanischen Stammesgottheit [daher Ingwäonen] + ahd. *beraht* „glänzend").

Ingold: alter deutscher männl. Vorn. (ahd. *Ing[wio]-* Name einer germanischen Stammesgottheit [daher Ingwäonen] + ahd. *-walt* zu *waltan* „walten, herrschen").

Ingolf: alter deutscher männl. Vorn. (ahd. *Ing[wio]-* Name einer germanischen Stammesgottheit [daher Ingwäonen] + ahd. *wolf* „Wolf").

Ingomar: alter deutscher männl. Vorn. (ahd. *Ing[wio]-* Name einer germanischen Stammesgottheit [daher Ingwäonen] + ahd. *-mār* „groß, berühmt", vgl. *māren* „verkünden, rühmen"). Schwedische Formen: Ingemar, Ingmar.

Ingram, alter deutscher männl. Vorn. (ahd. *Ing[wio]-* Name einer germanischen Stammesgottheit [daher Ingwäonen] + ahd. *hraban* „Rabe"). Der Vorname spielt heute keine Rolle mehr in der Namengebung.

Ingrid: erst im 20. Jh. aus dem Nordischen übernommener weibl. Vorn. (dän., schwed. Ingrid; zu altisländ. *Yngvi,* Name eines Gottes, und altisländ. *frīðr* „schön"). Bekannte Namensträgerinnen: Ingrid Bergman,

schwedische Filmschauspielerin (20. Jh.); Ingrid Thulin, schwedische Filmschauspielerin (20. Jh.); Ingrid Andree, deutsche [Film]schauspielerin (20. Jh.).

Ingrun: weibl. Vorn., in neuerer Zeit nach dem Muster von Sigrun, Heidrun u. a. zu → Inge gebildet.

Ingwar: aus dem Nordischen übernommener männl. Vorn. (dän., schwed. Ingvar, altisländ. Ingvar, Yngvarr aus altisländ. *Yngvi,* Name eines Gottes, und altisländ. *herr* „Heer"). Vgl. die männl. Vorn. Ivar (Iwar) und Igor.

Ingwin: alter deutscher männl. Vorn. (ahd. *Ing[wio]-* Name einer germanischen Stammesgottheit [daher Ingwäonen] + ahd. *wini* „Freund").

Inka: weibl. Vorn., Nebenform von → Inken.

Inken: weibl. Vorn., friesische Kurz- und Koseform von Namen, die mit „Inge-" gebildet sind, besonders von → Ingeborg. Eine bekannte literarische Gestalt ist die Inken Peters in Gerhart Hauptmanns Drama „Vor Sonnenuntergang".

Innozentia: weibl. Vorn. lateinischen Ursprungs, weibliche Form des männlichen Vornamens → Innozenz. Der Vorname spielt heute kaum noch eine Rolle in der Namengebung.

Innozenz: männl. Vorn. lateinischen Ursprungs, eigentlich „der Unschuldige" (lat. Innocentius, zu lat. *innocens* „unschuldig"). Innozenz hießen mehrere Päpste. Zu der Verbreitung des Namens trug die Verehrung des heiligen Innozenz I., Papst von 402 bis 417, bei; Namenstag: 28. Juli. Der Vorname kommt schon immer in Deutschland nur vereinzelt vor.

Inse, (auch:) Insa: weibl. Vorn., friesische Kurzform zu Namen, die mit „Ing-" gebildet sind. Zur Bildung vgl. das Verhältnis von „Gertrud" zu „Gese".

Iolanthe, (auch:) Jolanthe: weibl. Vorn. griechischen Ursprungs, eigentlich „das Veilchen" (spätgriech. *iolánthē* „Veilchen[blüte]"). Der Name kam in Deutschland im späten Mittelalter auf. Seit August Hinrichs Komödie „Krach um Jolanthe", in der das Schwein den Namen Jolanthe trägt, wird der Name gemieden.

Ira: weibl. Vorn., Kurzform von → Irene oder → Irina. Bekannte Namensträgerinnen: Ira Malaniuk, polnische Altistin (20. Jh.); Ira, Prinzessin von Fürstenberg (20. Jh.).

Irene: weibl. Vorn. griechischen Ursprungs, eigentlich „Frieden" (griech. *eirēnē* „Frieden", auch Name der griechischen Friedensgöttin). Der Name wurde in Deutschland wohl hauptsächlich durch die byzantinische Prinzessin Irene bekannt, die König Philipp von Schwaben 1197 heiratete. In der Neuzeit trug die Irene in Wagners Oper „Rienzi" zu der Beliebtheit des Vornamens bei. Bekannte Namensträgerinnen: die heilige Irene, byzantinische Märtyrerin (3./4. Jh.), Namenstag: 3. April; Irene, byzantinische Kaiserin (8./9. Jh.); Irene von Meyendorff, deutsche Filmschauspielerin (20. Jh.); Irene Papas, griechische Filmschauspielerin (20. Jh.).

Irina: aus dem Slawischen (Russischen, Polnischen) übernommener weibl. Vorn., slawische Form von → Irene.

Iris: weibl. Vorn. griechischen Ursprungs, der auf griech. Íris, den Namen der Götterbotin, zurückgeht. In der griechischen Mythologie wurde die Botin der Götter mit dem Regenbogen gleichgesetzt und *íris* appellativisch im Sinne von „Regenbogen" gebraucht. Heute denkt man bei dem Vornamen gewöhnlich an die gleichnamige Blume.

Irma: alter deutscher weibl. Vorn., Kurzform von Namen, die mit „Irm-" gebildet sind, wie z. B. → Irmgard und → Irmtraud.

Irmberga, (auch:) Irminberga: alter deutscher weibl. Vorn. (1. Bestandteil ist der germanische Stammesname der Herminonen [Irminonen] oder ahd. *irmin–* „groß, allumfassend"; 2. Bestandteil ist ahd. *-berga* „Schutz, Zuflucht", vgl. *bergan* „in Sicherheit bringen, bergen"). Der Name spielt heute in der Namengebung kaum noch eine Rolle.

Irmbert: alter deutscher männl. Vorn.

(1. Bestandteil ist der germanische Stammesname der Herminonen [Irminonen] oder ahd. *irmin-* „groß, allumfassend"; 2. Bestandteil ist ahd. *beraht* „glänzend"). Der Name spielt heute in der Namengebung kaum noch eine Rolle.

Irmela: weibl. Vorn., Verkleinerungs- oder Koseform von → Irma.

Irmfried: alter deutscher männl. Vorn. (1. Bestandteil ist der germanische Stammesname der Herminonen [Irminonen] oder ahd. *irmin-* „groß, allumfassend"; 2. Bestandteil ist ahd. *fridu* „Schutz vor Waffengewalt, Friede").

Irmgard, (älter auch:) Irmingard: alter deutscher weibl. Vorn. (1. Bestandteil ist der germanische Stammesname der Herminonen [Irminonen] oder ahd. *irmin-* „groß, allumfassend"; Bedeutung und Herkunft des 2. Bestandteils „-gard" sind unklar; vielleicht zu → Gerda). Zu der Verbreitung des Namens im Mittelalter trug die Verehrung der heiligen Irmgard von Süchteln bei Köln bei (11. Jh.); Namenstag: 14. September. Auch Irm[en]gard, die Tochter Ludwigs des Deutschen, wurde im Mittelalter als Heilige verehrt. In der Neuzeit wurde der Name durch die romantische Dichtung neu belebt. Bekannte Namensträgerinnen: Irmgard Seefried, österreichische Sängerin (20. Jh.); Irmgard Keun, deutsche Schriftstellerin (20. Jh.).

Irmhild, (auch:) Irmhilde; Irminhild: alter deutscher weibl. Vorn. (1. Bestandteil ist der germanische Stammesname der Herminonen [Irminonen] oder ahd. *irmin-* „groß, allumfassend"; 2. Bestandteil ist ahd. *hilt[i]a* „Kampf").

Irmtraud, (auch:) Irmintraud; Irmtrud: alter deutscher weibl. Vorn. (1. Bestandteil ist der germanische Stammesname der Herminonen [Irminonen] oder ahd. *irmin-* „groß, allumfassend"; 2. Bestandteil ist ahd. *-trud* „Kraft, Stärke", vgl. altisländ. Þrūðr „Stärke").

Isa: weibl. Vorn., Kurzform von → Isabella, selten auch von → Isolde und → Luise.

Isaak: aus der Bibel übernommener männl. Vorn. hebräischen Ursprungs, eigentlich „er wird lachen".

Isabel: → Isabella.

Isabella: weibl. Vorn., italienische Form des spanischen Vornamens Isabel. Die Herkunft von Isabel ist nicht sicher geklärt. Vermutlich handelt es sich um eine spanische Form von → Elisabeth (angelehnt an *bello, -a* „schön"). – Der Name wurde in Deutschland im Mittelalter als Name spanischer und französischer Fürstinnen bekannt. Isabella hieß z. B. die dritte Frau Friedrichs II. Bekannte Namensträgerinnen: Isabella von Frankreich und Hainaut, Königin von Frankreich (12. Jh.); Isabella I., die Katholische, Königin von Kastilien und Aragonien (15./16. Jh.); Isabella Nadolny, deutsche Schriftstellerin (20. Jh.). – Span. Form: Isabel [ißawäl]. Französ. Form: Isabelle [isabäl].

Isabelle: → Isabella.

Isberga, (auch:) Isburga: alter deutscher weibl. Vorn. (ahd. *isan* „Eisen" + ahd. *-berga* „Schutz, Zuflucht", vgl. ahd. *bergan* „in Sicherheit bringen, bergen"). Der Name spielt heute in der Namengebung keine Rolle mehr.

Isbert, (auch:) Isenbert: alter deutscher männl. Vorn. (ahd. *isan* „Eisen" + ahd. *beraht* „glänzend"). Der Name kam zu Beginn der Neuzeit außer Gebrauch.

Isburga: → Isberga.

Isenbert: → Isbert.

Isenfried: → Isfried.

Isentraud: → Istraud.

Isfried, (auch:) Isenfried: alter deutscher männl. Vorn. (ahd. *isan* „Eisen" + ahd. *fridu* „Schutz vor Waffengewalt, Friede"). Der Name spielt heute in der Namengebung keine Rolle mehr.

Isgard: alter deutscher weibl. Vorn. (1. Bestandteil ahd. *isan* „Eisen"; Herkunft und Bedeutung des 2. Bestandteils „-gard" sind unklar; vielleicht zu → Gerda).

Isger, (auch:) Isenger: alter deutscher männl. Vorn. (ahd. *isan* „Eisen" + ahd. *gēr* „Speer"). Der Name spielt

heute in der Namengebung keine Rolle mehr.

Ishilde: alter deutscher weibl. Vorn. (ahd. *isan* „Eisen" + ahd. *hilt[j]a* „Kampf").

Isidor: männl. Vorn. griechischen Ursprungs, eigentlich „Geschenk der Göttin Isis" (griech. Isídōros). Isidor kam im Mittelalter als Heiligenname auf. Heute spielt der Name keine Rolle mehr in der Namengebung. Bekannter Namensträger: der heilige Isidor von Sevilla (6./7. Jh.), Namenstag: 4. April.

Isidora: weibl. Vorn., weibliche Form des männlichen Vornamens → Isidor.

Iso: alter deutscher männl. Vorn., Kurzform von Namen, die mit „Is[en]-" gebildet sind, wie z. B. → Isbert und → Isfried.

Isolde: weibl. Vorn., dessen Herkunft und Bedeutung dunkel sind. Der Name wurde im Mittelalter durch die Sage von „Tristan und Isolde" bekannt. Zu der Verbreitung des Namens seit dem 19. Jh. trug vor allem Richard Wagners Oper „Tristan und Isolde" (1865) bei. Bekannte Namensträgerin: Isolde Kurz, deutsche Dichterin (19./20. Jh.).

Istraud, (auch:) Isentraud; Istrud: alter deutscher weibl. Vorn. (ahd. *isan* „Eisen" + ahd. *-trud* „Kraft, Stärke", vgl. altisländ. Þrúðr „Stärke").

István: ungarischer männl. Vorn., ungarische Form von → Stephan.

Ivar, (auch:) Iwar: aus dem Nordischen übernommener männl. Vorn. (schwed., dän., norweg. Ivar; altisländ. Ívarr, wahrscheinlich Nebenform mit grammatischem Wechsel von → Ingwar). Bekannter Namensträger: Ivar Kreuger, schwedischer Großindustrieller, „Streichholzkönig" (19./20. Jh.).

Ivette: → Yvette.

Ivo, (selten auch:) Iwo: alter deutscher männl. Vorn., der wahrscheinlich identisch ist mit dem Baumnamen Eibe (ahd. *īwa* „Eibe; Bogen aus Eibenholz"). Zu der Verbreitung des Namens hat die Verehrung des heiligen Ivo (13./14. Jh.) beigetragen, Namenstag: 19. Mai. Der heilige

Ivo, ein bretonischer Advokat und Priester, wurde wegen seiner tätigen Nächstenliebe und Verteidigung der Schutzlosen der Advokat der Armen genannt. Er ist der Schutzheilige der Juristen. – Der Name ist außerhalb Deutschlands vor allem in Jugoslawien beliebt. Bekannte Namensträger: der heilige Ivo, Bischof von Chartres (11./12. Jh.); Ivo Andric, serbokroatischer Schriftsteller und Nobelpreisträger (19./20. Jh.); Ivo Hauptmann, deutscher Kunstmaler (19./20. Jh.). Französ. Formen: Yves [iw], Yvon [iwong].

Ivonne: → Yvonne.

Iwan: russischer männl. Vorn., russische Form von → Johannes.

Iwar: → Ivar.

Iwo: → Ivo.

J

Jack [dschäk]: englischer männl. Vorn., englische Form von → Jakob, die aber in England als Koseform von → John (= Johannes) gebräuchlich ist. Bekannte Namensträger: Jack London, amerikanischer Schriftsteller (19./20. Jh.); Jack Dempsey, amerikanischer Boxweltmeister (20. Jh.); Jack Lemmon, amerikanischer Filmschauspieler (20. Jh.).

Jacob: → Jakob.

Jacqueline [schaklin]: aus dem Französischen übernommener weiblicher Vorn., französische Bildung zu → Jacques.

Jacques [schak]: französischer männl. Vorn., französische Form von → Jakob. Der Name kommt vereinzelt in den an Frankreich und Belgien angrenzenden deutschen Gebieten als Taufname vor. Bekannter Namensträger: Jacques Offenbach, deutschfranzösischer Komponist (19. Jh.).

Jadwiga: → Hedwig.

Jago: → Jakob.

Jaime: → Jakob.

Jakob, (älter auch:) Jacob: aus der Bibel übernommener männl. Vorn. hebräischen Ursprungs, der vielleicht als „Fersenhalter" zu deuten ist. Jakob war nach der Bibel der jüngere Zwillingsbruder Esaus. – „Jakob" fand in der christlichen Welt nicht als Name des alttestamentlichen Patriarchen Verbreitung, sondern als Name der Apostel Jakobus des Älteren, Namenstag: 25. Juli, und Jakobus des Jüngeren, Namenstag: 11. Mai. Der Name spielt seit dem 19. Jh. in Deutschland kaum noch eine Rolle in der Namengebung; in der Schweiz kommt er noch vereinzelt vor. – Eine literarische Gestalt ist der Jakob Abs in Uwe Johnsons Roman „Mutmaßungen über Jakob". Bekannte Namensträger: Jakob Böhme, deutscher Mystiker und Theosoph (16./17. Jh.); Jakob Michael Lenz, deutscher Dichter (18. Jh.); Jacob Grimm, deutscher Sprachforscher (18./19. Jh.); Jacob Burckhardt, schweizerischer Kunst- und Kulturhistoriker (19. Jh.); Jakob Wassermann, deutscher Schriftsteller (19./20. Jh.). – Italien. Form: Giacomo [dschakomo]. Span. Formen: Jaime [chaime], Jago, Diego. Französ. Form: Jacques, [schak]. Engl. Form: James [dscheims]. Russ. Form: Jascha.

Jakoba: weibl. Vorn., weibliche Form des männlichen Vornamens → Jakob.

Jakobine: weibl. Vorn., Weiterbildung von → Jakoba. Der Name spielt heute in der Namengebung keine Rolle mehr.

James: → Jakob.

Jan: männl. Vorn., niederdeutsche, friesische und niederländische Form von → Johannes. Auch im Polnischen und Tschechischen ist der Vorname Jan (slawische Form von Johannes) gebräuchlich. Literarische Gestalten sind der Jan in Hans Leips Roman „Jan Himp und die kleine Brise", der Jan Lobel in Luise Rinsers Erzählung „Jan Lobel aus Warschau" und der Jan Bronski in Günter Grass' Roman „Die Blechtrommel". – Bekannte Namensträger: Jan van Eyck, niederländischer Maler (14./15. Jh.); Jan Kiepura, polnischer Tenor (20. Jh.); Jan de Hartog, niederländischer Schriftsteller (20. Jh.); Jan Hendriks, deutscher Schauspieler (20. Jh.).

Jana: aus dem Slawischen (Polnischen, Tschechischen) übernommener weibl. Vorn., weibliche Form des männlichen Vornamens → Jan.

Jane [engl. Aussprache: dsehẹin]: aus dem Englischen übernommener weibl. Vorn., englische Form von → Johanna (vgl. die englischen Vornamen Joan und Jean). Der Name wurde in Deutschland durch Charlotte Brontës vielgelesenen Roman „Jane Eyre" (deutsche Übersetzung 1850) bekannt.

Janet [dsehänit]: englischer weibl. Vorn., englische Verkleinerungsform von → Jane.

Janina: aus dem Polnischen übernommener weibl. Vorn., polnische Weiterbildung von → Jana.

Janka: → Johanna.

Janko: slawische Koseform von → Jan.

János: ungarischer männl. Vorn., ungarische Form von → Johannes.

Jaromir: aus dem Slawischen übernommener männl. Vorn. (russ. *jaryj* „zornig, heftig, mutig, eifrig, geschwind" + russ. *mir* „Friede; Welt"). Eine literarische Gestalt ist der Jaromir in Grillparzers Drama „Die Ahnfrau".

Jaroslaw: aus dem Slawischen übernommener männl. Vorn. (russ. *jaryj* „zornig, heftig, mutig, eifrig, geschwind" + russ. *sláva* „Ruhm, Lob, Ehre").

Jascha: → Jakob.

Jasmin: weibl. Vorn., der mit dem Namen des Zierstrauches mit stark duftenden Blüten identisch ist. Der Gebrauch von „Jasmin" als weiblicher Vorname ist erst in neuester Zeit unter englischem und französischem Einfluß aufgekommen.

¹Jean [schang]: aus dem Französischen übernommener männl. Vorn.,

französische Form von → Johannes. Bekannte Namensträger: Jean Paul, deutscher Dichter (18./19. Jh.); Jean Cocteau, französischer Dichter, Maler, Komponist und Filmregisseur (19./20. Jh.); Jean Gabin, französischer Filmschauspieler (20. Jh.); Jean Genet, französischer Schriftsteller (20. Jh.); Jean Marais, französischer Filmschauspieler (20. Jh.); Jean Anouilh, französischer Dramatiker (20. Jh.). In Doppelnamen: Jean-Baptiste Lully, französischer Komponist (17. Jh.); Jean-Jacques Rousseau, französischer Schriftsteller und Kulturphilosoph schweizerischer Herkunft (18. Jh.); Jean-Paul Sartre, französischer Schriftsteller und Philosoph (20. Jh.).

²Jean [dschin]: englische Form von → Johanna (vgl. die englischen Vornamen Jane und Joan).

Jeanne [schan]: französische Form von → Johanna.

Jeannette [schanät]: aus dem Französischen übernommener weibl. Vorn., Verkleinerungsform von französ. Jeanne (→ Johanna).

Jeannine [schanin]: aus dem Französischen übernommener weibl. Vorn., Weiterbildung von französ. Jeanne (→ Johanna).

Jeff [dschäf]: englischer männl. Vorn., Kurzform von Jeffrey (→ Gottfried).

Jekaterina: → Katharina.

Jelena: → Helena.

Jelka: ungarische Koseform von → Ilona.

Jella: weibl. Vorn. friesischen Ursprungs, vermutlich eine Bildung zu fries. *jeld* „Zahlung, Entgelt, Preis".

¹Jenni, (auch:) Jenny: weibl. Vorn., Kurz- und Koseform von → Johanna. Eine bekannte literarische Gestalt ist die Jenny Treibel in Theodor Fontanes Roman „Frau Jenny Treibel" (1892). – Bekannte Namensträgerinnen: Jenny von Westphalen, Frau von Karl Marx (19. Jh.); Jenny Lind, schwedische Sopranistin, „die schwedische Nachtigall" (19. Jh.); Jenny Jugo, österreichische Filmschauspielerin (20. Jh.).

²Jenni: in der Schweiz vereinzelt gebräuchlicher männl. Vorn., Kurz-

und Koseform von → Johannes und
→ Eugen.

Jennifer [dschänif^e(r)]: englischer
weibl. Vorn., der auf keltisch Guene-
vere, den Namen der Frau von König
Artus, zurückgeht.

Jenő: → Eugen.

Jens: aus dem Dänischen übernommener männl. Vorn., dänische Form
von → Johannes. Der Name ist vor
allem in Schleswig-Holstein beliebt.
Bekannter Namensträger: Jens Peter
Jacobsen, dänischer Dichter (19. Jh.).

Jeremias: aus der Bibel übernommener männl. Vorn. hebräischen Ursprungs, eigentlich „Gott erhöht".
Jeremias ist der zweite der vier großen Propheten des Alten Testaments.
Bekannter Namensträger: Jeremias
Gotthelf, schweizerischer Erzähler
(18./19. Jh.).

Jérôme: → Hieronymus.

Jerrit: Nebenform von → Gerrit.

Jesko: slawischer männl. Vorn.,
Kurzform von → Jaromir und → Jaroslaw.

Jessica: weibl. Vorn. hebräischen Ursprungs, eigentlich „(Gott) sieht an".
Der Name wurde in Deutschland
durch die Jessica in Shakespeares
„Der Kaufmann von Venedig" bekannt. Engl. Form: Jessica [dschäßik^e].

Jette: weibl. Vorn., Kurzform von
→ Henriette.

Jill [dschil]: englischer weibl. Vorn.
Kurzform von Gillian (→ Juliane).

Jillian: → Juliane.

Jim [dschim]: englischer männl.
Vorn., volkstümliche Nebenform
von James (→ Jakob).

Jimmy [dschimi]: engl. männl. Vorn.,
Verkleinerungsform von → Jim.

Jiri: → Georg.

¹Jo: Kurzform von weibl. Vorn., die
mit „Jo-" beginnen, besonders von
→ Johanna.

²Jo: männl. Vorn., Kurzform von
männl. Vorn., die mit „Jo-" beginnen, bes. von → Johannes. Bekannter
Namensträger: Jo Hanns Rösler,
deutscher Schriftsteller (19./20. Jh.).

Joachim [auch: Joachim]: männl.
Vorn. hebräischen Ursprungs, eigentlich „den Gott aufrichtet". Nach
den neutestamentlichen apokryphen

Schriften war Joachim der Mann der
heiligen Anna, der Mutter Marias;
Namenstag: 16. August. Der Name war in Deutschland schon im
Mittelalter gebräuchlich, kam aber
erst nach der Reformation in Mode.
Besonders beliebt war er im 16. Jh.
in Brandenburg durch die branden-
burgischen Kurfürsten Joachim I.,

Joachim I.,
Kurfürst von Brandenburg

Joachim II. und Joachim Friedrich.
Bekannte Namensträger: Joachim
Neander, deutscher evang. Kirchenliederdichter (17. Jh.); Joachim Net-
telbeck, Verteidiger der Festung Kol-
berg (18./19. Jh.); Joachim Ringel-
natz, deutscher Dichter (19./20. Jh.);
Joachim Fuchsberger, deutscher
Filmschauspieler (20. Jh.).

Joan [dschoun]: englische Form von
→ Johanna; vgl. die englischen Vornamen Jane und Jean.

Job: männl. Vorn., Nebenform von
→ Hiob.

Jobst: männl. Vorn., der aus der Ver-
mischung von → Job und → Jost
entstanden ist. Der Name ist heute
sehr selten. Bekannter Namensträger: Herzog Jobst von Mähren (14./
15. Jh.).

Jochem: männl. Vorn., Kurzform von
→ Joachim. Diese Namensform ist
weniger gebräuchlich als die Namensform → Jochen.

Jochen: männl. Vorn., Kurzform von → Joachim (vgl. Jochem). Bekannte Namensträger: Jochen Klepper, deutscher Schriftsteller (20. Jh.); Jochen Rindt, österreichischer Automobilrennfahrer (20. Jh.).

Jodokus, (auch:) **Jodok:** männl. Vorn. keltischen (bretonischen) Ursprungs, der eigentlich „Krieger" bedeutet. Jodokus kam im Mittelalter als Name des heiligen Jodokus (7. Jh.) auf, der die Benediktiner-Abtei St.-Josse-sur-Mer gründete; N a m e n s t a g : 13. Dezember. Der bretonische Heilige wurde auch in Deutschland seit dem 9. Jh. verehrt.

Joe [dschou]: englischer männl. Vorn., Kurzform von → Joseph.

Johann [auch: Johann]: männl. Vorn., schon im Mittelalter gebräuchliche kürzere Namensform von → Johannes. In der Zeit des Pietismus (17./18. Jh.) wurde Johann gern mit einem zweiten Namen verbunden: Johann Sebastian Bach, deutscher Musiker und Komponist (17./18. Jh.); Johann Gottfried Herder, deutscher Dichter und Philosoph (18./19. Jh.); Johann Wolfgang Goethe, deutscher Dichter (18./19. Jh.) u. a. Der Name kam im 18. und 19. Jh. so häufig vor, daß er – als typischer Bedienstetenname – abgewertet wurde. – Bekannte Namensträger: Johann Rist, deutscher Dichter (17. Jh.); Johann Strauß, österreichischer Komponist (19. Jh.).

Johanna: aus der Bibel übernommener weibl. Vorn. hebräischen Ursprungs, weibliche Form des männlichen Vornamens → Johannes. Nach der Bibel gehörte Johanna zu den Frauen, die Jesus geheilt hatte und die ihm nachfolgten. – Im Gegensatz zu dem männl. Vornamen[es] wurde Johanna in Deutschland erst in der Zeit des Pietismus (17./18. Jh.) volkstümlich. Zu der Beliebtheit des Namens im 19. Jh. trug Schiller mit seinem Drama „Die Jungfrau von Orleans" bei. Bekannte Namensträgerinnen: Johanna von Orleans (franzöz.: Jeanne d'Arc), genannt die Jungfrau von Orleans, französische Nationalheldin (15. Jh.); Johanna die Wahnsinnige, Königin von Spanien (15./

16. Jh.); die heilige Johanna Franziska von Chantal (16./17. Jh.), N a - m e n s t a g : 21. August; Johanna Schopenhauer, Mutter Arthur Schopenhauers, dt. Schriftstellerin (18./19. Jh.); Johanna Spyri, schweizerische Schriftstellerin (19./20. Jh.); Johanna Matz, österreichische Filmschauspielerin (19./20. Jh.); Johanna von Koczian, deutsche Schauspielerin (20. Jh.). Italien. Form: Giovanna [dschowanna]. Span. Form: Juana [chuana]. Französ. Form: Jeanne [schan]. Engl. Formen: Joan [dschoun], Jane [dschein], Jean [dschin]. Ungar. Form: Janka.

Johannes: aus der Bibel übernommener männl. Vorn. hebräischen Ursprungs, eigentlich „Gott ist gnädig". Der Name fand schon früh in der christlichen Welt große Verbreitung, hauptsächlich als Name Johannes' des Täufers, N a m e n s t a g : 24. Juni, daneben auch als Name des Apostels und Evangelisten Johannes, N a - m e n s t a g : 27. Dezember. Auch die Verehrung mehrerer Heiliger und Päpste, die diesen Namen trugen, hat zu der Beliebtheit des Namens beigetragen. Ende des Mittelalters war Johannes (vgl. auch die Namensform Johann, die Kurzform Hans) der volkstümlichste und häufigste Taufname in Deutschland. Bekannte Namensträger: Johannes Gutenberg, deutscher Erfinder des Buchdrucks (14./15. Jh.); Johannes von Tepl (Johannes von Saaz), Verfasser des „Ackermanns aus Böhmen" (14./15. Jh.); Johannes Kepler, deutscher Astronom (16./17. Jh.); Johannes Brahms, deutscher Komponist (19. Jh.); Johannes XXIII., Papst (19./20. Jh.); Johannes R. Becher, deutscher Dichter (19./20. Jh.); Johannes Heesters, österreichischer [Film]schauspieler niederländischer Herkunft (20. Jh.). Italien. Form: Giovanni [dschowanni]. Span. Form: Juan [chuan]. Französ. Form: Jean [schang]. Engl. Form: John [dschon]. Niederländ. Form: Jan. Dän. Form: Jens. Russ. Form: Iwan. Sorb., tschech. Koseform: Huschke. Ungar. Form: János [janosch].

¹**John:** männl. Vorn., alte niederdeutsche Zusammenziehung von → Johannes. Der Name spielt heute noch in der Namengebung in Norddeutschland eine Rolle.

²**John** [dschon]: englischer männl. Vorn., englische Form von → Johannes. Bekannte Namensträger: John Keats, englischer Dichter (18./19. Jh.); John Steinbeck, amerikanischer Schriftsteller (20. Jh.); John Osborne, englischer Dramatiker (20. Jh.); John F. Kennedy, amerikanischer Präsident (20. Jh.).

Johnny, (auch:) Jonny [dschoni]: englischer männl. Vorn., Verkleinerungsform von John (→ Johannes).

Jolanthe: → Iolanthe.

Jonas: aus der Bibel übernommener männl. Vorn. hebräischen Ursprungs, eigentlich „Taube". Nach der Bibel war Jonas ein Prophet. Er wurde vom Tode des Ertrinkens durch einen großen Fisch (Walfisch) gerettet, der ihn verschlang und dann ans Land spie. Der Vorname fand in Deutschland keine größere Verbreitung.

Jonathan: aus der Bibel übernommener männl. Vorn. hebräischen Ursprungs, eigentlich „Gott hat gegeben". Nach der Bibel war Jonathan, der älteste Sohn König Sauls, der Freund König Davids. Er fiel im Kampf gegen die Philister. Der Name begegnet seit seinem Aufkommen in Deutschland nur ganz vereinzelt. Bekannter Namensträger: Jonathan Swift, irischenglischer Schriftsteller (17./18. Jh.).

Jonny: → Johnny.

Jöran: Nebenform von → Göran.

Jörg: männl. Vorn., alte Kurzform von → Georg (vgl. den männlichen Vornamen Jürgen). Der Name, der heute wieder modisch ist, war vor allem im 15. und 16. Jh. sehr beliebt. Auch Luther benutzte „Junker Jörg" als Decknamen, als er sich auf der Wartburg versteckt hielt. Bekannte Namensträger: Jörg Ganghofer (genannt Jörg von Halspach oder Jörg der Maurer von Polling), deutscher Baumeister (15. Jh.); Jörg Wickram, deutscher Dichter (16. Jh.).

Jörgen: dänische Form von → Jürgen.

Joris: männl. Vorn., friesische Form von → Gregor[ius] oder → Georg.

Jorit, (auch:) Jorrit: männl. Vorn., dessen Herkunft unklar ist (nicht fries. Kurzform von → Eberhard).

Jörn: männl. Vorn., niederdeutsche Kurzform von → Jürgen (vgl. den männl. Vorn. Jürn). Der Name wurde zu Beginn des 20. Jh.s allgemein bekannt durch den vielgelesenen Roman „Jörn Uhl" von Gustav Frenssen.

José: → Josef.

Josef: → Joseph.

Josefa: → Josepha.

Joseph, (auch:) Josef: aus der Bibel übernommener männl. Vorn. hebräischen Ursprungs, eigentlich „Er (Gott) möge vermehren" (nämlich die Zahl der Kinder Jakobs). Nach der Bibel war Joseph der 11. Sohn Jakobs. – „Joseph" fand aber nicht als Name des alttestamentlichen Patriarchen Verbreitung, sondern als Name des Mannes der Maria. Namenstag des heiligen Joseph ist der 19. März. In Deutschland kommt der Name erst seit dem 18. Jh. häufiger vor und gilt heute noch als typisch katholischer Vorname. In Österreich machten die Kaiser Joseph I. (17./18. Jh.) und Joseph II. (18. Jh.) den Namen überaus beliebt. Volkstümlich ist auch der Doppelname Franz Joseph. Bekannte Namensträger: Joseph Haydn, österreichischer Komponist (18./19. Jh.); Joseph Freiherr von Eichendorff, deutscher Dichter (18./19. Jh.); Joseph von Görres, deutscher Publizist (18./19. Jh.); Joseph Meyer, deutscher Verleger (18./19. Jh.); Joseph Conrad, englischer Schriftsteller (19./20. Jh.); Josef Kainz, österreichischer Schauspieler (19./20. Jh.); Josef Weinheber, österreichischer Lyriker (19./20. Jh.); Joseph Roth, österreichischer Schriftsteller (19./20. Jh.); Joseph Schmidt, österreichischer Tenor (20. Jh.); Josef Meinrad, österreichischer Schauspieler (20. Jh.); Joseph Kardinal Frings, Erzbischof von Köln (19./20. Jh.); Joseph Keilberth, deutscher Dirigent (20. Jh.);

Josef Greindl, deutscher Opernsänger (20. Jh.). Italien Form: Giuseppe [dsehusäpe]. Span. Form: José [ehoße]. Französ. Form: Joseph [sehosäf]. Engl. Form: Joseph [dsehousif]. Russ. Form: Ossip.

Josepha, (auch:) Josefa: weibl. Vorn., weibliche Form des männlichen Vornamens → Joseph. Eine bekannte Operettenfigur ist die Wirtin Josepha Voglhuber aus Ralph Benatzkys Operette „Im Weißen Rößl".

Josephine, (auch:) Josefine: weibl. Vorn., Bildung zum männl. Vorn. → Joseph (wie Wilhelmine zu Wilhelm, Pauline zu Paul usw.). Der Name, der vor allem durch Joséphine de Beauharnais, die erste Frau Napoleons, bekannt wurde, war im 18. Jh. sehr beliebt. Heute spielt er kaum noch eine Rolle in der Namengebung. Bekannte Namensträgerin: Josephine Baker, französische Sängerin und Tänzerin amerikanischer Herkunft (20. Jh.).

Jost: männl. Vorn., der sich aus der altfranzösischen Namensform Josse von → Jodokus entwickelt hat. Der Name ist heute relativ selten.

Josua: aus der Bibel übernommener männl. Vorn. hebräischen Ursprungs, eigentlich „der Herr ist Hilfe oder Rettung". Nach der Bibel war Josua der Sohn Nuns aus dem Stamm Ephraim. Er hieß, bevor Moses ihn umbenannte, Hosea. Der Name fand in Deutschland keine größere Verbreitung.

Juan [ehuan]: → Johannes.

Juana [ehuana]: → Johanna.

Juanita: spanischer weibl. Vorn., Koseform von Juana (→ Johanna).

Judith: weibl. Vorn. hebräischen Ursprungs, eigentlich „Frau aus Jehud". Nach den apokryphen Schriften tötete Judith den assyrischen Feldhauptmann Holofernes mit einer List und rettete so ihre Vaterstadt Bethulia und Jerusalem. Dieser Stoff ist mehrfach dramatisch behandelt worden; bekannt ist vor allem das Drama „Judith" von Christian Friedrich Hebbel. – Der Name ist seit dem Mittelalter in Deutschland gebräuchlich. Heute kommt er selten vor. Eine literarische Gestalt ist die Judith in Richard Voß' Roman „Zwei Menschen". Bekannte Namensträgerin: Judith Holzmeister, österreichische Schauspielerin (20. Jh.).

Jula: weibl. Vorn., Nebenform von → Julia. Volkstümlich ist die Namensform Jule, die aber als Taufname keine Rolle spielt.

Jules [sehül]: französischer männl. Vorn., französische Form von → Julius. Der Name kommt vereinzelt in den an Frankreich angrenzenden deutschen Gebieten als Taufname vor. Bekannter Namensträger: Jules Verne, französischer Schriftsteller (19./20. Jh.).

Julia, (auch:) Julie: weiblicher Vorn. lateinischen Ursprungs, weibliche Form von → Julius. Der Name ist in Deutschland allgemein bekannt durch die Julia in William Shakespeares Drama „Romeo und Julia". Zu der Beliebtheit der Namensform Julie im 18. Jh. trug Rousseaus vielgelesener Roman „La nouvelle Héloïse" bei, dessen deutsche Übersetzung 1785 unter dem Titel „Julie oder die neue Heloise" erschien. Eine bekannte literarische Gestalt ist auch die Julie in August Strindbergs Drama „Fräulein Julie". Französ. Form: Julie [sehül].

Julian: männl. Vorn. lateinischen Ursprungs, Bildung zu → Julius (lat. Julianus). Bekannt ist der Name durch den römischen Kaiser Julian (Flavius Claudius Julianus), genannt Julianus Apostata (= der Abtrünnige), weil er das Heidentum wieder einführen wollte. Bekannter Namensträger: Julian von Károlyi, ungarischer Pianist (20. Jh.). Französ. Form: Julien [sehüliäng].

Juliana, (auch:) Juliane: weibl. Vorn. lateinischen Ursprungs, weibliche Form von Julianus (→ Julian). Der Name fand im späten Mittelalter in Deutschland als Heiligenname Verbreitung, und zwar als Name der heiligen Juliana von Lüttich (12./13. Jh.), Namenstag: 5. April, und der heiligen Juliana [von] Falconieri (13./14. Jh.), Namenstag: 19. Juni.

Julie

Vom 18. Jh. an wurde er durch Julie (→ Julia) zurückgedrängt. Bekannte Namensträgerin: Juliana, Königin der Niederlande (20. Jh.). Engl. Form: Gillian [dschilien].

Julie: Nebenform des weiblichen Vornamens → Julia.

Julien [schüliäng]: französische Form von → Julian.

Julienne [schüliän]: französische Form des weiblichen Vornamens →Juliana.

Juliette [schüliät]: französischer weibl. Vorn., Verkleinerungsform von französ. Julie (→ Julia).

Julischka: ungarische Koseform des weiblichen Vornamens → Julia.

Julius: männl. Vorn. lateinischen Ursprungs, eigentlich „der aus dem Geschlecht der Julier" (lat. Julius altrömischer Geschlechtername). Der bekannteste Angehörige dieses römischen Geschlechts ist C. Julius Cäsar. Ihm zu Ehren ist der siebente Monat des Kalenderjahrs benannt: lat. [mēnsis] Julius. – Der Name kam in Deutschland, zunächst beim Adel, erst im 16. Jh. auf, nachdem der Humanismus das Interesse an der altrömischen Geschichte geweckt hatte. Heute wird er als altmodisch empfunden. Eine literarische Gestalt ist Julius von Tarent in der gleichnamigen Tragödie von Johann Anton Leisewitz. Bekannte Namensträger: der heilige Julius I., Papst (4. Jh.), Namenstag: 12. April; Julius II., bedeutender Renaissancepapst (15./16. Jh.); Julius Echter von Mespelbrunn, Fürstbischof von Würzburg und Gründer der Universität Würzburg (16./17. Jh.); Julius Sturm, deutscher Dichter (19. Jh.); Julius Kardinal Döpfner, Erzbischof von München-Freising (20. Jh.). Als zweiter Name: Otto Julius Bierbaum, deutscher Schriftsteller (19./20. Jh.). Italien. Form: Giulio [dschuljo]. Französ. Form: Jules [schül].

Jupp: männl. Vorn., rheinische Kurz- und Koseform von → Joseph. Bekannter Namensträger: Jupp Hussels, deutscher Filmschauspieler (20. Jh.).

Jürg: männl. Vorn., Kurzform von → Jürgen (vgl. den männl. Vorn. Jörg).

Jürgen: männl. Vorn., niederdeutsche Form von → Georg. Der Name ist im 20. Jh. beliebt geworden und kommt auch in Verbindung mit anderen Namen vor, z. B. als Hans Jürgen und Klaus Jürgen. Eine literarische Gestalt ist Jürgen Doskocil aus Ernst Wiecherts Roman „Die Magd des Jürgen Doskocil". Bekannte Namensträger: Jürgen Wullenwever, Bürgermeister von Lübeck, der die Vormacht Lübecks und der Hanse über die skandinavischen Länder wieder zu errichten suchte (15./16. Jh.); Jürgen Fehling, deutscher Regisseur (19./20. Jh.); Jürgen von Manger, deutscher Unterhaltungskünstler (20. Jh.). Dän. Form: Jörgen.

Juri: → Georg.

Jürn: männl. Vorn., Kurzform von → Jürgen (vgl. den männl. Vorn. Jörn).

Just: kürzere Form von → Justus.

Justin: kürzere Form des männlichen Vornamens → Justinus.

Justina, (auch:) Justine: weibl. Vorn. lateinischen Ursprungs, weibliche Form von → Justinus. Bekannte Namensträgerin: die heilige Justina, Märtyrerin (3./4. Jh.), Namenstag: 26. September.

Justinianus, (auch:) Justinian: männl. Vorn. lateinischen Ursprungs, Weiterbildung von → Justinus.

Justinus, (auch:) Justin: männl. Vorn. lateinischen Ursprungs, eigentlich „der Gerechte" (lat. Iustīnus, Bildung zu lat. *iustus, -a, -um* „gerecht; rechtschaffen, redlich"). Der Name ist in Deutschland nie volkstümlich geworden. Bekannte Namensträger: der heilige Justinus, Märtyrer (2. Jh.), Namenstag: 14. April; Justinus Kerner, deutscher Dichter (18./19. Jh.).

Justus, (auch:) Just: männl. Vorn. lateinischen Ursprungs, eigentlich „der Gerechte" (lat. *iustus, -a, -um* „gerecht; rechtschaffen, redlich"). Der Name fand in Deutschland in der Zeit des Humanismus (16. Jh.) Verbreitung, und zwar als Wiedergabe von → Jost und → Jobst (= Jodokus). So hieß z. B. Justus Jonas, der Freund Martin Luthers, eigentlich Jobst Koch. Bekannte Namensträger: Justus Möser, deutscher Historiker und Schriftsteller (18. Jh.); Justus Liebig, deutscher Chemiker (19. Jh.).

Jutta, (auch:) Jutte: weibl. Vorn., alte

Koseform von → Judith. Der Name war im Mittelalter recht beliebt. In der Neuzeit kam er außer Gebrauch und ist erst im 20. Jh. volkstümlich geworden. Bekannte Namensträgerin: die selige Jutta, Erzieherin der heiligen Hildegard von Bingen (11./ 12. Jh.), Namenstag: 22. Dezember.

K

¹Kai, (auch:) Kay: weibl. Vorn., dessen Herkunft und Bedeutung nicht sicher geklärt sind. Vermutlich handelt es sich um eine aus dem Nordischen übernommene Kurz- und Koseform von → Katharina. In den skandinavischen Ländern ist der Name in der Schreibung Kaj gebräuchlich. Der Name ist heute modisch. Bekannte Namensträgerin: Kai Fischer, deutsche Filmschauspielerin (20. Jh.).

²Kai, (auch:) Kay: männl. Vorn., dessen Herkunft und Bedeutung unklar sind. In den skandinavischen Ländern ist der Name in der Schreibung Kaj gebräuchlich. Wegen des gleichlautenden weiblichen Vornamens (→ ¹Kai) kommt Kai nur in Verbindung mit einem anderen Vornamen vor, der erkennen läßt, daß es sich um eine männliche Person handelt. Bekannter Namensträger: Kai-Uwe von Hassel, deutscher Politiker (20. Jh.).

¹Kaj: → ¹Kai.

²Kaj: → ²Kai.

Kaja: weibl. Vorn., friesische Kurzform von → Katharina (vgl. den weiblichen Vornamen Kai).

Kajetan, (auch): Kajetan: männl. Vorn., der auf den Namen des heiligen Kajetan (= „der aus der Stadt Gaeta") zurückgeht. Der heilige Kajetan von Thiene (15./16. Jh.) ist der Gründer des Theatinerordens; Namenstag: 7. August.

Kajus, (auch:) Cajus: männl. Vorn., Nebenform von lateinisch Gaius, dessen Herkunft (etruskisch?) und Bedeutung unklar sind. – „Kajus"

kommt auch heute noch als Heiligenname vereinzelt vor, und zwar als Name des heiligen Papstes Cajus (3. Jh.); Namenstag: 22. April.

Kalle: schwedischer männl. Vorn., Koseform von → Karl.

Kálmán: → Koloman.

Kamilla: → Camilla.

Kamillo: → Camillo.

Kandida: → Candida.

Karel: → Karl.

Karen: weibl. Vorn., Nebenform von → Karin.

Karin: in neuerer Zeit aus dem Nordischen (schwed., dän. Karin, auch: Karen) übernommene weibl. Vorn., Kurzform von → Katharina. -„Karin" gehört heute zu den beliebtesten weiblichen Vornamen. Bekannte Namensträgerinnen: Karin Michaelis, dänische Schriftstellerin (19./20. Jh.); Karin Dor, deutsche Filmschauspielerin (20. Jh.); Karin Baal, deutsche Filmschauspielerin (20. Jh.); Karin Huebner, deutsche Schauspielerin (20. Jh.).

¹Karina: weibl. Vorn., Weiterbildung von → Karin.

²Karina: → Carina.

Karl, (auch:) Carl: alter deutscher männl. Vorn., eigentlich „[freier] Mann" (ahd. kar[a]l „Mann; Ehemann", im Ablaut dazu mittelniederd. kerle „freier Mann nicht ritterlichen Standes; grobschlächtiger Mann, Kerl"). Der Name kam im Mittelalter außerhalb der Herrscherfamilien nur vereinzelt vor. Bei den Nachkommen Pippins war er seit Karl Martell traditionell. Er wurde, nachdem Karl der Große dem Na-

Karl der Große

men hohes Ansehen verliehen hatte, auch von anderen Herrschergeschlechtern übernommen und drang in andere europäische Sprachen ein. In Deutschland fand „Karl" seit dem 17. Jh. zunächst als katholischer Heiligenname größere Verbreitung, nachdem Karl Borromäus, Kardinal und Erzbischof von Mailand, im Jahre 1610 heiliggesprochen worden war; N a m e n s t a g : 4. November. Erst im 19. Jh. wurde der Name, gefördert durch Ritterdichtung und romantische Dichtung, überaus beliebt. Der Name kommt auch häufig in Verbindung mit anderen Namen vor, z. B. als Karl Heinrich (vgl. Karlheinz) und Karl Ludwig. Eine bekannte literarische Gestalt ist der Karl Moor in Schillers Drama „Die Räuber". Bekannte Namensträger: Karl V., deutscher Kaiser (16. Jh.); Karl August, Herzog von Sachsen-Weimar (18./19. Jh.); Karl Ditters von Dittersdorf, österreichischer Komponist (18./19. Jh.); Karl Leberecht Immermann, deutscher Dichter (18./19. Jh.); Carl Maria von Weber, deutscher Komponist (18./19. Jh.); Carl Spitzweg, deutscher Maler (19. Jh.); Carl Zeiss, deutscher Optiker (19. Jh.); Karl Marx, deutscher Theoretiker des Sozialismus (19. Jh.); Carl Hagenbeck, deutscher Tierhändler (19. Jh.); Karl Millöcker, österreichischer Komponist (19. Jh.); Carl Benz, deutscher Ingenieur und Erfinder (19./20. Jh.); Carl Bosch, deutscher Chemiker (19./20. Jh.); Karl Valentin, deutscher Kabarettist (19./20. Jh.); Carl Sternheim, deutscher Dramatiker (19./20. Jh.); Karl Jaspers, deutscher Philosoph (19./20. Jh.); Carl Orff, deutscher Komponist (19./20. Jh.); Karl Böhm, österreichischer Dirigent (19./20. Jh.); Carl Zuckmayer, deutscher Dramatiker (19./20. Jh.); Carl Raddatz, deutscher [Film]schauspieler (20. Jh.); Karl Schiller, deutscher Politiker (20. Jh.). Italien. Form: Carlo. Span. Form: Carlos. Französ. Form: Charles [scharl]. Engl. Form: Charles [tscharls]. Niederländ. Form: Karel. Schwed. Form: Karl. Poln. Form: Karol. Tschech. Form: Karel. Ungar. Form: Károly [karoj, karoji].

Karla, (auch:) Carla: weibl. Vorn., weibliche Form des männlichen Vornamens → Karl. Bekannte Namensträgerinnen: Karla Hagen, deutsche [Film]schauspielerin (19./20. Jh.); Carla Spletter, deutsche Opernsängerin (20. Jh.); Carla Henius, deutsche Sängerin (20. Jh.).

Karlheinz: männl. Doppelname aus → Karl und → Heinz. Der Name wurde zu Beginn des 20. Jh.s durch die Operette „Alt-Heidelberg" (1902) von Meyer-Förster sehr beliebt. Bekannter Namensträger: Karlheinz Stockhausen, deutscher Komponist (20. Jh.).

Karlmann: alter deutscher männl. Vorn., mit ahd. *man* „Mensch, Mann" gebildete Verkleinerungs- oder Koseform zu → Karl, eigentlich „Karlchen". Der Vorname spielt heute kaum noch eine Rolle in der Namengebung.

Karol: → Karl.

Karola: → Carola.

Karolina: → Carolina.

Karoline, (auch:) Caroline: weibl. Vorn., Weiterbildung von → Carola. Im Gegensatz zu den weiblichen Vornamen Carola (auch: Karola) und

Carolina (auch: Karolina) überwiegt bei Karoline die Schreibung mit 'k'. Der Name war im 18. Jh. und zu Beginn des 19. Jh.s sehr beliebt. Modisch ist heute die französische Form Caroline [Aussprache: karolịn]. Bekannte Namensträgerinnen: Karoline von Schlegel, deutsche Schriftstellerin (18./19. Jh.); Karoline, Freifrau von Wolzogen, deutsche Schriftstellerin, Biographin Schillers (18./19. Jh.); Karoline von Günderode, deutsche Schriftstellerin (18./19. Jh.). Als zweiter Vorname: Friederike Caroline Neuber, deutsche Schauspielerin und Theaterleiterin (17./18. Jh.). Französ. Form: Caroline [karolịn]. Engl. Form: Caroline [kärᵉlain].

Károly: → Karl.

Karsta, (auch:) Cạrsta: weibl. Vorn., niederdeutsche Form von → Christa. Bekannte Namensträgerin: Carsta Löck, dt. [Film]schauspielerin (20.Jh.)

Karsten, (auch:) Cạrsten: männl. Vorn., niederdeutsche Form von → Christian (vgl. den männlichen Vornamen Kersten).

Karstine: weibl. Vorn., niederdeutsche Form von → Christine.

Kạsimir: aus dem Slawischen übernommener männl. Vorn., eigentlich etwa „Friedensstifter". „Kasimir" war bei den Piasten, dem ältesten polnischen Herrschergeschlecht, Traditionsname. Bekannt ist der Herrscher Kasimir der Große (14. Jh.). – Zu der Verbreitung des Namens trug die Verehrung des heiligen Kasimir, des Schutzpatrons Polens (15. Jh.), bei; Namenstag: 4. März. Bekannter Namensträger: Kasimir Edschmid, deutscher Schriftsteller (19./20. Jh.).

Kạspar, (älter auch:) Cạspar: männl. Vorn., der auf Kaspar, den Namen eines der Heiligen Drei Könige, zurückgeht. Der Name wurde durch die Legende und durch die Dreikönigsspiele im Mittelalter in Deutschland bekannt. Da der Kaspar in den Dreikönigsspielen als Mohr auftrat und lustige Einlagen brachte, wurde er allmählich zur lustigen Figur (daher Kasper, Kasperletheater). Der Name wurde dadurch abgewertet und spielt heute in der Namengebung kaum noch eine Rolle. Eine literarische Gestalt ist der Kaspar Bernauer, der Vater der Agnes Bernauer, in Hebbels Drama „Agnes Bernauer". Bekannte Opernfiguren sind der Kaspar in Webers „Freischütz" und der Knecht Kaspar in Egks „Zaubergeige". Allgemein bekannt ist der Name auch durch die geheimnisvolle Geschichte des Findelkindes Kaspar Hauser. Kurt Tucholsky wählte Kaspar Hauser als Pseudonym. Bekannte Namensträger: Caspar Othmayr, deutscher Komponist (16. Jh.); Caspar David Friedrich, deutscher Maler (18./19. Jh.). Als zweiter Vorname: Johann Kaspar Lavater, schweizerischer Philosoph und Theologe (18./19. Jh.).

Kạte: → Kathe.

Kạ̈te: → Käthe.

Katharịna: weibl. Vorn. griechischen Ursprungs, eigentlich „die Reine" (Umdeutung des griechischen Frauennamens Aikaterínē nach griech. *katharós* „rein"). Katharina fand im Mittelalter in der christlichen Welt als Name der heiligen Katharina von Alexandria (3./4. Jh.) Verbreitung; Namenstag: 25. November. Nach der Legende bekehrten sich fünfzig Philosophen nach einem Disput mit ihr zum christlichen Glauben. Um die heilige Katharina bildeten sich zahlreiche Wunderberichte. So soll ihr Leichnam, nachdem man sie enthauptet hatte, von Engeln auf den Berg Sinai gebracht und dort begraben worden sein. Sie ist die Schutzheilige der Philosophen und zählt zu den Vierzehn Nothelfern. – Bekannte literarische Gestalten sind die Katharina in William Shakespeares Lustspiel „Der Widerspenstigen Zähmung" und die Katharina Knie in Zuckmayers gleichnamigem Schauspiel. – Bekannte Namensträgerinnen: die heilige Katharina von Siena, italienische Mystikerin, Dominikanerin (14. Jh.), Namenstag: 30. April; Katharina von Bora, Frau Martin Luthers (15./16. Jh.); Katharina von Medici, Königin von Frankreich (16. Jh.); Katharina I., Zarin von Rußland (17./18. Jh.). Italien. Form: Caterina. Span. Form: Catalina. Französ. Form: Cathérine [katerin]. Engl. Formen: Katherine [käth^erin]; (ursprünglich irisch:) Kathleen [käthlin]. Russ. Form: Jekaterina.

Katharine: Nebenform von → Katharina.

Käthchen: Kose- oder Verkleinerungsform von → Käthe.

Kathe, (auch:) Kate: weibl. Vorn., Kurzform von → Katharina. Gebräuchlicher als „Kathe" ist die Namensform → Käthe.

Käthe, (auch:) Käte: weibl. Vorn., Kurzform von → Katharina. – „Käthe" nannte Martin Luther seine Frau, Katharina von Bora. Eine bekannte literarische Gestalt ist das Käthchen in Kleists Schauspiel „Das Käthchen von Heilbronn". Bekannte Namensträgerinnen: Käthe Kollwitz, deutsche Graphikerin und Malerin (19./20. Jh.); Käthe Kruse, deutsche Kunsthandwerkerin (19./20. Jh.); Käthe Dorsch, deutsche Schauspielerin (19./20. Jh.); Käthe Haack, deutsche [Film]schauspielerin (19./20. Jh.); Käthe Gold, österreichische [Film]schauspielerin (20. Jh.).

Katherine: → Katharina.

Kathi: → Kati.

Kathinka, (auch:) Katinka: aus dem Russischen übernommener weibl. Vorn., Koseform von Jekaterina (→ Katharina). Bekannte Namensträgerin; Katinka Hoffmann, deutsche Schauspielerin (20. Jh.).

Kathleen: → Katharina.

Kathrein, (auch:) Katrein: weibl. Vorn., oberdeutsche Kurzform von → Katharina.

Kathrin, (auch:) Katrin: weibl. Vorn., oberdeutsche Kurzform von → Katharina.

Kati, (selten auch:) Kathi: weibl. Vorn., oberdeutsche Kurz- und Koseform von → Katharina.

Katja: aus dem Russischen übernommener weibl. Vorn., Koseform von → Jekaterina (→ Katharina).

Katrein: → Kathrein.

Katrin: → Kathrin.

¹Kay: → ¹Kai.

²Kay: → ²Kai.

Kersten: männl. Vorn., niederdeutsche Form von → Christian.

Kerstin: aus dem Schwedischen übernommener weibl. Vorn., Nebenform von Kristina (→ Christine).

Kilian: männl. Vorn., der auf Kilian, den Namen eines irischen Missionars, zurückgeht. Der heilige Kilian kam im 7. Jh. als Missionar nach Franken und wurde Bischof von Würzburg; Namenstag: 8. Juli. Er ist der Schutzheilige der Stadt Würzburg. – Der Name war früher in Franken, dem Hauptverehrungsgebiet des heiligen Kilian, weit verbreitet. – Eine bekannte Opernfigur ist der Bauer Kilian in Webers „Der Freischütz".

Kim: in Amerika aufgekommener weibl. Vorn., Phantasiename für die Schauspielerin Kim (eigentl. Marilyn Pauline) Novak.

¹Kirsten: männl. Vorn., niederdeutsche Form von → Christian.

²Kirsten: weibl. Vorn., niederdeutsche Form von → Christine. Auch im Dänischen und Schwedischen kommt Kirsten als weiblicher Vorname vor (zu Kristine bzw. Kristina) vor. Bekannte Namensträgerin: Kirsten Flagstad, norwegische Sopranistin (19./20. Jh.).

Kirstin: schwedischer weibl. Vorn., Nebenform von → ²Kirsten.

Kitty: aus dem Englischen übernommener weibl. Vorn., Koseform von Katherine (→ Katharina). Eine bekannte Romangestalt ist die Komteß Kitty in Ludwig Ganghofers Roman „Schloß Hubertus".

Klaas, (auch:) Claas; Klas: männl. Vorn., niederdeutsche Kurzform von → Nikolaus.

Klara, (auch:) Clara: weibl. Vorn. lateinischen Ursprungs, eigentlich etwa „die Leuchtende, Hervorstechende, Berühmte" (lat. clarus, -a, -um „laut; hell, leuchtend; klar, deutlich; berühmt"). – „Klara" fand im Mittelalter als Heiligenname Verbreitung, und zwar als Name der heiligen Klara von Assisi (12./13. Jh.), der Gründerin des Klarissen-

Klara von Assisi

ordens; Namenstag: 12. August. Der Name wurde in Deutschland erst im 19. Jh. volkstümlich und ist heute bereits aus der Mode. – Eine bekannte literarische Gestalt ist das Klärchen in Goethes Trauerspiel „Egmont". Bekannte Namensträgerinnen: Clara Josephine Schumann, deutsche Pianistin (19. Jh.); Klara Faßbinder, deutsche Pädagogin und Schriftstellerin (19./20. Jh.); Clara Zetkin, deutsche Politikerin (19./20. Jh.); Clara Viebig, deutsche Schriftstellerin (19./20. Jh.). Italien. Form: Chiara [kjara]. Französ. Form: Claire [klärᵉ]. Engl. Form: Clare [klär], Claire [klär]. Niederländ. Form: Claartje.

Kläre: → Claire.

Klarina: weibl. Vorn., Weiterbildung von → Klara.

Klarissa, (auch:) Clarissa; Clarisse: weibl. Vorn., Weiterbildung von → Klara. Der Name wurde in Deutschland im 18. Jh. durch Clarissa, die Heldin von Samuel Richardsons gleichnamigem Roman (deutsche Übersetzung 1748 f.), weiteren Kreisen bekannt. Eine literarische Gestalt ist die Clarisse in Robert Musils Roman „Der Mann ohne Eigenschaften".

Klas: → Klaas.

Klaudia: → Claudia.

Klaudine: → Claudine.

Klaudius: → Claudius.

Klaus, (auch:) Claus: männl. Vorn., seit dem späten Mittelalter gebräuchliche Kurzform von → Nikolaus. Der Name ist erst im 20. Jh. volkstümlich geworden. Bekannte Namensträger: Klaus Störtebeker, Seeräuber aus Wismar (14./15. Jh.); Klaus Mann, deutscher Schriftsteller (20. Jh.); Claus Graf Schenk von Stauffenberg, deutscher Generalstäbler (20. Jh.); Claus Hubalek, deutscher Schriftsteller (20. Jh.); Klaus Biederstaedt, deutscher Schauspieler (20. Jh.); Claus von Amsberg, Prinzgemahl der niederländischen Kronprinzessin (20. Jh.).

Klemens: → Clemens.

Klementia: → Clementia.

Klementine: → Clementine.

Klothilde: weibl. Vorn., der auf den altfränkischen Frauennamen Chlodhildis (zu ahd. *hlūt* „laut" [hier = *„berühmt"] + ahd. *hilt[j]a* „Kampf") zurückgeht. Klothilde (Chlothilde) hieß die Frau des Frankenkönigs Chlodwig I. Sie wurde als Heilige verehrt, weil sie dazu beitrug, daß sich ihr Mann zum christlichen Glauben bekehrte; Namenstag: 3. Juni. Der Name wurde Ende des 18. Jh.s aus der Geschichte hervorgeholt und beim Adel als Vorname gebraucht. Zu der Verbreitung des Namens trug Jean Pauls Roman „Hesperus" (1795) bei, der schildert, wie die adlige Klothilde einen Bürgerlichen heiratet. Bereits Ende des 19. Jh.s wurde „Klothilde" als ganz ungewöhnlicher Name lächerlich gemacht.

Klytus, (auch:) Clytus: männl. Vorn. griechischen Ursprungs, eigentlich „der Berühmte" (griech. *klytós* „berühmt").

Knut: in neuerer Zeit aus dem Nordischen (norweg., schwed. Knut, dän. Knud) übernommener männl. Vorn., der seinerseits aus dem Deutschen stammt und auf ahd. Chnuz (zu mhd. *knūz* „waghalsig, vermessen, keck") zurückgeht. Eine literarische

Gestalt ist Knut Brovik in Henrik Ibsens Drama „Baumeister Solness". Bekannte Namensträger: Knut der Große, König von Dänemark und von England (10./11. Jh.); Knut IV., genannt der Heilige, König von Dänemark; Namenstag: 19. Januar; Knut Hamsun, norwegischer Dichter (19./20. Jh.); Knud Rasmussen, dänischer Polarforscher (19./20. Jh.); Knut Freiherr von Kühlmann-Stumm, deutscher Politiker (20. Jh.).

Kolja: russischer männl. Vorn., Koseform von Nikolai (→ Nikolaus).

Koloman [oder: Koloman]; (auch:) Coloman: männl. Vorn. keltischen Ursprungs, eigentlich „der Einsiedler". Der Name kam mit irischen Mönchen nach Deutschland. Ungar. Form: Kálmán.

Konni, (auch:) Konny: → [1]Conni.

Konrad, (auch:) Conrad: alter deutscher männl. Vorn., eigentlich etwa „kühner Ratgeber" (ahd. *kuoni* „kühn, tapfer" + ahd. *rāt* „Rat[geber]; Ratschlag; Beratung"). „Konrad" war schon im Mittelalter einer der beliebtesten deutschen Vornamen. Die einstige Volkstümlichkeit des Namens läßt sich noch an der Formel *Hinz und Kunz* (Kurznamen von Heinrich und Konrad) = „jedermann" erkennen. Heute kommt „Konrad" häufiger nur noch in katholischen Familien vor, weil „Konrad" Name von Heiligen ist: der heilige Konrad, Bischof von Konstanz, Patron der Diözesen Konstanz und Freiburg (10. Jh.); Namenstag: 26. November; der heilige Konrad von Parzham (19. Jh.); Namenstag: 20. April. – Allgemein bekannt ist der Name durch den Daumenlutscher Konrad im „Struwwelpeter". Bekannte Namensträger: Konrad II., deutscher Kaiser (10./11. Jh.); Konrad der Pfaffe, mittelhochdeutscher Dichter (12. Jh.); Konrad von Würzburg, mittelhochdeutscher Dichter (13. Jh.); Konrad von Megenberg, deutscher Gelehrter und Theologe (14. Jh.); Konrad von Soest, deutscher Maler (14./15. Jh.); Konrad Witz, deutscher Maler (15. Jh.); Konrad Kreutzer, deutscher Komponist (18./19. Jh.); Conrad Ferdinand Meyer, schweizerischer Dichter (19. Jh.); Konrad Duden, Verfasser des „Orthographischen Wörterbuchs" (19./20. Jh.); Konrad Adenauer, deutscher Politiker (19./20. Jh.); Conrad Veidt, englischer Filmschauspieler deutscher Herkunft (19./20. Jh.). Als zweiter Name: Wilhelm Conrad Röntgen, deutscher Physiker (19./20. Jh.).

Konrade: weibl. Vorn., weibliche Form des männlichen Vornamens → Konrad. Der Name spielt heute in der Namengebung keine Rolle mehr.

Konradin: männl. Vorn., Weiterbildung von → Konrad. Der Name ist bekannt durch Konradin, den Sohn Konrads IV., der bei dem Versuch, sein sizilianisches Erbe in Besitz zu nehmen, im Alter von 16 Jahren 1268 in Neapel enthauptet wurde. Das Schicksal des letzten Staufers ist öfter literarisch behandelt worden.

Konradine: weibl. Vorn., Weiterbildung von → Konrade.

Konstantin, (auch:) Constantin: männl. Vorn. lateinischen Ursprungs, eigentlich „der Standhafte" (lat. Constantīnus, Weiterbildung zu Constantius, zu lat. *constans* „standhaft"). „Konstantin" fand im Mittelalter als Name Kaiser Konstantins

Konstantin der Große

des Großen Verbreitung. Konstantin erkannte durch das Mailänder Edikt die christliche Religion an. Nach der Legende soll er eine Vision gehabt haben, daß er im Zeichen des Kreuzes siegen werde. Er ließ das Kreuz an seine Feldzeichen heften und trat nach dem Sieg über seine Feinde zum Christentum über. – Bekannte Namensträger: Konstantin Fedin, russischer Schriftsteller (19./20. Jh.); Constantin von Dietze, deutscher Nationalökonom (19./20. Jh.).

Konstantine: weibl. Vorn., weibliche Form des männl. Vornamens → Konstantin (lat. Constantīna).

Konstanze, (auch:) Constanze: weibl. Vorn. lateinischen Ursprungs, eigentlich „Beständigkeit, Standhaftigkeit" (lat. *constantia* „Beständigkeit, Festigkeit, Standhaftigkeit"). Bekannt wurde der Name im Mittelalter in Deutschland durch Konstanze, die Tochter des Normannenkönigs Roger II. von Sizilien, die im Jahre 1186 den späteren deutschen Kaiser Heinrich VI. heiratete, und durch Konstanze von Aragonien (12./13. Jh.), die erste Frau Kaiser Friedrichs II. In der Neuzeit kam der Name im 18. Jh. unter französischem und italienischem Einfluß in Mode, vor allem in Österreich und in Bayern. Eine bekannte Opernfigur· ist die Konstanze in Mozarts Oper „Die Entführung aus dem Serail" (Konstanze hieß auch Mozarts Frau). Eine literarische Gestalt ist die Constanze in William Somerset Maughams Komödie „Finden Sie, daß Constanze sich richtig verhält?". Französ. Form: Constance [koŋßtaŋßß]. Engl. Form: Constance [kọnßtᵉnß].

¹Kora: → Cora.

²Kora, (auch:) Cora; Kore: weibl. Vorn. griechischen Ursprungs, der auf den Beinamen der Göttin Persephone zurückgeht (griech. Kóre = *kórē* „Jungfrau, Mädchen"). Vgl. aber ¹Cora.

Korbinian: männl. Vorn., dessen Herkunft (keltisch?) und Bedeutung unklar sind. Der Name wurde im Mittelalter durch den heiligen Korbinian (7./8. Jh.), den Bischof von Freising,

bekannt; Namenstag: 20. November.

Kord: männl. Vorn., niederdeutsche Kurzform von → Konrad (vgl. den männlichen Vornamen Kurt).

Kordelia: → Cordelia.

Kordula: → Cordula.

¹Korinna: → ¹Corinna.

²Korinna, (auch:) Corinna: weibl. Vorn. griechischen Ursprungs, eigentlich Verkleinerungsform von griech. *kórē* „Jungfrau, Mädchen" (vgl. ²Kora). Der Name ist wohl in Erinnerung an die griechische Dichterin Korinna (6. Jh. v. Chr.) aufgekommen, die den Dichter Pindar im musischen Wettstreit besiegt haben soll. Vgl. aber ¹Corinna. Französ. Form: Corinne [korịn].

Kornelia: → Cornelia.

Kornelius: → Cornelius.

Korona: → Corona.

Kosima: → Cosima.

Kosmas: männl. Vorn. griech. Ursprungs, eigentl. „der Ordentliche" oder „der Sittsame" (s. Cosima). Der Name wurde als Heiligenname bekannt, besonders durch Kosmas und seinen Zwillingsbruder Damian, nach der Legende zwei Ärzte, die im 4. Jh. den Martertod erlitten. Namenstag: 27. September. Bekannter Namensträger: Cosmas Damian Asam, deutscher Baumeister (17./18. Jh.).

Kraft: alter deutscher männl. Vorn., eigentlich „Kraft, Macht" (identisch mit unserem Wort *Kraft*, ahd. *kraft* „Kraft, Macht"). Der Name, der ursprünglich Beiname war, ist nie volkstümlich geworden.

Kreszentia: → Crescentia.

Kreszenz: → Crescentia.

Kriemhild, (auch:) Kriemhilde: alter deutscher weibl. Vorn., jüngere Nebenform der heute nicht mehr gebräuchlichen Namensform Grimhild (der 1. Bestandteil „Grim-" bedeutet wahrscheinlich „Helm", vgl. altengl. *grīma* „Maske; Helm"; der 2. Bestandteil ist ahd. *hilt[j]a* „Kampf"). Der Name ist in Deutschland allgemein bekannt durch die Kriemhild aus dem Nibelungenlied. Als Vorname kam „Kriemhild" um 1800 auf, nachdem Bodmer das Nibelungenlied wiederentdeckt hatte. Zu der Verbreitung des Namens trug auch Hebbels Tragödie „Die Nibelungen" bei.

Krispin: → Crispinus.

Krispinus: → Crispinus.

Krista: → Christa.

Kristian: → Christian.

Kristina: schwedische Form des weiblichen Vornamens → Christine.

Kristine: dänische Form des weiblichen Vornamens → Christine.

Kunibert: alter deutscher männl. Vorn. (ahd. *kunni* „Geschlecht, Sippe" + ahd. *beraht* „glänzend"). Zu der Verbreitung des Namens im Mittelalter trug die Verehrung des heiligen Kunibert bei; Namenstag: 12. November. Der heilige Kunibert war im 7. Jh. Bischof von Köln. – „Kunibert" ist heute als typischer Rittername allgemein bekannt, kommt aber als Vorname kaum noch vor.

Kunigunde: alter deutscher weibl. Vorname (ahd. *kunni* „Geschlecht, Sippe + ahd. *gund* „Kampf"). Der Name war im Mittelalter überaus beliebt. Zu seiner Beliebtheit trug vor allem die Verehrung der Kaiserin Kunigunde, der Frau Heinrichs II., bei, die im Jahre 1200 heilig gesprochen wurde; Namenstag: 3. März. In der Neuzeit wurde der Name durch die Ritterdichtung um 1800 neu belebt. Eine literarische Gestalt ist Kunigunde von Thurneck in Kleists Schauspiel „Das Käthchen von Heilbronn". Durch Balladen, z. B. durch Schillers Gedicht „Der Handschuh", und durch das Volkslied „Als wir jüngst in Regensburg waren" ist Kunigunde zum typischen Namen des Burgfräuleins geworden. Als Vorname kommt er heute ganz selten vor.

Kuno: alter deutscher männl. Vorn., Kurzform von → Konrad und von Namen, die mit „Kuni-" gebildet sind, wie z. B. → Kunibert. Der Name wurde durch die Ritterromane um 1800 neu belebt und wurde häufig in Adelskreisen als Vorname gewählt. Literarische Gestalten sind der Kuno in Ludwig Tiecks Kunstmärchen „Der blonde Eckbert" und Graf Kuno in Wilhelm Hauffs „Sage von dem Hirschgulden". Eine bekannte Opernfigur ist der Erbförster Kuno in Karl Maria von Webers Oper „Der Freischütz". Bekannter Namensträger: Kuno Fischer, deutscher Philosoph (19./20. Jh.).

Kurt, (auch:) Curt; Curd: alter deutscher männl. Vorn., der sich aus →Konrad, (ahd. Ku[o]nrat) entwickelt hat. Der Name wurde in der ersten Hälfte des 19. Jh.s durch die Ritterdichtung und romantische Dichtung neu belebt und wurde dann rasch volkstümlich. Eine Ballade „Ritter Kurts Brautfahrt" schrieb Goethe. Die Verkleinerungsform Kürdchen ist bekannt durch den Hütejungen in Grimms Märchen „Die Gänsemagd". Bekannte Namensträger: Kurt Tucholsky, deutscher Schriftsteller (19./20. Jh.); Kurt Schumacher, deutscher Politiker (19./20. Jh.); Curt Goetz, deutscher Schauspieler und Schriftsteller (19./20. Jh.); Kurt Weill, deutscher Komponist (20. Jh.); Kurt Kusenberg, deutscher Schriftsteller (20. Jh.); Kurt Georg Kiesinger, deutscher Politiker (20. Jh.); Curd Jürgens, deutscher Filmschauspieler (20. Jh.); Kurt Hoffmann, deutscher Filmregisseur (20. Jh.).

Kyrill: → Cyrillus.

Kyrillus: → Cyrillus.

L

Ladewig: niederdeutsche Form des männlichen Vornamens → Ludwig.

Ladislaus: männl. Vorn., lateinische Form von poln. Władysław (vgl. poln. *władza* „Herrschaft, Macht,

Gewalt" und *sława* „Ruhm"). „Ladislaus" kam früher als Heiligenname vereinzelt auch in Deutschland vor. Er geht zurück auf den in Polen geborenen Ladislaus I., König von

Ungarn und Kroatien, der im Jahre 1192 heiliggesprochen wurde; Namenstag: 27. Juni. Ungar. Form: László.

Laila: finnischer weibl. Vorn., eigentlich wohl „die Weise". Vgl. aber den weiblichen Vornamen Leila.

Lajos: → Ludwig.

Lambert: alter deutscher männl. Vorn. (ahd. *lant* „Land" + ahd. *beraht* „glänzend"). Zu der Verbreitung des Namens hat vor allem die Verehrung des heiligen Lambert beigetragen; Namenstag: 17. September. Der heilige Lambert, Bischof von Maastricht, wurde im Jahre 705 bei Lüttich ermordet. Er wurde nicht nur in den Niederlanden, sondern auch in weiten Teilen Deutschlands, besonders in Westfalen, verehrt (Lambertusspiele und -lieder). Heute kommt der Name nur noch vereinzelt in katholischen Familien vor. Bekannte Namensträger: Lambert (Lampert) von Hersfeld, deutscher Geschichtsschreiber (11. Jh.); Lambert von Avignon, deutscher Reformator französischer Herkunft (15./16. Jh.); Lambert Lensing, deutscher Verleger (19./20. Jh.).

Lamberta: alter deutscher weibl. Vorn., weibliche Form des männlichen Vornamens → Lambert.

Lambrecht: → Lamprecht.

Lamprecht, (auch:) **Lambrecht:** alter deutscher männl. Vorn., Nebenform von → Lambert (vgl. das Nebeneinander von Adalbert, Albert und Adalbrecht, Albrecht). Bekannte Namensträger: Lamprecht (der Pfaffe), mittelhochdeutscher Dichter (12. Jh.); Lamprecht von Regensburg, mittelhochdeutscher Dichter (13. Jh.).

Landerich: → Landrich.

Landewin: → Landwin.

Landfried: alter deutscher männl. Vorn. (ahd. *lant* „Land" + ahd. *fridu* „Schutz vor Waffengewalt, Friede").

Lando: deutscher männl. Vorn., alte Kurzform von Namen, die mit „Land-" gebildet sind, wie z. B. → Landolf und → Lambert.

Landolf, (auch:) **Landulf:** alter deutscher männl. Vorn. (ahd. *lant* „Land" + ahd. *wolf* „Wolf").

Landolin, (auch:) **Landelin:** alter deutscher männl. Vorn., Weiterbildung von → Lando.

Landolt: alter deutscher männl. Vorn. (ahd. *lant* „Land" + ahd. *-walt* zu *waltan* „walten, herrschen").

Landrich, (auch:) **Landerich:** alter deutscher männl. Vorn. (1. Bestandteil ahd. *lant* „Land"; 2. Bestandteil zu german. **rik-* „Herrscher, Fürst, König", vgl. got. *reiks* „Herrscher, Oberhaupt", ahd. *rīhhi* „Herrschaft, Reich", *rīhhi* „mächtig, begütert, reich").

Landuin: → Landwin.

Landulf: → Landolf.

Landwin, (auch:) **Landewin; Lantwin; Landuin:** alter deutscher männl. Vorn. (ahd. *lant* „Land" + ahd. *wini* „Freund").

Lars: aus dem Nordischen übernommener männl. Vorn., schwedische, dänische und norwegische Form von → Laurentius.

Lara: aus dem Russischen übernommener weibl. Vorn., dessen Herkunft und Bedeutung unklar sind. Der Name wurde vor allem durch die Lara in dem Roman „Doktor Schiwago" von Boris Pasternak bekannt.

Larissa: aus dem Russ. übernommener weibl. Vorn., dessen Herkunft und Bedeutung unklar sind.

László: → Ladislaus.

Lätitia: weibl. Vorn. lateinischen Ursprungs, eigentlich „Freude" (lat. *laetitia* „Freude, Fröhlichkeit"). Der Vorname kommt sehr selten vor.

Laura: aus dem Italienischen übernommener weibl. Vorn., wahrscheinlich Kurz- oder Koseform zu lateinisch → Laurentia. Der Name wurde in Deutschland durch Petrarcas Sonette und Kanzonen an seine unerreichbare Geliebte Laura (= Laura de Noves?) bekannt. Petrarca selbst deutet den Namen als „Lorbeer; Lorbeerbaum" (italien. *lauro*) und setzte ihn mit griech. *dáphnē* „Lorbeer; Lorbeerbaum" gleich. Laura war für ihn so unerreichbar wie die in einen Lorbeerbaum verwandelte Nymphe Daphne für Apollo (vgl. den Vornamen Daphne). Von Petrarca inspiriert, schrieb Schiller seine Gedichte an

Laura, die zu der Verbreitung des Namens um 1800 beitrugen. Eine literarische Gestalt ist Laura Hummel aus Gustav Freytags Roman ,,Die verlorene Handschrift". Französ. Form: Laure [lọr]. Engl. Form: Laura [lå̧rᵉ].

Laure: → Laura.

Laurẹntia, (auch:) Laurẹnzia: weibl. Vorn. lateinischen Ursprungs, weibliche Form von → Laurentius. Der Name, der eigentlich ,,die aus der Stadt Laurentum Stammende" bedeutet, wurde schon früh durch volkstümliche Anlehnung an lat. *laurus* ,,Lorbeer; Lorbeerkranz" zu die ,,Lorbeergekränzte" umgedeutet.

Laurẹntius: männl. Vorn. lateinischen Ursprungs, eigentlich ,,der aus der Stadt Laurentum Stammende" (lat. *Laurentius* ,,von, aus Laurentum", zu *Laurentum,* lateinischer Name einer Stadt in Latium). Der Name wurde schon früh durch volkstüml. Anlehnung an lat. *laurus* ,,Lorbeer; Lorbeerkranz" zu ,,der Lorbeergekränzte" umgedeutet. – Laurentius fand im Mittelalter als Name des heiligen Laurentius (3. Jh.) Verbreitung; Namenstag: 10. August. Der heilige Laurentius, römischer Diakon und Märtyrer, ist einer der am meisten gefeierten Heiligen der christlichen Liturgie. Nach der Legende wurde er auf einem glühenden Rost zu Tode gemartert. Seine Gebeine ruhen in der Basilika San Lorenzo fuori le mura, einer der sieben Hauptkirchen Roms. Die Beliebtheit des Namens wurde dadurch erhöht, daß man dem heiligen Laurentius den Sieg über die Ungarn auf dem Lechfeld zuschrieb. Die Ungarn wurden im Jahre 955 am 10. August, dem Festtag des heiligen Laurentius, von Otto dem Großen entscheidend geschlagen. – Aus der lateinischen Namensform entwickelte sich der deutsche Vor- und Familienname → Lorenz. Bekannte Namensträger: der heilige Laurentius Justiniani, Bischof von Venedig (14./15. Jh.); Namenstag: 5. September; der heilige Laurentius von Brindisi, italienischer Kirchenlehrer (16./17. Jh.); Namenstag: 21. Juli. Lau-

rentius von Schnüffis (Schnifis), deutscher Dichter (17./18. Jh.). – Italien. Form: Lorenzo. Französ. Form: Laurent [lorãŋg]. Engl. Form: Laurence, Lawrence [lå̧rᵉnß]. Schwed. Formen: Laurits; Lars. Dän. Formen: Laurids; Lars.

Laurette [lorä̧t]: französischer weibl. Vorname, Verkleinerungsform von Laure (→ Laura).

Laurids: dänische Form von → Laurentius.

Laurits: schwedische Form von → Laurentius.

Lauritz: männl. Vorn., eindeutschende Schreibung von dän. Laurids (→ Laurentius). Bekannter Namensträger: Lauritz Lauritzen, deutscher Politiker (20. Jh.).

Lẹa: aus der Bibel übernommener weibl. Vorn. hebräischen Ursprungs, dessen Bedeutung unklar ist. Nach der Bibel war Lea die Tochter Labans und die ältere Schwester Rahels. Durch Betrug ihres Vaters wurde sie die erste Frau Jakobs. – Der Name kam im 16. Jh. in Deutschland auf, wurde aber nie volkstümlich.

Leander: männl. Vorn. griechischen Ursprungs, eigentlich ,,Mann aus dem Volk" (griech. Léandros, zu griech. *laós, lēós* ,,Volk" und *anḗr,* Gen. *andrós* ,,Mann"). Der Name ist bekannt durch die griechische Sage von Hero und Leander, die z. B. von Schiller in dem Gedicht ,,Hero und Leander", von Grillparzer in dem Drama ,,Des Meeres und der Liebe Wellen" und von Bialas in der Oper ,,Hero und Leander" behandelt worden ist.

Leberecht, (auch:) Lẹbrecht: in der Zeit des Pietismus (17./18. Jh.) gebildeter männl. Vorn., eigentlich die Aufforderung, recht (richtig) zu leben. Vgl. z. B. die pietistischen Vornamen Fürchtegott und Traugott. Eine bekannte literarische Gestalt ist der Leberecht Hühnchen in dem gleichnamigen Roman von Heinrich Seidel. Bekannte Namensträger: Gebhard Leberecht Blücher, Fürst von Wahlstatt, preußischer Feldmarschall (18./19. Jh.); Karl Leberecht Immermann, dt. Schriftsteller (18./19. Jh.).

Leif: aus dem Norwegischen übernommener männl. Vorn., eigentlich wohl „Erbe, Sohn" (zu norweg. *leiv* „Erbschaft"). Bekannt wurde der Name vor allem durch den norwegischen Seefahrer Leif Eriksson, der um 1000 an die Küste Nordamerikas gelangte und als einer der ersten Entdecker dieses Kontinents gilt.

Leila: weibl. Vorname arabischen Ursprungs, eigentlich „Dunkelheit, Nacht". Der Name, der in England schon längere Zeit gebräuchlich ist, wurde in Deutschland erst nach dem zweiten Weltkrieg (vor allem durch die Schlagersängerin Leila Negra) bekannt. Engl. Form: Leila, Leilah. Vgl. aber den weiblichen Vornamen Laila.

Lena: weibl. Vorn., Nebenform von → Lene. Eine bekannte literarische Gestalt ist die Lena in Georg Büchners Lustspiel „Leonce und Lena". Bekannte Namensträgerin: Lena Christ, deutsche Schriftstellerin (19./20. Jh.).

Lene: weibl. Vorn., Kurzform von → Helene und → Magdalene (vgl. die weiblichen Vornamen Lena und Leni). Eine bekannte literarische Gestalt ist Lene, die zweite Frau Thiels, in Gerhart Hauptmanns Erzählung „Bahnwärter Thiel". Der Vorname hat heute einen altmodischen Klang.

Leni, (auch:) **Leny:** weibl. Vorn., Kurz- und Koseform von → Helene und → Magdalene (vgl. die weiblichen Vornamen Lene und Lena). Bekannte Namensträgerinnen: Leni Riefenstahl, deutsche Filmschauspielerin und Regisseurin (20. Jh.); Leny Marenbach, deutsche Filmschauspielerin (20. Jh.).

Lenka: slawische Verkleinerungsform von → Helene und → Magdalene.

Lennart: schwedischer männl. Vorn., schwedische Form von → Leonhard.

Lenore: weibl. Vorname, Nebenform von → Leonore. Allgemein bekannt wurde diese Namensform durch Gottfried August Bürgers Ballade „Lenore".

Lenz: männl. Vorn., Kurzform von → Lorenz. Der Vorname, der früher in Süd- und Südwestdeutschland

recht beliebt war, kommt heute sehr selten vor.

¹Leo: männl. Vorn. lateinischen Ursprungs, eigentlich „Löwe" (lat. *leo* „Löwe"). „Leo" fand im Mittelalter als Heiligen- und Papstname Verbreitung, vor allem als Name Papst Leos des Großen (5. Jh.); Namenstag: 11. April. Der Name bezieht sich wahrscheinlich auf den Löwen als Evangelistensymbol des Markus. – In der Neuzeit wurde der Vorname in Deutschland im 19. Jh. beliebt, zunächst in katholischen Familien. Namensvorbild war Papst Leo XIII. (19./20. Jh.). Bekannte Namensträger: Leo von Klenze, deutscher Baumeister (18./19. Jh.); Leo Tolstoi, russischer Dichter (19./20. Jh.); Leo Blech, deutscher Dirigent und Komponist (19./20. Jh.); Leo Trotzki, russischer Politiker (19./20. Jh.); Leo Fall, österreichischer Komponist (19./20. Jh.); Leo Slezak, österreichischer Sänger (19./20. Jh.). Italien. Form: Leone Französ. Formen: Léo; Léon [leõ̃]. Engl. Form: Lion [lai̯ᵉn]. Russ. Form: Lew [ljäf].

²Leo: männl. Vorn., Kurzform von → Leonhard und → Leopold.

¹Leon: männl. Vorn., Kurzform von → Leonhard. Bekannter Namensträger: Leon Jessel, deutscher [Operetten]komponist (19./20. Jh.).

²Léon: → Leo.

Leonard: → Leonhard.

Léonard: → Leonhard.

Leonardo: → Leonhard.

Leone: → Leo.

Leonhard: nach dem Vorbild von → Bernhard und → Wolfhard gebildeter männl. Vorn. (lat. *leo* „Löwe" + ahd. *harti, herti* „hart"). „Leonhard" fand im Mittelalter als Name des heiligen Leonhard Verbreitung; Namenstag: 6. November. Der heilige Leonhard, ein fränkischer Einsiedler, soll im 6. Jh. ein Kloster in Saint-Léonard-de-Noblat gegründet und dort gelebt haben. Von dort drang sein Kult ins Rheingebiet und weiter nach Süddeutschland und Österreich. Er wurde u. a. als Patron der Gefangenen, der Wöchnerinnen und Kranken, auch des Viehs, vor allem der Pferde (daher Leonhardi-ritt), verehrt. Eine literarische Gestalt ist der Leonhard in Hebbels Drama „Maria Magdalena". Bekannte Namensträger: Leonhard Euler, schweizerischer Mathematiker (18. Jh.); Leonhard Frank, deutscher Schriftsteller (19./20. Jh.). – Italienische Formen: Leonardo; Lionardo, Französ. Form: Léonard [leonạr]. Engl. Form: Leonard [lạnᵉd]. Schwed. Formen: Leonard; Lennart.

Leonharda: weibl. Vorn., weibliche Form des männlichen Vornamens → Leonhard. Der Name spielt heute kaum noch eine Rolle in der Namengebung.

Leonid: männl. Vorn. griechischen Ursprungs, eigentlich „der Löwengleiche, Löwenstarke" (griech. Leōnídas, Leōnídes, zu griech. *léōn* „Löwe"). Der Vorname kommt in der Sowjetunion häufig vor. Bekannter Namensträger: Leonid Iljitsch Breschnew, sowjetischer Politiker (20. Jh.).

Leonie [auch: Leoniẹ]: aus dem Französischen (französ. Léonie) übernommener weibl. Vorn., Bildung zum männl. Vorn. Léon (→ Leo). Bekannte Namensträgerin: Leonie Rysanek, österreichische Opernsängerin (20. Jh.).

Leonore: weibl. Vorn., im 18. Jh. aufgekommene Kurzform von → Eleonore. Eine bekannte Operngestalt ist die Leonore in Beethovens Oper „Fidelio".

Leopold: alter deutscher männl. Vorn., der sich aus der ahd. Namensform Liutbald (ahd. *liut* „Volk" + ahd. *bald* „kühn") entwickelt hat. Der Name läßt sich etwa als „kühn im Volk" deuten. Zu der Verbreitung des Namens trug vor allem die Verehrung des heiligen Leopold (11./12. Jh.) bei; Namenstag: 15. November. Der heilige Leopold, Markgraf von Österreich, errichtete Burg und Stiftskirche von Klosterneuburg und gründete das erste österreichische Zisterzienserkloster in Heiligenkreuz. Er wurde 1485 heiliggesprochen und 1683 zum Landespatron von Österreich erhoben. Durch ihn wurde „Leopold" (vgl. auch die Kurz- und Koseform Poldi) in Österreich volkstümlich. Auch beim Adel war der Name sehr beliebt. Vom Hause Sachsen-Coburg ausgehend, wurde „Leopold" Name belgischer Könige. – Bekannte Namensträger: Leopold I., genannt der Alte Dessauer, preußischer Feldmarschall (17./18. Jh.); Leopold Mozart, Vater von Wolfgang Amadeus Mozart, österreichischer Musiker u. Komponist (18. Jh.); Leopold von Ranke, deutscher Historiker (18./19. Jh.); Leopold Stokowski, amerikanischer Dirigent (19./20. Jh.); Leopold Sonnemann, deutscher Zeitungsverleger (19./20. Jh.). Vgl. den männlichen Vornamen → Luitpold.

Leopolda: weibl. Vorn., weibliche Form des männlichen Vornamens → Leopold. Der Name spielt heute kaum noch eine Rolle in der Namengebung.

Leopoldine: weibl. Vorn., Weiterbildung von → Leopolda. Der Name ist heute aus der Mode. Bekannte Namensträgerin: Leopoldine Konstantin, deutsche Filmschauspielerin (19./20. Jh.).

¹Leslie: englischer weibl. Vorn., ursprünglich Familienname, der dann als „Zwischenname" (s. Einleitung, Kapitel 1) zum Vornamen wurde. Der Vorname kommt auch in Frankreich vor. Bekannt wurde er bei uns durch die französische Filmschauspielerin Leslie Caron (20. Jh.).

²Leslie: englischer männl. Vorn., der mit → ¹Leslie identisch ist.

Letta: weibl. Vorn., Kurzform von →Violetta.

Levin, (auch:) Lewin: männl. Vorn., niederdeutsche Form von → Liebwin. Der Vorname spielt heute in der Namengebung keine Rolle mehr. Bekannter Namensträger: Levin Schücking, deutscher Schriftsteller (19. Jh.).

Lew: → Leo.

Lewis: → Ludwig.

Lex: männl. Vorn., Kurzform von → Alexander. Bekannter Namensträger: Lex Barker, amerikanischer Filmschauspieler (20. Jh.).

Lia: weibl. Vorn., Kurzform von → Julia.

Liane, (auch:) Liana: weibl. Vorn.,

Kurzform von → Juliane. Der Vorname wurde zu Beginn des 19. Jh.s durch die Liane in Jean Pauls Roman „Titan" weiteren Kreisen bekannt. Heute wird der Vorname häufig mit „Liane", der Bezeichnung der tropischen Schlingpflanze, gleichgesetzt. Bekannte Namensträgerin: Liane Haid, österreichische Filmschauspielerin (19./20. Jh.).

Liborius: männl. Vorn. lateinischen Ursprungs, dessen Bedeutung unklar ist. Der Name wurde durch den heiligen Liborius (4. Jh.), Bischof von Le Mans, bekannt; Namenstag: 23. Juli. Der heilige Liborius wurde, nachdem seine Gebeine im 9. Jh. nach Paderborn gebracht worden waren, auch in Deutschland verehrt.

Libussa: weibl. Vorname slawischen Ursprungs, eigentlich „Liebling" (zu der Wortgruppe von russisch *ljubítъ* „lieben"). Der Name wurde in Deutschland durch Libussa, die sagenhafte Gründerin von Prag, bekannt (behandelt von Grillparzer in der Tragödie „Libussa" und von Smetana in der Oper „Libussa").

Lida: weibl. Vorn., Kurzform von → Ludmilla.

Liddy: englischer weibl. Vorn., Kurzform von → Lydia.

Liebegard: → Liebgard.

Liebetraud: → Liebtraud.

Liebfried: alter deutscher männl. Vorname. (ahd. *liob* „lieb" + ahd. *fridu* „Schutz vor Waffengewalt, Friede").- „Liebfried" kommt – wie auch die folgenden mit „Lieb-" gebildeten Vornamen – heute sehr selten vor.

Liebgard, (auch:) Liebegard: alter deutscher weibl. Vorn. (der erste Bestandteil ist ahd. *liob* „lieb"; Bedeudeutung und Herkunft des 2. Bestandteils „-gard" sind unklar; vielleicht zu → Gerda).

Liebhard: alter deutscher männl. Vorn. (ahd. *liob* „lieb" + ahd. *harti, herti* „hart, kräftig").

Liebtraud, (auch:) Liebtraud; Liebtrud: alter deutscher weibl. Vorname (ahd. *liob* „lieb" + ahd. *-trud* „Kraft, Stärke", vgl. altisländ. *Þrúðr* „Stärke").

Liebwin: alter deutscher männl. Vorn.

(ahd. *liob* „lieb" + ahd. *wini* „Freund").

Lienhard: männl. Vorn., oberdeutsche Nebenform von → Leonhard. Eine literarische Gestalt ist Lienhard in Pestalozzis Roman „Lienhard und Gertrud".

Liesa, (auch:) Lisa: weibl. Vorn., Kurzform von → Elisabeth. Eine bekannte Operettenfigur ist die Lisa in Lehárs Operette „Land des Lächelns". Bekannte Namensträgerin: Lisa della Casa, schweizer. Sopranistin (20. Jh.).

Liesbeth, (auch:) Lisbeth: weibl. Vorn., Kurzform von → Elisabeth.

Lieschen: weibl. Vorn., Kurz- u. Koseform von → Elisabeth. Vgl. Lieschen Müller = „Durchschnittsbürger".

Liese, (auch:) Lise: weibl. Vorname, Kurzform von → Elisabeth. Bekannte Namensträgerin: Lise Meitner, österreichisch-schwedische Physikerin (19./20. Jh.).

Liesel, (oberdeutsch auch:) Liesl: weibl. Vorn., Kurz- und Koseform von → Elisabeth.

Lieselotte, (auch:) Liselotte: weiblicher Doppelname aus → Elisabeth und → Charlotte. Allgemein bekannt wurde der Name durch Liselotte von der Pfalz (17./18. Jh.), die eigentlich Elisabeth Charlotte hieß. Der Name gehörte in der ersten Hälfte des 20. Jh.s zu den beliebtesten Doppelnamen. Bekannte Namensträgerin: Liselotte Pulver, schweizerische Filmschauspielerin (20. Jh.).

Lil: → Lill.

Lili: → Lilli.

Lilian: englischer weibl. Vorn., vermutlich Weiterbildung von → Lilly Bekannte Namensträgerin: Lilian Harvey, deutsche Filmschauspielerin englischer Herkunft (20. Jh.).

Lill, (auch:) Lil: weibl. Vorn., Kurzform von → Lilli. Bekannte Namensträgerin: Lil Dagover, deutsche [Film]schauspielerin (19./20. Jh.).

Lilli, (auch:) Lili: weibl. Vorn., Koseform – eigentlich wohl Lallform aus der Kindersprache – von → Elisabeth. Der Vorname ist allgemein bekannt durch das Soldatenlied „Lili Marleen". Bekannte Namensträgerinnen: „Lili" (eigentlich: Elisabeth)

Schönemann, Jugendliebe Goethes (18./19. Jh.); Lilli Palmer, deutsche Filmschauspielerin (20. Jh.).

Lilly, (auch:) Lily: englischer weibl. Vorn., Koseform von Elizabeth (→ Elisabeth).

Lilo: weibl. Vorn., Kurzform von → Lieselotte.

Lina: weibl. Vorn., Kurzform von Namen, die auf „-lina" ausgehen, besonders von → Karolina. Bekannte Namensträgerin: Lina Carstens, deutsche [Film]schauspielerin (20. Jh.).

Linda: weibl. Vorn., Nebenform von → Linde. Der Vorname wurde zu Beginn des 19. Jh.s durch die Linda in Jean Pauls Roman „Titan" weiteren Kreisen bekannt. Heute ist „Linda" modisch.

Linde: weibl. Vorname, Kurzform von Namen, die mit „-linde" gebildet sind, wie z. B. → Dietlinde und → Sieglinde. Der Vorname, der in Österreich häufiger vorkommt, wird heute volkstümlich auf das Adjektiv „lind" bezogen oder mit dem Baumnamen „Linde" gleichgesetzt.

Linus: männl. Vorn., der auf den griechischen Personennamen Línos zurückgeht. Die Bedeutung des Namens ist unklar. Bekannt wurde der Name durch den heiligen Linus, der nach altkirchlicher Überlieferung erster Nachfolger des Petrus als Bischof von Rom war (1. Jh.); Namenstag: 23. September. Der Name kommt in Deutschland selten vor. Bekannte Namensträger: Linus Carl Pauling, amerikanischer Chemiker, Träger des Friedensnobelpreises (20. Jh.).

Lion: → Leo.

Lionel [laiᵉnᵉl]: englischer männl. Vorn., Koseform von Lion (→ Leo).

Lisa: → Liesa.

Lisanne: in neuerer Zeit aufgekommener weibl. Doppelname aus → Elisabeth (bzw. Li[e]sa) und → Anna.

Lisbeth: → Liesbeth.

Lise: → Liese.

Liselotte: → Lieselotte.

Lisenka: slawische Koseform von → Elisabeth.

Lisette [französ. Aussprache: lisät]: aus dem Französischen übernomme-

ner weibl. Vorn., Verkleinerungsform von → Elisabeth.

Lissy: englischer weibl. Vorn., Kurz- und Koseform von Elizabeth (→ Elisabeth).

Livia: weibl. Vorn., weibl. Form des männlichen Vornamens → Livius. Bekannte Namensträgerin: Livia Drusilla, Frau des Kaisers Augustus (1. Jh. v. Chr.).

Livius: männl. Vorn. lateinischen Ursprungs, eigentlich „der aus dem römischen Geschlecht der Livier" (lat. Līvius). Namensvorbild ist der römische Geschichtsschreiber Livius.

Liz: englischer weibl. Vorn., Kurzform von Elizabeth (→ Elisabeth).

Lizzy: englischer weibl. Vorn., Kurz- und Koseform von Elizabeth (→ Elisabeth).

Lodewik: → Ludwig.

Lois: oberdeutsche Kurzform von → Alois.

Loisl: oberdeutsche Kurz- und Koseform von → Alois.

Lola: aus dem Spanischen übernommener weibl. Vorn., Koseform – eigentl. wohl Lallform aus der Kindersprache – von → Dolores oder von Carlota (→ Charlotte). Der Name wurde in Deutschland durch Lola Montez (19. Jh.), die schott. Tänzerin am Hofe Ludwigs I., bekannt.

Lola Montez

Eine Opernfigur ist die Lola in Mascagnis Oper „Cavalleria rusticana". – Bekannte Namensträgerin: Lola Müthel, deutsche Schauspielerin (20. Jh.).

Lolita: spanischer weibl. Vorn., Koseform von → Lola. Der Vorname wurde vor allem durch Vladimir Nabokovs vielgelesenen Roman „Lolita" bekannt.

Loni, (auch:) Lonni; Lony, Lonny: weibl Vorn., Kurz- und Koseform von → Apollonia und → Leonie. Bekannte Namensträgerin: Loni Heuser, deutsche Schauspielerin (20. Jh.); Loni von Friedl, österreichische [Film]schauspielerin (20. Jh.).

Lore: weibl. Vorn., Kurzform von → Eleonore. Der Vorname kommt in mehreren Volksliedern vor.

Loremarie, (auch:) Loremaria: weibl. Doppelname aus → Eleonore (bzw. Lore) und → Maria.

Lorenz: männl. Vorn., der sich aus der Namensform → Laurentius entwickelt hat. Bekannte Namensträger: Lorenz Kardinal Jaeger, Erzbischof von Paderborn (19./20. Jh.); Lorenz Fehenberger, deutscher Tenor (20. Jh.).

Loretta, (auch:) Lorette: weibl. Vorname, vermutlich Weiterbildung von → Lore nach dem Muster von französisch → Laurette (vgl. auch die Bildungen Henriette und Annette).

Loritta: weibl. Vorn., Nebenform von → Loretta.

Lothar (selten auch:) Lotar: alter deutscher männl. Vorn. (zu ahd. *hlūt* „laut" [hier = *„berühmt"] + ahd. *heri* „Heer"). „Lothar" ist vor allem als fränkischer Adelsname bekannt: Lothar I., Sohn Ludwigs des Frommen, fränkischer Kaiser (8./9. Jh.), und Lothar II., König im Teilreich Lotharingien (9. Jh.), daher der Name Lothringen. In der Neuzeit kommt „Lothar" erst seit der zweiten Hälfte des 19. Jh.s häufiger vor. Bekannte Namensträger: Lothar III. (Lothar von Supplinburg), deutscher Kaiser (11./12. Jh.); Lothar Franz Graf von Schönborn, Erzbischof und Kurfürst von Mainz (17./18. Jh.); Lotar Olias, deutscher Schlagerkomponist (20. Jh.).

Kaiser Lothar I.

Lotte: weibl. Vorn., Kurzform von → Charlotte. Der Vorname war im 19. Jh. u. noch zu Beginn des 20. Jh.s sehr beliebt. Zu der Beliebtheit des Namens trug Goethe mit der Lotte (= Charlotte Buff) in dem Roman „Leiden des jungen Werthers" bei (vgl. auch Thomas Manns Roman „Lotte in Weimar"). Bekannte Namensträgerinnen: Lotte Lehmann, deutsche Sängerin (19./20. Jh.); Lotte Lenya, österreichische Sängerin und Schauspielerin, Frau von Kurt Weill (20. Jh.).

Lotti: weibl. Vorn., Koseform von → Lotte.

¹Lou [lu]: Kurzform von Louise (→ Luise).

²Lou [lu]: Kurzform von → Louis.

Louis [lui]: aus dem Französischen übernommener männl. Vorn., französische Form von → Ludwig. Der Name, der im 19. Jh. gar nicht so selten in Deutschland vorkam, wird heute wegen umgangssprachl. *Louis* „Zuhälter" gemieden. Bekannte Namensträger: Louis Daguerre, französischer Maler und Physiker, Miterfinder der Photographie (18./19. Jh.); Louis Spohr, deutscher Komponist (18./19. Jh.); Louis Pasteur, französischer Chemiker und Bakteriologe

(19. Jh.); Louis Aragon, französischer Dichter (19./20. Jh.); Louis Armstrong, amerik. Jazztrompeter (20. Jh.); Louis Ferdinand Prinz von Preußen (20. Jh.).

Louise: französischer weibl. Vorn., weibliche Form von → Louis. Vgl. den weiblichen Vornamen Luise.

Lowik: → Ludwig.

Lu: weibl. Vorname, Kurzform von → Luise.

Luc: → Lukas.

Lucia, (auch:) Luzia: weibl. Vorn., weibl. Form von → Lucius. Zur Verbreitung des Namens im Mittelalter trug vor allem die Verehrung der heiligen Lucia von Syrakus (3./4. Jh.) bei; Namenstag: 13. Dezember. Nach der Legende wurde sie von ihrem heidnischen Bräutigam als Christin angeklagt und unter Diokletian hingerichtet. Die heilige Lucia ist die Patronin der Augenkranken. – Eine bekannte Opernfigur ist die Lucia in Donizettis Oper „Lucia di Lammermoor". – Häufiger als „Lucia" kommt heute die jüngere Namensform → Lucie vor. Französ. Form: Lucie [lüßi]. Engl. Form: Lucy [lußi].

Lucianus: männl. Vorn., Weiterbildung von → Lucius.

¹Lucie, (auch:) Luzie: weibl. Vorn., jüngere Nebenform von → Lucia. Bekannte Namensträgerinnen: Lucie Höflich, deutsche [Film]schauspielerin (19./20. Jh.); Lucie Englisch, deutsche Filmschauspielerin (20. Jh.).

²Lucie: → Lucia.

Lucien [lüßjäᵑ]: französischer männlicher Vorn., französische Form von → Lucianus.

Lucienne [lüßjän]: französischer weibl. Vorn., weibliche Form des männlichen Vornamens → Lucien.

Lucinde, (auch:) Luzinde: weibl. Vorname, Weiterbildung von → Lucia. Der Name wurde um 1800 durch die Lucinde in Friedrich Schlegels gleichnamigem Roman weiteren Kreisen bekannt. Er spielt heute in der Namengebung kaum noch eine Rolle.

Lucius, (auch:) Luzius: männl. Vorn. lateinischen Ursprungs, eigentlich wohl „der Lichte, der Glänzende" oder „der bei Tagesanbruch Gebo-

rene" (lat. Lūcius, zu lat. *lūx, -cis* „Licht"). „Lucius" war im Mittelalter Papst- und Heiligenname. Bekannt ist der Name aber vor allem durch Lucius Cornelius Sulla, den römischen Feldherrn und Staatsmann (2./1. Jh. vor Chr.). In Deutschland kommt der Name im Gegensatz zu England und Amerika nur ganz vereinzelt vor. Bekannter Namensträger: der heilige Lucius I., Papst und Märtyrer (3. Jh.), Namenstag: 4. März. Engl. Form: Lucius [luߪes, ljußᵉs].

Lucretia: → Lukretia.

Lucretius: männl. Vorn. lateinischen Ursprungs, eigentlich „der aus dem Geschlecht der Lukretier" (lat. Lucrētius). Der Name wurde vor allem durch den römischen Dichter Titus Lucretius Carus (= Lukrez) bekannt.

Lucy: → Lucia.

Lüder: männl. Vorn., niederdeutsche Nebenform von → Lothar. Der Vorname ist heute selten.

Ludger: männl. Vorn., Nebenform von → Luitger. Der Vorname kommt im allgemeinen nur in Westfalen, dem Verehrungsgebiet des heiligen Ludger, vor. Der heilige Ludger, ein friesischer Missionar, wurde im Jahre 804 der erste Bischof von Münster; Namenstag: 26. März. Bekannter Namensträger: Ludger Westrick, deutscher Politiker (19./20. Jh.).

Ludmilla: weibl. Vorn. slawischen Ursprungs, eigentlich „die dem Volk lieb ist" (zu russ. *ljud* „Volk" und *milyj* „lieb, angenehm"). Der Name wurde durch die heilige Ludmilla (9./10. Jh.), die Landespatronin Böhmens, bekannt; Namenstag: 16. September. – „Ludmilla" kam früher in den an Böhmen und Polen angrenzenden Gebieten vereinzelt als Vorname vor.

Ludolf: männl. Vorn., Nebenform von → Luitolf. Der Name war im Mittelalter beim sächsischen Adel verbreitet. Nach seinem Ahnherrn Ludolf hieß ein sächsisches Herrschergeschlecht Ludolfinger. Bekannte Namensträger: der heilige Ludolf, Bischof von Ratzeburg (13. Jh.); Namenstag: 29. März; Ludolf von Sachsen, deutscher Mystiker (14. Jh.); Ludolf von Krehl, deutscher Mediziner (19./20. Jh.).

Ludovico: → Ludwig.

Ludovicus: latinisierte Form von → Ludwig.

Ludowika: weibl. Vorname, eindeutschende Schreibung von Ludovica, der latinisierten Form von → Ludwiga.

Ludvig: → Ludwig.

Ludwig: alter deutscher männl. Vorn. (ahd. *hlūt* „laut" [hier = *„berühmt"] + ahd. *wīg* „Kampf, Krieg"). Der Name – in fränkischer Form → Chlodwig – breitete sich im Mittelalter vom Frankenland in ganz Deutschland aus und drang auch in andere europäische Sprachen. Viele Könige und Heilige trugen diesen Namen: Ludwig der Fromme, deutscher Kaiser (8./9. Jh.); Ludwig der Deutsche, deutscher König (9. Jh.); Ludwig IV., der Heilige, Landgraf von Thüringen, Mann der heiligen Elisabeth (13. Jh.); Ludwig IX., der Heilige, König von Frankreich (13. Jh.); Namenstag: 25. August; Ludwig XIV., König von Frankreich (17./18. Jh.); Ludwig XVI., König von Frankreich (18. Jh.); Ludwig II., König von Bayern (19. Jh.). – Sehr beliebt war der Name im 19. Jh. – Bekannte Namensträger: Ludwig van Beethoven, deutscher Komponist (18./19. Jh.); Ludwig Tieck, deutscher Dichter (18./19. Jh.); Ludwig Uhland, deutscher Dichter (18./19. Jh.); Ludwig Richter, deutscher Maler (19. Jh.); Ludwig Feuerbach, deutscher Philosoph (19. Jh.); Ludwig Anzengruber, österreichischer Schriftsteller (19. Jh.); Ludwig Thoma, deutscher Schriftsteller (19./20. Jh.); Ludwig Ganghofer, deutscher Schriftsteller (19./20. Jh.); Ludwig Klages, deutscher Philosoph u. Psychologe (19./20. Jh.); Ludwig Mies van der Rohe, deutschamerikanischer Architekt (19./20. Jh.); Ludwig Erhard, deutscher Politiker (19./20. Jh.). Italienische Formen: Ludovico; Luigi [lᵘidschi]. Span. Form: Luis, (auch:) Luiz. Französ. Form: Louis [lui]. Engl. Form: Lewis [luiß]. Nie-

derländ. Form: Lodewik, (auch:) Lowik. Schwed. Form: Ludvig. Ungar. Form: Lajos.

Ludwiga: weibl. Vorn., weibliche Form des männlichen Vornamens → Ludwig.

Luidolf: Nebenform des männlichen Vornamens → Luitolf (vgl. auch Ludolf).

Luigi: → Ludwig.

¹Luis: männl. Vorn., eindeutschende Schreibung von französisch → Louis. Bekannter Namensträger: Luis Trenker, deutscher Schriftsteller und Schauspieler (19./20. Jh.).

²Luis: → Ludwig.

Luise: weibl. Vorn., eindeutschende Form von → Louise. Der Vorname kam in Deutschland im 18. Jh. in Mode. Volkstümlich wurde er durch Königin Luise von Preußen (18./19. Jh.), die häufig als Namensvorbild gewählt wurde. Zu der Verbreitung des

Königin Luise

Namens trug auch Schiller mit der Luise Miller in seinem Trauerspiel „Kabale und Liebe" bei. Bekannte Namensträgerinnen: Luise Henriette,

Frau des Großen Kurfürsten (17. Jh.); Luise Ulrike, Schwester Friedrichs des Großen, Königin von Schweden (18. Jh.); Luise Hensel, deutsche Dichterin (18./19. Jh.); Luise Schröder, deutsche Politikerin (19./20. Jh.); Luise Rinser, deutsche Schriftstellerin (20. Jh.); Luise Ullrich, deutsche [Film]schauspielerin (20. Jh.).

Luitberga: alter deutscher weibl. Vorn. (der 1. Bestandteil ist ahd. *liut* „Volk"; der 2. Bestandteil *-berga* „Schutz, Zuflucht" gehört zu ahd. *bergan* „in Sicherheit bringen, bergen"). – „Luitberga" spielt – wie auch die folgenden mit „Luit-" gebildeten Vornamen – heute kaum noch eine Rolle in der Namengebung.

Luitbert: alter deutscher männl. Vorn. (ahd. *liut* „Volk" + ahd. *beraht* „glänzend").

Luitbrand, (auch:) **Luitprand:** alter deutscher männl. Vorn. (ahd. *liut* „Volk" + ahd. *brant* „[brennenden Schmerz verursachende] Waffe, Schwert").

Luitbrecht: alter deutscher männl. Vorn., Nebenform von → Luitbert.

Luitfried: alter deutscher männl. Vorn. (ahd. *liut* „Volk" + ahd. *fridu* „Schutz vor Waffengewalt, Friede").

Luitgard: alter deutscher weibl. Vorn. (1. Bestandteil ahd. *liut* „Volk"; Bedeutung und Herkunft des 2. Bestandteils „*-gard*" sind unklar; vielleicht zu → Gerda). Der Vorname ist nie volkstümlich geworden und ist auch heute sehr selten. Bekannte Namensträgerin: Luitgard Im, deutsche Schauspielerin (20. Jh.).

Luitger: alter deutscher männl. Vorn. (ahd. *liut* „Volk" + ahd. *gēr* „Speer"). Vgl. den Vornamen Ludger.

Luithard: alter deutscher männl. Vorn. (ahd. *liut* „Volk" + ahd. *harti, herti* „hart").

Luither: alter deutscher männl. Vorn. (ahd. *liut* „Volk" + ahd. *heri* „Heer").

Luitolf: alter deutscher männl. Vorn. (ahd. *liut* „Volk" + ahd. *wolf* „Wolf"). Im Gegensatz zu der Namensform → Ludolf spielt „Luitolf" heute in der Namengebung kaum noch eine Rolle.

Luitpold: alter deutscher männl. Vorname, Nebenform von → Leopold. Der Name wurde im 19. Jh. durch den Prinzregenten Luitpold von Bayern (19./ 20. Jh.) allgemein bekannt.

Luitprand: → Luitbrand.

Luitwin: alter deutscher männl. Vorn. (ahd. *liut* „Volk" + ahd. *wini* „Freund").

Luitwine: alter deutscher weibl. Vorn., weibliche Form von → Luitwin.

Luiz: → Ludwig.

Lukas, (älter auch:) **Lucas:** männl. Vorn. lateinischen Ursprungs, eigentlich wohl „der aus der Landschaft Lucania Stammende, der Lukanier" (lat. Lucas [aus Lucānus]). „Lukas" fand im Mittelalter als Name des heil. Evangelisten Lukas Verbreitung; Namenstag: 18. Oktober. Der heilige Lukas war der Begleiter des Apostels Paulus. Nach der Legende malte er Christus- und Marienbilder. Deshalb wird er als Schutzheiliger der Maler verehrt. Da sein Symbol die Stier ist, ist er auch der Patron der Fleischer. Bekannte Namensträger: Lucas van Leyden, niederländischer Maler (15./16. Jh.); Lucas Cranach der Ältere, deutscher Maler (15./16. Jh.); Lucas Cranach der Jüngere, deutscher Maler (16. Jh.). Französ. Form: Luc [lük]. Engl. Form: Luke [luk].

Luke: → Lukas.

Lukretia, (auch:) **Lucretia; Lukrezia:** weibl. Vorn. lateinischen Ursprungs, weibliche Form von → Lucretius. Der Name ist vor allem durch die italienische Renaissancefürstin Lucrezia Borgia (15./16. Jh.) bekannt. Er kam im 18. Jh. noch häufiger in Deutschland vor; heute ist er sehr selten.

Lukretius: → Lucretius.

Lukrezia: → Lukretia.

Lulu: weibl. Vorn., Kurzform – eigentlich wohl Lallform aus der Kindersprache – von Namen, die mit „Lu-" beginnen, z. B. → Ludmilla, → Ludwiga, → Luise. Eine bekannte literarische Gestalt ist die Lulu in Frank Wedekinds gleichnamigem Drama (danach auch die Oper „Lulu" von Alban Berg). Bekannte

Namensträgerin: Lulu von Strauß und Torney, deutsche Dichterin (19./20. Jh.).

Lutz: männl. Vorn., Kurzform von → Ludwig. Bekannter Namensträger: Lutz Heck, deutscher Zoologe und Schriftsteller (20. Jh.).

Luzia: → Lucia.

Luzie: → Lucie.

Luzinde: → Lucinde.

Luzius: → Lucius.

Lydia: weibl. Vorn. griechischen Ursprungs, eigentlich „die aus Lydien (in Kleinasien) Stammende, die Lydierin" (griechisch Lydía). „Lydia" fand als Name der heiligen Lydia aus Thyatira Verbreitung; Namenstag: 3. August. Nach der Apostelgeschichte war die heilige Lydia eine Purpurhändlerin, die von Paulus in Philippi getauft wurde. Sie gilt als die erste Christin in Europa.

M

Mabel [me^{i}bel]: englischer weibl. Vorn., Kurzform von Amabel, eigentlich „die Liebenswürdige" (lat. *amābilis* „liebenswürdig").

Madeleine [madlän]: aus dem Französischen übernommener weibl. Vorn., französ. Form von → Magdalena.

Madge [mädsch]: englischer weibl. Vorn., Kurzform von Margaret (→ Margarete).

Mag [mäg]: englischer weibl. Vorn., Kurzform von Margaret (→ Margarete).

Magda: weibl. Vorn., Kurzform von → Magdalena. Zu der Verbreitung des Namens um 1900 trug Hermann Sudermann mit der Magda in seinem Schauspiel „Heimat" bei. Bekannte Namensträgerin: Magda Schneider, deutsche Filmschauspielerin (20. Jh.).

Magdalena, (auch:) Magdalene: aus der Bibel übernommener weibl. Vorname hebräischen Ursprungs, Kürzung aus Maria Magdalena (eigentlich „Maria aus dem Ort Magdala am See Genezareth"). Nach der Bibel war Maria Magdalena eine der treuesten Jüngerinnen Jesu. Sie stand mit ihren Gefährtinnen unter dem Kreuz Christi und entdeckte am Ostermorgen sein leeres Grab. Ihr erschien als erster der auferstandene Christus. Namensfest der Maria Magdalena ist der 22. Juli. Der Vorname Magdalena, der früher in Deutschland recht häufig vorkam (vgl. auch die Kurzformen Lena und Magda), ist heute aus der Mode. Französ. Form: Madeleine [madlän]. Engl.

Formen: Magdalene [mägdelin], Magdalen [mägdelen].

Maggie [mägi]: englischer weibl. Vorname, Kurz- und Koseform von Margaret (→ Margarete).

Magnus: männl. Vorn., eigentlich „der Große" (lat. *magnus* „groß"). In Erinnerung an Karl den Großen (lateinisch: Carolus Magnus) gab König Olaf von Norwegen seinem Sohn den Namen Magnus. Nach Magnus I. (11. Jh.) trugen mehrere skandinavische Könige diesen Namen, wodurch sich „Magnus" als Vorname in Skandinavien einbürgerte. Von Skandinavien drang der Name dann nach Deutschland, wurde hier aber nicht volkstümlich. Bekannte Namensträger: Magnus Gottfried Lichtwer, deutscher Dichter (18. Jh.); Magnus von Buchwaldt, deutscher Springreiter (20. Jh.). Als 2. Vorname: Hans Magnus Enzensberger, deutscher Lyriker (20. Jh.).

Maie, (auch:) Mai: weibl. Vorn., friesische Kurzform von → Maria.

Maik: eindeutschende Schreibung des männl. Vornamens → Mike.

Maike, (selten auch:) Maika: → Meike.

Maja: weibl. Vorn., der sich aus einer Nebenform (*Márja) von → Maria entwickelt hat. Heute dagegen wird Maja gewöhnlich als Name einer altrömischen Göttin des Wachstums (lat. Maia) verstanden oder mit der Maja (altindisch Maya) der indischen Mythologie gleichgesetzt. Allgemein bekannt wurde der Name durch Waldemar Bonsels' Roman „Die Biene Maja und ihre Abenteuer" (1912). Der Vorname kommt heute sehr selten vor.

Male: weibl. Vorn., Kurzform von → Malwine und → Amalie.

Malte: aus dem Dänischen übernommener männl. Vorn., dessen Bedeutung unklar ist. Weiteren Kreisen bekannt wurde der Name zu Beginn des 20. Jh.s durch Rilkes Roman „Die Aufzeichnungen des Malte Laurids Brigge" (1910). Bekannter Namensträger: Malte Jaeger, deutscher Schauspieler (20. Jh.).

Malwida, (auch:) Malvida: weibl. Vorname, dessen Herkunft und Bedeutung dunkel sind. Der Vorn. kommt in Deutschland sehr selten vor. Bekannte Namensträgerin: Malvida von Meysenbug, deutsche Schriftstellerin (19./20. Jh.).

Malwine: aus der Ossian-Dichtung des Schotten James Macpherson übernommener weibl. Vorn., dessen Herkunft und Bedeutung unklar sind. Durch die Ossian-Schwärmerei Klopstocks, Herders, Goethes u. a. wurden Malwine und → Oskar und → Selma im 18. Jh. in Deutschland bekannt und bürgerten sich als Vornamen ein. – Eine bekannte Operettenfigur ist die Malwine von Hainau in Leon Jessels Operette „Schwarzwaldmädel". Heute spielt der Name kaum noch eine Rolle in der Namengebung.

Mandy [mändi]: englischer weibl. Vorn., Kurz- und Koseform von → Amanda.

Manfred: männl. Vorn., Nebenform des alten deutschen Männernamens Manfried (ahd. *man* „Mann" + ahd. *fridu* „Schutz vor Waffengewalt, Friede"). Die Namensform Manfred wurde durch den Stauferkönig Manfred von Sizilien (13. Jh.) bekannt. Manfred, der Sohn Kaiser Friedrichs II., fiel im Kampf gegen Karl von Anjou. Sein Schicksal wurde im 19. Jh. mehrmals literarisch behandelt, so von F. W. Rogge in dem Drama „König Manfred"(in: Herz und Krone; 1832) und von Ernst Raupach in der Dramensammlung „Die Ho-

henstaufen" (1837). Dadurch wurde der Name nach Jahrhunderten neu belebt. In der ersten Hälfte des 20. Jh.s wurde der Name überaus beliebt. Namensvorbild war vor allem der Jagdflieger Manfred Freiherr von Richthofen (19./20. Jh.). Bekannte Namensträger: Manfred von Brauchitsch, deutscher Automobilrennfahrer (20. Jh.); Manfred Germar, deutscher Leichtathlet (20. Jh.).

Manfreda: weibl. Vorn., weibliche Form des männlichen Vornamens → Manfred.

Manon [manong]: französischer weibl. Vorn. ‚Koseform von → Maria (vgl. auch den Vornamen Marion). Bekannt ist der Name durch die Opern „Manon" von Massenet u. „Manon Lescaut" von Auber und Puccini.

Manuel: männl. Vorn., Kurzform von → Emanuel. In Spanien ist „Manuel" die Entsprechung von „Emanuel" und als Vorname sehr beliebt.

Manuela: weibl. Vorn., Kurzform von → Emanuela. Der Vorname ist heute – unter spanischem und italienischem Einfluß – modisch.

Marbod: alter deutscher männl. Vorn., ursprünglich wohl etwa „Rossegebieter" (der 1. Bestandteil ist ahd. *marah* „Pferd" [vgl. *Mähre*]; der 2. Bestandteil gehört zu ahd. *biotan* „bieten, darreichen", *boto* „Bote"). Der Name ist bekannt durch den Markomannenkönig Marbod (1. Jh. v. Chr./1. Jh. n. Chr.).

Marc: französische Form des männlichen Vornamens → Markus.

Marcel [marßäl]: in neuerer Zeit aus dem Französischen übernommener männl. Vorn., französische Form von → Marzellus. Bekannte Namensträger: Marcel Proust, französischer Schriftsteller (19./20. Jh.); Marcel Pagnol, französischer Dramatiker (19./20. Jh.); Marcel Marceau, französischer Pantomime (20. Jh.).

Marcella, (auch:) Marzella: weibl. Vorn. lateinischen Ursprungs, weibliche Form von → Marcellus. Bekannte Namensträgerin: die heilige Marzella, Märtyrerin (4./5. Jh.); Namenstag: 31. Januar.

Marcello: → Marzellus.

Marcellus, (auch:) Marzellus: männl. Vorn. lateinischen Ursprungs, Weiterbildung zu lat. Marcus (→ Markus). Der Name, den im Mittelalter mehrere Heilige trugen und der auch Papstname ist, ist in Deutschland nie volkstümlich geworden. Bekannter Namensträger: der heilige Papst Marcellus I. (3./4. Jh.); Namenstag: 16. Januar. – Italien. Form: Marcello [martschällo]. Französ. Form: Marcel [marßäl].

Marco: italienische und spanische Form des männlichen Vornamens → Markus.

Marei: oberdeutsche Koseform von → Maria.

Mareike: weibl. Vorn., Verkleinerungs- oder Koseform von Maria, eingedeutscht aus niederländ. Marijke (vgl. Marieke).

Marek: → Markus.

Maren: aus dem Dänischen übernommener weibl. Vorn., dänische Form von → Marina.

Maret: weibl. Vorn., Kurzform von → Margarete.

Marga: weibl. Vorn., Kurzform von → Margarete.

Margalita: → Margarete.

Margaret [margerit]: englische Form des weibl. Vornamens → Margarete.

¹Margareta: Nebenform des weiblichen Vornamens → Margarete.

²Margareta: schwedische Form des weiblichen Vornamens → Margarete.

Margarete, (auch:) Margareta: aus dem Lateinischen übernommener weibl. Vorn., eigentlich „Perle" (lat. margarīta „Perle" aus griech. margarítēs „Perle", das seinerseits aus einer orientalischen Sprache entlehnt ist). „Margarete" fand im Mittelalter in der christlichen Welt als Name der heiligen Margareta von Antiochia (3./4. Jh.) Verbreitung; Namenstag: 20. Juli. Nach der Legende soll sie den Teufel (in Gestalt eines Drachen) im Kampf mit dem Kreuzeszeichen besiegt haben. Sie ist die Schutzheilige der Bauern, der Gebärenden und Wöchnerinnen und zählt der Vierzehn Nothelfern. Die volle Namensform und die Kurzform → Grete waren schon im Mittelalter

in Deutschland überaus beliebt. Der Vorname wird oft mit dem Blumennamen *Margerite* gleichgesetzt. Der Blumenname ist aus französ. *marguerite* „Gänseblümchen, Maßliebchen" entlehnt, das gleichfalls auf lat. *margarīta* „Perle" zurückgeht. Der Benennung der Blume liegt ein Vergleich der Blütenköpfchen von Gänseblümchen mit Perlen zugrunde. Bekannte Namensträgerinnen: Margarete, Königin von Dänemark, Norwegen und Schweden (14./15. Jh.); Margarete von Anjou, französische Königin (15. Jh.); Margarete von Navarra, Königin von Navarra (15./16. Jh.); die heilige Margarete Maria Alacoque (17. Jh.), Namenstag: 17. Oktober; Margarete Buber-Neumann, deutsche Schriftstellerin (20. Jh.). Italien. Formen: Margherita; Marghitta. Französ. Form: Marguerite [margerit]. Engl. Form: Margaret [margerit]. Schwed. Form: Margareta. Russ. Formen: Margarita, Margalita. Ungar. Form: Margit.

¹Margarita: weibl. Vorn., Nebenform von → Margarete. Diese Namensform war im Mittelalter recht beliebt.

²Margarita: → Margarete.

Margery [mardscheri]: engl. weibl. Vorname, Kurzform von Margaret (→ Margarete).

Margherita: → Margarete.

Marghitta: → Margarete.

¹Margit: weibl. Vorn., Kurzform von → Margarete (vgl. die Namensformen Margarita und Margrit). Bekannte Namensträgerinnen: Margit Schramm, deutsche Sängerin (20. Jh.); Margit Saad, deutsche Filmschauspielerin (20. Jh.).

²Margit: schwedischer weibl. Vorn., Nebenform von Margareta (→ Margarete).

³Margit: ungarische Form von → Margarete.

Margitta: weibl. Vorn., Weiterbildung von → Margit.

Margot: aus dem Französischen übernommener weibl. Vorn., Bildung zu Marguerite (→ Margarete). Der Vorname ist erst seit dem Beginn des 20. Jh.s in Deutschland allgemein bekannt. – Die französische Aussprache des Vornamens lautet margo. Bekannte Namensträgerinnen: Margot Hielscher, deutsche Filmschauspielerin (20. Jh.); Margot Trooger, deutsche Schauspielerin (20. Jh.); Margot Eskens, deutsche Schlagersängerin (20. Jh.).

Margret: weibl. Vorn., Kurzform von → Margarete.

Margrit: weibl. Vorn., Nebenform von → Margret.

Marguerite [margerit]: französische Form des weiblichen Vornamens → Margarete.

Maria: aus der Bibel übernommener weibl. Vorn., griechische und lateinische Form von hebräisch (aramäisch) Mirjam, dessen Bedeutung dunkel ist. – „Maria" kam im Mittelalter in Deutschland aus ehrfürchtiger Scheu vor der Gottesmutter als Vorname ganz vereinzelt vor. Erst im 16. Jh. fand er weitere Verbreitung. In protestantischen Kreisen wurde die Namensform Marie beliebt. Vom 18. Jh. an wurde „Maria" als zweiter Vorname auch männlichen Kindern gegeben, um sie dem Schutz der Jungfrau Maria anzuvertrauen. – Namenstag für „Maria" sind alle Marienfeste. – Bekannte Namensträgerinnen: Maria Stuart, schottische Königin, Gegenspielerin von Königin Elisabeth I. (16. Jh.); Maria von Medici, französische Königin (16./17. Jh.); Kaiserin Maria Theresia, Gegenspielerin von Friedrich dem Großen (18. Jh.); Maria Cebotari, österreichische Sopranistin (20. Jh.); Maria Stader, schweizerische Sopranistin (20. Jh.); Maria Callas, griechische Sopranistin (20. Jh.); Maria Schell, schweizerische [Film]schauspielerin (20. Jh.). – Als zweiter Vorname männlicher Personen: Carl Maria von Weber, deutscher Komponist (18./19. Jh.); Rainer Maria Rilke, österreichischer Dichter (19./20. Jh.). Italien. Form: Maria. Französ. Form: Marie [mari]. Englische Form: Mary [märi]. Irische Form: Maura. Schwed. Form: Maria. Russ. Form: Marija.

Marian: männl. Vorn., vermutlich Weiterbildung von → Marius.

Mariane: weibl. Vorn., Weiterbildung von → Maria. Eine literarische Gestalt ist die Mariane in Goethes Roman „Wilhelm Meisters Lehrjahre".

Marianne: weibl. Vorn., Doppelname aus → Maria und → Anna. Der Vorname, der seit dem 18. Jh. häufiger vorkommt und heute recht beliebt ist, wird gewöhnlich nicht mehr als Doppelname empfunden. Bekannte Namensträgerinnen: Marianne von Willemer, Vorbild der „Suleika" in Goethes „Westöstlichem Diwan" (18./19. Jh.); Marianne Hoppe, deutsche [Film]schauspielerin (20. Jh.); Marianne Schönauer, österreichische Schauspielerin (20. Jh.); Marianne Koch, deutsche Filmschauspielerin (20. Jh.).

¹Marie: weibl. Vorn., jüngere Nebenform von → Maria.

²Marie [mari]: französische Form des weiblichen Vornamens → Maria.

Mariechen: Verkleinerungs- oder Koseform von → Maria.

Marieke: niederdeutsche Verkleinerungs- oder Koseform von → Maria.

Marielies, (auch:) Marielis: weibl. Doppelname aus → Marie und → Elisabeth oder → Luise. Gebräuchlicher ist die Namensform → Marlies.

Mariella: aus dem Italienischen übernommener weibl. Vorn., Koseform von → Maria.

Marieluise: weibl. Doppelname aus → Maria und → Luise. Bekannt wurde der Name vor allem durch Marie Louise, die Tochter Kaiser Franz II., 2. Frau Napoleons I. (18./19. Jh.).

Marierose: weibl. Doppelname aus → Maria und → Rosa.

Marietheres: weibl. Doppelname aus → Maria und → Theresia. Bekannt wurde der Name vor allem durch Kaiserin Maria Theresia (18. Jh.).

Marietta: aus dem Italienischen übernommener weibl. Vorn., Koseform von → Maria. Der Vorname ist heute modisch.

Marija: → Maria.

Marika: aus dem Ungarischen übernommener weibl. Vorn., Koseform von → Maria. Bekannte Namensträgerinnen: Marika Rökk, österreichische Filmschauspielerin (20. Jh.); Marika Kilius, deutsche Eiskunstläuferin (20. Jh.).

Marilyn [märilin]: englischer weibl. Vorn., Verkleinerungs- oder Koseform von Mary (→ Maria). Bekannte Namensträgerin: Marilyn Monroe, amerikanische Filmschauspielerin (20. Jh.).

Marina: in neuerer Zeit aus dem Italienischen übernommener weibl. Vorname, der entweder auf eine Weiterbildung von → Maria oder eine weibliche Form von → Marinus zurückgeht. Bekannte Namensträgerin: Marina Vlady, französische Filmschauspielerin (20. Jh.).

Marinus: männl. Vorn. lateinischen Ursprungs, eigentlich „der am Meer Lebende" (lat. *marinus, -a, -um* „zum Meer gehörend, am Meer befindlich"). In Deutschland spielt „Marinus" kaum eine Rolle in der Namengebung. Bekannter Namensträger: Marinus Vooberg, niederländischer Chordirigent (20. Jh.).

Mario: in neuerer Zeit aus dem Italienischen übernommener männlicher Vorn., italienische Form von → Marius. Der Name ist heute besonders in Österreich modisch. Eine literarische Gestalt ist der Mario in Thomas Manns Novelle „Mario und der Zauberer". Bekannte Namensträger: Mario del Monaco, italienischer Tenor (20. Jh.); Mario Lanza, italienischer Tenor (20. Jh.); Mario Adorf, deutscher [Film]schauspieler (20. Jh.).

Marion: in neuerer Zeit aus dem Französischen übernommener weiblicher Vorn., Bildung zu französ. Marie (→ Maria).

Marisa: italienischer weibl. Vorn., Doppelname aus → Maria und Elisa oder Lisa (→ Elisabeth). Der Vorname ist erst in neuester Zeit in Deutschland bekannt geworden.

Marit: schwedischer weibl. Vorn., Nebenform von ²Margit (→ Margarete).

Marita: spanischer weiblicher Vorn., Koseform von → Maria. Zur Bildung vgl. die spanischen Vornamen Anita und Juanita.

Maritta: italienischer weibl. Vorname,

Verkleinerungs- oder Koseform von → Maria.

Marius: männl. Vorn. lateinischen Ursprungs, eigentlich „der aus dem Geschlecht der Marier" (lat. Marius altrömischer Geschlechtername). Bekannt ist der Name durch Gajus Marius, den römischen Feldherrn, der die Kimbern und Teutonen besiegte. Italien. Form: Mario.

¹Mark: männl. Vorn., Kurzform von → Markus oder von deutschen Namen mit „Mark-" als erstem Bestandteil, wie z.B. →Markolf und → Markwart. Der Vorn. ist heute – wohl unter englisch-amerikanischem und französischem Einfluß – modisch. Bekannte Namensträger (für „Mark" als Kurzform von „Markus"): Mark Anton, römischer Staatsmann (1. Jh. v. Chr.); Mark Aurel, römischer Kaiser (2. Jh.).

²Mark: → Markus.

¹Marko: alter deutscher männlicher Vorn., Kurzform von Namen mit „Mark-" als erstem Bestandteil, wie z. B. → Markolf und → Markwart.

²Marko: männl. Vorname, eindeutschende Schreibung des italienischen Vornamens Marco (→ Markus).

Markolf: alter deutscher männlicher Vorn., eigentlich „Grenzwolf" (ahd. *marcha* „Grenze" + ahd. *wolf* „Wolf"). Der Name, der Ende des Mittelalters aus der Mode kam, ist erst im 20. Jh. neu belebt worden.

Markus: männl. Vorn. lateinischen Ursprungs, eigentlich etwa „der Kriegerische" (lat. Marcus, Bildung zu *Mars*, dem Namen des Kriegsgottes). „Markus" fand im Mittelalter vor allem als Name des Evangelisten Markus Verbreitung, Namenstag: 25. April. Nach der Legende wurden die Reliquien des Markus von Alexandria, wo er Bischof war, nach Venedig (Markusdom) gebracht. – Der Name, der im 16. Jh. in Deutschland noch recht beliebt war, kam in den folgenden Jahrhunderten im wesentlichen nur in jüdischen Familien vor und ist erst in neuester Zeit modisch geworden. Eine literarische Gestalt ist Markus König in Gustav Freytags Romanzyklus „Die Ahnen". Italien.

Form: Marco. Span. Form: Marco. Französ. Form: Marc. Engl. Form: Mark. Poln. Form: Marek.

Markward, (auch:) Markwart: alter deutscher männl. Vorname, eigentlich „Grenzhüter" (ahd. *marcha* „Grenze" + ahd. *wart* „Hüter, Schützer"). Der Name, der im Mittelalter recht beliebt war (daher heute häufig Familienname, Schreibung Marquardt usw.), kam in der Neuzeit aus der Mode.

Marlene: weibl. Vorn., Doppelname aus → Maria und → Magdalena. Der Vorname wird heute nicht mehr als Doppelname empfunden. – Bekannte Namensträgerin: Marlene Dietrich, amerikanische Filmschauspielerin und Sängerin deutscher Herkunft (20. Jh.).

Marlies, (auch:) Marlis: weibl. Vorname, Doppelname aus → Maria und → Elisabeth oder → Luise. Der Vorname wird heute nicht mehr als Doppelname empfunden.

Marlitt, (auch:) Marlit: in neuerer Zeit aufgekommener weibl. Vorn., dessen Bildung und Bedeutung unklar sind.

Martha, (älter auch:) Marthe: aus der Bibel übernommener weibl. Vorn. hebräischen Ursprungs, eigentlich „Herrin". Nach der Bibel war Martha die Schwester des Lazarus und der Maria von Bethanien. Sie ist die Patronin der Hausfrauen; Namenstag: 29. Juli. – Der Vorname gewann in Deutschland erst seit dem 16. Jh. (nach der Reformation) weitere Verbreitung und wurde erst im 19. Jh. volkstümlich. Zu der Beliebtheit des Vornamens im 19. Jh. trug wahrscheinlich Friedrich von Flotows Oper „Martha" bei. – Die heute nicht mehr gebräuchliche Nebenform Marthe verwenden Goethe (Marthe Schwerdtlein im „Faust") und Kleist (Marthe Rull im „Zerbrochenen Krug"). Bekannte Namensträgerinnen: Martha Eggerth, deutsche Filmschauspielerin und Sängerin (20. Jh.); Martha Mödl, deutsche Sopranistin (20. Jh.).

Marten: männl. Vorn., niederdeutsche Nebenform von → Martin.

Martin: männl. Vorn. lateinischen Ursprungs, eigentlich „der Kriegerische" (lat. Martīnus, Bildung zu *Mars, -tis,* dem Namen des Kriegsgottes). – „Martin" kam im Mittelalter in Deutschland als Name des heiligen Martin (4. Jh.) auf; Namenstag: 11. November. Der heilige Martin, der die ersten abendländischen Klöster gründete, war Bischof von Tours und Schutzheiliger der Franken. Nach der Legende teilte er seinen Mantel mit einem Bettler. Der Mantel wurde von den fränkischen Königen als kostbare Reliquie gehütet und in Kriegen mitgeführt. Durch die Legende von der Mantelteilung wurde der Name des heiligen Martin im Mittelalter volkstümlich. – In der Neuzeit wurde in protestantischen Kreisen sehr oft Martin Luther als Namensvorbild gewählt. Bekannte

Martin Luther

Namensträger: der heilige Papst Martin I. (6./7. Jh.), Namenstag: 12. November; Martin Opitz, deutscher Dichter (16./17. Jh.); Martin Buber, jüdischer Religionsphilosoph (19./20. Jh.); Martin Niemöller, deutscher evangelischer Theologe (19./20. Jh.); Martin Held, deutscher Schauspieler (20. Jh.); Martin Walser, deutscher Schriftsteller (20. Jh.);

Martin Lauer, deutscher Leichtathlet (20. Jh.).

Martina: weibl. Vorn., weibliche Form des männlichen Vornamens → Martin (lat. Martīnus). Der Vorname ist erst in neuerer Zeit weiteren Kreisen bekannt geworden, obwohl das Römische Meßbuch eine heilige Martina, Märtyrerin des 3. Jh.s (N a m e n s t a g: 30. Januar), verzeichnet. Bekannte Namensträgerin: Martina Wied, österreichische Schriftstellerin (19./20. Jh.). Französ. Form: Martine [martịn].

Martine [martịn]: in neuerer Zeit aus dem Französischen übernommener weibl. Vorn., französische Form von → Martina.

Mary [mǟri]: aus dem Englischen übernommener weibl. Vorn., englische Form von → Maria. Bekannte Namensträgerin: Mary Wigman, deutsche Tänzerin und Choreographin (19./20. Jh.).

Marzella: → Marcella.

Marzelline: weibl. Vorn., Weiterbildung von → Marcella. Der Vorname spielt heute kaum noch eine Rolle in der Namengebung.

Marzellus: → Marcellus.

Mascha: aus dem Russischen übernommener weibl. Vorn., Koseform von Marija (→ Maria).

Mathew: → Matthias.

Mathieu: → Matthias.

Mathilde: alter deutscher weibl. Vorn., der sich wie die Namensform → Mechthild aus ahd. Ma[c]hthilt entwickelt hat (ahd. *ma[c]ht* „Macht, Kraft" + ahd. *hilt[j]a* „Kampf"). Zu der Verbreitung des Namens im Mittelalter trug vor allem die Verehrung der heiligen Mathilde (9./10. Jh.) bei, N a m e n s t a g: 14. März. Die heilige Mathilde, Frau Heinrichs I. und Mutter Ottos des Großen, gründete mehrere Klöster und war eine Wohltäterin der Armen. Im späten Mittelalter wurde „Mathilde" durch die volkstümliche Namensform Mechthild zurückgedrängt. Um 1800 wurde der Name durch die Ritterdichtung und romantische Dichtung neu belebt. Eine literarische Gestalt ist die Mathilde in Novalis' Roman „Heinrich von Ofterdingen" (1802). Einen Roman „Mathilde Möhring" schrieb Theodor Fontane. Heute hat „Mathilde" einen altmodischen Klang und kommt sehr selten vor. Bekannte Namensträgerinnen: Mathilde von Tuszien, Markgräfin der Toskana (11./12. Jh.); Mathilde Wesendon[c]k, deutsche Schriftstellerin (19. Jh.).

Hl. Mathilde

Mathis: männl. Vorn., Nebenform von → Matthias. Bekannt ist die Namensform vor allem durch Paul Hindemiths Oper „Mathis der Maler" (= Matthias Grünewald).

Matteo: → Matthias.

Matthäus: männl. Vorn., Nebenform von → Matthias. Der Name ist allgemein bekannt durch den Evangelisten Matthäus; N a m e n s t a g: 21. September. Er war früher in Deutschland neben „Matthias" gebräuchlich, kommt heute aber nur noch vereinzelt vor. Bekannter Namensträger: Matthäus Merian der Ältere, schweizerischer Kupferstecher und Buchhändler (16./17. Jh.).

Matthias: männl. Vorn. hebräischen Ursprungs, eigentlich „Geschenk Gottes". – „Matthias" fand im Mittelalter in Deutschland als Name des heiligen Matthias Verbreitung; Namenstag: 24. (im Schaltjahr: 25.) Februar. Der heilige Matthias war einer der Jünger Jesu; er wurde durch das Los zum Ersatzapostel für Judas Ischariot bestimmt. Nach der Legende sollen seine Reliquien durch Kaiserin Helena nach Rom und von dort nach Trier gekommen sein. Daher war der Name früher im Raum Trier überaus beliebt. Während „Matthias" in der ersten Hälfte des 20. Jh.s ziemlich selten vorkam, ist er in neuester Zeit wie „Andreas" und „Michael" modisch geworden. Bekannte Namensträger: Matthias von Neuenburg, deutscher Chronist (14. Jh.); Matthias Corvinus, ungarischer König (15. Jh.); Matthias Grünewald, deutscher Maler (15./16. Jh.); Matthias Claudius, deutscher Dichter (18./19. Jh.); Mathias Jakob Schleiden, deutscher Naturforscher (19. Jh.); Matthias Wieman, deutscher [Film]schauspieler (20. Jh.). Italien. Form: Matteo. Französ. Form: Mathieu [matjö]. Engl. Form: Mathew [mäthju].

Maud [måd]: englischer weibl. Vorn., der sich (über Maulde, Mahalt) aus → Mathilde oder aus → Magdalena entwickelt hat.

Maura [måre]: englischer weibl. Vorn. irischen Ursprungs, irische Form von → Maria.

Maureen [mårin]: englischer weibl. Vorn. irischen Ursprungs, Verkleinerungsform von → Maura.

Maurice [moriß]: französischer männl. Vorn., französische Form von → Moritz.

Mauritius: → Moritz.

Max: männl. Vorn., Kurzform von → Maximilian. Der Vorname war im 19. Jh. überaus beliebt. Zu seiner Beliebtheit trug Schiller mit der Gestalt des Max Piccolomini im „Wallenstein" (1800) bei. Eine bekannte Opernfigur ist der Max in Webers Oper „Der Freischütz". Allgemein bekannt sind die Lausbubengestalten Max und Moritz aus Wilhelm Buschs bebilderter Geschichte „Max und Moritz". Bekannte Namensträger: Max von Schenkendorf,

deutscher Lyriker (18./19. Jh.); Max Planck, deutscher Physiker (19./20. Jh.); Max Weber, deutscher Nationalökonom und Soziologe (19./20. Jh.); Max Dauthendey, deutscher Schriftsteller (19./20. Jh.); Max Slevogt, deutscher Maler und Graphiker (19./20. Jh.); Max Halbe, deutscher Schriftsteller (19./20. Jh.); Max Reger, deutscher Komponist (19./20. Jh.); Max Reinhardt, österreichischer Regisseur u. Schauspiellehrer (19./20. Jh.); Max von Laue, deutscher Physiker (19./20. Jh.); Max Beckmann, deutscher Maler (19./20. Jh.); Max Brod, israelischer Schriftsteller (19./20. Jh.); Max Schmeling, deutscher Boxweltmeister (20. Jh.); Max Frisch, schweizerischer Dichter (20. Jh.).

Maxi: weibl. Vorn., besonders süddeutsche Kurz- und Koseform von → Maximiliane. Bekannte Namensträgerin: Maxi Herber, deutsche Eiskunstläuferin (20. Jh.).

Maximilian: männl. Vorn. lateinischen Ursprungs, der (durch Dissimilation von *n* zu *l*) aus lat. Maximinianus entstanden ist. Der lat. Name Maximinianus bedeutet „der aus dem Geschlecht Maximinus" (Bildung zu lat. *maximus* „sehr groß, am größten"). – „Maximilian" kam in Österreich und Bayern als Heiligen-

Maximilian I.

name auf, und zwar als Name des heiligen Maximilian von Celeia (3. Jh.), Namenstag: 12. Oktober. Der heilige Maximilian soll im Ostalpenraum als Apostel gewirkt haben und Bischof von Lorch in Oberösterreich gewesen sein. Seine Reliquien kamen im 10. Jh. nach Passau, wo er dann als Märtyrer und Schutzheiliger der Diözese verehrt wurde. Bekannt wurde der Name vor allem durch Kaiser Maximilian I. (15./16. Jh.). Maximilian I., genannt der letzte Ritter, vertrat die Ansicht, sein Vater habe für ihn den Namen aus Maximus und Aemilianus gebildet, damit er soviel leisten möge wie Fabius Maximus und Scipio Aemilianus zusammen. Vom Adel in Österreich und Bayern wurde Kaiser Maximilian häufig als Namensvorbild gewählt. Im 19. und 20. Jh. wurde die volle Namensform von der Kurzform → Max zurückgedrängt. – Bekannte Namensträger: Maximilian von Welsch, deutscher Baumeister (17./18. Jh.); Maximilian, Kaiser von Mexiko (19. Jh.); Maximilian Harden, deutscher Schriftsteller (19./20. Jh.); Maximilian Schell, schweizerischer Schauspieler (20. Jh.).

Maximiliane: weibl. Vorn., weibliche Form von → Maximilian. Der Vorname spielt heute kaum noch eine Rolle in der Namengebung.

May [mei̯]: englischer weibl. Vorn., Kurzform von → Mary.

Mechthild, (auch:) Mechthilde: alter deutscher weibl. Vorn., umgelautete Nebenform von → Mathilde. Der Name war im Mittelalter überaus beliebt. Die Koseform *Metze* war so volkstümlich, daß sie als Bezeichnung für „Mädchen" (später für „Dirne, Hure") verwendet wurde. Der Vorname Mechthild kommt heute selten vor. Bekannte Namensträgerinnen: Mechthild von Magdeburg, deutsche Mystikerin (13. Jh.); Mechthilde Fürstin Lichnowski, deutsche Schriftstellerin (19./20. Jh.).

Meggy [mägi̯]: englischer weibl. Vorn. Nebenform von → Maggie.

Meike, (auch:) Maike; Maika: weibl. Vorn., friesische Kurz- und Verkleinerungs- oder Koseform von → Maria (vgl. die Namensformen Marieke und Mai[e]).

Meina: weibl. Vorn., friesische Kurzform von Namen, die mit „Mein-" gebildet sind, wie z. B. → Meinhild.

Meinald, (auch:) Meinold; Meinhold: alter deutscher männl. Vorn. (ahd. *magan, megin* „Kraft, Tüchtigkeit. Macht" + ahd. *-walt* zu *waltan* „herrschen, walten"). Der Name kam in der Neuzeit außer Gebrauch.

Meinhard: alter deutscher männl. Vorn. (ahd. *magan, megin* „Kraft, Tüchtigkeit, Macht" + ahd. *harti, herti* „hart"). Der Name war im Mittelalter bei den Grafen von Tirol traditionell. Bekannter Namensträger: Meinhard von Zallinger, österreichischer Dirigent (19./20. Jh.).

Meinharde: weibl. Vorn., weibliche Form des männlichen Vornamens → Meinhard. Der Vorname spielt heute keine Rolle mehr in der Namengebung.

Meinhild, (auch:) Meinhilde: alter deutscher weibl. Vorn. (ahd. *magan, megin* „Kraft, Tüchtigkeit, Macht" + ahd. *hilt[j]a* „Kampf").

Meinhold: Nebenform des männlichen Vornamens → Meinald.

Meino: männl. Vorn., friesische Kurzform von Namen, die mit „Mein-" gebildet sind, wie z. B. → Meinhard und → Meinhold.

Meinold: Nebenform des männlichen Vornamens → Meinald.

Meinolf, (auch:) Meinulf: alter deutscher männl. Vorn. (ahd. *magan, megin* „Kraft, Tüchtigkeit, Macht" + ahd. *wolf* „Wolf").

Meinrad: alter deutscher männl. Vorn. (ahd. *magan, megin* „Kraft, Tüchtigkeit, Macht" + ahd. *rāt* „Rat[geber]; Ratschlag"). Der heilige Meinrad (9. Jh.), aus dessen Mönchszelle die Abtei Einsiedeln hervorging, wird in der Ostschweiz verehrt; Namenstag: 21. Januar. Bekannter Namensträger: Meinrad Inglin, schweizerischer Schriftsteller (19./20. Jahrhundert).

Meinrade: alter deutscher weibl. Vorname, weibliche Form des männlichen Vornamens → Meinrad.

Meinulf: Nebenform des männlichen Vornamens → Meinolf.

Mela: weibl. Vorn., Kurzform von → Melitta.

Melanie [auch: Melanie]: im 19. Jh. aus dem Französischen ˙(Mélanie) übernommener weibl. Vorn., der auf den Namen der heiligen Melanie (lat. Melania aus griech. Melanía, zu griech. *mélas* „dunkelfarbig, schwarz") zurückgeht. – Eine bekannte literarische Gestalt ist die Melanie in Margaret Mitchells Roman „Vom Winde verweht" (deutsche Übersetzung: 1937). Engl. Form: Melanie [mälᵉni]. Französ. Form: Mélanie [melani].

Melcher: männl. Vorn., volkstümliche Nebenform von → Melchior.

Melchior: männl. Vorn. hebräischen Ursprungs, eigentlich „König des Lichts". – „Melchior" wurde im Mittelalter in Deutschland als Name eines der Heiligen Drei Könige bekannt (vgl. Kaspar und Balthasar). Heute kommt der Vorname sehr selten vor. Bekannter Namensträger: Melchior Klesl, österreichischer Staatsmann und Kardinal (16./17. Jh.).

Melina: griechischer weibl. Vorn., der erst in neuester Zeit durch die griechische Filmschauspielerin Melina Mercouri (20. Jh.) in Deutschland bekannt geworden ist.

Melinda: weibl. Vorn., dessen Bildung und Bedeutung unklar sind.

Meline: weibl. Vorn., dessen Herkunft und Bedeutung unklar sind.

Melitta, (auch:) Melissa: weibl. Vorn. griech. Ursprungs, eigentlich „Biene" (griech. *mélitta, -issa* „Biene"). Der Name ist erst in der Neuzeit von Liebhabern der griechischen Antike übernommen worden.

Melusine: weibl. Vorn., der auf den gleichlautenden Namen einer Meerfee in der altfranzösischen Sage zurückgeht. Der Name wurde in Deutschland durch das Volksbuch allgemein bekannt (vgl. auch Goethes Märchen „Die neue Melusine"), ist aber nie volkstümlich geworden.

Mercedes: aus dem Spanischen übernommener weibl. Vorname. Span. Mercedes ist gekürzt aus dem Namen des Festes Maria de Mercede redemptionis captivorum „Maria von der Gnade der Gefangenenerlösung". Dieses Marienfest wird am 24. September gefeiert. Auch andere spanische weibliche Vornamen beziehen sich auf Marienfeste, z. B. → Carmen und → Dolores.

Merle: im 20. Jh. aus dem Englischen übernommener weibl. Vorn., eigentlich „Amsel" als Beiname für einen Menschen, der gern singt und pfeift (engl., französ. *merle*, latein. *merula* „Amsel"). Der Vorname wurde durch die englische Schauspielerin Merle Oberon (Estelle Merle O'Brien Thompson) in Deutschland bekannt.

Merten: männl. Vorn., niederdeutsche Form von → Martin.

Meta: weibl. Vorn., Kurzform von → Margareta. Der Name war im 19. Jh. und noch zu Beginn des 20. Jh.s in Deutschland recht beliebt. Heute hat er einen altmodischen Klang. Eine literarische Gestalt ist die Meta Koggenpoord in Hans Francks gleichnamigem Roman. Bekannte Namensträgerin: Meta Moller, Frau Klopstocks (18. Jh.).

Metta: weibl. Vorn., niederdeutsche Kurz- und Koseform von → Mechthild.

Mia: weibl. Vorn., Kurzform von → Maria.

Micaela: italien. und span. Form des weibl. Vornamens → Michaela.

Michael: aus der Bibel übernommener männl. Vorn. hebräischen Ursprungs, eigentlich „wer ist wie Gott?". „Michael" fand im Mittelalter in der christlichen Welt als Name des Erzengels Michael Verbreitung. Nach der Bibel besiegt Michael mit seinen Engeln den Teufel. Als Überwinder des Teufels wurde er häufig als Schutzheiliger gewählt; Namenstag: 29. September. – Bekannte literarische Gestalten sind der Michael Kohlhaas aus Kleists gleichnamiger Novelle und der Michael Kramer aus Gerhart Hauptmanns gleichnamigem Schauspiel. – „Michael" ist heute wie „Andreas" und „Thomas" modisch. Bekannte Namensträger: Michael Pacher, deutscher Maler und Bildschnitzer (15./16. Jh.); · Michael Jary, deutscher Komponist von Film- und Tanzmusik (20. Jh.). Italien. Form: Michele [mikāle]. Span, Form: Miguel [miehāl]. Französ. Form: Michel [mischāl]. Engl. Form: Michael [maikel]. Schwed. Formen: Mikael; Mickel. Russ. Form: Michail. Ungar. Form: Mihály [mihaj].

Michaela: weibl. Vorn., weibliche Form des männlichen Vornamens → Michael. Der Vorname ist heute wie „Andrea" und „Claudia" modisch. – Italien. Form: Micaela. Span. Form: Micaela. Französische Formen: Michèle [mischāl], Michelle [mischāl].

Michail: → Michael.

¹Michel: männl. Vorn., seit dem Mittelalter gebräuchliche volkstümliche Nebenform von → Michael. Zu der Beliebtheit der Namensform Michel trug im Mittelalter die Lautgleichheit mit ahd. und mhd. *michel* „groß" bei. In der Neuzeit ging die Beliebtheit des Vornamens zurück, weil „Michel" zum Spottnamen für den Deutschen wurde.

²Michel [mischāl]: französische Form des männl. Vornamens → Michael.

Michele: → Michael.

Michèle [mischāl]: französischer weibl. Vorn., französische Form von → Michaela. Bekannte Namensträgerin: Michèle Morgan, französische Filmschauspielerin (20. Jh.).

Micheline [französische Aussprache: mischlin]: aus dem Französischen übernommener weibl. Vorn., Weiterbildung von Michèle (→ Michaela). Bekannte Namensträgerin: Micheline Presle, französische Filmschauspielerin (20. Jh.).

Michelle [mischāl]: Nebenform von → Michèle.

Mickel: → Michael.

Mieke: weibl. Vorn., Kurzform von → Marieke.

Mieze: weibl. Vorn., niederdeutsche Kurz- und Koseform von → Maria.

Mignon [minjong oder minjong]: aus dem Französischen übernommener weibl. Vorn., eigentlich wohl „die Zarte (französ. *mignon* „zart, niedlich"). Der Name kommt sehr selten vor, ist aber weiteren Kreisen bekannt durch die Mignon in Goethes Roman „Wilhelm Meisters Lehrjahre" und durch die Oper „Mignon" von Ambroise Thomas.

Miguel: spanischer männl. Vorn., spanische Form von → Michael. Der Vorname ist in Spanien überaus beliebt.

Mihály: → Michael.

Mikael: → Michael.

Mike [maik]: in neuerer Zeit aus dem Englischen übernommener männl. Vorn., Kurzform von → Michael (englische Aussprache: maikel]).

Miklós: → Nikolaus.

Mikula: russischer männl. Vorn., der aus der Verschmelzung von Nikolai (→ Nikolaus) und Michail (→ Michael) hervorgegangen ist.

Mila: slawischer weibl. Vorn., Kurzform von → Ludmilla.

Milda: alter deutscher weibl. Vorn., Kurzform von heute nicht mehr gebräuchlichen Namen wie Mil[d]burg und Miltraud.

Mile: Kurzform des weiblichen Vornamens → Emilie.

Milena [auch: Milena]: slawischer weibl. Vorn., Bildung zu → Mila.

Milko: slawischer männl. Vorn., Kurzform → Miloslaw.

Milli: weibl. Vorn., Kurz- und Koseform von → Emilie.

Milly: englischer weibl. Vorn., Kurz- und Koseform von Emily (→ Emilie).

Miloslaw, (auch:) Miloslav: aus dem Slawischen übernommener männl. Vorn. (vgl. russ. *milyj* „lieb, angenehm", *sláva* „Ruhm, Lob, Ehre").

Mimi, (auch:) Mimmi: weibl. Vorn., Koseform – eigentlich Lallform aus der Kindersprache – von → Maria. Der Name ist vor allem bekannt durch die Mimi in Puccinis Oper „La Bohème".

Mine: weibl. Vorn., Kurzform von → Wilhelmine und → Hermine.

Minette: weibl. Vorn., französierende Weiterbildung von → Mine.

Minka: polnischer weibl. Vorn., Kurz- und Koseform von → Wilhelmine.

Minna: weibl. Vorn., im 18. Jh. aufgekommene Kurz- und Koseform von → Wilhelmine. Zu der großen Beliebtheit des Namens im 18. Jh. trug vor allem Lessing mit der Minna in seinem Lustspiel „Minna von Barnhelm" (1767) bei. Der Name kam im 19. Jh. so häufig vor, daß er – als typischer Dienstmädchenname – abgewertet wurde (vgl. die Vornamen Emma und Johann).

Mira: weibl. Vorn., Kurzform von → Mirabella.

Mirabella, (auch:) Mirabell: aus dem Italienischen übernommener weibl. Vorn., eigentlich „die Wunderbare" (Bildung zu italien. *mirabile* „wunderbar").

Miranda: weibl. Vorn. lateinischen Ursprungs, eigentlich „die Bewundernswürdige" (lat. *mīrandus, -a, -um* „bewundernswürdig, wunderbar" zu *mīrārī* „bewundern").

Mireille [mirä¹]: französischer weibl. Vorn., französische Form von → Mirella. Bekannte Namensträgerin: Mireille Mathieu, französische Sängerin (20. Jh.).

Mirella: italienischer weibl. Vorn., Kurzform von → Mirabella.

Mirjam, (auch:) Miriam: aus der Bibel übernommener weibl. Vorn. hebräischen (aramäischen) Ursprungs, dessen Bedeutung dunkel ist. Die griechische und lateinische Form von „Mirjam" ist → Maria.

Mirko: slawischer männl. Vorname, Kurzform von → Miroslaw.

Mirl: weibl. Vorn., oberdeutsche Kurz- und Koseform von → Maria.

Miroslaw: aus dem Slawischen übernommener männl. Vorn. (vgl. russ. *mir* „Friede", *sláva* „Ruhm, Lob, Ehre").

Mischa: aus dem Russischen übernommener männl. Vorn., Koseform von Michail (→ Michael).

Mitja: russischer männl. Vorn., Koseform von D[i]mitri (→ Demetrius).

Mizzi, (auch:) Mitzi: weibl. Vorn., oberdeutsche Kurz- und Koseform von → Maria (vgl. die Namensform Mieze).

Modest, (auch:) Modestus: männl. Vorname lateinischen Ursprungs, eigentlich „der Bescheidene" (lat. *modestus* „bescheiden; sanftmütig, besonnen; sittsam"). Der Name kam schon im Mittelalter in Deutschland nur vereinzelt vor, obwohl ihn mehrere Heilige trugen, z. B. der heilige Modestus, Apostel von Kärnten (8. Jh.; Namenstag: 5. Februar), und der heilige Modestus, der Erzieher des heiligen Vitus (Namenstag: 15. Juni).

Modesta: weibl. Vorn., weibliche Form von Modestus (→ Modest).

Moll: englischer weibl. Vorn., Koseform – eigtl. Lallform aus der Kindersprache – von Mary (→ Maria).

Molly: aus dem Englischen übernommener weibl., Vorn., Koseform – eigentlich Lallform aus der Kindersprache – von Mary (→ Maria).

Mombert, (auch:) Mombrecht: alter deutscher männl. Vorn. (der 1. Bestandteil ist german. *muni* „Geist, Gedanke, Wille"; vgl. mhd. *mun* „Gedanke; Absicht"; der 2. Bestandteil ist ahd. *beraht* „glänzend").

Mombrecht: Nebenform des männlichen Vornamens → Mombert.

Momme, (auch:) Mommo: männl. Vorn., Kurzform von → Mombert.

Mona: aus dem Englischen übernommener weibl. Vorn., eigentlich wohl „die Edle" (Bildung zu irisch *muadh* „edel"). Der Name des berühmten Gemäldes von Leonardo da Vinci hat nichts mit dem Vornamen „Mona" zu tun. Mona Lisa, eigentl. Madonna Lisa, bedeutet „Frau Lisa".

Moni: weibl. Vorn., Kurzform von → Monika.

Monica: → Monika.

Monika: weibl. Vorn., dessen Bedeutung und Herkunft unklar sind. „Monika" fand im Mittelalter in der christlichen Welt als Name der heiligen Monika Verbreitung; Namenstag: 4. Mai. Die heilige Monika (4. Jh.) war die Mutter des heiligen Augustinus. – In Deutschland wurde der Name erst im 20. Jh. volkstümlich. Eine bekannte Operettenfigur ist die Monika aus Nico Dostals gleichnamiger Operette. – Bekannte Namensträgerin: Monika Peitsch, deutsche Schauspielerin (20. Jh.). Italien. Form: Monica. Französ. Form: Monique [monik].

Monique [monik]: französ. Form des weiblichen Vornamens → Monika.

Monty: englischer männl. Vorn., Kurz- und Koseform von Montague (ursprünglich englischer Familienname).

Moritz, (österreichisch:) Moriz: männlicher Vorn., der sich aus lateinisch Mauritius entwickelt hat. Lat. Mauritius ist eine Weiterbildung von lat. *Maurus* „der aus Mauretanien Stammende, der Mohr". – „Mauritius" fand im Mittelalter als Heiligenname Verbreitung, vor allem als Name des heiligen Mauritius, des Anführers der Thebaischen Legion. Der heilige Mauritius starb im 3. Jh. in der Schweiz bei Agaunum (heute St. Moritz) den Märtyrertod; Namenstag: 22. September. Der Name kam im Mittelalter häufiger nur in der Schweiz, dem Verehrungsgebiet des heiligen Mauritius, vor. In der Neuzeit wurde der Name durch den Adel auch in Deutschland bekannt, so z. B. in Sachsen durch den Kurfürsten Moritz von Sachsen (16. Jh.) und durch den Grafen Moritz von Sachsen, genannt Marschall von Sachsen (17./18. Jh.). Volkstümlich wurde „Moritz" durch die bebilderte Geschichte „Max und Moritz" von Wilhelm Busch. Bekannte Namensträger: Moritz August von Thümmel, deutscher Schriftsteller (18./19. Jh.); Moritz von Schwind, deutscher Maler (19. Jh.); Moritz Graf von Strachwitz, deutscher Dichter (19. Jh.); Moritz Diesterweg, deutscher Verleger (19. Jh.). Französ. Form: Maurice [moríß]. Engl. Form: Morris.

Morris: → Moritz.

Morten: aus dem Nordischen (Dänischen) übernommener männl. Vorn., dänische und norwegische Form von → Martin. Eine literarische Gestalt ist der Morten Schwarzkopf in Thomas Manns Roman „Buddenbrooks".

Mortimer: männl. Vorn., der in Deutschland durch den Mortimer in Schillers „Maria Stuart" bekannt wurde. Es handelt sich eigtl. um einen englischen Familiennamen, der auf Mortemer, den Namen eines Ortes in der Normandie, zurückgeht.

Mumme: Nebenform des männlichen Vornamens → Momme.

Muriel: aus dem Englischen übernommener weibl. Vorn. keltischen Ursprungs (vielleicht „glänzende See, vgl. irisch *mu^{ir}* „die See" und *geal* „glänzend").

N

Nadine: weibl. Vorn., Weiterbildung von → Nadja.

Nadja: in neuerer Zeit aus dem Russischen übernommener weibl. Vorn., Kurzform des Namens Nadeschda (eigentlich „Hoffnung" = russ. *nadéschda* „Hoffnung"). Bekannte Namensträgerinnen: Nadia Boulanger, französiche Komponistin und Musikpädagogin (19./20. Jh.); Nadia Gray, rumänische Filmschauspielerin (20. Jh.); Nadja Tiller, österreichische Filmschauspielerin (20. Jh.).

Nancy [nänßi]: englischer weibl. Vorn., Koseform von engl. Anne (→ Anna). Zum Anlaut vgl. den weiblichen Vornamen Nanne. Bekannte Namensträgerin: Nancy Sinatra, amerikanische Schlagersängerin (20. Jh.).

¹Nanna: in den nordischen Ländern gebräuchlicher weibl. Vorn., der auf Nanna, den Namen einer altnordischen Göttin, zurückgeht. Nach der altnordischen Mythologie ist Nanna (eigentlich „Mutter") die Frau des Gottes Baldr.

²Nanna: → Nanne.

Nanne, (auch:) Nanna: weibl. Vorn., aus der Kindersprache stammende Lallform von → Anna. Diese Lallform kommt auch in anderen Sprachen vor, vgl. die dazu gebildeten Vornamen Nannette und Nancy.

Nannette: aus dem Französischen übernommener weibl. Vorn., Verkleinerungsform von französ. Anne (→ Anna). Zum Anlaut vgl. den weiblichen Vornamen Nanne.

Nanni: oberdeutsche Kose- oder Verkleinerungsform von → Nanne.

Nanno: männl. Vorn., Kurzform von → Ferdinand und von Namen, die mit „Nant-" gebildet sind (vgl. z. B. Nantwin).

Nantwig: alter deutscher männl. Vorn. (der 1. Bestandteil ist german. *nanþa- „gewagt, wagemutig, kühn", vgl. ahd. nenden „wagen"; der 2. Bestandteil ist ahd. wīg „Kampf, Krieg"). Der Vorname ist wenig bekannt.

Nantwin: alter deutscher männl. Vorn. (der 1. Bestandteil ist german. *nanþa- „gewagt, wagemutig, kühn", vgl. ahd. nenden „wagen"; der 2. Bestandteil ist ahd. wini „Freund"). Der Vorname ist wenig bekannt.

Nastasja: russischer weibl. Vorn., Kurzform von → Anastasia.

Nat [nät]: englischer männl. Vorn., Kurzform von → Nathanael.

Natalie, (auch:) **Natalia:** weibl. Vorn. lateinischen Ursprungs, eigentlich „die am Geburtstag Christi (Weihnachten) Geborene" (zu lat. [diēs] nātālis „[Tag der] Geburt"). Der Name ist in Deutschland nie volkstümlich geworden, obwohl er um 1800 häufig in der Dichtung verwendet wurde, z. B. von Goethe im Roman „Wilhelm Meisters Lehrjahre", von Jean Paul im Roman „Siebenkäs" und von Kleist im Schauspiel „Prinz von Homburg". Eine bekannte literarische Gestalt ist auch die Natalie in Stifters Roman „Der Nachsommer". Bekannte Namensträgerin: Natalie Wood, amerikanische Filmschauspielerin. Franzöz. Form: Natalie [natalị]. Engl. Form: Natalie [nätᵉli].

Natascha: in neuerer Zeit aus dem Russischen übernommener weibl. Vorn., Koseform von → Natalie. Eine bekannte literarische Gestalt ist die Natascha in Leo Tolstois Roman „Krieg und Frieden".

¹Nathan: aus der Bibel übernommener männl. Vorn. hebräischen Ursprungs, eigentlich „er (= Gott) hat gegeben". Nach der Bibel war Nathan ein Prophet, der David nach dem Ehebruch mit Bathseba und dem Mord an Uria das Urteil Gottes verkündete.

„Nathan" spielt nur noch in jüdischen Familien als Vorname eine Rolle. Allgemein bekannt ist der Name durch Lessings Schauspiel „Nathan der Weise". – Bekannter Namensträger: Nathan Milstein, amerikanischer Violinist (20. Jh.).

²Nathan: männl. Vorn., Kurzform von → Nathanael oder → Jonathan.

Nathanael: männl. Vorn. hebräischen Ursprungs, eigentlich „Gott hat gegeben". – Eine literarische Gestalt ist der Nathanael in E. T. A. Hoffmanns Nachtstück „Der Sandmann".

Neidhard, (auch:) **Neidhart; Neidhardt:** alter deutscher männl. Vorn. (ahd. nīd „[Kampfes]groll, feindselige Gesinnung" + ahd. harti, herti „hart"). Der Name kommt heute sehr selten vor. Bekannt ist er vor allem durch den mittelhochdeutschen Dichter Neidhart von Reuenthal (12./13. Jh.).

Nele: familiäre Kurz- oder Koseform von → Helene oder → Eleonore (vgl. Nelli).

Nelli, (auch:) **Nelly:** weibl. Vorn., aus der Kindersprache stammende Lallform von → Elli, → Helene oder → Eleonore. Bekannte Namensträgerin: Nelly Sachs, deutsche Lyrikerin (19./20. Jh.).

¹Nelly: englischer weibl. Vorn., Lallform aus der Kindersprache von Helen (→ Helene) oder Elinor (→ Eleonore).

²Nelly: → Nelli.

Nepomuk: männl. Vorn., der auf den Namen des heiligen Nepomuk, eigentlich Johannes von Nepomuk, zurückgeht. Nepomuk (älter Pomuk) ist der Name eines Ortes in Böhmen. – Der heilige Nepomuk war im 14. Jh. Generalvikar des Prager Erzbischofs. Nach der Legende wurde er von König Wenzel gefoltert und in der Moldau ertränkt, weil er über die Beichte der Königin Schweigen wahrte. Er wird oft als Brückenheiliger dargestellt und ist der Landespatron von Böhmen; Namenstag: 16. Mai. – Bekannter Namensträger: Johann Nepomuk David, österreichischer Komponist (19./20. Jh.).

Netti, (auch:) **Netty:** weibl. Vorn.,

Kurz- und Koseform von französischen Vornamen, die auf „-nette" ausgehen, wie z. B. → Annette, → Antoinette und → Jeannette.

Niccolò: → Nikolaus.

Nicholas: → Nikolaus.

Nick: englischer männl. Vorn., Kurzform von Nicholas (→ Nikolaus).

Nico: italienischer männl. Vorn., Kurzform von Niccolò oder Nicola (→ Nikolaus). Bekannter Namensträger: Nico Dostal, österreichischer Operettenkomponist (19./20. Jh.).

Nicol: → Nikolaus.

Nicola: → Nikolaus.

Nicolai: → Nikolai.

Nicolas: → Nikolaus.

Nicolás: → Nikolaus.

Nicole, (auch:) Nicolle [nikọl]: in neuerer Zeit aus dem Französischen übernommener weibl. Vorn., weibliche Form des männlichen Vornamens Nicol (→ Nikolaus). Bekannte Namensträgerinnen: Nicole Berger, französische Filmschauspielerin (20. Jh.); Nicole Heesters, deutsche Schauspielerin (20. Jh.).

Nicoletta, (eindeutschend auch:) Nikoletta: aus dem Italienischen übernommener weibl. Vorn., weibliche Form des männlichen Vornamens Nicoletto (Verkleinerungsform von Nicola, Niccolò, vgl. Nikolaus).

Nicolette [nikolät]: französischer weibl. Vorn., Verkleinerungsform von → Nicole.

Niels: → Nils.

Nies: → Nis.

Nikita: russischer männl. Vorn., Koseform von → Nikolai. Bekannter Namensträger: Nikita Chruschtschow, sowjetischer Staatsmann (19./20. Jh.).

Niklas: männl. Vorn., Kurzform von → Nikolaus. Der Vorname ist in neuester Zeit wieder beliebt geworden. Bekannter Namensträger: Niklas von Wyle, schweizerischer Humanist (15. Jh.).

Niklaus: schweizerische Kurzform von → Nikolaus.

Nikodemus: aus der Bibel übernommener männl. Vorn. griechischen Ursprungs, eigentlich etwa „Volkssieger" (griech. Nikódēmos, zu griech. *nikē* „Sieg" und *dēmos* „Volk"). Nach der Bibel war Nikodemus ein Schriftgelehrter. Er trat für Jesus ein und beteiligte sich an seiner Bestattung. Im Gegensatz zu dem gleichbedeutenden Namen Nikolaus ist „Nikodemus" in Deutschland nie volkstümlich geworden.

Nikolai, (auch:) Nicolai: aus dem Russischen übernommener männl. Vorn., russische Form von → Nikolaus. Bekannter Namensträger: Nicolai Hartmann, deutscher Philosoph (19./20. Jh.).

Nikolaus [auch: Nịkolaus]: männlicher Vorname griechischen Ursprungs, eigentlich etwa „Volkssieger" (griech. Nikólaos, zu griech. *nikē* „Sieg" und *laós* „Volk, Kriegsvolk"). „Nikolaus" fand im Mittelalter als Name des heiligen Nikolaus Verbreitung; Namenstag: 6. Dezember. Der heilige Nikolaus war im 4. Jh. Bischof von Myra (Lykien). Um seine Person bildeten sich zahlreiche Legenden. Er wurde zunächst in der griechischen und russischen Kirche verehrt, dann breitete sich sein Kult auch im Abendland aus. Er war im Mittelalter in Deutschland der Patron der Schüler und zahlreicher Stände und gehört zu den Vierzehn Nothelfern. Seinen Namen trugen Heilige, Päpste und russische Zaren. „Nikolaus" gehörte im Mittelalter in Deutschland zu den volkstümlichsten Namen. Seit dem 18. Jh. verlor er seine Beliebtheit und wurde im 20. Jh. durch die Kurzform → Klaus völlig zurückgedrängt. Bekannte Namensträger: Nikolaus von Jeroschin, Deutschordensgeistlicher und Chronist (14. Jh.); Papst Nikolaus V., bedeutender Humanist und Begründer der Vatikanischen Bibliothek (14./15. Jh.); Nikolaus von Kues, deutscher Philosoph und Theologe (15. Jh.); der heilige Nikolaus von der Flüe (15. Jh.), Namenstag: 25. September; Nikolaus Kopernikus, deutscher Astronom (15./16. Jh.); Nikolaus Ludwig Graf von Zinzendorf, deutscher Liederdichter (18.Jh.); Nikolaus Lenau, österreichischer Dichter (19. Jh.). Italien. Formen: Niccolò; Nicola. Span. Form: Nicolás. Französ. Formen: Nicol [nikọl]; Nicolas [nikolạ]. Engl. Formen: Nicholas, Nicolas [nịk^el^eß]. Russ. Form: Nikolai. Ungar. Form: Miklós [míklọsch].

Nils, (auch:) N i e ls: männl. Vorn., niederdeutsche und nordische Form von → Nikolaus. Bekannte literarische Gestalten sind der Niels in Jens Peter Jacobsens Roman „Niels Lyhne" und der Nils in Selma Lagerlöfs Kinderbuch „Wunderbare Reise des kleinen Nils Holgersson mit den Wildgänsen". Bekannte Namensträger: Niels Wilhelm Gade, dänischer Komponist und Dirigent (19. Jh.); Niels Bohr, dänischer Physiker (19./20. Jh.); Nils Kjær, norwegischer Schriftsteller (19./20. Jh.).

Nina: weibl. Vorn., Kurzform von Namen, die auf „-nina" ausgehen, wie z. B. → Annina. Wahrscheinlich stammt „Nina" aus dem Italienischen, wo die Bildungen auf „-ina" sehr häufig vorkommen (Antonina, Giovannina usw.). Auch im Russischen ist „Nina" (Kurzform zu Antonina u. a.) ein beliebter Vorname. Im Französischen sind die Bildungen → Ninon und → Ninette gebräuchlich.

Ninette [ninät]: französischer weibl. Vorn., Verkleinerungsform von → Nina.

Nino: italienischer männl. Vorn., Kurzform von Giovanni (→ Johannes).

Ninon [ninọng]: französischer weibl. Vorn., Bildung zu → Nina.

Nis, (auch:) N i e s: männl. Vorn., Kurzform von → Dionysius.

Nora: weibl. Vorn., Kurzform von Eleonora (→ Eleonore). Der Vorname ist zwar allgemein bekannt durch die Nora in Henrik Ibsens Schauspiel „Nora oder Ein Puppenheim", er kommt aber in Deutschland sehr selten vor.

Norbert: alter deutscher männl. Vorn., eigentlich etwa „der im Norden Berühmte" (ahd. *nord* „Norden" + ahd. *beraht* „glänzend"). Zu der Verbreitung des Namens hat die Verehrung des heiligen Norbert von Xanten (11./12. Jh.) beigetragen; Namens-

Norbert von Xanten

tag: 6. Juni. Der heilige Norbert gründete den Prämonstratenserorden. Er war als Buß- und Wanderprediger in Frankreich und Deutschland tätig und wurde im Jahre 1126 Erzbischof von Magdeburg. Bekannter Namensträger: Norbert Schultze, deutscher Komponist (20. Jh.).

Noreen [norịn]: englischer weibl. Vorn., irische Verkleinerungsform von → Nora.

Norina: italienischer weibl. Vorn., Weiterbildung von → Nora.

Norma: weibl. Vorn., dessen Herkunft und Bedeutung unklar sind. Der Name, der in Deutschland nur ganz vereinzelt vorkommt, ist vielleicht durch die Norma in Bellinis Oper „Norma" (1831) in Deutschland aufgekommen. Diese Oper war im 19. Jh. recht beliebt.

Norman, (auch:) Normann: alter deutscher männl. Vorn., eigentlich „Mann aus dem Norden" (ahd. *nord* „Norden" + ahd. *man* „Mann"). Der Vorname, der in Deutschland sehr selten vorkommt, ist in England und Amerika recht beliebt. Engl. Form: Norman [nạrm^en].

Notburg, (auch:) Notburga: alter deutscher weibl. Vorn. (ahd. *nōt* ,,Bedrängnis [im Kampf], Gefahr" + ahd. -*burga* ,,Schutz, Zuflucht", vgl. ahd. *bergan* ,,in Sicherheit bringen, bergen"). Der Vorname kommt heute nur noch vereinzelt in katholischen Familien vor. Bekannte Namensträgerin: die heilige Notburga von Rattenberg in Tirol, Patronin der Dienstmägde und Bauern (13./14. Jahrhundert); Namenstag: 14. September.

Notker: alter deutscher männl. Vorn. (ahd. *nōt* ,,Bedrängnis· [im Kampf], Gefahr" + ahd. *gēr* ,,Speer", Umkehrung von → Gernot). Der Vorname war schon im ausgehenden Mittelalter selten und spielt heute kaum noch eine Rolle in der Namengebung. Bekannt ist er durch Notker den Deutschen (10./11. Jh.).

O

Octavia, (auch:) Oktavia: weibl. Vorn. lateinischen Ursprungs, weibliche Form von Octavius, eigentlich ,,der aus dem Geschlecht der Octavier" (zu lat. *octāvus* ,,der achte").

Oda: alter deutscher weibl. Vorn., Kurzform von heute nicht mehr gebräuchlichen Namen mit ,,Ot-" als erstem Bestandteil, wie z. B. Otberga und Othilt. Vgl. die männlichen Vornamen Odo und Otto, die als Kurzformen zu Otmar, Otfried u. a. gehören. Bekannter als die ursprünglich altsächsische Namensform Oda ist die hochdeutsche Form → Ute (ahd. Uota, Uoda). Bekannt wurde der Name im Mittelalter vor allem durch Oda, die Stammutter der Ludolfinger, die im Alter von 107 Jahren starb. Bekannte Namensträgerin: Oda Schaefer, deutsche Lyrikerin und Erzählerin (20. Jh.).

Odette [französische Aussprache: odät]: aus dem Französischen übernommener weibl. Vorn., Verkleinerungsform von → Oda.

Odile [odil]: französischer weibl. Vorn., französische Form von → Odilie. Bekannte Namensträgerin: Odile Versois, französische Filmschauspielerin (20. Jh.).

Odilie, (auch:) Odilia: alter deutscher weibl. Vorn., latinisierte Form von ahd. Odila, Otila, einer Verkleinerungsbildung von → Oda. – Zu der Verbreitung des Namens im Mittelalter trug die Verehrung der heiligen Odilia (7./8. Jh.) bei; Namenstag: 13. Dezember. Die heilige Odilia, Äbtissin des Klosters Odilienberg, wurde nach der Legende blind geboren und erlangte bei der Taufe das Augenlicht. Sie ist Patronin der Augenkranken und Schutzheilige des Elsaß. Der Name, der im Mittelalter recht beliebt war, wurde in der Neuzeit von der Namensform → Ottilie zurückgedrängt. Französ. Namensform: Odile [odil].

Odilo: alter deutscher männl. Vorn., Verkleinerungsbildung von → Odo.

Odine: weibl. Vorn., Weiterbildung von → Oda.

Odo: alter deutscher männl. Vorn., Kurzform von Namen, die mit ,,Ot-" gebildet sind, wie z. B. → Otfried und → Otmar.

Odomar, (auch:) Odemar: Nebenform des männlichen Vornamens → Otmar.

Oktavia: → Octavia.

Olaf: aus dem Nordischen übernommener männl. Vorn., eigentlich ,,Nachkomme des [göttlich verehrten] Urahns" (norweg. Olav; altisländ. Ōlāfr aus **anu-* -*laiƀaR*). Im Dänischen lautet der Vorname Oluf, die schwedische Form ist Olof. – ,,Olaf" ist ein alter norwegischer Königsname. König Olaf I. Tryggvesson ließ sich auf einer Wikingerfahrt in England im Jahre 994 taufen und begann mit der Christianisierung Norwegens. König Olaf II. Haraldsson setzte die Bekehrung fort, mußte aber vor Knut II. nach Rußland fliehen. Bei dem Versuch, sein Reich zurückzuerobern, wurde er getötet.

Er wurde im 12. Jh. heiliggesprochen und ist der Schutzheilige Norwegens; Namenstag: 29. Juli. Sein Kult, der im Mittelalter auch nach Norddeutschland drang, trug zu der Verbreitung des Namens bei. Bekannter Namensträger: Olaf Gulbransson, norwegischer Zeichner und Maler (19./20. Jh.).

Oldwig: männl. Vorn., niederdeutsche Form des heute nicht mehr gebräuchlichen Vornamens Adalwig (ahd. *adal* „edel, vornehm; Abstammung, [edles] Geschlecht" + ahd. *wīg* „Kampf, Krieg").

Ole: männl. Vorn., Kurzform von Namen, die mit „Ul-" gebildet sind, wie z. B. → Ulrich.

Oleg: russischer männl. Vorn., der germanischen Ursprungs ist und auf den nordischen Namen Helge (→ Helge) zurückgeht. Der nordische Name gelangte mit den Warägern (schwedischen Wikingern), die im 9. Jh. in Osteuropa Handelsniederlassungen errichteten, nach Rußland. Vgl. den weiblichen Vornamen Olga.

Olf: männl. Vorn., Kurzform von Namen, die auf „-olf" (= Wolf) ausgehen, wie z. B. → Gerolf und → Ludolf.

Olga: aus dem Russischen übernommener weibl. Vorn., der germanischen

Olga von Rußland

Ursprungs ist und auf den nordischen Namen Helga (→ Helga) zurückgeht. Der nordische Name gelangte mit den Warägern (schwedischen Wikingern), die im 9. Jh. in Osteuropa Handelsniederlassungen errichteten, nach Rußland. In Deutschland wurde „Olga" erst im 19. Jh. durch die Heirat Karls von Württemberg mit Olga von Rußland bekannt und vorübergehend volkstümlich. – Eine bekannte Opernfigur ist die Olga in Peter Tschaikowskis „Eugen Onegin". Im russischen Volksmärchen entspricht Olga Zarewna dem deutschen „Schneewittchen". Bekannte Namensträgerinnen: die heilige Olga, Großfürstin von Kiew (9./10. Jh.); Olga Tschechowa, deutsche Filmschauspielerin (20. Jh.).

Oliver [auch: Oliver]: männl. Vorn., der auf altfranzösisch Olivier, den Namen des Waffengefährten Rolands, zurückgeht. – Oliver war ein Paladin Karls des Großen. Er verkörpert im französischen Rolandslied Besonnenheit und Mäßigung im Gegensatz zu der ungestümen Tapferkeit seines Freundes Roland. – Der Vorname ist erst in neuester Zeit unter englischem Einfluß in Deutschland modisch geworden. Eine bekannte literarische Gestalt ist der Oliver in Dickens' vielgelesenem Roman „Oliver Twist". Bekannte Namensträger: Oliver Cromwell, englischer Staatsmann (16./17. Jh.); Oliver Goldsmith, englischer Schriftsteller (18. Jh.). Franzöz. Form: Olivier [oliwję]. Engl. Form: Oliver [oliwᵉr].

Olivia: weibl. Vorn. lateinischen Ursprungs, Bildung zu lat. *olīva* „Ölbaum; Olive". Der Name kam im Mittelalter nur vereinzelt vor und ist auch in der Neuzeit in Deutschland nicht volkstümlich geworden. – Eine bekannte literarische Gestalt ist die Olivia in Shakespeares Komödie „Was ihr wollt". Bekannte Namensträgerin: Olivia De Havilland, amerikanische Filmschauspielerin (20. Jh.).

Olivier: → Oliver.

Olli, (auch:) Olly: weibl. Vorn., Koseform von → Olga.

Olof: → Olaf.

Oluf: → Olaf.

Olympia: weibl. Vorn. griechischen Ursprungs, der an die Stelle der älteren Namensform Olympias (eigtl. „die vom Berge Olymp Stammende") getreten ist. Bekannt ist der Name vor allem durch die Olympia in Offenbachs Oper „Hoffmanns Erzählungen".

Omko, (auch:) Omke: männl. Vorn., friesische Kurz- und Koseform von → Otmar (vgl. Ommo).

Ommo: männl. Vorn., friesische Kurzform von → Otmar.

Onno: alter friesischer männl. Vorn., dessen Bildung unklar ist.

Ophelia: weibl. Vorn. griechischen Ursprungs, eigentlich „Hilfe, Beistand" (griech. *ōphéleia, ōphelía,* „Hilfe; Nutzen; Vorteil"). Der Name ist zwar durch die Ophelia in Shakespeares „Hamlet" allgemein bekannt, kommt aber in Deutschland sehr selten vor.

Orlando: italienische Form des männlichen Vornamens → Roland.

Orthia: weibl. Vorn., alte hessische Kurzform von → Dorothea.

Orthild, (auch:) Orthilde: alter deutscher weibl. Vorn. (ahd. *ort* „Spitze einer Waffe" + ahd. *hilt[j]a* „Kampf").

Ortlieb: alter deutscher männl. Vorn. (ahd. *ort* „Spitze einer Waffe" + ahd. *liob* „lieb"). Im Nibelungenlied heißt Ortliep der Sohn Etzels und Kriemhilds, der von Hagen erschlagen wird.

Ortrud (auch:) Ortraud: alter deutscher weibl. Vorn. (ahd. *ort* „Spitze einer Waffe" + *-trud, -trud* „Kraft, Stärke", vgl. altisländ. *Þrūðr* „Stärke"). Der Name ist bekannt durch Ortrud, die Frau Friedrichs von Telramund, aus Richard Wagners Oper „Lohengrin".

Ortrun: alter deutscher weibl. Vorn. (ahd. *ort* „Spitze einer Waffe" + ahd. *rūna* „Geheimnis"). Eine Gestalt aus der Gudrunsage ist Ortrun, die Schwester Hartmuts.

Ortulf, (auch:) Ortolf: alter deutscher männl. Vorn. (ahd. *ort* „Spitze einer Waffe" + ahd. *wolf* „Wolf").

Ortwin: alter deutscher männl. Vorn. (ahd. *ort* „Spitze einer Waffe" + ahd. *wini* „Freund"). – „Ortwin" ist als Name mehrerer Gestalten der deutschen Heldensage bekannt.

Osbert: männl. Vorn., wahrscheinlich altsächsische Nebenform von → Ansbert. Der Name kann auch altenglischen Ursprungs sein (altenglisch Ōsbe[o]rht) und mit angelsächsischen Missionaren nach Deutschland gelangt sein (vgl. Oswald).

Oskar, (selten auch:) Oscar: aus der Ossian-Dichtung des Schotten James Macpherson übernommener männl. Vorn., wahrscheinlich ein keltischer Name (vgl. altirisch Oscur), der auf altisländisch Āsgeirr zurückgeht. Dem altisländischen Namen entsprechen im germanischen Sprachbereich altengl. Ōsgār und ahd. Ansgēr (der 1. Bestandteil gehört zu german. *ans-* „Gott"; der 2. Bestandteil ist ahd. *gēr* „Speer"). – „Oskar" wurde – wie auch der weibliche Vorname → Malwine – Ende des 18. Jh.s durch die Ossian-Dichtung in Deutschland bekannt. Volkstümlich wurde der Name aber erst Ende des 19. Jh.s unter schwedischem Einfluß. In Schweden hatte „Oskar" als Königsname große Beliebtheit erlangt, nachdem der Sohn von Bernadotte 1844 als Oskar I. König von Schweden geworden war. Den Namen hatte ihm sein Pate Napoleon aus Begeisterung für die Ossian-Dichtung gegeben. – Eine literarische Gestalt ist der Oskar Matzerath in Günter Grass' Roman „Die Blechtrommel". Allgemein bekannt ist die Redewendung „frech wie Oskar". – Bekannte Namensträger: Oscar Wilde, englischer Dichter (19. Jh.); Oscar Straus, österreichischer Operettenkomponist (19./20. Jh.); Oskar Loerke, deutscher Dichter (19./20. Jh.); Oskar Kokoschka, österreichischer Maler (19./20. Jh.); Oskar Werner, österr. Schauspieler (20. Jh.).

Osmar: männl. Vorn., wahrscheinlich altsächsische Nebenform des heute nicht mehr gebräuchlichen Namens Ansmar (der 1. Bestandteil „Ans-" gehört zu german. * *ans-* „Gott"; der 2. Bestandteil ist ahd. *-mār* „groß, berühmt", vgl. *māren* „verkünden, rühmen"). Der Name kann auch altenglischen Ursprungs sein (altenglisch Ōsmær) und mit angelsächsischen Missionaren nach Deutschland gelangt sein.

Osmund: männl. Vorn., wahrscheinlich altsächsische Nebenform des heute nicht mehr gebräuchlichen Namens Ansmund (der 1. Bestandteil „Ans-" gehört zu german. *ans- „Gott"; der 2. Bestandteil ist ahd. munt „[Rechts]schutz"). Der Name kann auch altenglischen Ursprungs sein (altengl. Ōsmund) und mit angelsächsischen Missionaren nach Deutschland gelangt sein.

Ossel: Koseform des männlichen Vornamens → Otto.

Ossi: Kurz- und Koseform von Namen, die mit „Os-" gebildet sind, wie z. B. → Oswald und → Oskar.

Ossip: russische Form des männlichen Vornamens → Joseph.

Oswald: männl. Vorn., altsächsische Nebenform des heute nicht mehr gebräuchlichen Namens Answald (der 1. Bestandteil „Ans-" gehört zu german. *ans- „Gott"; der 2. Bestandteil -walt gehört zu ahd. waltan „herrschen, walten"). − „Oswald" fand aber in Deutschland vor allem als angelsächsischer Heiligenname Verbreitung, und zwar als Name des heiligen Oswald von Northumbrien. (Dem altdeutschen Namen Answald entspricht altenglisch Ōsw[e]ald.) Der heilige Oswald (7. Jh.), König von Northumbrien, führte in seinem Land das Christentum ein. Er fiel im Kampf gegen den heidnischen König Penda von Mercien. Im Rahmen der Missionstätigkeit angelsächsischer und schottischer Mönche auf dem Festland fand sein Kult auch in Deutschland Verbreitung, vor allem im Alpenraum. − In der Neuzeit kommt der Name − wahrscheinlich unter englischem Einfluß − erst seit dem Beginn des 19. Jh.s häufiger vor. − Bekannte Namensträger: Oswald von Wolkenstein, mittelhochdeutscher Dichter (14./15. Jh.); Oswald Spengler, deutscher Kulturphilosoph (19./20. Jh.).

Oswalda: weibl. Vorn., weibliche Form des männlichen Vornamens → Oswald. Der Vorname spielt heute in der Namengebung kaum noch eine Rolle.

Oswin: männl. Vorn., wahrscheinlich altsächsische Nebenform des heute nicht mehr gebräuchlichen Namens Answin (der 1. Bestandteil „Ans-" gehört zu german. *ans- „Gott"; der 2. Bestandteil ist ahd. wini „Freund"). Der Name kann auch altenglischen Ursprungs sein (altenglisch Ōswine) und mit angelsächsischen Missionaren nach Deutschland gelangt sein.

Oswine: weibl. Vorn., weibliche Form des männlichen Vornamens → Oswin. Der Vorname spielt heute in der Namengebung kaum noch eine Rolle.

Ota: weibl. Vorn., Nebenform von → Oda.

Otberga, (auch:) Otburga: alter deutscher weibl. Vorn. (der 1. Bestandteil „Ot-" gehört zu german. * auđa- „Besitz, Reichtum", vgl. altsächsisch ōd „Gut, Besitz"; der 2. Bestandteil „-berga" gehört zu ahd. bergan „in Sicherheit bringen, bergen"). Der Vorname spielt heute keine Rolle mehr in der Namengebung.

Otfried: alter deutscher männl. Vorn. (der 1. Bestandteil „Ot-" gehört zu german. * auđa- „Besitz, Reichtum", vgl. altsächsisch ōd „Gut, Besitz"; der 2. Bestandteil ist ahd. fridu „Schutz vor Waffengewalt, Friede"). Der Name, der schon im Mittelalter selten war und in der Neuzeit außer Gebrauch kam, ist durch Otfried von Weißenburg (9. Jh.), den Verfasser der Evangelienharmonie, bekannt. Als sein Name wurde „Otfried" zu Beginn des 19. Jh.s neu belebt, als man sich mit der altdeutschen Literatur zu beschäftigen begann. Heute kommt der Name sehr selten vor.

Othilde: alter deutscher männl. Vorn. (der 1. Bestandteil „Ot-" gehört zu german. * auđa- „Besitz, Reichtum", vgl. altsächsisch ōd „Gut, Besitz"; der 2. Bestandteil ist ahd. hilt[i]a „Kampf"). Der Vorname spielt heute in der Namengebung keine Rolle mehr.

Otmar, (auch:) Ottmar; Othmar: alter

deutscher männl. Vorn. (der 1. Bestandteil gehört zu german. *auða-
„Besitz, Reichtum", vgl. altsächsisch
ōd „Gut, Besitz"; der 2. Bestandteil
ahd. -mār „groß, berühmt" gehört
zu ahd. *māren* „verkünden, rühmen"). – Zu der Verbreitung des Namens hat die Verehrung des heiligen
Ot[h]mar (7./8. Jh.) beigetragen;
Namenstag: 16. November. Der
heilige Ot[h]mar, Abt von St. Gallen,
wurde durch Legendenbildung zum
Weinheiligen. Er wurde hauptsächlich in der Schweiz und in Süddeutschland verehrt, wo sein Name
auch heute noch häufiger vorkommt.

Ottegebe, (auch:) Ottogebe: alter
deutscher weibl. Vorn. (der 1. Bestandteil gehört zu german. *auða-
„Besitz, Reichtum", vgl. altsächsisch
ōd „Gut, Besitz"; der 2. Bestandteil
ist ahd. *geba* „Gabe"). Der Vorname wirkt heute lächerlich.

Otth̲e̲inrich: männl. Doppelname aus
→ Otto und → Heinrich. Bekannter
Namensträger: Ottheinrich (Otto
Heinrich), Kurfürst von der Pfalz
(16. Jh.).

Otth̲e̲rmann: männl. Doppelname aus
→ Otto und → Hermann.

Otti: Kurzform des weiblichen Vornamens → Ottilie.

Ottilie: weibl. Vorn., Nebenform von
→ Odilie. Eine bekannte literarische
Gestalt ist die Ottilie in Goethes Roman „Die Wahlverwandtschaften"
(Ottilie hieß die Schwiegertochter
Goethes). Heute hat „Ottilie" einen
altmodischen Klang und kommt nur
noch sehr selten vor.

Ottmar: → Otmar.

Otto: alter deutscher männl. Vorn.,
Kurzform von Namen, die mit „Ot-"
(german. *auða-* „Besitz, Reichtum") gebildet sind, wie z. B. → Otmar und → Otfried. Der Name spielte
schon im Mittelalter eine bedeutende Rolle in der Namengebung.
Zahlreiche Grafen und Herzöge, Könige und Kaiser trugen diesen Namen. Volkstümlich wurde er vor
allem durch Otto den Großen
(10. Jh.). Überaus beliebt war der
Name im Mittelalter in Pommern,
wo der heilige Otto von Bamberg

Otto der Große

(11./12. Jh.) als Apostel Pommerns
verehrt wurde; Namenstag: 2. Juli.
In der Neuzeit erlebte der Name in
der zweiten Hälfte des 19. Jh.s eine
neue Blüte, weil Otto von Bismarck
häufig als Namensvorbild gewählt
wurde. Bekannte Namensträger:
Otto von Guericke, deutscher Physiker (17. Jh.); Otto Ludwig, deutscher
Dichter (19. Jh.); Otto Nicolai, deutscher Komponist (19. Jh.); Otto Li-

Otto von Bismarck

lienth'al, deutscher Luftfahrtpionier (19. Jh.); Otto Klemperer, deutscher Dirigent (19./20. Jh.); Otto Julius Bierbaum, deutscher Schriftsteller (19./20. Jh.); Otto Dix, deutscher Maler (19./20. Jh.); Otto Hahn, deutscher Chemiker (19./20. Jh.); Otto Dibelius, deutscher evangelischer Theologe (19./20. Jh.); Otto Eduard (O. E.) Hasse, deutscher [Film]-schauspieler (20. Jh.); Otto Wilhelm (O. W.) Fischer, österreichischer Filmschauspieler (20. Jh.).

Ottogebe: → Ottegebe.

Ottokar: alter deutscher männl. Vorn., der sich aus der Namensform Odo-wakar entwickelt hat (vgl. Odoaker, den Namen eines germanischen Heerführers). Der 1. Bestandteil gehört zu german. **auða-* „Besitz, Reichtum", vgl. altsächsisch *ōd* „Gut, Besitz"; der 2. Bestandteil ist ahd. *wakar* „wachsam, munter". Der Name ist bekannt durch König Ottokar II. von Böhmen (13. Jh.), dessen Schicksal Grillparzer in dem Drama „König Ottokars Glück und Ende" behandelt.

Ottomar: männl. Vorn., Nebenform von → Otmar.

Owe: friesischer männl. Vorn., Nebenform von → Uwe.

P

Paavo: finnische Form des männl. Vornamens → Paul. Bekannter Namensträger: Paavo Nurmi, finnischer Rekordläufer (19./20. Jh.).

Pablo: spanische Form des männlichen Vornamens → Paul. Bekannte Namensträger: Pablo Picasso, span. Maler (19./20. Jh.); Pablo Casals, span. Cellovirtuose (19./20. Jh.).

Paddy [pädi]: englischer männl. Vorn., Koseform von → Patrick.

Pál: → Paul.

Pamela: aus dem Englischen übernommene weibl. Vorn., dessen Herkunft und Bedeutung dunkel sind. Der Name kann eine Neuschöpfung von Philip Sidney sein, der ihn in seinem Roman „Arcadia" (1590) verwendet. Aus diesem Roman übernahm ihn der englische Dichter Samuel Richardson und gab ihn der tugendhaften Heldin seines Romans „Pamela". Durch die Übersetzung dieses Romans ins Deutsche (1772) wurde der Name auch in Deutschland weiteren Kreisen bekannt.

Pankratius, (auch:) Pankraz: männl. Vorn. griechischen Ursprungs, eigentlich etwa „der alles Beherrschende" (griech. Pagkrátios, zu griech. *[pās, pāsa,] pān* „all, ganz" und *krátos* „Kraft, Macht", *kratein* „herrschen"). – Der Name fand in Deutschland als Name des heiligen Pankratius Verbreitung; Namenstag: 12. Mai. Der heilige Pankratius, dessen Kult sich seit dem 5. Jh. ausbreitete, ist einer der Vierzehn Nothelfer. – Eine literarische Gestalt ist der Pankraz in Gottfried Kellers Novelle „Pankraz der Schmoller".

Pantaleon: männl. Vorn. griech. Ursprungs, eigentl. „Allerbarmer" (zu griech. *pās, pāsa, pān* „all, ganz" und *éleos* „Erbarmen, Mitleid"). Der Name wurde durch den heiligen Pantaleon von Nicomedia (3./4. Jh.) bekannt, der zu den Vierzehn Nothelfern gehört; Namenstag: 27. Juli.

Paolo: → Paul.

Pär: → Peter.

Pascal [paskal]: französischer männl. Vorn., französische Form von Paschalis, eigentlich „der zu Ostern Geborene" (lateinisch *paschālis* „zu Ostern gehörend", zu lateinisch *pascha* „Osterfest"). Der Name Paschalis wurde vor allem durch den heiligen Paschalis Baylon (16. Jh.) bekannt; Namenstag: 17. Mai.

Paschalis: → Pascal.

Pat [pät]: englischer männl. Vorn., Kurzform von → Patrick.

Patrice: → Patrizia.

Patricia: → Patrizia.

Patricius: → Patrizius.

Patrick [pätrik]: englischer männl. Vorn. irischen Ursprungs, irische

Form (altirisch Patricc) von → Patrizius. – „Patrick" ist bekannt als Name des heiligen Patrick, des Apostels und Schutzheiligen Irlands (4./5. Jh.); Namenstag: 17. März.

Patrizia, (auch:) Patricia: weibl. Vorn., weibliche Form von → Patrizius. Bekannte Namensträgerin: die heilige Patricia von Neapel (7. Jh.), Patronin der Pilger. Französ. Form: Patrice [patriß]. Engl. Form: Patricia [pätrische].

Patrizius, (auch:) Patricius: männl. Vorn. lateinischen Ursprungs, eigentlich „der Edle, der Patrizier" (lat. *patricius, -a, -um* „patrizisch, edel"). Der Name ist durch den heiligen Patrizius (s. Patrick) bekannt. In Deutschland kommt Patrizius seit eh und je nur vereinzelt vor.

Patsy [pätsi]: englischer Vorn., Koseform von → Patricia. – „Patsy" ist auch Anredeform (Lallform aus der Kindersprache) für → Martha und → Mathilde.

Patty [päti]: englischer weibl. Vorn., Koseform von → Patricia. – „Patty" ist auch Anredeform (Lallform aus der Kindersprache) für → Martha und → Mathilde.

Paul: männl. Vorn. lateinischen Ursprungs, eigentlich „der Kleine" (lat. Paul[l]us, identisch mit *paul[l]us, -a, -um* „klein"). Der Name fand im Mittelalter als Heiligenname Verbreitung, vor allem als Name des heiligen Apostels Paulus, Namenstag: 29. Juni. Mit jüdischem Namen hieß der Apostel Saul, eigentlich „der (von Gott) Erbetene" (die latinisierte Form des hebräischen Namens lautet Saulus). Den Namen Paulus, mit dem allein er sich in den Briefen nennt, hatte er wahrscheinlich schon bei der Geburt als Beinamen erhalten, denn er hatte von seinem Vater in Tarsus das römische Bürgerrecht geerbt. „Paulus" war bei den Römern Beiname wie etwa bei den Franken „der Kleine", vgl. z. B. die Namen Ämilius Paullus [Macedonicus] und Pippin der Kleine. – Auch die Verehrung mehrerer Heiliger und Päpste, die diesen Namen trugen, hat zu der Beliebtheit des Namens bei-

getragen. In Deutschland gehört „Paul" seit dem Mittelalter zu den beliebtesten Namen. In der Neuzeit wurde Paul Gerhardt von Protestanten häufiger als Namensvorbild gewählt. Bekannte Namensträger: der heilige Paulus von Theben (3./4. Jh.); Namenstag: 15. Januar; Paulus Diaconus, langobardischer Geschichtsschreiber am Hofe Karls des Großen (8. Jh.); Papst Paul III. (15./16. Jh.); Paul Gerhardt, deutscher Kirchenlieddichter (17. Jh.); der heilige Paul[us] vom Kreuz, italienischer Ordensstifter (17./18. Jh.), Namenstag: 28. April; Zar Paul I. von Rußland (18./19. Jh.); Paul Verlaine, französischer Dichter (19. Jh.); Paul Heyse, deutscher Dichter (19./20. Jh.); Paul Cézanne, französischer Maler (19./20. Jh.); Paul Gauguin, französischer Maler (19./20. Jh.); Paul von Hindenburg, deutscher Generalfeldmarschall und Reichspräsident (19./20. Jh.); Paul Ernst, deutscher Schriftsteller (19./20. Jh.); Paul Lincke, deutscher Komponist (19./20. Jh.); Paul Wegener, deutscher [Film]schauspieler (19./20. Jh.); Paul Klee, schweizerisch-deutscher Maler (19./20. Jh.); Paul Hindemith, deutscher Komponist (19./20. Jh.); Papst Paul VI. (19./20. Jh.); Paul Abraham, ungarisch-deutscher Komponist (19./20. Jh.); Paul Dahlke, deutscher [Film]schauspieler (20. Jh.); Paul Hubschmid, schweizerischer Filmschauspieler (20. Jh.); Paul Newman, amerikanischer Filmschauspieler (19./20. Jh.); Paul Alverdes, deutscher Schriftsteller (20. Jh.). Italien. Form: Paolo. Span. Form: Pablo. Französ. Form: Paul [pol]. Engl. Form: Paul [pål]. Finn. Form: Paavo. Russ. Form: Pawel. Ungar. Form: Pál.

Paula: weibl. Vorn., weibl. Form des männlichen Vornamens → Paul. Der Vorname war in der zweiten Hälfte des 19. Jh.s überaus beliebt. Heute hat er einen altmodischen Klang. Bekannte Namensträgerinnen: die heilige Paula von Rom (4./5. Jh.); Namenstag: 20. Januar; Paula Modersohn-Becker, deutsche Malerin (19./

20. Jh.); Paula von Preradović, österreichische Dichterin (19./20. Jh.); Paula Wessely, österreichische [Film]schauspielerin (20. Jh.).

Paulette [polät]: französischer weibl. Vorn., Verkleinerungsform von → Paula.

Pauline: weibl. Vorn., Weiterbildung von → Paula. Der Vorname war in der zweiten Hläfte des 19. Jh.s sehr beliebt. Heute hat er einen altmodischen Klang. Eine bekannte literarische Gestalt ist die Pauline Piperkarcka in Gerhart Hauptmanns „Die Ratten".

Pawel: → Paul.

Pedro: → Peter

Peer, (auch:) Per: aus dem Nordischen übernommener männl. Vorn., nordische Form von → Peter. Der Name wurde in Deutschland vor allem durch Henrik Ibsens dramatisches Gedicht „Peer Gynt" (1867) und Edvard Griegs gleichnamiger Suite dazu bekannt. – Bekannter Namensträger: Peer Schmidt, deutscher [Film]schauspieler (20. Jh.).

Peet: → Peter.

Peggy: englischer weibl. Vorn., Koseform – eigentlich Lallform aus der Kindersprache – von Margaret (→ Margarete).

Penny: englischer weibl. Vorn., Kurz- und Koseform von Penelope. Die Bedeutung des griechischen Namens, der als Name der Frau Odysseus' bekannt ist, ist unklar.

Pepe: spanischer männl. Vorn., Kurzform von → Joseph.

Pepita: spanischer weibl. Vorn., Koseform von → Josepha.

Peppo: italienischer männl. Vorn., Kurzform von Giuseppe (→ Joseph). Vgl. die Nebenform Beppo.

Per: → Peer.

Percy [englische Aussprache: pö^rßi]: aus dem Englischen übernommener männl. Vorn., Kurz- und Koseform von dem aus dem Altfranzösischen übernommenen Namen Perceval (deutsche Entsprechung: Parzival). Bekannte Namensträger: Percy Bysshe Shelley, englischer Dichter (18./19. Jh.); Percy Ernst Schramm, deutscher Historiker und Publizist (20. Jh).

Perdita: weibl. Vorn. lateinischen Ursprungs, eigentlich „die Verlorene" (lat. *perditus, -a, -um* „verloren"). Der Name wurde durch die Perdita in Shakespeares Schauspiel „Das Wintermärchen" bekannt.

Peregrin, (auch:) Peregrinus: männl. Vorn. lateinischen Ursprungs, eigentlich „der Fremde, der Fremdling" (lat. *peregrinus* „fremd, ausländisch; Fremder, Fremdling"). Der Name der in Deutschland schon immer vereinzelt vorkam, spielt heute kaum noch eine Rolle in der Namengebung. Engl. Form: Peregrine [pärigrin].

Peregrina: weibl. Vorn., weibliche Form des männlichen Vornamens → Peregrin.

Peregrine: → Peregrin.

Perez: → Peter.

¹Perry [päri]: englischer männl. Vorn., Kurz- und Koseform von → Peregrine (→ Peregrin)

²Perry [päri]: englischer weibl. Vorn., Kurz- und Koseform von → Peregrina.

Peter: männl. Vorn., der sich aus der lateinischen Namensform Petrus entwickelt hat. Lateinisch Petrus ist griechischen Ursprungs und bedeutet eigentlich „der Fels" (griech. Pétros, identisch mit *pétros* „Felsblock, Stein"). Der Name fand schon früh in der christlichen Welt als Name des Apostelfürsten Petrus große Verbreitung; Namenstag: 29. Juni. Der Apostel hieß eigentlich Simon (→ Simon), Petrus war sein Beiname und gibt das aramäische *kepha[s]* „Fels" wieder. Nach der Bibel gab Christus ihm diesen Namen bei der ersten Begegnung: „Du bist Simon, des Johannes Sohn; du sollst Kephas heißen, das wird verdolmetscht: Fels" (Johannes 1, 42). Petrus war der erste Bischof von Rom und erlitt in Rom den Märtyrertod. Über seinem Grab wurde die Peterskirche errichtet. In der Legende wurde Petrus wegen seines „Schlüsselamtes" zum Himmelspförtner. — Durch das Mittelalter hindurch gehörte „Peter" in Deutschland zu den beliebtesten und volkstümlichsten Namen. In der Neuzeit ging seine Beliebtheit etwas zurück, in der ersten Hälfte des 20. Jh.s ist er aber wieder modisch geworden. – Da der Name überaus häufig vorkam, wurde er in Deutschland auch als Bezeichnung für eine nicht näher bekannte Person, vor allem für einen ungeschickten Menschen, gebraucht, daher Struwwelpeter, Schwarzer Peter, Umstandspeter usw. – Eine literarische Gestalt ist der Peter Camenzind in Hermann Hesses gleichnamigem Roman. Allgemein bekannt sind das Märchenspiel „Peter Pan" von J. M. Barrie und das sinfonische Märchen „Peter und der Wolf" von Sergei Prokofjew. Unter dem Pseudonym Peter Panter schrieb Kurt Tucholsky. – Bekannte Namensträger : Peter Vischer, deutscher Erzgießer (15./16. Jh.); Peter Paul Rubens, niederländischer Maler (16./17. Jh.); Peter I., der Große, russischer Zar (17./18. Jh.); Peter von Cornelius, deutscher Maler (18./19. Jh.); Peter Tschaikowski, russischer Komponist (19. Jh.); Peter Rosegger, österreichischer Schriftsteller (19./20. Jh.); Peter Kreuder, deutscher [Film]komponist (20. Jh.); Peter Igelhoff, deutscher Schlagerkomponist (20. Jh.); Peter Anders, deutscher Tenor (20. Jh.); Peter Weiss, deutscher Schriftsteller (20. Jh.); Peter Ustinov, englischer Schauspieler und Schriftsteller (20. Jh.); Peter Alexander, österreichischer Sänger und Filmschauspieler (20. Jh.). – Italien. Formen: Pietro; Piero. Span. Formen: Pedro; Perez. Französ. Form: Pierre [piär].Engl. Form: Peter [pit^e]. Niederländ. Formen: Piet; Peet. Schwed. Form: Pär. Norweg., dän. Form: Per, Peer. Russ. Form: Pjotr.

Petra: weibl. Vorn., weibliche Form des männlichen Vornamens → Peter. Der Name ist erst in der ersten Hälfte des 20. Jh.s in Deutschland aufgekommen und ist heute modisch.

Petronella, (auch:) Petronilla: weibl. Vorn., der auf den Namen der heiligen Petronilla (1. Jh.) zurückgeht. Festtag dieser frühchristlichen Märtyrerin ist der 31. Mai.

Phil: englischer männl. Vorn., Kurzform von Philip (→ Philipp).

Philine: weibl. Vorn. griechischen Ursprungs, eigentlich wohl „Geliebte, Freundin" (griech. Philinē, Philinna, zu *philos* „lieb, geliebt, teuer"). Der Name wurde um 1800 durch die Philine in Goethes Roman „Wilhelm Meisters Lehrjahre" weiteren Kreisen bekannt. Heute spielt er kaum noch eine Rolle in der Namengebung.

Philip: → Philipp.

Philipp: männl. Vorn. griechischen Ursprungs, eigentlich „Pferdefreund" (griech. Philippos, zu griech. *philos* „Freund" und *hippos* „Pferd"). Die lateinische Namensform lautet Philippus. – Der Name gelangte mit anderen griechischen Namen (z. B. Andreas) in hellenistischer Zeit nach Palästina und fand in der christlichen Welt als Name des Apostels Philippus Verbreitung; Namenstag: 11. Mai. – Im Rheinland gehörte „Philipp" bereits im 12. Jh. zu den beliebtesten Vornamen. Auch in Südwestdeutschland kam er schon im Mittelalter häufig vor. Im Gegensatz zu Spanien und Frankreich spielte „Philipp" als Herrschername in Deutschland kaum eine Rolle (Philipp von Schwaben, der jüngste Sohn Friedrich Barbarossas, wurde 1198 König). Vom Ende des 15. Jh.s bis zum 17. Jh. war der Name in ganz Deutschland sehr beliebt und volkstümlich. – Allgemein bekannt ist der Zappelphilipp aus dem „Struwwelpeter" von Heinrich Hoffmann. Bekannt ist auch die umgangssprachliche Bezeichnung „Vater Philipp" für „Arrestzelle, Haft". Bekannte Namensträger: Philipp II., König von Mazedonien, Vater Alexanders des Großen (3./2. Jh. v. Chr.); Philipp der Gute, Herzog von Burgund (15. Jh.); Philipp Melanchthon, deutscher Humanist und Reformator (15./16. Jh.); Philipp I., der Großmütige, Landgraf von Hessen (16. Jh.); Philipp II., König von Spanien (16. Jh.); Philipp von Zesen, deutscher Dichter (17. Jh.); Philipp Emanuel Bach, deutscher Komponist (18. Jh.); Philipp Scheidemann, deutscher Politiker (19./20. Jh.). Als zweiter Vorname: Georg Philipp Telemann, deutscher Komponist (17./ 18. Jh.); Johann Philipp Reis, deutscher Physiker (19. Jh.). – Italien. Form: Filippo. Span. Form: Felipe. Französ. Form: Philippe [filip]. Engl. Form: Philip [filip].

Philippa: weibl. Vorn., weibliche Form des männlichen Vornamens → Philipp. – Italien. Form: Filippa.

Philippe: → Philipp.

Philippine: weibl. Vorn., Weiterbildung von → Philippa.

Philomela, (auch:) **Philomele:** weibl. Vorn. griechischen Ursprungs, eigentlich „Nachtigall" (griech. Philomēla, Philomēle, zu griech. *phílos* „lieb; Freund" und *mélos* „Gesang", ursprünglich also „Freundin des Gesangs"). Der Vorname kommt schon immer in Deutschland sehr selten vor.

Philomena: weibl. Vorn. griechischen Ursprungs, eigentlich „die Geliebte" (zu griech. *philein* „lieben"). Der Name wurde erst in neuerer Zeit in Deutschland bekannt, und zwar durch die heilige Philomena (Filomena), eine frühchristliche Märtyrerin und italienische Volksheilige; Namenstag: 11. August.

Phyllis: weibl. Vorn. giechischen Ursprungs, dessen Bedeutung unklar ist (vermutlich zu griech. *phyllís*, *phyllás*, „Blatt, Laub, Zweig"). – „Phyllis" spielt als Schäferinnenname eine bedeutende Rolle in Hirtengedichten und Schäferromanen und war in Deutschland im 17./18. Jh. beliebt.

Pia: weibl. Vorn., weibliche Form des männlichen Vornamens → Pius.

Piero: → Peter.

Pierre [piär]: französischer männl. Vorn., französ. Form von → Peter.

Piet: männl. Vorn., niederdeutsche (und niederländische) Kurzform von → Pieter.

Pieter: niederdeutsche Form des männlichen Vornamens → Peter.

Pietro: → Peter.

Pilar: spanischer weiblicher Vorname. Spanisch Pilar ist gekürzt aus Maria del Pilar und bezieht sich auf ein wundertätiges Marienbild am Pfeiler einer spanischen Kirche (*pilar* bedeu-

tet „Pfeiler"). Vgl. die weiblichen Vornamen Carmen und Dolores.

Pinkas: jüdischer männl. Vorn., Nebenform von Pinkus, eigentlich wohl „der Gesegnete". Bekannter Namensträger: Pinkas Braun, deutscher [Film]schauspieler (20. Jh.).

Pippa: weibl. Vorn., Koseform – eigentlich Lallform aus der Kindersprache – von → Philippa.

Pirmin: männl. Vorn., dessen Herkunft und Bedeutung unklar sind. Der Name fand als Name des heiligen Pirmin[ius] (8. Jh.) Verbreitung, der mehrere Klöster in Südwestdeutschland gründete; Namenstag: 3. November.

Pitt: rheinische Form des männlichen Vornamens → Peter, heute in ganz Deutschland volkstümlich.

Pitter: rheinische Form des männlichen Vornamens → Peter.

Pius: männl. Vorn. lateinischen Ursprungs, eigentlich „der Fromme" (lat. *pius*, *-a*, *-um* „fromm, rechtschaffen, gottesfürchtig"). Der Name ist in Deutschland nie volkstümlich geworden und kommt auch heute nur vereinzelt in katholischen Familien vor, obwohl er als Papstname allgemein bekannt ist. Bekannte Namensträger: der heilige Papst Pius I. (2. Jh.); Namenstag: 11. Juli; Papst Pius XII., vorher Eugenio Pacelli (19./20. Jh.).

Pjotr: russische Form des männlichen Vornamens → Peter.

¹Poldi: oberdeutsche Kurz- und Koseform des weiblichen Vornamens → Leopolda.

²Poldi: oberdeutsche Kurz- und Koseform des männlichen Vornamens → Leopold.

Polly: englischer weibl. Vorn., durch Lautspielerei in der Kindersprache entstandene Nebenform von → Molly. – Bekannt ist der Name durch die Polly Peachum in Brechts „Dreigroschenroman".

Prisca: weibl. Vorn. lateinischen Ursprungs, eigentlich etwa „die Altehrwürdige" (zu lat. *priscus*, *-a*, *-um* „alt"). Der Name ist bekannt durch die heilige Prisca, eine frühchristliche Märtyrerin; Namenstag: 18.

Januar. Der Vorname kommt in Deutschland ganz vereinzelt vor.

Priscilla: weibl. Vorn., Weiterbildung von → Prisca.

Prosper: männl. Vorn. lateinischen Ursprungs, eigentlich ,,der Glückliche" (lat. *prosperus, -a, -um* ,,glück-lich, günstig"). Der Vorname kommt in Deutschland ganz selten vor. Bekannt ist er durch den französischen Dichter Prosper Mérimée (19. Jh.).

Prudentia: weibl. Vorn. lat. Ursprungs, eigentlich ,,Klugheit" (lat. *prūdentia* ,,Klugheit, Umsicht").

Q

Quintinus, (auch:) Quintin: männl. Vorn. lateinischen Ursprungs, Weiterbildung von → Quintus. Zu der Verbreitung des Namens im Mittelalter trug die Verehrung des heiligen Quintin[us] bei, dessen Kult weit verbreitet war. Der Vorname kommt heute sehr selten vor.

Quintus: männl. Vorn. lateinischen Ursprungs, eigentlich ,,der Fünfte" (lat. *quintus* ,,der fünfte"). Die Römer verwendeten ursprünglich die Ordinalzahlen *primus, secundus* usw. als Beinamen, um gleichnamige Namensträger unterscheiden zu können, dann aber auch als eigentliche Vornamen ohne Zählung. Eine bekannte literarische Gestalt ist der Quintus Fixlein in Jean Pauls Roman ,,Das Leben des Quintus Fixlein".

Quirin, (auch:) Quirinus: männl. Vorn., der auf den Namen einer sabinischen Stammesgottheit zurückgeht (lat. Quirīnus). – ,,Quirinus" fand im Mittelalter in Deutschland als Heiligenname Verbreitung, vor allem als Name des heiligen Quirinus von Neuß, Namenstag: 30. März, und des heiligen Quirinus von Tegernsee. Besonders am Niederrhein, im Verehrungsgebiet des heiligen Quirinus von Neuß, kam der Name früher sehr häufig vor. Bekannter Namensträger: Quirinus Kuhlmann, deutscher Dichter (17. Jh.). Französ. Form: Corin [koreng].

R

Rabanus: männl. Vorn., latinisierte Form von ahd. *hraban* ,,Rabe". Der Name wurde durch den Mainzer Erzbischof [H]rabanus Maurus (8./9. Jh.) bekannt und in Erinnerung an ihn – v. a. im Rheingau – immer wieder gegeben. Namenstag: 4. Februar.

Rabea: in neuerer Zeit aufgekommener weibl. Vorn. arabischen Ursprungs, dessen Bedeutung unklar ist.

Rachel, (auch:) Rahel: aus der Bibel übernommener weibl. Vorn. hebräischen Ursprungs, eigentlich ,,Mutterschaf". Der Name ist in Deutschland nicht volkstümlich geworden. Span. Form: Raquel. Französ. Form: Rachel[raschäl].Engl.Form:Ra[c]hel.

Radegund, (auch:) Radegunde: alter deutscher weibl. Vorn. (ahd. *rat* ,,Rat[geber]"; Ratschlag; Beratung" + ahd. *gund* ,,Kampf"). – ,,Radegunde" spielte früher als Name der heiligen Radegunde eine gewisse Rolle in der Namengebung; Namenstag: 13. August.

Radolf, (auch:) Radulf: alter deutscher männl. Vorn. (ahd. *rāt* ,,Rat[geber]; Ratschlag; Beratung" + ahd. *wolf* ,,Wolf"). Im Gegensatz zu der kürzeren Namensform → Ralf ist ,,Radolf" heute wenig bekannt. Span. Form: Raúl. Französ. Form: Raoul [raul].

Ragna: in neuerer Zeit aus dem Nordischen (dän., schwed , norweg. Ragna) übernommener weibl. Vorn., Kurzform von → Ragnhild.

Ragnar: in neuerer Zeit aus dem Nordischen übernommener männl. Vorn., nord. Form von → Rainer.

Ragnhild: aus dem Nordischen übernommener weibl. Vorn., nordische Form von → Reinhild.

Rahel: → Rachel.

Raimar, (auch:) Raimer: → Reimar.

Raimo: → Reimo.

Raimund, (auch:) Reimund: alter deutscher männl. Vorn., der sich aus der ahd. Namensform Raginmund entwickelt hat (der 1. Bestandteil gehört zu german. **ragina-* „Rat, Beschluß“, vgl. got. *ragin* „Rat, Beschluß“; der 2. Bestandteil ist ahd. *munt* „[Rechts]schutz“). Der Name drang schon früh in das romanische Sprachgebiet und erlangte dort, vor allem in Südfrankreich, große Beliebtheit. Bei den Grafen von Toulouse war der Name seit dem 9. Jh. traditionell. Von Lothringen aus drang der Name dann wieder nach Deutschland und kommt heute noch in Sachsen vereinzelt vor. Eine bekannte literarische Gestalt ist Graf Raimund aus dem Volksbuch „Melusine“. Bekannter Namensträger: der heilige Raimund von Peñafort[e], spanischer Dominikaner (12./13. Jh.); Namenstag: 23. Januar. Span. Form: Ramón. Französ. Form: Raymond [rämõng]. Engl. Form: Raymond [reimend].

Raimunde, (auch:) Reimunde: weibl. Vorn., weibliche Form des männlichen Vornamens → Raimund. Der Vorname kommt in Deutschland nur ganz vereinzelt vor.

Rainald, (auch:) Reinald: männl. Vorn., Nebenform von → Reinold. Eine bekannte Märchengestalt ist Reinald das Wunderkind in Musäus' „Volksmärchen“. Bekannter Namensträger: Rainald (Reinald) von Dassel, Erzbischof von Köln, Reichskanzler Friedrich Barbarossas (12. Jh.).

Rainer, (auch:) Reiner: alter deutscher männl. Vorn., der sich aus der ahd. Namensform Raginhari entwickelt hat (der 1. Bestandteil gehört zu german. **ragina-* „Rat, Beschluß“, vgl. got. *ragin* „Rat, Beschluß“; der 2. Bestandteil ist ahd. *heri* „Heer“). Der Name, der früher beim rheinischen und österreichischen Adel beliebt war, ist erst im 20. Jh.

in ganz Deutschland volkstümlich geworden und gehört heute zu den beliebtesten deutschen Vornamen. Zu der Beliebtheit von „Rainer“ hat vor allem die Rilkebegeisterung beigetragen. Bekannte Namensträger:

Rainer Maria Rilke

der heilige Rainer von Spalato, Erzbischof von Spalato; Namenstag: 4. August; Rainer, Erzherzog von Österreich (19./20. Jh.); Rainer Maria Rilke, österr. Dichter (19./20. Jh.); Rainer Barzel, deutscher Politiker (20. Jh.). Französ. Formen: Rainier [ränje]; Régnier [renje].

Rainier: → Rainer.

Ralf, (auch:) Ralph: im 19. Jh. aus dem Englischen übernommener männl. Vorn., der auf altisländ. Rǭðulfr oder ahd. Rādulf (→ Radolf) zurückgeht. In England spielte der Name schon im Mittelalter eine Rolle in der Namengebung. Eine bekannte literarische Gestalt ist der Ralph Roister Doister aus Nicholas Udalls gleichnamiger Komödie. Bekannte Namensträger: Ralph Waldo Emerson, amerikanischer Dichter (19. Jh.); Ralph Benatzky, österreichischer Operettenkomponist (19./20. Jh.); Ralf Dahrendorf, deutscher Politiker (20. Jh.); Ralph Bendix, deutscher Schlagersänger (20. Jh.).

Rambert: alter deutscher männl. Vorn. (ahd. *hraban* „Rabe" + ahd. *beraht* „glänzend"). Der Name bedeutet wie die Umkehrung → Bertram etwa „glänzender Rabe". Heute spielt der Vorname kaum noch eine Rolle in der Namengebung.

Ramón: → Raimund.

Ramona: in neuerer Zeit aus dem Spanischen übernommener weibl. Vorn., weibliche Form von Ramón (→ Raimund). Der Vorname ist durch den Schlager „Ramona" in Deutschland allgemein bekannt geworden.

Rando: alter deutscher männl. Vorn., Kurzform von Namen, die mit „Rand-" gebildet sind, vor allem von → Randolf.

Randolf, (auch:) Randulf: alter deutscher männl. Vorn. (ahd. *rant* „Schild" + ahd. *wolf* „Wolf"). In Deutschland spielt der Name im Gegensatz zu England und Amerika heute kaum noch eine Rolle in der Namengebung. Die englische Namensform lautet Randolph [rändolf]. Bekannte Namensträger: Randolph Churchill, englischer Schriftsteller und Politiker (20. Jh.); Randolph Scott, amerikanischer Filmschauspieler (20. Jh.).

Randolph: → Randolf.

Raoul [raul]: aus dem Französischen übernommener männl. Vorn., französische Form von → Radolf. Der Name wurde im 19. Jh. durch den Raoul des Nangis in Meyerbeers Oper „Die Hugenotten" in Deutschland weiteren Kreisen bekannt. Bekannter Namensträger: Raoul Dufy, französischer Maler (19./20. Jh.).

Raphael: aus der Bibel übernommener männl. Vorn. hebräischen Ursprungs, eigentlich „Gott heilt". – „Raphael" fand im Mittelalter als der christlichen Welt als Name des Erzengels Verbreitung; Namenstag: 24. Oktober. In Deutschland ist der Name nicht volkstümlich geworden. Die tschechische Namensform lautet Rafael. Bekannter Namensträger: Rafael Kubelík, tschechoslowakischer Dirigent (20. Jh.).

Raphaela: weibl. Vorn., weibliche Form des männlichen Vornamens → Raphael.

Rappo: alter deutscher männl. Vorn., Kurzform von → Ratbod.

Rasmus: männl. Vorn., Kurzform von → Erasmus.

Rasso: männl. Vorn., Kurzform von Namen, die mit „Rat-" gebildet sind, wie z. B. → Ratbod und → Ratbold.

Ratbert: alter deutscher männl. Vorn. (ahd. *rāt* „Rat[geber]; Ratschlag; Beratung" + ahd. *beraht* „glänzend"). „Ratbert" spielt – wie auch die folgenden mit „Rat-" gebildeten Vornamen – kaum noch eine Rolle in der Namengebung.

Ratberta: alter deutscher weibl. Vorn., weibliche Form des männlichen Vornamens → Ratbert.

Ratbod: alter deutscher männl. Vorn. (der 1. Bestandteil ist ahd. *rāt* „Rat[geber]; Ratschlag; Beratung"; der 2. Bestandteil ist wahrscheinlich ahd. *boto*, altsächs. *bodo* „Bote").

Ratbold: alter deutscher männl. Vorn. (ahd. *rāt* „Rat[geber]; Ratschlag; Beratung" + ahd. *bald* „kühn").

Ratburg, (auch:) Ratburga: alter deutscher weibl. Vorn. (der 1. Bestandteil ist ahd. *rāt* „Rat[geber]; Ratschlag; Beratung"; der 2. Bestandteil gehört im Sinne von „Schutz Zuflucht" zu ahd. *bergan* „in Sicherheit bringen, bergen").

Ratfried: alter deutscher männl. Vorn. (ahd. *rāt* „Rat[geber]; Ratschlag; Beratung" + ahd. *fridu* „Schutz vor Waffengewalt, Friede").

Rathard: alter deutscher männl. Vorn. (ahd. *rāt* „Rat[geber]; Ratschlag; Beratung" + ahd. *harti, herti* „hart").

Rathild, (auch:) Rathilde: alter deutscher weibl. Vorn. (ahd. *rāt* „Rat[geber]; Ratschlag; Beratung" + ahd. *hilt[i]a* „Kampf").

Rathold: alter deutscher männl. Vorn., der sich aus der ahd. Namensform Rat[w]alt entwickelt hat (ahd. *rāt* „Rat[geber]; Ratschlag; Beratung" + ahd. *-walt* zu *waltan* „herrschen, walten").

Raúl: → Radolf.

Raute: weibl. Vorn., Kurzform von → Rautgund.

Rautgund: deutscher weibl. Vorn., der

wohl nach dem Muster von → Adelgund[e], → Hildegunde u. a. gebildet worden ist. Die Bedeutung des 1. Bestandteils ,,Raut-" und das Alter des Vornamens sind unkar.

Ray [rei]: englischer männl. Vorn., Kurzform von Raymond (→ Raimund).

Raymond: → Raimund.

Rebecca: → Rebekka.

Rebekka: aus der Bibel übernommener weibl. Vorn. hebräischen Ursprungs. Die Bedeutung des Namens ist unklar. – Der Vorname kommt in Deutschland schon immer nur vereinzelt vor. Bekannte literarische Gestalten sind die Rebecca in Walter Scotts Roman ,,Ivanhoe" und die Rebecca in Daphne du Mauriers gleichnamigem Roman. Engl. Form: Rebecca [ribäke].

Regina, (auch:) Regine: weibl. Vorn. lateinischen Ursprungs, eigentlich ,,Königin" (lat. *regina* ,,Königin"). Der Vorname bezieht sich wohl auf die Himmelskönigin Maria.

¹Reginald: männl. Vorn., ältere Namensform von → Reinhold.

²Reginald [rädsehineld]: → Reinold.

Regine: → Regina.

Reglinde, Reg[e]lindis: alter deutscher weibl. Vorn., der sich aus ahd. Raginlint entwickelt hat (zu german. *ragina-* ,,Rat, Beschluß" und ahd. *linta* ,,Schild [aus Lindenholz]").

Régnier: → Rainer.

Regula: weibl. Vorn., der auf lateinisch *regula* ,,Regel, Richtschnur, Ordnung" zurückgeht und etwa als ,,Glaubensordnung, die nach der Glaubensordnung Lebende" zu deuten ist. Der Vorname kommt fast nur im Raum Zürich vor, wie die Märtyrerin Regula (4. Jh.) die Patronin von Zürich und Namensvorbild ist.

Reimar, (auch:) Reimer; Raimar, Raimer: alter deutscher männl. Vorn., der sich aus der ahd. Namensform Raginmar entwickelt hat (der 1. Bestandteil gehört zu german. *ragina-* ,,Rat, Beschluß", vgl. got. *ragin* ,,Rat, Beschluß"; der 2. Bestandteil ist ahd. *-mār,* ,,groß, berühmt", vgl. *māren* ,,verkünden, rühmen"). Der Name war im Mittelalter in Deutsch-

land recht beliebt.

Reimbald: → Reimbold.

Reimbert, (auch:) Reimbrecht: alter deutscher männl. Vorn., der sich aus der ahd. Namensform Raginber[h]t entwickelt hat (der 1. Bestandteil gehört zu german. *ragina-* ,,Rat, Beschluß"; der 2. Bestandteil ist ahd. *beraht* ,,glänzend").

Reimbold, (auch:) Reimbald: alter deutscher männl. Vorn., der sich aus der ahd. Namensform Raginbald entwickelt hat (der 1. Bestandteil gehört zu german. *ragina-* ,,Rat, Beschluß", vgl. got. *ragin* ,,Rat, Beschluß"; der 2. Bestandteil ist ahd. *bald* ,,kühn"). Der Name war im Mittelalter sehr beliebt.

Reimbrecht: Nebenform des männlichen Vornamens → Reimbert.

Reimer, (auch:) Raimer: Nebenform des männl. Vornamens → Reimar.

Reimo, (auch:) Raimo: männl. Vorn., Kurzform von Namen, die mit ,,Reim-" gebildet sind, wie z. B. → Reimbert und → Reimbold.

Reimund: → Raimund.

Reimunde: → Raimunde.

Reinald: → Rainald.

Reinbald: → Reinbold.

Reinbert: männl. Vorn., Nebenform von → Reimbert.

Reinbold, (auch:) Reinbald: männl. Vorn., Nebenform von → Reimbold.

Reiner: → Rainer.

Reinfried: alter deutscher männl. Vorn., der sich aus der ahd. Namensform Raginfrid entwickelt hat (der 1. Bestandteil gehört zu german. *ragina-* ,,Rat, Beschluß", vgl. got. *ragin* ,,Rat, Beschluß"; der 2. Bestandteil ist ahd. *fridu* ,,Schutz vor Waffengewalt, Friede").

Reingard: alter deutscher weibl. Vorn. (der 1. Bestandteil gehört zu german. *ragina-* ,,Rat, Beschluß", vgl. got. *ragin* ,,Rat, Beschluß"; Bedeutung und Herkunft des 2. Bestandteils ,,-gard" sind unklar; vielleicht zu → Gerda.)

Reinhard: alter deutscher männl. Vorn., der sich aus der ahd. Namensform Raginhart entwickelt hat (der 1. Bestandteil gehört zu german. *ragina-* ,,Rat, Beschluß", vgl. got. *ragin* ,,Rat,

Beschluß"; der 2. Bestandteil ist ahd. *harti, herti* „hart". Der Name war im Mittelalter weit verbreitet. Eine literarische Gestalt ist der Reinhard Werner in Storms Novelle „Immensee". Bekannte Namensträger: Reinhard Johannes Sorge, deutscher Dichter (19./20. Jh.); Reinhard Mey, deutscher Chansonsänger (20. Jh.).

Reinhild, (auch:) Reinhilde: alter deutscher weibl. Vorn., der sich aus der ahd. Namensform Raginhilt entwickelt hat (der 1. Bestandteil gehört zu german. **ragina-* „Rat, Beschluß", vgl. got. *ragin* „Rat, Beschluß"; der 2. Bestandteil ist ahd. *hilt[i]a* „Kampf").

Reinhold: → Reinold.

Reinmar: alter deutscher männl. Vorn., Nebenform von → Reimar. Bekannte Namensträger: Reinmar von Hagenau, mittelhochdeutscher Dichter (12./13. Jh.); Reinmar von Zweter, mittelhochdeutscher Dichter (13. Jh.)

Reinold, (auch:) Reinhold: alter deutscher männl. Vorn., der sich aus der ahd. Namensform Raginald entwickelt hat (der 1. Bestandteil gehört zu german. **ragina-* „Rat, Beschluß", vgl. got. *ragin* „Rat, Beschluß"; der 2. Bestandteil ahd. *-walt* gehört zu *waltan* „herrschen, walten"). Der Name war schon im Mittelalter sehr beliebt und volkstümlich. Zu der Verbreitung des Namens im Mittelalter trug die Verehrung des heiligen Reinoldus von Dortmund (10. Jh.) bei. Auch heute ist „Reinold" der beliebteste der mit „Rein-" gebildeten männlichen Vornamen. Die Namensform Reinhold mit „h" beruht auf volkstümlicher Anlehnung an das Adjektiv *hold*. Bekannte Namensträger: Reinold von Thadden-Trieglaff, Ehrenpräsident des Evangelischen Kirchentages (19./20. Jh.); Reinhold Schneider, deutscher Schriftsteller (20. Jh.). Ital. Form: Rinaldo. Engl. Form: Reginald [rädschineld].

Remigius: männl. Vorn., der auf den Namen des heiligen Remigius von Reims (5./6. Jh.) zurückgeht; N a m e n s t a g : 1. Oktober. Der heilige Remigius taufte um 498 König

Chlodwig I. und begann die Mission unter den Franken. Der Name kam im Mittelalter häufiger vor, da der Kult des heiligen Remigius weit verbreitet war.

Remo: italienischer männl. Vorn., der auf lateinisch Remus zurückgeht. Remus ist der Name eines der sagenhaften Gründer Roms.

Rena: weibl. Vorn., Kurzform von → Renate und → Verena.

Renate, (auch:) Renata: weibl. Vorn., weibliche Form des männlichen Vornamens → Renatus. Der Vorname ist in Deutschland erst in der ersten Hälfte des 20. Jh.s volkstümlich geworden. Bekannte Namensträgerinnen: Renate Müller, deutsche Filmschauspielerin (20. Jh.); Renata Tebaldi, italienische Opernsängerin (20. Jh.); Renate Holm, deutsche Filmschauspielerin und Sängerin (20. Jh.). Italien. Form: Renata. Französ. Form: Renée [rene].

Renato: → Renatus.

Renatus: männl. Vorn. lateinischen Ursprungs, eigentlich „der Wiedergeborene" (lat. *renātus* „wiedergeboren", zu *renāscī*). Im Gegensatz zum weiblichen Vornamen → Renate ist „Renatus" in Deutschland nicht volkstümlich geworden. – Italien. Form: Renato. Französ. Form: René [rene].

René [rene]: in neuerer Zeit aus dem Französischen übernommener männl. Vorn., französische Form von → Renatus. Bekannter Namensträger: René Deltgen, deutscher Schauspieler (20. Jh.).

Renée [rene]: aus dem Französischen übernommener weibl. Vorn., französische Form von → Renate. Bekannte Namensträgerin: Renée Sintenis, deutsche Bildhauerin (19./20. Jh.).

Reni: weibl. Vorn., Kurz- und Koseform von → Renate, → Verena und → Irene.

Resi: weibl. Vorn., oberdeutsche Kurz- und Koseform von → Therese.

Rex: in neuerer Zeit aus dem Englischen übernommener männl. Vorn., vermutlich Kurzform von Reginald (→ Reinold). Bekannte Namensträger: Rex Harrison, englischer

Schauspieler (20. Jh.); Rex Gildo, deutscher Schlagersänger (20. Jh.).

Ria: weibl. Vorn., Kurzform von → Maria. Bekannte Namensträgerin: Ria Baran-Falk, deutsche Eiskunstläuferin (20. Jh.).

Rica: → Rike.

Ricarda: weibl. Vorn., Nebenform (wohl unter dem Einfluß von italien. Riccarda) von Richarda. Bekannte Namensträgerin: Ricarda Huch, deutsche Dichterin (19./20. Jh.).

Riccarda: → Richarda.

Riccardo: italienische Form des männlichen Vornamens → Richard.

Richard: männl. Vorn., der in Deutschland erst seit der Begeisterung für Shakespeare (Königsdramen „Richard II." und „Richard III.") in der ersten Hälfte des 19. Jh.s gebräuchlich wurde. Auch Walter Scotts Romane (vor allem Richard Löwenherz in „Ivanhoe") trugen zu der Beliebtheit des Namens bei. Heute ist der Name bereits wieder aus der Mode. Englisch Richard [rịtsch^ed] entspricht der ahd. Namensform Richart (der 1. Bestandteil gehört zu german. *rīk- „Herrscher, Fürst, König", vgl. got. reiks „Herrscher, Oberhaupt", ahd. rīhhi „Herrschaft, Reich", rīhhi „mächtig, begütert, reich"; der 2. Bestandteil ist ahd. harti, herti „hart"). Der Name war im Mittelalter in Deutschland volkstümlich und lebt in zahlreichen Familiennamen fort (Richard[t], Richartz, oberdeutsch: Reichhard, Reichert usw.). Bekannte Namensträger: Richard Löwenherz, englischer König (12. Jh.); Richard Wagner, deutscher Komponist (19. Jh.); Richard Strauss, deutscher Komponist (19./20. Jh.); Richard Dehmel, deutscher Dichter (19./20. Jh.); Richard von Schaukal, österreichischer Lyriker und Erzähler (19./20. Jh.); Richard Tauber, österreichischer Tenor (19./20. Jh.); Richard Rodgers, amerikanischer Komponist (20. Jh.); Richard Nixon, amerikanischer Politiker (20. Jh.); Richard Widmark, amerikanischer Filmschauspieler (20. Jh.); Richard Burton, englischer Filmschauspieler (20. Jh.). Italien. Form: Ricardo.

Franzö̈s. Form: Richard [rischạr]. Schwed. Form: Rickard.

Richạrda: weibl. Vorn., weibliche Form des männlichen Vornamens → Richard. Italienische Form: Riccarda.

Richbert: alter deutscher männl. Vorn. (der 1. Bestandteil gehört zu german. *rīk- „Herrscher, Fürst, König", vgl. got. reiks „Herrscher, Oberhaupt", ahd. rīhhi „Herrschaft, Reich", rīhhi „mächtig, begütert, reich"; der 2. Bestandteil ist ahd. beraht „glänzend"). Der Vorname spielt – wie auch die folgenden mit „Rich-" gebildeten Vornamen – kaum noch eine Rolle in der Namengebung.

Richhild, (auch:) Richhịlde; Richịlde: alter deutscher weibl. Vorn. (der 1. Bestandteil gehört zu german. *rīk- „Herrscher, Fürst, König", vgl. got. reiks „Herrscher, Oberhaupt", ahd. rīhhi „Herrschaft, Reich", rīhhi „mächtig, begütert, reich"; der 2. Bestandteil ist ahd. hilt[i]a „Kampf"). Eine Märchengestalt ist die Richilde in Musäus' gleichnamigem Märchen.

Richlind, (auch:) Richlịnde: alter deutscher weibl. Vorn. (der 1. Bestandteil gehört zu german. *rīk- „Herrscher, Fürst, König", vgl. got. reiks „Herrscher, Oberhaupt", ahd. rīhhi „Herrschaft, Reich", rīhhi „mächtig, begütert, reich"; der 2. Bestandteil ist ahd. linta „Schild [aus Lindenholz]").

Richmar: alter deutscher männl. Vorn. (der 1. Bestandteil gehört zu german. *rīk- „Herrscher, Fürst, König", vgl. got. reiks „Herrscher, Oberhaupt", ahd. rīhhi „Herrschaft, Reich", rīhhi „mächtig, begütert, reich"; der 2. Bestandteil ist ahd. -mār „groß, berühmt", vgl. mären „verkünden, rühmen").

Rick: englischer männl. Vorn., Kurzform von → Richard.

Rickard: → Richard.

Rickmer: männl. Vorn., friesische Form von → Richmar.

Ricksta, (auch:) Rịxta: weibl. Vorn., friesische Bildung zu weiblichen Namen mit „Ri[c]k-" (=„Rich-") als erstem Bestandteil, wie z. B. Rickswind.

Ridzard: männl. Vorn., friesische Form von → Richard.

Rik: niederländischer männl. Vorn., Kurzform von Hendrik (→ Heinrich).

Rike, (auch:) **Rika** weibl. Vorn., Kurzform von Namen, die auf „-rike" ausgehen, besonders von → Friederike, → Henrike und → Ulrike. Italien. Form: Rica.

Riklef: friesischer männl. Vorn. (der 1. Bestandteil entspricht ahd. „Rich-", vgl. die Vornamen Richbert und Richmar; der 2. Bestandteil entspricht ahd. „-leib", vgl. den Vornamen Detlef).

Rita: aus dem Italienischen übernommener weibl. Vorn., Kurzform von Margherita (→ Margarete) oder von → Maritta. Der Vorname ist in Deutschland erst im 20. Jh. allgemein bekannt geworden. Bekannte Namensträgerinnen: die heilige Rita von Cascia, italienische Augustinerin und Mystikerin (14./15. Jh.); Namenstag: 22. Mai; Rita Hayworth, amerikanische Filmschauspielerin (20. Jh.); Rita Streich, deutsche Sopranistin (20. Jh.); Rita Pavone, italienische Schlagersängerin (20. Jh.).

Rixta: → Ricksta.

Rob: englischer männl. Vorn., Kurzform von → Robert.

Robby: englischer männl. Vorn., Kurz- und Koseform von → Robert.

Robert: alter deutscher männl. Vorn., Nebenform von → Rupert. Die Namensform Robert war im Mittelalter im niederdeutschen Sprachgebiet weit verbreitet und drang schon früh nach Frankreich. Herzöge der Normandie – bekannt ist vor allem Robert Guiskard – trugen diesen Namen und machten ihn in Frankreich beliebt. Von der Normandie aus gelangte der Name mit den Normanen nach England, wo er wie in Frankreich volkstümlich wurde. In Deutschland wurde „Robert" erst im 18. Jh. als französischer Herrschername durch die Ritterdichtung wieder eingeführt. Bekannt ist vor allem Kleists Dramenfragment „Robert Guiskard". Zu der Beliebtheit des Namens im 19. Jh. trug Meyerbeers Oper „Robert der Teufel"

(1831) bei. Bekannte Namensträger: Robert der Teufel, Herzog der Normandie, Vater Wilhelms des Eroberers (11. Jh.); der heilige Robert von Molesme, Mitbegründer der Zisterzienser (11./12. Jh.); Namenstag: 29. April; Robert Burns, schottischer Dichter (18. Jh.); Robert Southey, englischer Dichter (18./19. Jh.); Robert Blum, deutscher Politiker (19. Jh.); Robert Schumann, deutscher Komponist (19. Jh.); Robert Bunsen, deutscher Chemiker (19. Jh.); Robert Koch, deutscher Bakteriologe (19./20. Jh.); Robert Bosch, deutscher Industrieller (19./20. Jh.); Robert Stolz, österreichischer Komponist (19./20. Jh.); Robert Musil, österreichischer Schriftsteller (19./20. Jh.); Robert Schuman, französischer Politiker (19./20. Jh.); Robert Sherwood, amerikanischer Dramatiker (19./20. Jh.); Robert Taylor, amerikanischer Filmschauspieler (20. Jh.); Robert Mitchum, amerikanischer Filmschauspieler (20. Jh.). Italien. Form: Roberto. Französ. Form: Robert [robär]. Engl. Form: Robert [rọbᵉrt].

Roberta, (auch:) Roberte: weibl. Vorn., weibliche Form des männlichen Vornamens → Robert. Der Vorname, der in Deutschland selten vorkommt, ist in Italien überaus beliebt. Eine bekannte literarische Gestalt ist die Roberta Alden in Theodore Dreisers Roman „Eine amerikanische Tragödie". Bekannte Namensträgerin: Roberta Peters, amerikanische Opernsängerin (20. Jh.).

Roberto: → Robert.

Robin: englischer männl. Vorn., eigentlich Kurz- oder Koseform von → Robert.

Rocco: → Rochus.

Rochus: männl. Vorn., latinisierte Form von ahd. Roho. Der ahd. Männername Roho ist eine Kurzform von heute nicht mehr gebräuchlichen Namen, die mit „Ro[c]h-" gebildet sind, wie z. B. Rochbert und Rochold. – „Rochus" fand im Mittelalter als Name des heiligen Rochus, des Schutzheiligen gegen die Pest, Verbreitung; Namenstag: 16. August. Heute spielt der Vorname kaum noch eine Rolle in der Namengebung.

Rodegang: alter deutscher männl. Vorn. (der 1. Bestandteil gehört zu german. *hrōþ- ,,Ruhm, Preis'', vgl. altisländ. *hrōðr* ,,Ruhm''; der 2. Bestandteil ist ahd. *gang* ,,Gang'', wohl im Sinne von ,,Waffengang, Streit''). ,,Rodegang'' spielt – wie auch die folgenden mit ,,Rode-'' gebildeten Vornamen – heute kaum noch eine Rolle in der Namengebung.

Rodehild, (auch:) Rodehilde: alter deutscher weibl. Vorn. (der 1. Bestandteil gehört zu german. *hrōþ- ,,Ruhm, Preis'', vgl. altisländ. *hrōðr* ,,Ruhm''; der 2. Bestandteil ist ahd. *hilt[i]a* ,,Kampf'').

Rodelind, (auch:) Rodelinde: alter deutscher weibl. Vorn. (der 1. Bestandteil gehört zu german. *hroþ- ,,Ruhm, Preis'', vgl. altisländ. *hrōðr* ,,Ruhm''; der 2. Bestandteil ist ahd. *linta* ,,Schild [aus Lindenholz]'').

Roderich: alter deutscher männl. Vorn. (der 1. Bestandteil gehört zu german. *hrōþ- ,,Ruhm, Preis'', vgl. altisländ. *hrōðr* ,,Ruhm''; der 2. Bestandteil gehört zu german. *rīk- ,,Herrscher, Fürst, König'', vgl. got. *reiks* ,,Herrscher, Oberhaupt'', ahd. *rīhhi* ,,Herrschaft, Reich'', *rīhhi* ,,mächtig, begütert, reich''). Roderich hieß der letzte König der Westgoten, der 711 im Kampf gegen die Araber bei Jerez de la Frontera umkam. Sein Schicksal wurde im 19. Jh. von Emanuel Geibel und Felix Dahn literarisch behandelt. Durch die beiden Dramen ,,König Roderich'' wurde der Name weiteren Kreisen bekannt und spielte vorübergehend als Vorname eine Rolle. Span. Form: Rodrigo. Französ. Form: Rodrigue [rodrig]. Engl. Form: Roderick [rodᵉrik].

Roderick: → Roderich.

Rodewald: alter deutscher männl. Vorn. (der 1. Bestandteil gehört zu german. *hrōþ- ,,Ruhm, Preis'', vgl. altisländ. *hrōðr* ,,Ruhm''; der 2. Bestandteil ahd. -*walt* gehört zu *waltan* ,,herrschen, walten'').

Rodolfo: → Rudolf.

Rodolphe: → Rudolf.

Rodrigo: → Roderich.

Rodrigue: → Roderich.

Roger: alter deutscher männl. Vorn., Nebenform von → Rüdiger. Die Namensform Roger war im Mittelalter im niederdeutschen Sprachgebiet verbreitet und drang schon früh nach Frankreich. Von dort aus gelangte der Name mit den Normannen nach England. Während ,,Roger'' in Frankreich und England volkstümlich wurde, kam der Name in Deutschland außer Gebrauch und kommt erst in neuerer Zeit – unter englischem oder französischem Einfluß – vereinzelt wieder vor. Bekannte Namensträger: Roger von Helmarshausen, deutscher Goldschmied (um 1100); Roger I., normannischer Herrscher von Sizilien, Bruder von Robert Guiskard (11./12. Jh.); Roger II., normannischer König von Sizilien (11./12. Jh.); Roger Bacon, englischer Philosoph und Physiker 13. Jh.); Roger Vadim, französischer Filmregisseur (20. Jh.); Roger Fritz, deutscher Filmregisseur (20. Jh.). Französ. Form: Roger [roschê]. Engl. Form: Roger [rodscheʳ].

Roland: alter deutscher männl. Vorname. Die Namensform Hrōdland, auf die ,,Roland'' zurückgeht, ist durch volkstümliche Anlehnung an ahd. *lant* ,,Land'' aus Hrōdnand entstanden (der 1. Bestandteil gehört zu german. *hrōþ- ,,Ruhm, Preis'', vgl. altisländ. *hrōðr* ,,Ruhm''; der 2. Bestandteil gehört zu german. *nanþ- ,,gewagt, wagemutig, kühn'', vgl. Ferdinand). Die oberdeutsche Entsprechung Hruodland lebt nur noch in Familiennamen (z. B. Ru[h]land) fort, vgl. das Verhältnis von Robert zu Rupert. – Die normannisch-romanische Namensform Roland wurde allgemein bekannt durch Roland, den Markgrafen der Bretagne, der als Paladin Karls des Großen 778 im Tal von Roncesvalles im Kampf gegen die Basken fiel. Seine Taten werden im Rolandslied und in mehreren anderen Dichtungen verherrlicht. Bekannter Namensträger: Roland Herrmann, deutscher Bassist (20. Jh.). Italien. Form: Orlando. Span.

Form: Orlando. Französ. Form: Roland [rolã]. Engl. Formen: Roland; Rowland [roulent].

Rolande: weibl. Vorn., weibliche Form des männlichen Vornamens → Roland. Der Vorname kommt nur ganz vereinzelt vor.

Rolf: männl. Vorn., der sich über Rolof, Rodlof aus Rodolf (Nebenform von → Rudolf) entwickelt hat. Der Vorname ist erst in der ersten Hälfte des 20. Jh.s – wahrscheinlich unter nordischem Einfluß (schwed., dän. Rolf) – in Mode gekommen. Bekannte Namensträger: Rolf Liebermann, schweizerischer Komponist (20. Jh.); Rolf Thiele, deutscher Filmregisseur (20. Jh.); Rolf Italiaander, deutsch-niederländischer Schriftsteller (20. Jh.); Rolf Hochhuth, .deutscher Schriftsteller (20. Jh.).

Rolland: → Roland.

Romain [romã]: französischer männl. Vorn., französische Form von → Roman. Bekannter Namensträger: Romain Rolland, französischer Schriftsteller (19./20. Jh.).

Roman, (auch:) Romanus: männl. Vorn. lateinischen Ursprungs, eigentlich „der Römer" (lat. Rōmānus „von, aus Rom; römisch"). „Romanus" fand im Mittelalter vor allem als Heiligenname Verbreitung. In Deutschland ist der Name nicht volkstümlich geworden. Sehr beliebt ist er in Polen. Bekannter Namensträger: Roman Polanski, polnisch-amerikanischer Filmregisseur (20. Jh.).

Romana: weibl. Vorn., weibliche Form des männlichen Vornamens → Roman.

Romi, (auch:) Romy: Koseform – eigentlich Lallform aus der Kindersprache – von → Rosemarie. Die Namensform ist allgemein bekannt geworden durch die Filmschauspielerin Romy Schneider (eigentlich Rosemarie Albach-Retty).

Romuald: männl. Vorn., Nebenform von → Rumold. – „Romuald" spielte früher als Name des heiligen Romuald (10./11. Jh.) eine gewisse Rolle in der Namengebung; Namenstag:

7. Februar. Der heilige Romuald stiftete den Orden der Kamaldulenser. Heute kommt der Vorname nur ganz vereinzelt vor. Bekannter Namensträger: Romuald Bauerreis, deutscher Kirchenhistoriker (19./20. Jh.).

Ron: englischer männl. Vorn., Kurzform von → Ronald.

Ronald [roneld]: englischer (eigentlich schottischer) männl. Vorn., der auf altisländ. Rǫgnvaldr zurückgeht. Der altisländische Name entspricht → Reinhold.

¹Ronny: englischer männl. Vorn., Koseform von → Ronald.

²Ronny, (auch:) Ronnie: englischer weibl. Vorn., Kurz- und Koseform von Veronica (→ Veronika).

Rosa: aus dem Italienischen übernommener weibl. Vorn. lateinischen Ursprungs, eigentlich „Rose" (lat. rosa „Rose"). Der Vorname fand in Deutschland erst im 19. Jh. größere Verbreitung. Literarisches Vorbild war die Rosa in Vulpius' vielgelesenem Roman „Rinaldo Rinaldini" (1797–1800). Bekannte Namensträgerinnen: die heilige Rosa von Viterbo (13. Jh.); Namenstag: 4. September; die heilige Rosa von Lima, Patronin Amerikas (16./17. Jh.); Namenstag: 30. August; Rosa Luxemburg, deutsche Politikerin (19./20. Jh.). Span. Form: Rosa. Französ. Form: Rose [ros]. Engl. Formen: Rosa [rouse]; Rose [rous].

Rosalia [auch: Rosalie]: aus dem Italienischen übernommener weibl. Vorn., Weiterbildung von → Rosa. Der Vorname fand in Deutschland erst im 19. Jh. größere Verbreitung, kam aber schnell wieder aus der Mode und hat heute einen altmodischen Klang. – Eine Opernfigur ist die Rosalie in Dittersdorfs Oper „Doktor und Apotheker". Bekannte Namensträgerin: die heilige Rosalia, Patronin Palermos (12. Jh.); Namenstag: 4. September. Französ. Form: Rosalie [rosali]. Engl. Formen: Rosalia [roseilje]; Rosalie [roseli].

Rosalinde: alter deutscher weibl. Vorn. (der 1. Bestandteil ist aus german. *hrōþ- „Ruhm, Preis" umgestaltet, vgl. z. B. den weiblichen Vornamen Rodehild; der 2. Bestandteil ist ahd. *linta* „Schild [aus Lindenholz]"). Der Name kam in Deutschland bereits im Mittelalter außer Gebrauch, er lebte aber im romanischen Sprachgebiet (Spanien) weiter. Aus dem Spanischen übernahm ihn Shakespeare. Allgemein bekannt ist die Rosalinde aus seinem Lustspiel „Wie es euch gefällt", durch die er in Deutschland wieder bekannt geworden sein kann, falls er nicht mit „Rosa" (→ Rosa) neu gebildet worden ist. Eine bekannte Operettenfigur ist die Rosalinde aus der „Fledermaus" von Johann Strauß.

Rosamunde: alter deutscher weibl. Vorn. (der 1. Bestandteil ist aus german. *hrōþ- „Ruhm, Preis" umgestaltet, vgl. z. B. den weiblichen Vornamen Rodehild; der 2. Bestandteil gehört zu ahd. *munt* „[Rechts]schutz"). „Rosamunde" hieß die Frau des Langobardenkönigs Alboin. Sie ließ ihren Mann ermorden, nachdem er sie gezwungen hatte, aus dem Schädel ihres erschlagenen Vaters zu trinken. Ihr Schicksal und damit auch ihr Name blieben durch die Sage und Literatur (mehrere Dramen) bekannt. Die Musik zu einem Drama „Rosamunde" von H. von Chézy komponierte Franz Schubert („Rosamunden-Ouvertüre").

¹Rose: weibl. Vorn., Nebenform von → Rosa. Eine bekannte literarische Gestalt ist die Rose Bernd in Gerhart Hauptmanns gleichnamigem Drama.

²Rose: → Rosa.

Rosemarie, (auch:) Rosmarie: weiblicher Doppelname aus → Rosa und → Maria. Der Vorname wurde in der ersten Hälfte des 20. Jh.s volkstümlich, und zwar durch das Lied „Rosemarie, Rosemarie, sieben Jahre mein Herz nach dir schrie" von Hermann Löns und vor allem durch die Rosemarie in Agnes Günthers vielgelesenem Roman „Die Heilige und ihr Narr" (1913/14). Engl. Form: Rosemary [rouˢmᵉri].

Rosemary: → Rosemarie.

Rosi: weibl. Vorn., Kose- oder Verkleinerungsform von → Rosa.

Rosina, (auch:) Rosine: weibl. Vorn., Weiterbildung von → Rosa.

Rosita: aus dem Spanischen übernommener weibl. Vorn., Koseform von → Rosa.

Roswith: weibl. Vorn., Nebenform von → Roswitha.

Roswitha, (älter auch:) Hroswitha: alter deutscher weibl. Vorn., eigentlich etwa „die Ruhmesstarke" (der 1. Bestandteil gehört zu german. *hrōþ- „Ruhm, Preis", vgl. altisländ. *hrōðr* „Ruhm"; der 2. Bestandteil gehört zu altsächs. *swīth[i]* „stark", mhd. *swint* „stark, heftig", vgl. *ge-schwind* „schnell"). Als Namensvorbild wurde immer wieder die Nonne Roswitha (Hrothsvith) von Gandersheim (10. Jh.) gewählt, die als erste deutsche Dichterin gilt.

Roswitha von Gandersheim

Rother: alter deutscher männl. Vorn. (der 1. Bestandteil gehört zu german. *hrōþ- „Ruhm, Preis", vgl. altisländ. *hrōðr* „Ruhm"; der 2. Bestandteil ist ahd. *heri* „Heer"). Der Name, der durch die Sagengestalt König Rother bekannt ist, spielt heute kaum noch eine Rolle in der Namengebung.

Rotraud, (auch:) Rotraut: alter deutscher weibl. Vorn., der sich aus der ahd. Namensform Hrothrud entwikkelt hat (der 1. Bestandteil gehört zu german. *hrōþ- „Ruhm, Preis“, vgl. altisländ. hrōðr „Ruhm“; der 2. Bestandteil ist ahd. -trud „Kraft, Stärke“, vgl. altisländ. Þrūðr „Stärke“). Der Name gewann im 19. Jh. durch Eduard Mörikes Gedicht „Schön Rohtraut“ vorübergehend an Beliebtheit. Heute kommt er nur vereinzelt vor. Bekannte Namensträgerin: Rotraud Richter, deutsche Filmschauspielerin (20. Jh.).

Rowena [engl. Aussprache: rowjne]: aus dem Englischen übernommener weibl. Vorn., dessen Herkunft und Bedeutung unklar sind. Der Name wurde in Deutschland durch die Rowena in Walter Scotts vielgelesenem Roman „Ivanhoe“ (deutsche Übersetzung 1840) bekannt.

Rowland: → Roland.

Roy: in neuerer Zeit aus dem Englischen übernommener männl. Vorn., der vermutlich irischen Ursprungs ist und eigentlich „der Rote“ bedeutet (zu irisch ruadh „rot“).

Ruben: männl. Vorn. hebräischen Ursprungs, dessen Bedeutung unklar ist. In der Bibel ist Ruben der älteste Sohn Jakobs. – Der Name spielt heute nur noch in der Namengebung bei jüdischen Familien eine Rolle.

Rudi: männl. Vorn., Koseform von → Rudolf. Bekannter Namensträger: Rudi Schuricke, deutscher Sänger (20. Jh.).

Rüdiger: alter deutscher männl. Vorn. (der 1. Bestandteil gehört zu german. *hrōþ- „Ruhm, Preis“, vgl. altisländ. hrōðr „Ruhm“; der 2. Bestandteil ist ahd. gēr „Speer“). Nebenform von Rüdiger (ahd. [H]ruodigēr) ist → Roger ([H]rōdgēr). – „Rüdiger“ ist allgemein bekannt als Name des Markgrafen Rüdiger von Bechelaren aus dem Nibelungenlied. Der Name war im Mittelalter recht beliebt. In der Neuzeit kommt er erst seit 1800 wieder häufiger vor, nachdem Bodmer das Nibelungenlied wiederentdeckt hatte.

Rudolf: alter deutscher männl. Vorn., der sich aus der ahd. Namensform Hruodolf entwickelt hat (der 1. Bestandteil gehört zu german. *hrōþ- „Ruhm, Preis“, vgl. altisländ. hrōðr „Ruhm“; der 2. Bestandteil ist ahd. wolf „Wolf“). Der Name war schon im Mittelalter in ganz Deutschland sehr beliebt. Volkstümlich wurde er durch den großen Herrscher Rudolf von Habsburg (13. Jh.), der vor allem in Süddeutschland und in der Schweiz als Namensvorbild gewählt wurde. In der Neuzeit erlebte „Ru-

Rudolf von Habsburg

dolf“ – wieder von den Habsburgern ausgehend – eine neue Blüte im 19. Jh. – Bekannte Namensträger: Rudolf von Ems, mittelhochdeutscher Epiker (13. Jh.); Rudolf, Erzherzog von Österreich (19. Jh.); Rudolf Virchow, deutscher Pathologe (19./20. Jh.); Rudolf Eucken, deutscher Philosoph (19./20. Jh.); Rudolf Georg Binding, deutscher Schriftsteller (19./20. Jh.); Rudolf Steiner, österreichischer Anthroposoph (19./20. Jh.); Rudolf Borchardt, deutscher Schriftsteller (19./20. Jh.); Rudolf Alexander Schröder, deutscher Dichter (19./20. Jh.); Rudolf Forster, österreichischer [Film]schauspieler (19./20. Jh.); Rudolf Caracciola, deutscher Automobilrennfahrer (20. Jh.); Rudolf Prack, österreichischer Filmschauspieler

(20. Jh.); Rudolf Platte, deutscher Filmschauspieler (20. Jh.); Rudolf Hagelstange, deutscher Dichter (20. Jh.); Rudolf Harbig, deutscher Mittelstreckenläufer (20. Jh.); Rudolf Schock, deutscher Tenor (20. Jh.); Rudolf Mössbauer, deutscher Physiker (20. Jh.). Italien. Form: Rodolfo. Französ. Form: Rodolphe [rodolf]. Engl. Form: Rudolph [rudolf].

Rudolfa: weibl. Vorn., weibliche Form des männlichen Vornamens → Rudolf. Der Vorname spielt heute kaum noch eine Rolle in der Namengebung.

Rudolfine: weibl. Vorn., Weiterbildung von → Rudolfa.

Rudolph: → Rudolf.

Rufinus: männl. Vorn., Weiterbildung von → Rufus.

Rufus: männl. Vorn. lateinischen Ursprungs, eigentlich „der Rote, der Rothaarige" (lat. *rūfus, -a, -um* „rot"). – „Rufus" war ursprünglich Beiname. Während der Name in England und Amerika häufiger vorkommt, spielt er in Deutschland kaum eine Rolle in der Namengebung. Eine literarische Gestalt ist der Neger Rufus in Baldwins Roman „Eine andere Welt".

Rul: männl. Vorn., der sich vermutlich aus → Rudolf entwickelt hat (vgl. die Koseform Rulle und den heute nicht mehr gebräuchlichen Vornamen Rulmann). Der Vorname kommt nur ganz vereinzelt vor.

Rulle: Koseform – eigentlich Lallform aus der Kindersprache – des männlichen Vornamens → Rudolf.

Rumold: alter deutscher männl. Vorn., der sich aus der ahd. Namensform Ruomald entwickelt hat (der 1. Bestandteil ist wahrscheinlich ahd. *[h]ruom* „Lob, Ruhm"; der 2. Bestandteil ist ahd. *-walt* zu *waltan* „herrschen, walten"). – „Rumold" ist bekannt als Name des Kochs aus dem Nibelungenlied.

Runa, (auch:) Rune: Kurzform von weiblichen Vornamen, die mit „Run-" oder mit „-run" („-runa", „-rune") gebildet sind, wie z. B. → Runhild und → Sigrun. Beachte: In Skandinavien kommt „Rune" auch als männlicher Vorname vor

(Kurzform zu männlichen Namen mit „Run-" als erstem Bestandteil, wie z. B. Runger). In Deutschland wird „Rune" nur anerkannt in Verbindung mit einem anderen männlichen Vornamen, der erkennen läßt, daß es sich um eine männliche Person handelt.

Runhild: alter deutscher weibl. Vorn. (ahd. *rūna* „Geheimnis; geheime Beratung" + ahd. *hilt[j]a* „Kampf"; vgl. die Umkehrung Hildrun). Der Vorname kommt heute sehr selten vor.

Rupert: alter deutscher männl. Vorn., eigentlich etwa „von glänzendem Ruhm" (der 1. Bestandteil gehört zu german. **hrōƥ-* „Ruhm, Preis", vgl. altisländ. *hrōðr* „Ruhm"; der 2. Bestandteil ist ahd. *beraht* „glänzend"). Nebenform von Rupert ist → Robert (alte Namensform Hrod[o]bert). – Der Name fand im Mittelalter vor allem als Name des heiligen Rupert, des Apostels Bayerns und ersten Bischofs von Salzburg (7./8. Jh.), Verbreitung; Namenstag: 27. März. Der Name kam früher in Süddeutschland so häufig vor, daß die Koseform Rüpel abgewertet und als Bezeichnung für einen flegelhaften Menschen gebräuchlich wurde (vgl. Heini, August und Fritz). Bekannte Namensträger: Rupert Davies, englischer Filmschauspieler (20. Jh.); Rupert Hollaus, österreichischer Motorradweltmeister (20. Jh.).

Ruperta: weibl. Vorn., weibliche Form des männlichen Vornamens → Rupert.

Rupertus: latinisierte Form des männlichen Vornamens → Rupert.

Ruprecht: männl. Vorn., Nebenform von → Rupert. Der Name ist allgemein bekannt durch den Knecht Ruprecht, den Begleiter des heiligen Nikolaus. Eine literarische Gestalt ist der Ruprecht in Kleists Lustspiel „Der zerbrochene Krug". Bekannte Namensträger: Ruprecht I., Kurfürst von der Pfalz (14. Jh.); Ruprecht von der Pfalz, deutscher König (14./15. Jh.); Rupprecht, Kronprinz von Bayern (19./20. Jh.).

Ruth: aus der Bibel übernommener weibl. Vorn., eigentlich wohl

„Freundschaft". Nach der Bibel war Ruth eine fromme Moabiterin, die, verwitwet, ihre israelitische Schwiegermutter nicht verließ und als Ährenleserin die Liebe des reichen Boas gewann. – Der Name fand in Deutschland erst im 16. Jh. Verbreitung. Er ist auch heute noch recht beliebt. Bekannte Namensträgerinnen: Ruth Schaumann, deutsche Dichterin, Bildhauerin und Graphikerin (19./20. Jh.); Ruth Haus-meister, deutsche Schauspielerin (20. Jh.); Ruth Leuwerik, deutsche Filmschauspielerin (20. Jh.).

Ruthard: alter deutscher männl. Vorn., der sich aus der ahd. Namensform Hruodhart entwickelt hat (der 1. Bestandteil gehört zu german. *hrōþ-* „Ruhm, Preis", vgl. altisländ. *hrōðr* „Ruhm"; der 2. Bestandteil ist ahd. *harti, herti* „hart").

Ruthilde: weibl. Vorn., Nebenform von → Rodehild.

S

Sabine, (auch:) Sabina: weibl. Vorn. lateinischen Ursprungs, eigentlich „die Sabinerin, die aus dem altitalischen Stamm der Sabiner" (lat. Sabīna). Der Name fand im Mittelalter in der christlichen Welt als Heiligenname Verbreitung, vor allem als Name der heiligen Sabina, einer frühchristlichen römischen Märtyrerin; Namenstag: 29. August. – „Sabine" ist erst im 20. Jh. in Deutschland volkstümlich geworden und gehört heute zu den beliebtesten weiblichen Vornamen. – Eine literarische Gestalt ist die Sabine Schröter in Gustav Freytags Roman „Soll und Haben" (1854). Bekannte Namensträgerinnen: Sabine Bethmann, deutsche Filmschauspielerin (20. Jh.); Sabina Sesselmann, deutsche Filmschauspielerin (20. Jh.); Sabine Sinjen, deutsche [Film]schauspielerin (20. Jh.). Franzős. Form: Sabine [ßabīn]. Engl. Form: Sabina [ßᵉbaᵢnᵉ, ßᵉbiᵢnᵉ].

Sabrina [engl. Aussprache: ßᵉbraᵢnᵉ; ßᵉbriᵢnᵉ]: englischer weibl. Vorn., eigentlich Name der Nymphe des Flusses Severn. – „Sabrina" wurde erst in der Mitte des 20. Jh.s durch den Film „Sabrina" (mit Audrey Hepburn) weiteren Kreisen in Deutschland bekannt.

Sacha [sascha]: französischer männl. Vorn., französische Form von → Sascha. Bekannter Namensträger: Sacha Guitry, französischer Schriftsteller (19./20. Jh.).

Sachso: alter deutscher männl. Vorn., eigentlich „der Sachse, der aus dem Volksstamm der Sachsen" (zum Stammesnamen ahd. Sahsun, lat. Saxones „Sachsen"). „Sachso" war – wie z. B. auch → Frank und → Frieso – ursprünglich Beiname.

Sally [ßäli]: englischer weibl. Vorn., Koseform – eigentlich Lallform aus der Kindersprache – von → Sarah.

Salome: aus der Bibel übernommener weibl. Vorn. hebräischen Ursprungs, eigentlich etwa „die Friedliche". Der Name fand in Deutschland erst im 16. Jh. Verbreitung. Er wurde aber nicht volkstümlich und spielt nur in der Namengebung bei jüdischen Familien eine Rolle.

Salomon: aus der Bibel übernommener männl. Vorn. hebräischen Ursprungs, eigentlich wohl „der Friedliche". Nach der Bibel war Salomon, der Sohn Davids, wegen seiner Weisheit über die Grenzen seines Reiches hinaus berühmt. Der Name, der im Mittelalter in Deutschland weit verbreitet war, spielt heute nur noch in der Namengebung bei jüdischen Familien eine Rolle.

Sam [ßäm]: englischer männl. Vorn., Kurzform von → Samuel.

Sammy [engl. Aussprache: ßämi]: in neuerer Zeit aus dem Englischen übernommener männl. Vorn., Kurz- und Koseform von → Samuel. Bekannte Namensträger: Sammy Drechsel, deutscher Reporter und Kabarettregisseur (20. Jh.); Sammy

Davis jr., amerikanischer Unterhaltungskünstler (20. Jh.).

Samson: aus der Bibel übernommener männl. Vorn. hebräischen Ursprungs, eigentlich wohl „kleine Sonne". Nach der Bibel verfügte Samson über ungewöhnliche Kräfte. Seine Geliebte Delila entlockte ihm das Geheimnis seiner Kraft, schnitt ihm heimlich das Haupthaar ab und lieferte ihn den Philistern aus. – Wie andere alttestamentliche Namen kam auch „Samson" im Mittelalter in Deutschland recht häufig vor. In der Neuzeit spielt er kaum noch eine Rolle in der Namengebung.

Samuel: aus der Bibel übernommener männl. Vorn. hebräischen Ursprungs, eigentlich wohl „von Gott erhört". Nach der Bibel war Samuel der letzte Richter Israels. Er salbte David zum König. – Der Name kam im Mittelalter wie andere alttestamentliche Namen in Deutschland recht häufig vor. Heute spielt er bei uns im Gegensatz zu England und Amerika kaum noch eine Rolle. Bekannte Namensträger: Samuel Johnson, englischer Schriftsteller (18. Jh.); Samuel Hahnemann, deutscher Arzt und Begründer der Homöopathie (18./19. Jh.); Samuel Butler, englischer Schriftsteller (19./20. Jh.); Samuel Fischer, deutscher Verleger (19./20. Jh.); Samuel Beckett, irisch-französischer Schriftsteller (20. Jh.). Engl. Form: Samuel [ßämjuel].

Sándor: ungarischer männl. Vorn., Kurzform von → Alexander.

Sandra: italienischer weibl. Vorn., Kurzform von Alessandra (→ Alexandra).

Sandrina: italienischer weibl. Vorn., Verkleinerungsbildung von → Sandra.

Sandro: italien. männl. Vorn., Kurzform von Alessandro (→ Alexander).

¹Sandy [ßändi]: englischer männl. Vorn., Kurz- und Koseform von → Alexander.

²Sandy, (auch:) Sandie [ßändi]: englischer weibl. Vorn., Kurz- und Koseform von → Alexandra. Bekannte Namensträgerin: Sandie Shaw, englische Schlagersängerin (20. Jh.).

Sanna, (auch:) Sanne: familiäre Kurzform von → Susanne.

Sara, (auch:) Sarah: aus der Bibel übernommener weibl. Vorn. hebräischen Ursprungs, eigentlich „Herrin, Fürstin". Nach der Bibel ist Sara, die Frau Abrahams, die Stammutter Israels. Der Name fand in Deutschland erst im 16. Jh. Verbreitung. Er wurde aber nicht volkstümlich und spielt nur in der Namengebung bei jüdischen Familien eine Rolle. Eine literarische Gestalt ist die Sara Sampson in Lessings Trauerspiel „Miß Sara Sampson". Bekannte Namensträgerinnen: Sarah Bernhardt, schwedische Schauspielerin (19./20. Jh.); Sarah Churchill, englische Schauspielerin (20. Jh.).

Sascha: aus dem Russischen übernommener männl. Vorn., Kurz- und Koseform von → Alexander. Im Russischen ist „Sascha" auch als weibl. Vorn. (Koseform von → Alexandra) gebräuchlich.

Saskia: aus dem Niederländischen übernommener weibl. Vorn., dessen Bedeutung unklar ist. Der Name wurde in Deutschland durch Saskia van Ulenburch, die Frau Rembrandts, allgemein bekannt, kommt aber nur vereinzelt vor.

Sasso: männl. Vorn., Nebenform von → Sachso.

Scarlett: aus dem Englischen übernommener weibl. Vorn., eigentlich wohl „die Rothaarige" (engl. *scarlet* „scharlach-, feuerrot"). Der Vorname wurde in Deutschland allgemein bekannt durch die Scarlett O'Hara in Margaret Mitchells Roman „Vom Winde verweht" (1936).

Scholastika: weibl. Vorn. lateinischen Ursprungs, eigentlich „die Lernende, die Schülerin" (lat. *scholasticus, -a, -um* „zur Schule, zum Studium gehörend"). – „Scholastika" spielte früher als Name der heiligen Scholastika eine Rolle in der Namengebung. Die heilige Scholastika war die Schwester des heiligen Benedikt; Namenstag: 10. Februar.

Schorsch: volkstümliche Anredeform von → Georg.

Schwanhild (auch:) Schwanhilde: alter

deutscher weibl. Vorn. (ahd. *swan* „Schwan" + ahd. *hilt[j]a* „Kampf"). Der Schwan spielte im germanischen Glauben eine Rolle als Schicksalsvogel. Aus der Wielandsage sind die Schwanenjungfrauen bekannt. Swanahilda hieß die Frau Karl Martells, eine bayrische Herzogstochter (8. Jh.). Eine Gestalt der nordischen Sage ist Svanhildr, die Tochter Sigurds und Gudruns.

Sean [schạn]: englischer männl. Vorn., der durch den Filmschauspieler Sean Connery (James-Bond-Filme) in Deutschland bekannt geworden ist. Der Vorname ist die irische Form von → Johannes, die aber auf französisch → Jean zurückgeht.

Sebald, (auch:) Sebạldus: alter deutscher männl. Vorn., Nebenform von → Siegbald. Der Name war im Mittelalter im Raum Nürnberg, dem Verehrungsgebiet des heiligen Sebald, überaus beliebt. Der heilige Sebald[us] ist der Stadtpatron Nürnbergs; Namenstag: 19. August.

Sebalde: weibl. Vorn., weibliche Form des männl. Vornamens → Sebald.

Sebastian: männl. Vorn. griechischen Ursprungs, eigentlich „der Verehrungswürdige, der Erhabene" (griech. Sebastianós, Weiterbildung von Sebastós = *sebastós* „verehrungswürdig, ehrwürdig, erhaben"). – „Sebastian" fand in Deutschland im späten Mittelalter als Name des heiligen Sebastian Verbreitung, dessen Kult im 15. Jh. – vor allem in Süddeutschland – weit verbreitet war. Nach der Legende war der heilige Sebastian Tribun der kaiserlichen Garde. Er wurde wegen seines christlichen Glaubens auf Befehl Kaiser Diokletians mit Pfeilen durchbohrt und dann, als er immer noch lebte, mit Keulen erschlagen. Er wurde als Schutzheiliger gegen die Pest verehrt und ist Patron der Schützengilden; Namenstag: 20. Januar. – Der Vorname ist heute wieder modisch. Bekannte Namensträger: Sebastian Brant, deutscher Dichter (15./16. Jh.); Sebastian Franck, deutscher Schriftsteller (15./16. Jh.); Sebastian Kneipp, deutscher Heilkun-

diger (19. Jh.). Als 2. Vorname: Johann Sebastian Bach, deutscher Komponist (17./18. Jh.). Französ. Form: Bastien [baßtjǟŋ]. Engl. Form: Sebastian [ßibästjᵉn].

Seffi: weibl. Vorn., Kurz- und Koseform von → Josepha.

Selina: weibl. Vorn., der wahrscheinlich aus dem Englischen übernommen worden ist. Herkunft und Bedeutung des Namens sind unklar.

Selma: aus der Ossian-Dichtung des Schotten James Macpherson übernommener weiblicher Vorname. Durch die Ossian-Schwärmerei Klopstocks, Herders, Goethes u. a. wurde „Selma" – wie auch → Oskar und → Malwine – im 18. Jh. in Deutschland bekannt. Der Name, der in Macphersons „Songs of Selma" ein Land, nämlich das Reich Fingals, meint, wurde von Klopstock als Frauenname aufgefaßt und bürgerte sich dann auch als weiblicher Vorname in Deutschland ein. Der Vorname war noch um 1900 in Deutschland sehr beliebt. Bekannte Namensträgerin: Selma Lagerlöf, schwedische Dichterin (19./20. Jh.).

Selmar: alter deutscher männl. Vorn. (die Bedeutung des 1. Bestandteils ist unklar; der 2. Bestandteil ist ahd. -*mār* „groß, berühmt", vgl. *māren* „verbünden, rühmen").

Semjon: russischer männl. Vorn., russische Form von → Simon.

Senta: weibl. Vorn., dessen Herkunft und Bedeutung unbekannt sind. Als Namensvorbild hat vor allem die Gestalt der Senta in Richard Wagners Oper „Der Fliegende Holländer" gewirkt. Bekannte Namensträgerin: Senta Berger, deutsche Filmschauspielerin (20. Jh.).

Sepp: männl. Vorn., Kurzform von → Joseph. Der Vorname Sepp und die Koseform Sepp[el] sind vor allem in Süddeutschland verbreitet.

Seraphin, (auch:) Seraphịnus; Seraphim: männl. Vorn., mittellateinische Bildung zu der kirchenlat. Mehrzahlform Seraphīni (hebräisch Seraphīm), mit der in der Bibel (beim Propheten Jesaja) die sechsflügeligen Engelsgestalten an Gottes Thron bezeichnet werden. Die eigentliche Bedeutung des hebräischen Wortes ist umstritten. Auf die Schreibung des Vornamens hat teilweise die hebräische Mehrzahlform auf -īm eingewirkt. Ein heiliger Seraphin lebte als heilkundiger Kapuzinermönch im 16./17. Jh. in Italien; Namenstag: 12. Oktober. Ein bekannter Heiliger der Ostkirche ist Seraphim von Ssatow, ein Einsiedler und Volksheiliger aus Kursk (18./19. Jh.). Russische Form: Serafim.

Seraphine: weibl. Vorn., weibliche Form des männlichen Vornamens → Seraphin.

Serena: weibl. Vorn., weibliche Form des männlichen Vornamens → Serenus.

Serenus: männl. Vorn. lateinischen Ursprungs, eigentlich „der Heitere" (lat. *serēnus, -a, -um* „heiter, hell; leuchtend"). Der Vorname kommt in Deutschland schon immer nur vereinzelt vor.

Serge: → Sergius.

Sergei: russischer männl. Vorn., russische Form von → Sergius. Bekannter Namensträger: Sergei Prokofjew, russischer Komponist (19./20. Jh.).

Sergius: männl. Vorn. lateinischen Ursprungs, eigentlich „der aus dem Geschlecht der Sergier" (lat. Sergius, altrömischer Geschlechtername; bekannt ist vor allem der Verschwörer Lucius Sergius Catilina, den Cicero aus Rom vertrieb). Der Name Sergius ist besonders in Osteuropa verbreitet durch die Verehrung des heiligen Sergius (3./4. Jh.), der als römischer Offizier im Libanon den Märtyrertod starb; Namenstag: 7. Oktober. „Sergius" war im Mittelalter auch Papstname. Französ. Form: Serge [ßärsch]. Russ. Form: Sergei.

Servatius, (auch:) Servaz: männl. Vorn. lateinischen Ursprungs, eigentlich „der Gerettete" (mittellat. Servatius, zu lat. *servātus* „gerettet"). Zu der früheren Verbreitung des Namens in Nordwestdeutschland hat vor allem die Verehrung des heiligen Servatius beigetragen. Der heilige Servatius war im 3. Jh.

Bischof von Tongern. Er ist der Patron der Stadt Maastricht; Namenstag: 13. Mai. Bekannt ist Servatius auch als einer der drei „Gestrengen Herren" oder „Eisheiligen" (→ Bonifatius, → Pankratius). Niederländ. Form: Servaas. Französ. Form: Servais [ßärwä].

Severin [auch: Severin]; Severinus: männl. Vorn. lateinischen Ursprungs, Weiterbildung des altrömischen Beiund Familiennamens Sevērus „der Strenge, Ernsthafte" (lat. *sevērus* „streng, ernsthaft"). Der Vorname Severin war früher vor allem in Nordwestdeutschland verbreitet, wo der heilige Severin, Bischof von Köln (4./5. Jh.), verehrt wurde; Namenstag: 23. Oktober. Ein anderer Heiliger des Namens ist Severin (5. Jh.), der Apostel des Norikums (heutiges Bayern und Österreich zwischen Inn und Donau); Namenstag: 8. oder 19. Januar. Dänische Namensform: Sören.

Sheila [schile]: englischer weibl. Vorn., englische Schreibung des irischen weiblichen Namens Sile, einer Kurzform von → Cäcilie.

Shirley [schörli]: englischer weibl. Vorn., der sich aus einem Familiennamen entwickelt hat und letztlich auf einen englischen Ortsnamen zurückgeht. Zu der Beliebtheit des Namens in England und Amerika hat seit den dreißiger Jahren besonders der amerikanische Kinderfilmstar Shirley Temple beigetragen. Bekannt ist auch die amerikanische Filmschauspielerin Shirley MacLaine (20. Jh.).

Sibo, (auch:) Siebo: männl. Vorn., friesische Kurzform von → Siegbald oder → Siegbert.

Sibyl: → Sibylle.

Sibylle, (auch:) Sibylla: aus dem Lateinischen übernommener weibl. Vorn., dessen eigentliche Bedeutung und Herkunft unbekannt sind. Lat. Sibylla (griech. Sibylla) war ursprünglich der Name einer Seherin in Kleinasien. Er wurde später auf andere Seherinnen und Prophetinnen im griechischen und altrömischen Sprachgebiet übertragen. Berühmt ist die Sibylle von Cumae, die der Sage nach dem römischen König Tarquinius Superbus die Sibyllinischen Bücher verkaufte. Im Mittelalter wurden die Weissagungen der Sibyllen auch auf Christus bezogen, z. B. galt auch die biblische Königin von Saba als Sibylle. Als Vorname erscheint Sibylla (Sibilla) in Deutschland im späten Mittelalter und tritt seitdem immer wieder auf. Bekannt ist die Botanikerin und Kupferstecherin Maria Sibylla Merian (17./18. Jh.). Den gleichen Doppelnamen (rheinisch Marizebill) trägt auch eine Figur des Kölner Puppentheaters. Heute gehört Sibylle (oft unrichtig Sybille geschrieben) zu den Modenamen. Bekannte Namensträgerin: Sibylle Schmitz, deutsche [Film]schauspielerin (20. Jh.). Englische Formen: Sibyl, Sybil [ßįbil].

Sidonie, (auch:) Sidonia: weibl. Vorn., weibliche Form von → Sidonius. Seine frühere Verbreitung verdankt der Vorname Sidonie wohl literarischen Vorbildern. Der französische Ritterroman „Pontus und Sidonia" wurde im 15. Jh. ins Deutsche übersetzt und war ein vielgelesenes Volksbuch. Slawische Form: Zdenka.

Sidonius: männl. Vorn. lateinischen Ursprungs, eigentlich „Mann aus Sidon" (Sidon, jetzt Saida, war im Altertum eine phönizische Handelsstadt am Libanon). Aus dem frühen Mittelalter ist der lateinische Dichter Sidonius Apollinaris, Bischof von Clermont, bekannt (5. Jh.). Der Name spielt in der deutschen Vornamengebung keine Rolle. Slawische Form: Zdenko.

Siebo: männl. Vorn., Nebenform von → Sibo.

Siegbald: alter deutscher männl. Vorn. (ahd. *sigu* „Sieg" + ahd. *bald* „kühn").

Siegbert: alter deutscher männl. Vorn. (ahd. *sigu* „Sieg" + ahd. *beraht* „glänzend"). Den Namen Siegbert (Sigibert) trugen mehrere Merowingerkönige: Sigibert I. (6. Jh.), verheiratet mit der Westgotin Brunhilde, wurde auf Anstiften seiner Schwägerin Fredegunde ermordet (Motiv der

Siegfriedsage!). Der heilige König Sigibert III. (7. Jh.) wird als Schutzpatron Lothringens verehrt; Namenstag: 1. Februar.

Siegberta: alter deutscher weibl. Vorn., weibliche Form des männlichen Vornamens → Siegbert. In der heutigen Namengebung spielt der Vorname kaum noch eine Rolle.

Siegbod: alter deutscher männl. Vorn. (ahd. *sigu* „Sieg" + ahd. *boto* „Bote"). Der Vorname kommt in der Neuzeit nur vereinzelt vor.

Siegburg, (auch:) Siegburga: alter deutscher weibl. Vorn. (der 1. Bestandteil ist ahd. *sigu* „Sieg", der 2. Bestandteil -*burg[a]* gehört zu ahd. *bergan* „in Sicherheit bringen, bergen").

Sieger, (älter auch:) Siegher: alter deutscher männl. Vorn. (ahd. *sigu* „Sieg" + ahd. *heri* „Heer").

Siegerich: → Siegrich.

Siegfried, (selten auch:) Sigfrid: alter deutscher männl. Vorn. (ahd. *sigu* „Sieg" + ahd. *fridu* „Schutz vor Waffengewalt, Friede"). Der Name Siegfried war im ganzen Mittelalter bis in die Neuzeit hinein beliebt, vor allem im Anschluß an die Heldengestalt des Drachentöters Siegfried in der Nibelungensage. Auch in anderen Sagen kommt der Name vor (Pfalzgraf Siegfried in der Genovevasage, König Siegfried von Morland in der Gudrunsage). Im 19. Jh. gewann „Siegfried" neue Beliebtheit durch die literarische und musikalische Gestaltung der alten Sagen (Wagners „Ring der Nibelungen", Hebbels „Nibelungen", Uhlands Ballade „Jung Siegfried", Tiecks und Hebbels Genovevadramen u. a.). Der Vorname tritt auch in jüdischen Familien auf. Bekannte Namensträger: der heilige Siegfried, Apostel von Schweden, ein englischer Mönch (10./11. Jh.), Namenstag: 15. Februar; Siegfried von Westerburg, Erzbischof und Kurfürst von Köln (13. Jh.); Siegfried Wagner, deutscher Dirigent und Komponist, Sohn Richard Wagners (19./20. Jh.); Siegfried Trebitsch, österreichischer Schriftsteller und Übersetzer (19./20.

Jh.); Siegfried Kracauer, deutscher Soziologe (19./20. Jh.); Siegfried von Vegesack, deutscher Schriftsteller (19./20. Jh.); Siegfried Lenz, deutscher Schriftsteller (20. Jh.).

Sieghard: alter deutscher männl. Vorn. (ahd. *sigu* „Sieg" + ahd. *harti, herti* „hart").

Siegher: männl. Vorn., ältere Form von → Sieger.

Sieghild, (auch:) Sieghilde: alter deutscher weibl. Vorn. (ahd. *sigu* „Sieg" + ahd. *hilt[i]a* „Kampf").

Sieglinde, (auch:) Sieglind, (älter:) Siglind: alter deutscher weibl. Vorn. (ahd. *sigu* „Sieg" + ahd. *linta* „Schild [aus Lindenholz]"). In der Nibelungensage trägt Siegfrieds Mutter diesen Namen, den Richard Wagner in der „Walküre" wiederaufnahm. So ist er seit dem 19. Jh. als Vorname wieder gebräuchlich.

Siegmar: alter deutscher männl. Vorn. (ahd. *sigu* „Sieg" + ahd. *-mār* „berühmt", vgl. *māren* „verkünden, rühmen"). In der alten Form Segimērus ist dieser Name bei Tacitus überliefert.

Siegmund, (selten auch:) Sigmund: alter deutscher männl. Vorn. (ahd. *sigu* „Sieg" + ahd. *munt* „[Rechts]-schutz"). In der latinisierten Form Segimundus ist dieser Name bei Tacitus überliefert. – Im Mittelalter war die Nebenform → Sigismund geläufiger. Im 19. Jh. aber kam mit anderen Namen der Heldensage auch „Siegmund" wieder auf (Siegmund ist der Vater Siegfrieds in der Nibelungensage), besonders durch Wagners Oper „Die Walküre". Der Vorname erscheint gelegentlich auch in jüdischen Familien. Bekannte Namensträger: Sigmund von Birken, deutscher Barockdichter (17. Jh.); Sigmund Freud, österreichischer Psychiater, Begründer der Psychoanalyse (19./20. Jh.).

Siegrich, (auch:) Siegerich: alter deutscher männl. Vorn. (1. Bestandteil ahd. *sigu* „Sieg"; 2. Bestandteil zu german. **rīk* „Herrscher, Fürst, König", vgl. got. *reiks* „Herrscher, Oberhaupt", ahd. *rīhhi* „Herrschaft, Reich", *rīhhi* „mächtig, reich").

Siegrune: → Sigrun.

Siegwald, (auch:) Siegwalt: alter deutscher männl. Vorn. (ahd. *sigu* „Sieg" + ahd. *-walt* zu *waltan* „walten, herrschen").

Siegward, (auch:) Siegwart: alter deutscher männl. Vorn. (ahd. *sigu* „Sieg" + ahd. *wart* „Hüter, Schützer"). Der Name war zeitweise beliebt unter dem Einfluß des Klosterromans „Siegwart" (1776) von Johann Martin Miller. Vgl. den Namen Sigurd.

Sierk: männl. Vorn., friesische Kurzform von → Sigrich.

Sigfrid: ältere Form von → Siegfried.

Siggo: → Sigo.

¹Sigi: Kurz- und Koseform von weiblichen Vornamen, die mit „Sieg-", „Sig-" gebildet sind, besonders von → Sieglinde und → Sigrid.

²Sigi: Kurz- und Koseform von männlichen Vornamen, die mit „Sieg-", „Sig-" gebildet sind, besonders von → Siegfried.

Sigisbert: alter deutscher männl. Vorn., Nebenform von → Siegbert. Ein heiliger Sigisbert (7./8. Jh.) wird in der Schweiz (Disentis) verehrt; Namenstag: 11. Juli.

Sigismund: alter deutscher männl. Vorn., Nebenform von → Siegmund. Die Verbreitung dieser Namensform geht auf die Verehrung des heiligen Sigismund, Königs von Burgund (5./6. Jh.), zurück; Namenstag: 1. Mai. Reliquien dieses Heiligen gelangten seit dem 14. Jh. nach Böhmen und Polen. Nach ihm heißen der deutsche Kaiser Sigismund, König von Böhmen (14./15. Jh.), und mehrere Polenkönige (z. B. Sigismund I., 15./16. Jh.). Bekannter Namensträger ist ferner Sigismund von Radecki, deutscher Schriftsteller (19./20. Jh.). Aus der Jugendliteratur ist die Gestalt des Sigismund Rüstig bekannt, nach dem englischen Seefahrerroman von F. Marryat (deutsch seit 1843). Eine bekannte Operettenfigur ist der schöne Sigismund in Ralph Benatzkys Operette „Im Weißen Rößl". Polnische Form: Zygmunt.

Siglind: ältere Form von → Sieglinde.

Sigmund: ältere Form von → Siegmund.

Signe: nordischer weibl. Vorname (schwed., dän. Signe; altisländ. Signy), eigentlich etwa „neuer oder junger Sieg" (vgl. schwed. *seger* „Sieg" und *ny* „neu, jung"). In Deutschland wird der Name von den Standesämtern häufig abgelehnt, weil Signe nicht eindeutig als weiblicher Vorname zu erkennen ist.

Sigo, (auch:) Siggo, Sikko: alter deutscher männl. Vorn., Kurzform von Namen, die mit „Sieg-", „Sig-" gebildet sind. Die Formen Siggo, Sikko sind vor allem friesisch.

Sigrid: in neuerer Zeit aus dem Nordischen übernommener weibl. Vorn. (dän., norweg., schwed. Sigrid, zu altisländ. *sigr* „Sieg" und altisländ. *friðr* „schön"; vgl. die weiblichen Vornamen Astrid und Ingrid). Bekannte Namensträgerin: Sigrid Undset, norwegische Schriftstellerin (19./20. Jh.); Sigrid Onegin, deutsche Opernsängerin (19./20. Jh.).

Sigrun, (auch:) Sigrune; Siegrune; alter deutscher weibl. Vorn. (ahd. *sigu* „Sieg" + ahd. *runa* „Geheimnis, geheime Beratung"). Der Vorname wurde wahrscheinlich im 19. Jh. durch Richard Wagners Oper „Die Walküre" neu belebt (Wagners Schreibweise: Siegrune). Eine Gestalt der nordischen Sage ist die Walküre Sigrun, die Helgi über den Tod hinaus die Liebe bewahrt.

Sigune: weibl. Vorn., dessen Ursprung und Bedeutung unklar sind. Er geht wahrscheinlich auf die Gestalt der Sigune im „Parzival" Wolframs von Eschenbach zurück.

Sigurd: aus dem Nordischen übernommener männl. Vorn. (dän., norweg., schwed. Sigurd), nordische Form von → Siegward. In der nordischen Wälsungensage ist Sigurd die Entsprechung des deutschen Siegfried.

Siiri: → Siri.

Sikko: → Sigo.

Silia: weibl. Vorn., friesische Kurzform von Cäcilia (→ Cäcilie).

Silke: weibl. Vorn., alte niederdeutsche und friesische Koseform von → Cäcilie. Silke ist heute modisch.

Silvan, (auch:) Silvanus: männl. Vorn. lateinischen Ursprungs, eigentlich der Name des altrömischen (latinischen) Waldgottes (lat. Silvānus zu *silva* „Wald"), dann als „Waldbewohner, Waldmann" gedeutet.

Silvana: weibl. Vorn., weibliche Form des männlichen Vornamens Silvanus (→ Silvan). Bekannte Namensträgerin: Silvana Mangano, italienische Filmschauspielerin (20. Jh.).

Silvester: männl. Vorn. lateinischen Ursprungs, eigentlich „der zum Walde Gehörende, Waldbewohner" (lat. *silvester* „zum Wald gehörend, im Wald lebend; waldig"). Als Vorname schließt Silvester gewöhnlich an die Verehrung des heiligen Papstes Silvester I. an (3./4. Jh.); Namenstag: 31. Dezember. Dieser Papst stand in Verbindung mit Kaiser Konstantin dem Großen, der als erster römischer Kaiser die christliche Religion anerkannte. Sein Namenstag ist als letzter Tag des Jahres besonders bekannt. Nach ihm nannte sich auch Erzbischof Gerbert von Reims als Papst Silvester II. (10./11. Jh.). Ein anderer heiliger Silvester lebte als Stifter und Abt des Silvestrinerordens im 12./13. Jh.; Namenstag: 26. November.

Silvia: weibl. Vorn. lateinischen Ursprungs, weibliche Form des männlichen Vornamens → Silvius. Aus der altrömischen Sage ist die Vestalin Rhea Silvia, die Mutter des Romulus u. des Remus, bekannt. Eine heilige Silvia (6. Jh.) war die Mutter Papst Gregors des Großen; Namenstag: 3. November. Der Vorname Silvia gewann in Deutschland jedoch erst seit dem 18. Jh. an Bedeutung, weil er wegen des vermuteten Zusammenhangs mit lat. *silva* „Wald" gern in der Natur- und Schäferdichtung verwendet wurde. In jener Zeit kam auch die sprachgeschichtlich unrichtige Schreibung „Sylvia" auf. Eine bekannte literarische Gestalt ist die Silvia in Shakespeares Lustspiel „Die beiden Veroneser" (vgl. Schuberts Lied „An Silvia"). Französ. Form: Sylvie [ßilwiˈ]. Engl. Form: Silvia, Sylvia [ßilviˈ].

Silvio: männl. Vorn., italienische und spanische Form von → Silvius. Aus der europäischen Kulturgeschichte ist der italienische Humanist Enea Silvio de' Piccolomini (als Papst: Pius II.; 15. Jh.) bekannt. Wieland schrieb einen Roman „Die Abenteuer des Don Sylvio von Rosalva" (1764). Bekannter Namensträger: Silvio Francesco, italienischer Sänger und Tänzer (20. Jh.).

Silvius: männl. Vorn. lateinischen Ursprungs, dessen eigentliche Bedeutung nicht gesichert ist. In der altrömischen Sage ist Silvius ein Sohn des Äneas, von dem die Könige von Alba Longa und die Vestalin Rhea Silvia (→ Silvia) abstammen. Eine Dramengestalt Shakespeares ist der Silvius in „Wie es euch gefällt". In der deutschen Vornamengebung spielt Silvius keine Rolle. Italienische Form: Silvio.

Simeon: aus der Bibel übernommener männl. Vorn. hebräischen Ursprungs, eigentlich etwa „Gott hat gehört". Im Alten Testament heißt einer der 12 Söhne Jakobs Simeon. Als Vorname schließt sich Simeon an die Verehrung mehrerer Heiliger an, besonders: der Prophet Simeon (im Lukasevangelium), der das Jesuskind im Tempel als den Messias begrüßte; Namenstag: 8. Oktober; der heilige Märtyrer Simeon oder Simon, zweiter Bischof von Jerusalem (1./2. Jh.), ein Verwandter Jesu, Namenstag: 18. Februar; der Säulenheilige Simeon Stylites (4./5. Jh.), Namenstag: 5. Januar. Vgl. den Vornamen Simon.

Simon: aus der Bibel übernommener männl. Vorn., gräzisierende Umbildung des hebräischen Namens → Simeon. Der Name kommt in der Bibel sehr häufig vor, u. a. als ursprünglicher Name des Apostels Petrus und als Name des Apostels Simon Zelotes (= des Eiferers); Namenstag: 28. Oktober. In der deutschen Vornamengebung erscheint der Name Simon erst seit der Reformationszeit. Bekannte Namensträger: Simon Dach, deutscher Dichter (17. Jh.); Simón Bolívar, südamerikanischer Staatsmann und General (18./19. Jh.). Französ. Form: Simon [ßimõ]. Engl. Form: Simon [ßaimɐn]. Russische Form: Semjon.

Simone: aus dem Französischen übernommener weibl. Vorn. (französ. Simone [ßimõn]), weibliche Form des männlichen Vornamens → Simon. Der Vorname Simone ist heute modisch. Bekannte Namensträgerinnen: Simone de Beauvoir, französische Schriftstellerin (20. Jh.); Simone Signoret, französische Filmschauspielerin (20. Jh.).

Simonette, (auch:) Simonetta: weibl. Vorn., Verkleinerungsform von → Simone.

Simson: männl. Vorn., Nebenform von → Samson.

Sina: weibl. Vorn., Kurzform von → Rosina.

Siri: schwedischer weibl. Vorn., Kurzform von → Sigrid. Finnische Schreibung: Siiri.

Sirid: weibl. Vorn., schwedische Nebenform von → Sigrid.

Sissy: weibl. Vorn., österreichische Koseform (eigentlich Lallform der Kindersprache) von → Elisabeth. – In England ist Sissy [ßißi] als Koseform von Cecily (→ Cäcilie) gebräuchlich.

Sisto: → Sixtus.

Sitta: weibl. Vorn., Kurzform von → Sidonie.

Siw: schwedischer weibl. Vorn., der wahrscheinlich identisch ist mit altisländ. Sif, dem Namen der Frau des Gottes Thor. Altisländ. Sif ist verwandt mit deutsch Sippe und bedeutet eigentlich „die Verwandte". Bekannte Namensträgerin: Siw Malmqvist, schwedische Schlagersängerin (20. Jh.).

Sixta: weibl. Vorn., weibliche Form des männl. Vornamens → Sixtus.

Sixten: schwed. männl. Vorn., der sich aus altschwed. Sighsten entwickelt hat (altschwed. sigher, altisländ. sigr „Sieg" + schwed., altschwed. sten „Stein". Bekannter Namensträger: Sixten Jernberg, schwedischer Schilangläufer (20. Jh.).

Sixtina: weibl. Vorn., Weiterbildung von → Sixta.

Sixtus, (selten auch:) **Sixt:** männl. Vorn., der wahrscheinlich eine lateinische Umbildung des griechischen männlichen Beinamens Xystós „der Geglättete, Feine" ist (griech. *xystós* „geglättet" zu *xýein* „schaben, abreiben, glätten"). Der Name Sixtus wurde volksetymologisch mit dem altrömischen Vornamen Sextus zusammengebracht und wird deshalb oft als „der Sechste" (eigentlich „der sechste Sohn") verstanden. Zu der Verbreitung des Vornamens hat die Verehrung der heiligen Päpste Sixtus I. (2. Jh.; Namenstag: 6. April) und Sixtus II. (3. Jh.; Namenstag: 6. August) beigetragen. Von anderen Päpsten dieses Namens sind Sixtus IV. (15. Jh., Bauherr der Sixtinischen Kapelle im Vatikan) und Sixtus V. (16. Jh., Erneuerer des Kardinalskollegiums) zu nennen. Italien. Form: Sisto.

Sjard: männl. Vorn., friesische Kurzform von → Sieghard.

Sofie: → Sophia.

Solveig: in neuerer Zeit aus dem Nordischen übernommener weibl. Vorn. (dän., norweg. Solveig, schwed. Solveig), dessen eigentliche Bedeutung nicht geklärt ist. Der Name wurde in Deutschland bekannt durch die Gestalt der Solveig in Henrik Ibsens Drama „Peer Gynt".

Sondra: in neuerer Zeit aus dem Englischen übernommener weibl. Vorn., dessen Bedeutung unklar ist. Der Vorname ist in Deutschland durch die Sondra in Theodore Dreisers Roman „Eine amerikanische Tragödie" bekannt geworden.

Sonja: weibl. Vorn., russische Verkleinerungsform zu Sófia (→ Sophia). Eine bekannte Bühnengestalt ist die Tänzerin Sonja in Lehárs Operette „Der Zarewitsch". Bekannte Namensträgerinnen: Sonja Henie, amerikanische Eiskunstläuferin norwegischer Herkunft (20. Jh.); Sonja Ziemann, deutsche [Film]schauspielerin (20. Jh.).

Sönke: niederdeutscher (nordfriesischer) männl. Vorn., eigentlich „Söhnchen" (Verkleinerungsform von niederd. *Söhn* „Sohn"). Bekann-

ter Namensträger: Sönke Sönksen, deutscher Springreiter (20. Jh.).

Sonnele: weibl. Vorn., Verkleinerungs- und Koseform zu weiblichen Vornamen, die mit „Sonn-" gebildet sind, z. B. zu → Sonnhild.

Sonnfried: männl. Vorn., dessen Vorgeschichte unklar ist. Es handelt sich wohl um eine neuere Bildung (vgl. die weibl. Vornamen Sonngard und Sonnhild), obwohl Sunifred, Sonifred schon ahd. bezeugt sind.

Sonngard: weibl. Vorn., neuere Bildung nach dem Muster von Namen wie → Hildegard und → Edelgard. Erster Bestandteil ist *Sonne*.

Sonnhild: weibl. Vorn., neuere Bildung nach dem Muster von Namen wie → Gerhild und → Brunhild. Erster Bestandteil ist *Sonne*.

Sophia, (auch:) Sophie, Sofie [auch: Sophie, Sofie]: weibl. Vorn. griechischen Ursprungs, eigentlich „Weisheit" (vgl. den Namen der ehemaligen byzantinischen Kirche in Konstantinopel „Hagia Sophia" = „Heilige Weisheit"). Als Vorname geht Sophia auf den Namen einer römischen Märtyrerin des 2. Jh.s zurück, die im Mittelalter besonders im Elsaß verehrt wurde; Namenstag: 15. Mai. Größere Verbreitung gewann der Vorname Sophie aber erst seit dem 17. Jh., wohl gestützt durch seine Verwendung in Fürstenhäusern. Ein literarisches Vorbild des 18. Jh.s war z. B. die Gestalt der Sophie in Rousseaus Erziehungsroman „Émile". Viel verbreitet wurde damals auch das Buch „Sophiens Reise von Memel nach Sachsen" von J. T. Hermes. Eine bekannte Operngestalt ist die Sophie im „Rosenkavalier" von Richard Strauss. Bekannte Namensträgerinnen: Sophie von der Pfalz, Kurfürstin von Hannover (17./18. Jh.); Sophie Dorothea, gen. Prinzessin von Ahlden, Kurprinzessin von Hannover (17./18. Jh.); Sophie Charlotte, Kurfürstin von Brandenburg und Königin von Preußen, Mitbegründerin der Preußischen Akademie (17./18. Jh.); Sophie von La Roche, deutsche Schriftstellerin (18./19. Jh.); Sophie Luise, Großherzogin von Sachsen-Weimar (19. Jh.), nach ihr ist die Sophienausgabe von Goethes Werken benannt; Sophia Loren, italienische Filmschauspielerin (20. Jh.). Russische Form: Sófia.

Sophus: aus dem Lateinischen übernommener männl. Vorn. griechischen Ursprungs, eigentlich „der Weise" (griech. Sóphos, zu *sophós* „weise").

Soraya: weibl. Vorn. persischen Ursprungs, der in Deutschland in der zweiten Hälfte des 20. Jh.s durch Soraya (pers. Soraija), die zweite Frau des Schahs Mohammed Resa Pahlawi, bekannt wurde.

Sören: aus dem Dänischen übernommener männl. Vorn. (dän. Søren), dänische Form von → Severin. Bekannter Namensträger: Søren Kierkegaard, dänischer Theologe und Philosoph (19. Jh.).

Stachus: männl. Vorn., Kurzform von → Eustachius.

Stan [ßtän]: männl. Vorn., englische Kurzform von → Stanley.

Stanislaus: männl. Vorn., lateinische Form von poln. Stanisław (die Bedeutung des ersten Bestandteils ist unklar, zum zweiten Bestandteil vgl. poln. *sława* „Ruhm"). Der Vorname Stanislaus kam früher in Ostdeutschland vor (schlesische Kurzform: Stenzel); er geht zurück auf den heiligen Stanislaus, Bischof von Krakau (11. Jh.) und Schutzpatron von Polen; Namenstag: 7. Mai. Bekannter Namensträger: Stanislaus Leszczyński, König von Polen und Herzog von Lothringen (17./18. Jh.).

Stanley [ßtänli]: englischer männl. Vorn., der sich aus einem Familiennamen entwickelt hat und auf einen engl. Ortsnamen zurückgeht.

Stanze: weibl. Vorn., Kurzform von → Konstanze.

Stasi: weibl. Vorn., oberdeutsche Verkleinerungs- und Koseform von → Anastasia.

Stefan: → Stephan.

Stefania, Stefanie: → Stephanie.

Steffen: männl. Vorn., niederdeutsche Kurzform von → Stephan.

Steffi: weibl. Vorn., Kurz- und Verkleinerungsform von → Stephanie.

Stella: weibl. Vorn. lateinischen Ursprungs, eigentlich „Stern" (lat. *stella* „Stern"). In der älteren Zeit hat vielleicht die Verehrung Marias als „Stella maris" (Meerstern) auf den Gebrauch des Namens eingewirkt. Auch eine Märtyrerin des 3. Jh.s in Westfrankreich hieß Stella. In neuerer Zeit wurde der Name durch Goethes Trauerspiel „Stella" weiteren Kreisen bekannt. Goethe selbst übernahm ihn von dem englischen Schriftsteller Jonathan Swift (17./18. Jh.), der seine Geliebte Esther Johnson „Stella" genannt hatte. Französische Form: Estelle. Spanische Formen: Estrella, Estella.

Sten: in neuerer Zeit aus dem Nordischen übernommener männl. Vorn. (schwed. Sten, dän. Sten, Steen), Kurzform von nordischen Namen, die mit „Sten-" oder „-sten" gebildet sind, z. B. → Torsten und → Sixten.

Stenzel: → Stanislaus.

Stephan, (auch:) Stefan: männl. Vorn. griechischen Ursprungs, eigentlich ein Beiname mit der Bedeutung „Kranz, Krone" (griech. Stéphanos, identisch mit *stéphanos* „Kranz, Krone"). Zu der Verbreitung des Namens im Mittelalter trug vor allem die Verehrung des ersten Märtyrers der Urgemeinde bei, des heiligen Stephanus, der vor den Toren Jerusalems gesteinigt wurde. Um seinen Namenstag am 26. Dezember haben sich viele Volksbräuche gesammelt, u. a. wird er als Patron der Pferde verehrt. Der Wiener Stephansdom ist diesem Heiligen geweiht. Auf seinen Namen wurde auch der erste Ungarnkönig, Stephan der Heilige (10./11. Jh.), getauft; Namenstag: 20. August. Ein dritter Heiliger des Namens ist Papst Stephan I. (3. Jh.); Namenstag: 2. August. In der Neuzeit kommt der Vorname erst seit der zweiten Hälfte des 19. Jh.s häufiger vor. Heute ist er modisch. Bekannte Namensträger: Stephan Lochner, deutscher Maler (15. Jh.); Stephan Báthory, Fürst von Siebenbürgen und König von Polen (16. Jh.); Stefan George, deutscher Dichter (19./20. Jh.); Stefan Zweig, österreichischer Schriftsteller

(19./20. Jh.); Stefan Askenase, belgischer Pianist polnischer Herkunft (19./20. Jh.); Stefan Andres, deutscher Schriftsteller (20. Jh.). Italien. Form: Stefano. Französ. Form: Étienne [etiän]. Engl. Form: Stephen, Steven [ßtiwᵉn]. Niederländ. Form: Steven. Ungar. Form: István [íschtwạn].

Stephanie, (auch:) Stefanie [auch: Stephaniẹ, Stefaniẹ]; Stephania, Stefạnia: weibl. Vorn., weibliche Form des männlichen Vornamens → Stephan. Der Name wurde zu Anfang des 19. Jh.s in Südwestdeutschland beliebt nach dem Vorbild der Großherzogin Stephanie von Baden, der Adoptivtochter Napoleons, geboren als Stephanie de Beauharnais. Französ. Form: Stéphanie [ßtefaniị].

Stéphanie de Beauharnais,
Großherzogin von Baden

Stephen [ßtiwᵉn]: englischer männl. Vorn., englische Form von → Stephan.

Steve [ßtiw]: englischer männl. Vorn., Kurzform von → ¹Steven.

¹Steven [ßtiwᵉn]: englischer männl. Vorn., englische Form von → Stephan.

²Steven [ßtẹwᵉn]: niederländ. männl. Vorn., niederländische Form von → Stephan.

Stine, (auch:) Stịna: weibl. Vorn., Kurzform von Namen, die auf -stine enden, z. B. → Ernestine, → Justine, meist aber von → Christine. Eine bekannte literarische Gestalt ist die Stine in Fontanes gleichnamigem Roman.

Stoffel: männl. Vorn., Kurzform von → Christoph.

Stoffer: männl. Vorn., Kurzform von → Christopher.

Suitbert: → Swidbert.

Sulamith: aus der Bibel übernommener weibl. Vorn. hebräischen Ursprungs. Sulamith ist im Hohen Lied der Name der Braut. Der Vorname kommt nur ganz vereinzelt vor. Bekannte Namensträgerin: Sulamith Wülfing, deutsche Zeichnerin (20. Jh.).

Suleika: weibl. Vorn. arabischer Herkunft. Der Gebrauch des Vornamens in Deutschland geht wohl auf Goethes „Westöstlichen Diwan" zurück, wo die Geliebte des Dichters (Marianne von Willemer) Suleika heißt. Goethe übernahm den Namen aus der persischen Dichtung (Jussuf und Suleika, 12. Jh.). Suleika (englische Form: Zuleika) heißt auch die unglückliche Heldin in Lord Byrons „Braut von Abydos".

Sulpiz, (selten auch:) Sulpicius: männl. Vorn. lateinischen Ursprungs, eigentlich „der aus dem Geschlecht der Sulpicier" (lat. Sulpicius, altrömischer Geschlechtername). Ein heiliger Sulpicius war im 7. Jh. Erzbischof von Bourges; Namenstag: 17. Januar. Der Name ist vielleicht unter französischem Einfluß nach Deutschland gekommen. Bekannter Namensträger: Sulpiz Boisserée, deutscher Kunstsammler (18./19. Jh.). Französische Form: Sulpice [ßülpiß].

Sunhild, (auch:) Sunhilde: alter deutscher weibl. Vorn. (die Bedeutung des 1. Bestandteils ist nicht gesichert; 2. Bestandteil ist ahd. hilt[j]a „Kampf").

Susan [ßjusn, ßusn]: weibl. Vorn., englische Form von → Susanne. Bekannte Namensträgerin: Susan Hayward, amerikanische Filmschauspielerin (20. Jh.).

Susanne, (auch:) Susanna: aus der Bibel übernommener weibl. Vorn. hebräischen Ursprungs, eigentlich „Lilie". In den Apokryphen wird die Geschichte von der frommen Susanne erzählt, die von zwei lüsternen Ältesten im Bade überrascht und danach unschuldig zum Tode verurteilt wird. Der junge Daniel überführt die falschen Zeugen und rettet Susanne. Diese Erzählung war seit dem Mittelalter in Deutschland volkstümlich und wurde oft in der Kunst dargestellt, so daß Susanne ein verbreiteter Vorname wurde. Auch heute gehört Susanne zu den beliebtesten Vornamen. Eine heilige Susanna war im 3./4. Jh. Märtyrerin in Rom; Namenstag: 11. August. Bekannte Namensträgerin: Susanne von Klettenberg, deutsche Schriftstellerin (18. Jh.). In Mozarts Oper „Figaros Hochzeit" ist das Kammermädchen Susanna Figaros Braut. Bekannt ist auch die Operette „Die keusche Susanne" von Jean Gilbert. Engl. Form: Susan [ßjusn, ßusn]. Französ. Form: Suzanne [ßüsạn].

Suse: weibl. Vorn., Kurzform von → Susanne.

Susette [französ. Aussprache: ßüsặt]: aus dem Französischen übernommener weibl. Vorn., (französ. Suzette), Verkleinerungsform von Suzanne (→ Susanne). Bekannte Namensträgerin: Susette Gontard (Hölderlins „Diotima", 18./19. Jh.).

Susi, (auch:) Susy: weibl. Vorname, Kurz- und Koseform von → Susanne. Die Schreibung Susy steht unter englischem Einfluß.

Suzanne [ßüsạn]: französischer weibl. Vorn., franz. Form von → Susanne.

Sven, (auch:) Swen: in neuerer Zeit aus dem Nordischen übernommener männl. Vorn. (schwed., norweg., dän.

Sven; norweg., dän. auch Svend), eigentlich „junger Mann, junger Krieger". Bekannter Namensträger: Sven Hedin, schwed. Asienforscher (19./20. Jh.)

Svend: → Sven.

Svenja: in neuerer Zeit aus dem Nordischen übernommener weibl. Vorn., eine junge Bildung zu → Sven.

Swaantje, (auch:) Swantje: weibl. Vorn., friesische Koseform zu → Swanhild. Eine literarische Gestalt ist die Swaantje Swantenius in Hermann Löns' Roman „Das zweite Gesicht".

Swanhild, (auch:) Swanhilde: weibl. Vorn., niederdeutsche Nebenform von → Schwanhild.

Swantje: → Swaantje.

Swen: → Sven.

Swidbert, (auch:) Suitbert: männl. Vorn., der auf den Namen des angelsächsischen Mönchs Suitbert zurückgeht (altengl. Swiðbeorht, zu altengl. *swið* „stark, mächtig" + altengl. *beorht* „glänzend"). Der heilige Suitbert (7./8. Jh.) missionierte in Friesland und Westfalen und gründete das Kloster Kaiserswerth bei Düsseldorf. Namenstag: 1. März.

Swinda, (auch:) Swinde: alter deutscher weibl. Vorn., Kurzform von Namen, die mit „Swind-" oder „-swind[e]" gebildet sind, z. B. Amalaswintha, Name der Tochter Theoderichs des Großen. Der Name gehört zu mhd. *swinde, swint* „stark, heftig, rasch", nhd. *geschwind*.

Sybil: → Sibylle.

Sybille: sprachlich unrichtige, aber häufig gebrauchte Nebenform von → Sibylle.

Sylvester: → Silvester.

Sylvia: sprachlich unrichtige, aber häufig gebrauchte Schreibung des weiblichen Vornamens → Silvia.

Sylvie: → Silvia.

T

Tabea: aus der Bibel übernommener weibl. Vorn. aramäischen Ursprungs, eigentlich „Gazelle". Nach der Apostelgeschichte war Tabea eine Jüngerin, die durch Petrus vom Tode er-

weckt wurde. Der Vorname wird heute nur selten gegeben.

Tage: aus dem Nordischen übernommener männl. Vorname, eigentlich „Bürge" (zu altschwed. *taki* „Bürge,

Gewährsmann"). Bekannter Namensträger: Tage Erlander, schwed. Politiker (20. Jh.).

Tamara: aus dem Russischen übernommener weibl. Vorn., dessen Herkunft und Bedeutung ungeklärt sind. Der Name Tamara ist heute modisch. Bekannte Namensträgerin: Tamara Tumanowa, russische Tänzerin (20. Jh.).

Tammo: männl. Vorn., friesische Kurzform zu → Thankmar.

Tanja, (auch): Tanja: aus dem Russischen übernommener weibl. Vorn., Koseform von → Tatjana.

Tanko: männl. Vorn., Kurzform von Namen, die mit ,,Thank-" gebildet sind, z. B. → Thankmar.

Tankred: männl. Vorn., normannische Form des Vornamens → Dankrad. Der Name Tankred kam bei den normannischen Fürsten von Sizilien im 11. und 12. Jh. vor. Berühmt ist vor allem Tankred von Tarent, Teilnehmer am ersten Kreuzzug, einer der Helden in Tassos Epos ,,Das befreite Jerusalem". Bekannter Namensträger: Tankred Dorst, deutscher Schriftsteller (20. Jh.).

Tasja: weibl. Vorn., russische Koseform von → Anastasia.

Tassilo, (auch:) Thassilo: alter deutscher männl. Vorn., Verkleinerungs- oder Koseform des Namens Tasso, dessen Herkunft und Bedeutung ungeklärt sind. Der Name war im Mittelalter in Bayern beliebt, besonders in Erinnerung an Tassilo III. (8. Jh.), den letzten, von Karl dem Großen abgesetzten Bayernherzog aus dem Hause der Agilolfinger. Bekannter Namensträger: Thassilo von Scheffer, deutscher Schriftsteller und Übersetzer (19./20. Jh.).

Tatjana: aus dem Russischen übernommener weibl. Vorn., dessen Herkunft und Bedeutung ungeklärt sind. Eine bekannte Operngestalt ist die Tatjana in Tschaikowskis ,,Eugen Onegin". Der Name Tatjana ist heute modisch. Bekannte Namensträgerin: Tatjana Gsovsky, deutsche Ballettmeisterin russ. Herkunft (20. Jh.).

Täve: Kurzform des männlichen Vornamens → Gustav.

Tebaldo: → Theobald.

Tebbo: friesische Kurzform des männlichen Vornamens → Theodebert.

[1]Ted: englischer männl. Vorn., Kurzform von Theodore (→ Theodor).

[2]Ted: englischer männl. Vorn., Kurzform – eigentlich Lallform aus der Kindersprache – von Vornamen, die mit ,,Ed-" gebildet sind, z. B. → Edgar, → Edmund oder Edward (→ Eduard).

[1]Teddy: englische Koseform des männlichen Vornamens Theodore (→ Theodor). Teddy war der Spitzname des amerikanischen Präsidenten Theodore Roosevelt (19./20. Jh.), nach dem der Teddybär benannt worden ist.

[2]Teddy: englische Koseform von → [2]Ted.

[1]Teo: → [1]Theo.

[2]Teo: → [2]Theo.

Teresa: → Therese.

Tess, (auch:) Tessa: englische Kurzform des weiblichen Vornamens Teresa (→ Therese).

Tetje: männl. Vorn., niederdeutsche und friesische Kurzform von Namen, die mit ,,Diet-" gebildet sind (z. B. → Dietrich), oder von → Theodor.

Teut: alter deutscher männl. Vorn., Kurzform von Namen, die mit ,,Theud-" (ahd. *diot* ,,Volk", vgl. Dietbald) gebildet sind. Der Name ist vereinzelt im frühen Mittelalter bezeugt; er wurde in der vaterländischen Dichtung des 18. und 19. Jh.s (Klopstock, Arndt u. a.) wiederaufgenommen, weil man in Teut den Stammvater der Deutschen sah (beachte die alte Schreibung *teutsch* für *deutsch*). Heute spielt der Vorname kaum noch eine Rolle in der Namengebung.

Thaddäus: aus der Bibel übernommener männl. Vorn., dessen Herkunft und Bedeutung unbekannt sind. ,,Thaddäus" war der Beiname des heiligen Judas Thaddäus, der einer der zwölf Apostel war; Namenstag: 28. Oktober. Bekannter Namensträger: Thaddäus Troll (eigentlich: Hans Bayer), deutscher Schriftsteller (20. Jh.).

Thankmar: alter deutscher männl.

Vorn., Nebenform von → Dankmar.

Thassilo: → Tassilo.

Thea: weibl. Vorn., Kurzform von → Dorothea, → Theodora od. → Therese. Bekannte Namensträgerin: Thea von Harbou, deutsche Schriftstellerin und Schauspielerin (19./20. Jh.).

Theda: weibl. Vorn., friesische Kurzform von Namen, die mit „Theod-" gebildet sind, z. B. → Theodelinde.

Thekla: aus dem Griechischen übernommener weibl. Vorn., dessen Bedeutung ungeklärt ist. „Thekla" kam im Mittelalter als Heiligenname auf. Die heilige Thekla war eine Märtyrerin des 1. Jh.s in Kleinasien, die besonders in der Ostkirche verehrt wird; Namenstag: 23. September. Eine andere Heilige des Namens ist die angelsächsische Nonne Thekla von Wimborne, die im 8. Jh. als Missionarin in der Würzburger Gegend wirkte; Namenstag: 15. Oktober. Im 19. Jh. war der Name zeitweise beliebt in Anlehnung an die Gestalt der Thekla in Schillers „Wallenstein". In Ostfriesland erscheint Thekla als Kurzform von Namen, die mit „Theod-" gebildet sind.

¹**Theo,** (selten auch:) Teo: Kurzform von weiblichen Vornamen, die mit „Theo-" gebildet sind, besonders von → Theodore.

²**Theo,** (selten auch:) Teo: männl. Vorn., Kurzform von Namen, die mit „Theo-" gebildet sind, z. B. → Theobald, → Theodor. Bekannte Namensträger: Theo Lingen, deutscher [Film]schauspieler (20. Jh.); Teo Otto, deutscher Bühnenbildner (20. Jh.).

Theobald, (älter auch:) Theodebald: männl. Vorn., latinisierte Form von → Dietbald (vgl. das Verhältnis von „Dietrich" zu „Theoderich"). Die Namensform Theobald kann auch auf Anlehnung an Namen mit griech. *theós* „Gott" – wie z. B. → Theodor – beruhen. Der heilige Theobald von Provins in der Champagne (11. Jh.) wurde im Mittelalter besonders in Südwestdeutschland und im Elsaß verehrt; Namenstag: 30. Juni. Durch die Ritterdichtung um

1800 wurde der Name neu belebt, spielt aber heute kaum noch eine Rolle in der Namengebung. Unter dem Pseudonym Theobald Tiger schrieb Kurt Tucholsky. Bekannte Namensträger: Theudebald, Merowingerkönig (6. Jh.); Theobald Hoeck, deutscher Lyriker (16./17. Jh.); Theobald Ziegler, deutscher Philosoph und Soziologe (19./20. Jh.); Theobald von Bethmann Hollweg, deutscher Reichskanzler (19./20. Jh.). Französ. Form: Thibaut [tibo]. Italien. Form: Tebaldo.

Theodebert: latinisierte Form des männlichen Vornamens → Dietbert.

Theodelinde: latinisierte Form des weiblichen Vornamens → Dietlind. Bekannte Namensträgerin: Theodelinde, Königin der Langobarden (6./7. Jh.).

Theodemar: latinisierte Form des männlichen Vornamens → Dietmar.

Theoderich: latinisierte Form des männlichen Vornamens → Dietrich.

Theodor: männl. Vorn. griechischen Ursprungs, eigentlich „Gottesgeschenk" (griech. Theódōros, zu *theós* „Gott" und *dōron* „Geschenk, Gabe"). Zu der Verbreitung des Namens im Mittelalter trug besonders die Verehrung des heiligen Märtyrers Theodor (4. Jh.) bei. Der heilige

Theodor Körner

Theodor war ein im Orient geborener römischer Soldat, der einen heidnischen Tempel verbrannte und dafür den Martertod erlitt. Er ist Patron der Heere und Soldaten und wird auch als Drachenkämpfer dargestellt; Namenstag: 9. November. Im 19. Jh. gewann der Name in Deutschland größere Verbreitung durch die Bewunderung für Theodor Körner, den Dichter des Freiheitskampfes gegen Napoleon (gefallen 1813). Einige der bekanntesten Namensträger sind: der heilige Theodor von Octodurum, erster Bischof im Rhonegebiet, besonders in den Alpenländern und in Süddeutschland verehrt, Namenstag: 16. August; Theodor Storm, deutscher Dichter (19. Jh.); Theodor Fontane, deutscher Dichter (19. Jh.); Theodor Mommsen, deutscher Historiker (19./20. Jh.); Theodore Roosevelt, amerikanischer Präsident (19./20. Jh.); Theodor Däubler, deutscher Dichter (19./20. Jh.); Theodor Heuss, deutscher Politiker und Bundespräsident (19./20. Jh.); Theodor Plievier, deutscher Schriftsteller (19./20. Jh.); Theodor Frings, deutscher Germanist (19./20. Jh.); Theodor Eschenburg, deutscher Politologe und Historiker (20. Jh.). Als zweiter Name: Karl Theodor, Kurfürst von der Pfalz und von Bayern (18./19. Jh.); Ernst Theodor Amadeus Hoffmann, deutscher Dichter (18./19. Jh.); Bekannt ist der Name auch aus dem Schlager ,, Der Theodor im Fußballtor". Am Niederrhein ist Theodor an die Stelle von Thederich (latinisiert für → Dietrich) getreten. Französ. Form: Théodore [teodór]. Engl. Form: Theodore [thịedå]. Russ. Form: Fjodor, (eingedeutscht:) Fedor, Feodor.

¹Theodore, (auch:) Theodora: weibl. Vorn., weibliche Form des männlichen Vornamens → Theodor. Der Name ist heute wenig gebräuchlich; vgl. den gleichbedeutenden weibl. Vornamen Dorothea. Bekannte Namensträgerin: Theodora, Kaiserin von Byzanz, Frau Kaiser Justinians I. (5./6. Jh.). Russ. Form: Fjodora, (eingedeutscht:) Fedora, Feodora.

²Theodore: → Theodor.

Theodosia: weibl. Vorn., weibliche Form von → Theodosius. Russ. Form: Feodosia.

Theodosius: männl. Vorn. griechischen Ursprungs, eigentlich ,,Gottesgeschenk" (griech. Theodósios, Weiterbildung von Theódotos, zu *theós* ,,Gott" und *dótos* ,,geschenkt"). Bekannt ist der Name durch den heiligen Theodosius (5./6. Jh.), Namenstag: 11. Januar, und durch den oströmischen Kaiser Theodosius I. (4. Jh.), der die katholische Lehre zur römischen Staatsreligion machte. Der Name spielt heute in der Namengebung keine Rolle mehr. Russische Form: Feodosi.

Theodulf: alter deutscher männlicher Vorn. (ahd. *diot* ,,Volk" + ahd. *wolf* ,,Wolf").

Theophil, (auch:) Theophilus: männl. Vorn. griechischen Ursprungs, eigentlich ,,Gottesfreund" (griech. Theóphilos, zu *theós* ,,Gott" und *philos* ,,lieb, befreundet"); vgl. die gleichbedeutenden männlichen Vornamen → Amadeus, → Bogumil und → Gottlieb. Eine mittelalterliche Legendengestalt ist der Zauberer Theophilus, der auf Fürbitte der Gottesmutter von seinem Teufelspakt erlöst wurde (Vorstufe der Faustsage). – Der Name ist in Deutschland nie volkstümlich geworden. Häufiger kam er nur im 16. und 17. Jh. vor. Allgemein bekannt wurde er zu Beginn des 20. Jh.s durch den Schlager ,,O Theophil, o Theophil" aus Paul Linckes Operette ,,Frau Luna" (1899). Bekannter Namensträger: Théophile Gautier, französischer Dichter (19. Jh.).

Therese, (auch:) Theresia: weibl. Vorn. griechischen Ursprungs, eigentlich wohl ,,Bewohnerin von Thera" (einer Insel im Ägäischen Meer, heute Santorin). Die älteste bekannte Namensträgerin ist die Griechin Therasia, Frau des heiligen Paulinus von Nola (4./5. Jh.). Die Verbreitung des Namens seit Beginn der Neuzeit geht von der Verehrung der heiligen Theresia von Ávila aus (Theresia von Jesus, 16. Jh.). Die heilige Theresia war eine spanische

HI. Theresia von Avila

Karmeliterin, eine der bedeutendsten Mystikerinnen, die ihren Orden reformierte und viele Klöster gründete; Namenstag: 15. Oktober. Große Beliebtheit gewann der Name vor allem in Österreich (Namensvorbild auch Maria Theresia). Bekannte Namensträgerinnen: Kaiserin Maria Theresia (18. Jh.), die Gegnerin Friedrichs des Großen; die heilige Theresia vom Kinde Jesu, gen. „die kleine heilige Theresia", französische Karmeliterin (19. Jh.), Namenstag: 3. Oktober; Therese Neumann, gen. Therese von Konnersreuth, deutsche Stigmatisierte (19./20. Jh.); Therese Giehse, deutsche Schauspielerin (19./20. Jh.). Engl. Form: Teresa [tᵉrizᵉ]. Span. Form: Teresa. Französ. Form: Thérèse [teräs].

Thérèse: → Therese.

Thibaut: → Theobald.

Thiemo: männl. Vorn., Kurzform von → Thietmar.

Thies, (auch:) Thieß: männl. Vorn., Kurzform von → Matthias.

Thietmar: alter deutscher männl. Vorn., Nebenform von → Dietmar. Bekannter Namensträger: Thietmar von Merseburg (10./11. Jh.), Geschichtsschreiber der sächsischen Kaiserzeit.

Thilde, (auch:) Tilde: weibl. Vorn., Kurzform von → Mathilde oder → Klothilde.

Thilo, (auch:) Tilo: männl. Vorn., Kurzform von Namen, die mit „Diet-" gebildet sind, besonders von → Dietrich. Bekannter Namensträger: Thilo Koch, deutscher Journalist (20. Jh.).

Thomas: aus der Bibel übernommener männl. Vorn. aramäischen Ursprungs, eigentlich ein Beiname mit der Bedeutung „Zwilling". Der Name Thomas war im Mittelalter weit verbreitet, besonders unter dem Einfluß der Verehrung des heiligen Apostels Thomas. Dieser Apostel wird auch „der ungläubige Thomas" genannt, weil er an der Auferstehung Jesu zweifelte und erst glaubte, als er die Wundmale des Auferstandenen berühren durfte. Er gilt als Apostel Indiens; Namenstag: 21. Dezember. Mit dem Thomastag als dem kürzesten Tag des Jahres sind viele Volksbräuche verknüpft, vor allem Liebesorakel. Seit dem 14. Jh. wirkte auch die Verehrung des heiligen Thomas von Aquin (13. Jh.) auf die Namengebung ein. Dieser war der bedeutendste Philosoph und Theologe des Mittelalters; Namenstag: 7. März. Heute gehört der Name

Thomas von Aquin

Thomas zu den Modenamen Eine bekannte literarische Gestalt ist der Konsul Thomas Buddenbrook in Th. Manns Roman „Buddenbrooks". Bekannte Namensträger: der heilige Thomas Becket, Erzbischof von Canterbury (12. Jh.), auch bekannt durch T. S. Eliots Mysterienspiel „Mord im Dom", Namenstag: 29. Dezember; Thomas a Kempis (von Kempen, Niederrhein), deutscher Mystiker u. Schriftsteller (14./15. Jh.); Thomas Murner, deutscher Volksprediger, Humanist und Dichter (15./16. Jh.); Thomas Münzer, deutscher Theologe und radikaler Reformer (15./16. Jh.); der heilige Thomas Morus, englischer Humanist und Staatsmann (15./16. Jh.); Namenstag: 6. Juli; der heilige Thomas von Villanova, Erzbischof von Valencia (15./16. Jh.), Namenstag: 22. September; Thomas Jefferson, amerikanischer Präsident (18./19. Jh.); Thomas Carlyle, schottischer Historiker und Philosoph (18./19. Jh.); Thomas Hardy, englischer Schriftsteller (19./20. Jh.); Thomas Alva Edison, amerikanischer Erfinder (19./20. Jh.); Thomas Mann, deutscher Schriftsteller (19./20. Jh.); Sir Thomas Beecham, englischer Dirigent (19./20. Jh.); Thomas Stearns Eliot, amerikanischenglischer Dichter (19./20. Jh.); Thomas Wolfe, amerikanischer Schriftsteller (20. Jh.); Thomas Fritsch, deutscher Filmschauspieler (20. Jh.). Französ. Form: Thomé. Italien. Form: Tommaso. Engl. Form: Thomas [tomeß].

Thora: aus dem Nordischen übernommener weibl. Vorn., Kurzform zu weiblichen Namen, die mit „Thor-" gebildet sind, wie z. B. → Thorgund und → Thorhild.

Thorbjörn, (auch:) Torbjörn: in neuerer Zeit aus dem Nordischen übernommener männl. Vorn. (norweg. Torbjørn, schwed. Torbjörn). Der 1. Bestandteil ist der Name des altnordischen Donnergotts Thor, der 2. Bestandteil ist norweg. *bjørn*, schwed. *björn* „Bär".

Thorhild, (auch:) Torhild: in neuerer Zeit aus dem Nordischen übernommener weibl. Vorn. (norweg., schwed.

Torhild, altisländ. *þórhildr*). Der 1. Bestandteil ist der Name des altnordischen Donnergotts Thor, der 2. Bestandteil, altisländ. *hildr*, entspricht ahd. *hilt[j]a* „Kampf".

Thorid: Nebenform des weiblichen Vornamens → Thurid.

Thorolf, (auch:) Torolf: in neuerer Zeit aus dem Nordischen übernommener männl. Vorn. (schwed. Torulf, altisländ. *þórolfr*). Der 1. Bestandteil ist der Name des altnordischen Donnergotts Thor, der 2. Bestandteil ist altisländ. *ulfr* „Wolf". Der Name wurde im Deutschen an Namen wie → Rudolf angeglichen.

Thorsten: → Torsten.

Thorwald, (auch:) Torwald: in neuerer Zeit aus dem Nordischen übernommener männl. Vorn. (dän., norweg. Torvald). Der erste Bestandteil ist der Name des altnordischen Donnergotts Thor, der 2. Bestandteil entspricht ahd. -*walt*, zu *waltan* „walten, herrschen").

Thurid, (auch:) Thorid: in neuerer Zeit aus dem Nordischen übernommener weibl. Vorn. Der zugrundeliegende altisländ. Frauenname *þúriðr* ist entstanden aus *þórfriðr* (der 1. Bestandteil ist der Name des altnordischen Donnergotts Thor, der 2. Bestandteil ist altisländ. *friðr* „hübsch, schön").

Thusnelda: weibl. Vorn., dessen Herkunft und Bedeutung nicht geklärt sind. Der heute selten gewordene Name geht zurück auf Thusnelda, die Tochter des Cheruskerfürsten Segestes und Frau des Arminius, die im Jahre 15 n. Chr. in römische Gefangenschaft geriet. Sie ist ebenso wie Arminius durch die Hermannsdramen des 17.–19. Jh.s (besonders von Klopstock und Kleist) bekannt.

Thyra, (auch:) Tyra: in neuerer Zeit aus dem Nordischen übernommener weibl. Vorn. (dän. Thyra, schwed. Tyra), Kurzform von altdän. Thyri, runendän. þurui. Der 1. Bestandteil des vollen Namens ist die umgelautete Form des altnordischen Götternamens Thor (vgl. → Thorbjörn), der 2. Bestandteil -*ui* (altnord. -*vig*) entspricht ahd. *wīg* „Kampf".

Tiberius: aus dem Lateinischen übernommener männl. Vorname. Der zu den römischen Vornamen gehörende Name Tiberius ist besonders durch den römischen Kaiser Tiberius (mit vollem Namen: Tiberius Claudius Nero) bekannt, den Nachfolger des Augustus.

Tibor: aus dem Ungarischen übernommener männl. Vorn., ungarische Form von → Tiberius. Bekannte Namensträger: Tibor Déry, ungarischer Schriftsteller (19./20. Jh.); Tibor Varga, ungarischer Geiger (20. Jh.).

Tiede (auch:) **Tiedo:** männl. Vorn., friesische Kurzform von Namen, die mit „Diet-" gebildet sind, besonders von → Dietrich.

Tiemo: → Thiemo.

Tilde: → Thilde.

Till: männl. Vorn., Kurz- und Koseform von Namen, die mit „Diet-" gebildet sind, besonders von → Dietrich. Der Name, den im ausgehenden Mittelalter in Norddeutschland recht beliebt war, spielt auch heute noch eine Rolle in der Namengebung. Eine berühmte Gestalt der Volksdichtung ist der norddeutsche Schalk Till Eulenspiegel, der im 14. Jh. gelebt haben soll und dessen Streiche in einem Volksbuch des 15. Jh.s gesammelt sind. Auch neuere Bearbeitungen des Stoffes, besonders von J. Nestroy, Ch. de Coster, G. Hauptmann und musikalisch von R. Strauss, haben die Erinnerung an Till Eulenspiegel lebendig erhalten.

Tilla: weibl. Vorn., Kurzform von → Mathilde oder → Ottilie. Bekannte Namensträgerin: Tilla Durieux (eigentlich: Ottilie Godefroy), österreichische [Film]schauspielerin (19./20. Jh.).

Tilli, (auch:) **Tilly:** weibl. Vorn., Kurzform von → Mathilde oder → Ottilie.

Tillmann, (auch:) **Tilmann:** männl. Vorn., mit „-mann" gebildete Verkleinerungs- oder Koseform zu → Till, eigentlich „Tillchen". Der Name ist vor allem durch den deutschen Bildschnitzer Tilman Riemenschneider (15./16. Jh.) bekannt.

Tilly: → Tilli.

Tilo: → Thilo.

Tim, (auch:) **Timm:** männl. Vorn., Kurzform von → Timotheus oder von → Thiemo. Bekannter Namensträger: Timm Kröger, deutscher Schriftsteller (19./20. Jh.).

Timmo: männl. Vorn., Nebenform von → Thiemo. Vgl. auch Tim.

Timo: männl. Vorn., Nebenform von → Thiemo oder Kurzform von → Timotheus.

Timofej: → Timotheus.

Timothée: → Timotheus.

Timotheus: männl. Vorn. griechischen Ursprungs, eigentlich „Gott ehrend" (griech. Timótheos, zu *timān* „schätzen, ehren" und *theós* „Gott"). Der Name war im alten Griechenland sehr verbreitet. In der christlichen Welt wurde er bekannt durch die Verehrung des heiligen Märtyrers Timotheus, Bischofs von Ephesus, eines Schülers und Gehilfen des Apostels Paulus (1. Jh.); Namenstag: 24. Januar. Engl. Form: Timothy [tim^{e}thi]. Französ. Form: Timothée [timote]. Russ. Form: Timofej. Zur Bedeutung von Timotheus vgl. die deutschen pietistischen Vornamen Ehregott und Fürchtegott.

Timothy: → Timotheus.

Tina: weibl. Vorn., Kurzform von Namen, die auf „-tina" ausgehen, z. B. Christina (→ Christine), → Bettina und → Martina. „Tina" ist auch niederdeutsche und friesische Kurzform von → Katharina.

Tine: weibl. Vorn., Nebenform von → Tina.

Tini: weibl. Vorn., Koseform von → Tina oder → Tine.

Tinka: weibl. Vorn., Kurzform von → Kathinka.

Tino: männl. Vorn., Kurzform von romanischen Namen, die auf -tino ausgehen, z. B. → Valentino.

Titus: männl. Vorn. lateinischer Herkunft, dessen Bedeutung ungeklärt ist. „Titus" gehört zu den römischen Vornamen (z. B. Titus Livius, römischer Geschichtsschreiber um Christi Geburt). Besonders bekannt ist der römische Kaiser Titus (1. Jh.), der Eroberer und Zerstörer Jerusalems, der den Titusbogen in Rom errichtete; er ist der Held von Mozarts Oper „Titus". Aus dem Neuen Testament ist der heilige Titus bekannt, ein Mitarbeiter des Apostels Paulus, der als erster Bischof von Kreta gilt; N a m e n s t a g : 6. Februar.

Tjalf: männl. Vorn., friesische Kurzform von → Detlef.

Tjard: männl. Vorn., fries. Kurzform von → Diethard.

Tjark, (auch:) Tjerk: männl. Vorn., friesische Kurzform von → Dietrich. Vgl. niederdeutsch → Derk.

Tobias: aus der Bibel übernommener männl. Vorn. hebräischen Ursprungs, eigentlich etwa „Gott ist gütig". In der Bibel ist Tobias der fromme Sohn eines erblindeten Vaters, der mit dem Engel Raphael als unerkanntem Begleiter eine gefährliche Reise besteht und zuletzt seinen Vater heilt. Die Tobiasgeschichte war besonders in der Reformationszeit sehr beliebt und machte den Namen bekannt. Bekannte Namensträger: Tobias Stimmer, schweizerischer Maler und Holzschnittmeister (16. Jh.); Tobias George Smollett, schottischer Schriftsteller (18. Jh.). Als zweiter Name: Johan Tobias Sergel, schwed. Bildhauer (18./19. Jh.). Bekannte literarische Gestalten sind der Junggeselle Tobias Knopp bei Wilhelm Busch und der Junker Tobias von Rülp in Shakespeares „Was ihr wollt". Engl. Form: Tobias [tobaieß].

Toby [toubi]: englische Kurz- und Verkleinerungsform des männlichen Vornamens → Tobias.

Tom: englischer männl. Vorn., Kurzform von → Thomas.

Tommy: englischer männl. Vorn., Kurz- und Koseform von → Thomas. Wegen der Häufigkeit des Namens ist „Tommy" in Deutschland zum Spitznamen des englischen Soldaten geworden.

¹Toni, (selten auch:) Tony: weibl. Vorn., Kurz- oder Verkleinerungsform von → Antonia. Eine bekannte literarische Gestalt ist die Tony (eigentlich Antonie) Buddenbrook in Thomas Manns Roman „Buddenbrooks".

²Toni, (selten auch:) Tony: männl. Vorn., Kurz- oder Verkleinerungsform von → Anton. Der Name Toni ist besonders in Süddeutschland gebräuchlich. Eine bekannte Operettenfigur ist der Toni Haberl in Fred Raymonds „Saison in Salzburg". Bekannter Namensträger: Toni Sailer, österreichischer Schiläufer (20. Jh.).

Tonio: italienischer männl. Vorn., Kurzform von Antonio (→ Anton). Eine bekannte literarische Gestalt ist der Tonio Kröger in Thomas Manns gleichnamiger Novelle.

Tonja: russischer weibl. Vorn., Verkleinerungsform zu russ. Antonina, einer Weiterbildung von → Antonia.

Tönnies: männl. Vorn., niederdeutsche Kurzform von Antonius.

¹Tony: → ¹Toni.

²Tony: → ²Toni.

Torbjörn: → Thorbjörn.

Tord: in neuerer Zeit aus dem Nordischen übernommener männl. Vorn. (schwed. Tord, altisländ. Þorðr); Kurzform von Namen, die mit T[h]orgebildet sind.

Tore: → Ture.

Torhild: → Thorhild.

Torolf: → Thorolf.

Torsten, (auch:) Thorsten: in neuerer Zeit aus dem Nordischen übernommener männl. Vorn. (dän., norweg., schwed. Torsten, altisländ. Þorsteinn). Der 1. Bestandteil ist der Name des altnordischen Donnergotts Thor, der 2. Bestandteil ist dän., schwed. sten „Stein".

Torwald: → Thorwald.

Toska, (auch:) Tosca: aus dem Italienischen übernommener weibl. Vorn., eigentl. „die Toskanerin". Aus Puccinis Oper „Tosca" ist der Name der Heldin Floria Tosca bekannt.

Traude: weibl. Vorn., Kurzform von Namen, die mit „-traud[e]" gebildet sind, wie z. B. → Gertraud und → Waltraud.

Traudel: weibl. Vorn., Kurz- und Koseform von Namen, die mit „-traud[e]" gebildet sind, z. B. → Gertraud und → Waltraud.

Traugott: in der Zeit des Pietismus (17./18. Jh.) gebildeter männl. Vorn., eigentlich die Aufforderung, Gott zu trauen. Vgl. z. B. die pietistischen Vornamen Fürchtegott und Gotthelf. Bekannter Namensträger: Traugott Hahn (Vater und Sohn), baltendeutsche evangelische Theologen (19./20. Jh.).

Traute: weibl. Vorn., Kurzform von Namen, die mit „-traut" gebildet sind, z. B. Gertraut (→ Gertraud), Waltraut (→ Waltraud). Die Namensform mit „t" – im Gegensatz zu Traude – wird volkstümlich auf das Eigenschaftswort *traut* „lieb, vertraut" bezogen.

Trautwein: männl. Vorn., jüngere Nebenform von → Trudwin.

Trina, (auch:) Trine: weibl. Vorn., niederdeutsche Kurzform von → Katharina.

Tristan: männl. Vorn. keltischen Ursprungs, dessen Bedeutung nicht geklärt ist. Der Name wurde im Mittelalter durch die keltischfranzösische Sage von Tristan und Isolde bekannt, die Vorlage der deutschen Tristandichtungen Eilharts von Oberge und Gottfrieds von Straßburg (12./13. Jh.). In neuerer Zeit hat ihn vor allem Richard Wagners Oper „Tristan und Isolde" bekannt gemacht. Im Gegensatz zu → Isolde spielt aber „Tristan" nur eine geringe Rolle in der deutschen Vornamengebung.

Trix: weibl. Vorn., Kurzform von → Beatrix.

Trudbert: alter deutscher männl. Vorn. (ahd. *trud-* „Kraft, Stärke", vgl. altisländ. *Þrūðr* „Stärke", + ahd. *beraht* „glänzend"; vgl. auch Trudwin). Der Name kam im Mittelalter vor allem im Breisgau vor, wo der heilige Trudpert (7. Jh.) als Missionar gewirkt und den Märtyrertod erlitten hatte; Namenstag: 26. April.

Trude: weibl. Vorn., Kurzform von Namen, die mit „-trud, -trude" oder

„Trud-" gebildet sind, besonders von → Gertrud. Bekannte Namensträgerin: Trude Hesterberg, deutsche [Film]schauspielerin und Kabarettistin (19./20. Jh.).

Trudel: weibl. Vorn., Kurz- und Koseform von Namen die mit „-trud, -trude" oder „Trud-" gebildet sind, besonders von → Gertrud.

Trudhild, (auch:) Trudhilde: alter deutscher weibl. Vorn. (ahd. *trud-* „Kraft, Stärke", vgl. altisländ. *Þrūðr* „Stärke", + ahd. *hilt[i]a* „Kampf"; vgl. auch Trudwin).

Trudi: weibl. Vorn., Kurz- und Koseform von Namen, die mit „-trud, -trude" oder „Trud-" gebildet sind, besonders von → Gertrud.

Trudwin, (auch:) Trutwin: alter deutscher männl. Vorname. Der erste Bestandteil ist ahd. *trud-* „Kraft, Stärke" (vgl. altisländ. *Þrūðr* „Stärke") oder ahd. *trūt* „traut, lieb"; eine Entscheidung läßt sich hier und bei anderen mit Trud- gebildeten Namen nicht treffen. Der zweite Bestandteil ist ahd. *wini* „Freund". Der Name kann also als „trauter Freund" verstanden werden, vgl. die neuhochdeutsche Nebenform → Trautwein.

Trutz: in neuerer Zeit aufgekommener deutscher männl. Vorn., ältere, oberdeutsche Form des deutschen Hauptwortes *Trotz*, etwa mit der Bedeutung „Gegenwehr, Widerstand". Der Name kommt fast nur in adligen Familien vor.

Tünnes: rheinische Kurzform des männl. Vornamens Antonius (→ Anton). Aus dem kölnischen Volkshumor ist das Freundespaar Tünnes und Schäl (= der Schieler) bekannt.

Ture, (auch:) Tore: schwedischer männl. Vorn., Kurzform von Namen, die mit „Tor-, Thor-" gebildet sind, z. B. → Thorbjörn.

Tyra: → Thyra.

U

Ubbo: männl. Vorn., fries. Kurzform zu → Udalbert.

Uda: alter deutscher weibl. Vorn.,

Nebenform von → Oda oder Kurzform von nicht mehr gebräuchlichen weiblichen Namen, die mit ahd. *uodal*

„Erbgut, Heimat" gebildet sind. Die hochdeutsche Form → Ute ist heute beliebter als Uda.

Udalbert: alter deutscher männl. Vorn. (ahd. *uodal* „Erbgut, Heimat" + ahd. *beraht* „glänzend"). Der Name spielt in der heutigen Namengebung keine Rolle mehr.

Udo: alter deutscher männl. Vorn., Nebenform von → Odo oder Kurzform von männl. Namen, die mit ahd. *uodal-* „Erbgut, Heimat" gebildet sind, besonders von Uodalrich (→ Ulrich). Der Name, der zu Beginn der Neuzeit außer Gebrauch kam, wurde durch die Ritterdichtung um 1800 neu belebt. Heute ist „Udo" modisch. Bekannter Namensträger: Udo Jürgens, deutscher Schlagersänger (20. Jh.).

Uffo: männl. Vorn., friesische Kurzform von → Ulfried oder altdeutsche Kurzform von männlichen Namen, die auf „-ulf" (= ahd *wolf* „Wolf") ausgehen, wie z. B. Liudulf (→ Ludolf).

Ugo: → Hugo.

Ulf: in neuerer Zeit aus dem Nordischen übernommener männl. Vorn., eigentlich „Wolf" (schwed. Ulv, Ulf, zu dän., norweg., schwed. *ulv* „Wolf", ursprünglich Kurzform zu nordischen Namen, die mit „Ulf-" oder „-ulf" gebildet sind, z. B. → Thorulf). Beachte auch den Namen des westgotischen Bischofs Ulfilas oder Wulfila, eigentlich „Wölfchen" (4. Jh.), der die gotische Bibelübersetzung geschaffen hat. In Ostfriesland tritt Ulf als Kurzform von → Ulfried auf.

Ulfert: männl. Vorn., Kurzform von → Ulfried oder → Ulfhard. Der Vorname kommt hauptsächlich in Friesland vor.

Ulfhard: alter deutscher männl. Vorn., Nebenform von → Wolfhard.

Ulfried: alter deutscher männl. Vorn., der sich aus ahd. Uodalfrid (ahd. *uodal* „Erbgut, Heimat" + ahd. *fridu* „Schutz vor Waffengewalt, Friede") entwickelt hat.

[1]Uli, (auch:) **Ulli:** Kurz und Koseform von weiblichen Namen, die mit „Ul-" gebildet sind, besonders von → Ulrike.

[2]Uli, (auch:) **Ulli:** männlicher Vorn.,

Kurz- und Koseform von Namen, die mit „Ul-" gebildet sind, besonders von → Ulrich. Der Name wurde weiteren Kreisen bekannt durch Jeremias Gotthelfs Bauernromane „Uli der Knecht" und „Uli der Pächter" (1841/1849).

Uljana: russischer weibl. Vorn., russische Form von → Juliane.

Ulla: weibl. Vorn., Kurzform von → Ursula oder → Ulrike. Bekannte Namensträgerin: Ulla Jacobsson, Filmschauspielerin (20. Jh.).

[1]Ulli: → [1]Uli.

[2]Ulli: → [2]Uli.

Ulrich: alter deutscher männl. Vorn., der sich aus ahd. Uodalrích entwickelt hat (1. Bestandteil ist ahd. *uodal* „Erbgut, Heimat"; der 2. Bestandteil gehört zu germ. **rík* „Herrscher, Fürst, König", vgl. got. *reiks* „Herrscher, Oberhaupt", ahd. *ríhhi* „Herrschaft, Reich"). Der Name bedeutet also etwa „Herrscher im ererbten Besitztum". Als Vorname ist Ulrich seit dem Mittelalter besonders in Süddeutschland und der Schweiz beliebt, vor allem im Anschluß an die Verehrung des heiligen Ulrich, Bischofs von Augsburg (9./10. Jh.), der

Hl. Ulrich

seine Stadt zweimal gegen die Ungarn verteidigte (955 Schlacht auf dem Lechfeld); Namenstag: 4. Juli. In neuerer Zeit wurde die Verbreitung des Namens weiter gefördert durch die Begeisterung für den Ritter und humanistischen Gelehrten Ulrich von Hutten (15./16. Jh.) und –

Ulrich von Hutten

bei den Reformierten — für Ulrich Zwingli, den schweizerischen Reformator (15./16. Jh.; er nannte sich auch Huldrych, → Huldreich). Andere bekannte Namensträger: Ulrich von Lichtenstein (Liechtenstein), mittelhochdeutscher Minnesänger (13. Jh.); Ulrich von Türheim, mittelhochdeutscher Epiker (13. Jh.); Ulrich von dem Türlin, mittelhochd. Epiker (13. Jh.); Ulrich von Etzenbach (Eschenbach), mittelhochdeutscher Epiker (13. Jh.); Herzog Ulrich von Württemberg (15./16. Jh., auch bekannt durch W. Hauffs Roman „Lichtenstein"); Ulrich von Jungingen, Hochmeister des Deutschen Ritterordens (gefallen bei Tannenberg 1410); Ulrich Bräker, gen. der arme Mann im Toggenburg, schweizerischer Kleinbauernsohn, Handwerker und Schriftsteller (18. Jh.); Ulrich von Wilamowitz-Moellendorf, deutscher Altphilologe (19./

20. Jh.); Ulrich Erfurth, deutscher [Film]regisseur (20. Jh.); Ulrich Schamoni, deutscher Filmregisseur (20. Jh.). Eine bekannte literarische Gestalt ist Ulrich, der Held von Robert Musils Roman. „Der Mann ohne Eigenschaften".

Ulrike: weibl. Vorn., weibliche Form von → Ulrich. In Deutschland kam der Name im 18. Jh. zuerst beim Adel auf. Namensvorbild war besonders Prinzessin Luise Ulrike von Preußen, die Schwester Friedrichs des Großen, seit 1751 Königin von Schweden, die Stifterin der Kgl. Akademie in Stockholm. Der Vorname ist heute wieder modisch. Bekannte Namensträgerinnen: Ulrike Eleonore, Prinzessin, dann Königin von Schweden (17./18. Jh.); Ulrike von Kleist, Halbschwester des Dichters Heinrich v. Kleist (18./19. Jh.); Ulrike von Levetzow, Freundin Goethes (19. Jh.).

Luise Ulrike,
Königin von Schweden

Umberto: → Humbert.
Una: weibl. Vorn., dessen Herkunft und Bedeutung ungeklärt sind. Der Name kommt heute sehr selten vor.
Undine: weibl. Vorn., eigentlich eine Bezeichnung der Wassernixe. Neulat. *undīna* „Nixe" ist eine Weiterbildung zu lat. *unda* „die Welle", die zuerst

bei Paracelsus (15./16. Jh.) in seinem Buch über die Nymphen vorkommt. Das Märchen von der Nixe Undine, die die Frau eines Menschen wird, um eine unsterbliche Seele zu erhalten, wurde besonders durch die Erzählung „Undine" von Friedrich de la Motte-Fouqué (1811) und die daran anschließenden gleichnamigen Opern von E. T. A. Hoffmann und A. Lortzing bekannt. Als Vorname wird „Undine" nur selten gebraucht.

Unno: männl. Vorn., Nebenform zu dem friesischen männlichen Vornamen → Onno.

Urban: männl. Vorn. lateinischen Ursprungs, eigentlich „Stadtbewohner" (lat. *urbānus* „zur Stadt [Rom] gehörend; feingebildet; Städter"). Den Namen Urban, lateinisch Urbānus, trugen mehrere Päpste. Für die Ausbreitung des Namens im Mittelalter war vor allem die Verehrung des heiligen Papstes Urban I. (3. Jh.) entscheidend, der besonders in Süddeutschland und Tirol als Patron des Weinbaues bekannt ist; Namenstag: 25. Mai.

Uriel: männl. Vorn. hebräischen Ursprungs, eigentlich „Mein Licht ist Gott". In der altjüdischen Tradition ist Uriel der Name eines Erzengels. „Uriel" spielt heute nur noch in der Namengebung bei jüdischen Familien eine Rolle. Bekannter Namensträger: Uriel Acosta, jüdischer Religionsphilosoph (16./17. Jh.).

Urs, (älter:) **Ursus:** männl. Vorname lateinischen Ursprungs, eigentlich „Bär" (lat. *ursus* „der Bär"). Der Vorname war früher in der Schweiz recht beliebt, ursprünglich wegen der Verehrung des heiligen Ursus, der nach der Legende als Mitglied der Thebaischen Legion in Solothurn den Märtyrertod erlitt (3./4. Jh.); Namenstag: 30. September. Bekannte Namensträger: Urs Graf, schweizerischer Zeichner und Holzschnittmeister (15./16. Jh.); Hans Urs von Balthasar, schweizerischer katholischer Theologe und Schriftsteller (20. Jh.).

Ursel: weibl. Vorn., Kurzform von → Ursula.

Ursina: weibl. Vorn., weibliche Form zu → Ursinus.

Ursinus: männl. Vorn., Weiterbildung von → Ursus. Der Vorname spielt heute kaum noch eine Rolle in der Namengebung.

Ursula: weibl. Vorn. lateinischen Ursprungs, eigentlich „kleine Bärin". Zur Verbreitung des Vornamens im Mittelalter trug vor allem die Verehrung der heiligen Ursula bei. Die heilige Ursula war nach der Legende eine britannische Königstochter, die auf der Rückkehr von einer Romfahrt in Köln mit ihren angeblich 11 000 Jungfrauen den Martertod erlitt; Namenstag: 21. Oktober. „Ursula" gehört zu den beliebtesten Vornamen des 20. Jh.s. Bekannte Namensträgerinnen: Ursula Andress, schweiz. Filmspielerin (20. Jh.); Ursula Herking, deutsche Filmschauspielerin u. Kabarettistin (20. Jh.).

Ursus: → Urs.

Urte: weibl. Vorn., dessen Herkunft und Bedeutung ungeklärt sind.

Uschi: Verkleinerungs- und Koseform des weiblichen Vornamens → Ursula. Bekannte Namensträgerin: Uschi Glas, deutsche Filmschauspielerin (20. Jh.).

Ute, (auch:) **Uta:** alter deutscher weibl. Vorn., hochdeutsche Form

Uta von Meißen

von → Oda. Aus dem Nibelungenlied·ist Frau Ute (mhd. Uote) als Mutter Kriemhilds und der Wormser Könige bekannt. In anderen deutschen Heldensagen erscheinen ebenfalls Fürstinnen dieses Namens, z. B. die Frau Meister Hildebrands im jüngeren Hildebrandslied. Bis ins 12. Jh. war Ute ein verbreiteter Frauenname, der dann aber aus der Namengebung verschwand u. erst im 20. Jh. neu aufgenommen wurde. Heute gehört Ute zu den beliebten weiblichen Vornamen. Daran hat auch die Erinnerung an die Markgräfin Uta von Meißen (11. Jh.) großen Anteil, deren Standbild aus dem 13. Jh. zu den berühmten Stifterfiguren des Naumburger Doms gehört. Bekannte Namensträgerinnen: Uta Levka, deutsche Filmschauspielerin (20. Jh.); Uta Sax, deutsche Schauspielerin (20. Jh.).

Uto: alter deutscher männl. Vorn., Nebenform von → Udo (vgl. auch Odo).

Utta: weibl. Vorn., Nebenform von Uta (→ Ute).

Utz, (auch:) Uz: männl. Vorn., Kurz-

form von Namen, die mit ahd. *uodal*-gebildet sind, besonders von → Ulrich. Diese Namensformen kommen vor allem in Südwestdeutschland und der Schweiz vor. Zu Uz ist das Zeitwort *uzen* „necken, hänseln" gebildet worden.

Uwe, (seltener:) Uwo: männl. Vorn., wahrscheinlich friesische Kurzform von Namen, die mit „Ul-", „Udal-" gebildet sind, z. B. von → Ulfried oder → Udalbert. Der Name wurde in der ersten Hälfte des 20. Jh.s durch Otto Ernsts Ballade „Nis Randers" („Sagt Mutter, 's ist Uwe!") und durch den vielgelesenen Roman „Heideschulmeister Uwe Karsten" (1909) von Felicitas Rose allgemein bekannt. Heute ist „Uwe" überaus volkstümlich, zumal in neuester Zeit häufig das Fußballidol Uwe Seeler als Namensvorbild gewählt worden ist. Bekannte Namensträger: Uwe Jens Lornsen, schleswig-holsteinischer Politiker (18./19. Jh.); Uwe Beyer, deutscher Hammerwerfer (20. Jh.); Uwe Johnson, deutscher Schriftsteller (20. Jh.).

Uz: → Utz.

V

Václav: → Wenzeslaus.

Valborg: weibl. Vorn., nordische Form (dän., schwed., norweg. Valborg) von → Walburg, die früh aus dem Deutschen entlehnt worden ist.

Valentin: männl. Vorn. lateinischen Ursprungs (lat. Valentīnus, Weiterbildung zu dem Beinamen Valēns, der identisch ist mit lat. *valēns* „kräftig, gesund"; Valens hieß ein römischer Kaiser im 4. Jh.). Zur Verbreitung des Vornamens Valentin in Deutschland hat vor allem die Verehrung des heiligen Bischofs Valentin (5. Jh.) beigetragen. Dieser ist Patron des Bistums Passau und wird auch als Schutzheiliger bei Epilepsie verehrt (volksetymologische Verbindung von „fallende Sucht" mit dem Namen „Valentin"); Namenstag: 7. Januar. Ein anderer Heiliger glei-

chen Namens ist der römische Märtyrer Valentin (3. Jh.); Namenstag: 14. Februar. Dieser Heilige gilt u. a. als Patron der Liebenden, weshalb der „Valentinstag" besonders in den romanischen Ländern, in England und Nordamerika unter Freunden und bei Liebespaaren ein Glückwunsch- und Geschenktag ist. Aus der Literatur ist Valentin, der Bruder Gretchens in Goethes Faust, bekannt, ebenso der Tischler Valentin in Raimunds Schauspiel „Der Verschwender". Bekannter Namensträger: Valentin Fey, genannt Karl Valentin, Münchner Komiker (19./20. Jh.).

Valentine, (auch:) Valentina: weibl. Vorn., weibliche Form des männlichen Vornamens → Valentin.

Valerian: männl. Vorn. lateinischen Ursprungs (lat. Valeriānus, Weiterbildung von → Valerius). Der Name spielt in der deutschen Vornamengebung keine Rolle. Bekannte Namensträger: Publius Licinius Valerianus, römischer Kaiser (3. Jh.); der heilige Valerian, römischer Märtyrer, Bräutigam der heiligen Cäcilia (3. Jh.), Namenstag: 14. April.

Valeriane: weibl. Vorn., weibliche Form des männlichen Vornamens → Valerian.

Valerie, (auch:) Valeria: weibl. Vorn., weibliche Form des männlichen Vornamens → Valerius. Bekannte Namensträgerin: Valérie von Martens, österreichische Schauspielerin (20. Jh.). Engl. Form: Valeria [wᵉljriᵉ]. Französ. Form: Valérie [walerj].

Valerius: männl. Vorn. lateinischen Ursprungs, eigentlich „einer aus dem Geschlecht der Valerier" (lat. Valērius, altrömischer Geschlechtername, zu lat. *valēre* „kräftig, stark sein"). Der Name spielt in der deutschen Vornamengebung keine Rolle. Ein heiliger Valerius (3. Jh?) soll zweiter Bischof von Trier gewesen sein; Namenstag: 29. Januar.

Valeska: weibl. Vorn., wahrscheinlich polnische Bildung zu → Valerie.

Vanessa: aus dem Englischen übernommener weibl. Vorn., im 18. Jh. von Swift in seiner Dichtung „Cadenus und Vanessa" geprägt, heute oft gleichgesetzt mit der Bezeichnung einer Schmetterlingsgattung, zu der u. a. das Pfauenauge und der Admiral gehören. Der Name Vanessa ist in Deutschland erst durch die englische Filmschauspielerin Vanessa Redgrave (20. Jh.) bekannt geworden.

Vasco: männl. Vorn. spanischer oder portugiesischer Herkunft, eigentlich „der Baske" (span., port. *vasco* „baskisch, Baske"). Bekannter Namensträger: Vasco da Gama, portugiesischer Seefahrer und Entdecker (15./16. Jh.).

Veit: männl. Vorn. lateinischen Ursprungs, der sich aus mittellat. Vitus entwickelt hat. Die Bedeutung des lateinischen Namens ist nicht gesichert. Der Name Veit war im Mittelalter durch die Verehrung des hei-

ligen Vitus oder Veit weit verbreitet. Der heilige Vitus soll nach späterer Legende um 303 in Sizilien den Martertod erlitten haben. Er gehört zu den 14 Nothelfern und wird u. a. als Helfer gegen Krämpfe, Fallsucht, Blindheit angerufen. Nach ihm heißen verschiedene mit Muskelzuckungen verbundene Krankheitsformen „Veitstanz". Im Prager „Veitsdom" liegen die Reliquien des heiligen Vitus. Bekannt ist auch der „heilge Veit vom Staffelstein" (oberes Maintal) aus Scheffels Lied „Wohlauf, die Luft geht frisch und rein!"; Namenstag: 15. Juni. Bekannte Namensträger: Veit Stoß, deutscher Bildschnitzer und Bildhauer (15./16. Jh.); Veit Valentin, deutscher Historiker (19./20. Jh.); Veit Harlan, deutscher Filmregisseur (19./20. Jh.).

Velten: männl. Vorn., der sich aus → Valentin entwickelt hat.

Vera, (seltener:) Wera: aus dem Russischen übernommener weibl. Vorn., eigentlich „Glaube" (russ. *vera* „Glaube, Zuversicht, Religion"). Bekannte Namensträgerinnen: Vera Tschechowa, deutsche Filmschauspielerin (20. Jh.); Vera Molnar, deutsche [Film]schauspielerin (20. Jh.). Der Name Vera kann gelegentlich auch als Kurzform von → Verena oder → Veronika auftreten.

Veramaria: weiblicher Doppelname aus → Vera und → Maria.

Verena: weibl. Vorn., dessen Herkunft und Bedeutung ungeklärt sind. Der Vorname Verena ist besonders in der Schweiz üblich. Zu seiner Verbreitung hat vor allem die Verehrung der heiligen Verena in Zürich und Solothurn (3./4. Jh.) beigetragen. Namenstag: 1. September.

Verona: weibl. Vorn., oberdeutsche Kurzform von → Veronika.

Veronika: weibl. Vorn. griechischen Ursprungs, eigentlich „die Siegbringerin" (kirchenlat. Veronica hat sich über „ältere Beronice aus griech. Phērenīkē „die Siegträgerin" entwickelt). Zur Ausbreitung des Namens, besonders seit dem späten Mittelalter, trug die Verehrung der heiligen Veronika von Jerusalem bei.

Die heilige Veronika war nach der Legende eine Jüngerin Jesu, die diesem auf dem Wege zur Kreuzigung ihr Schweißtuch reichte, auf dem sich dann das Bild Christi abdrückte. Namenstag: 4. Februar. Eine andere Heilige des Namens ist Veronika Giuliani, eine italienische Mystikerin und Stigmatisierte (17./18. Jh.); Namenstag: 9. Juli.

Vicki, (auch:) Vicky: weibl. Vorn., Kurzform von → Viktoria. Bekannte Namensträgerin: Vicki Baum, österreichische Schriftstellerin (19./20. Jh.).

Vico: männl. Vorn., italienische Kurzform von Namen, die auf „-vico" ausgehen, z. B. Lodovico (→ Ludwig). Bekannter Namensträger: Vico Torriani, schweizerischer Sänger und Unterhaltungskünstler (20. Jh.).

Victor: → Viktor.

Victoria: → Viktoria.

Victorine: → Viktorine.

Viki: weibl. Vorn., Nebenform von → Vicki.

Viktor, (seltener:) Victor: männlicher Vorn. lateinischen Ursprungs, eigentlich „der Sieger" (lat. *victor*, zu lat. *vincere* „siegen", auch Beiname des Herkules und des Göttervaters Jupiter). Der Name Viktor wurde vielen christlichen Märtyrern als Ehrenname beigelegt. Im deutschen Sprachgebiet sind am bekanntesten der heilige Viktor von Solothurn, Namenstag: 30. September, und der heilige Viktor von Xanten, Namenstag: 10. Oktober. Beide gehörten nach der Legende der sog. Thebaischen Legion des römischen Heeres (3./4. Jh.) an. Bekannt ist auch der heilige Papst Viktor I. (2. Jh.), Namenstag: 28. Juli. Als Fürstenname erscheint Viktor im Hause Sardinien-Piemont, z. B. Viktor Emanuel II., erster König von Italien (19. Jh.), Viktor Emanuel III., König von Italien (19./20. Jh.). Andere bekannte Namensträger: Victor Marie Hugo, französischer Dichter (19. Jh.); Joseph Victor von Scheffel, deutscher Lyriker und Erzähler (19. Jh.); Viktor Freiherr von Weizsäcker, deutscher Internist (19./20. Jh.); Victor Gollancz, englischer Schriftsteller, Verleger und Philanthrop (19./20. Jh.); Victor de Kowa, deutscher [Film]schauspieler und Regisseur. Französische Form: Victor [wiktọr]. Englische Form: Victor [wịktᵉr]. Italienische Form: Vittorio (eigentlich zu → Viktorius).

Viktọria, (auch:) Victoria: weibl. Vorname lateinischen Ursprungs (lat. *victōria* „der Sieg", zu lat. *vincere* „siegen", war auch der Name der altrömischen geflügelten Siegesgöttin Victoria). In Deutschland erscheint „Viktoria" als Vorname erst im 19. Jh., besonders im Anschluß an den Namen der Königin Viktoria von England (19./20. Jh.) und ihrer Tochter Viktoria, die als Frau Friedrichs III. Königin von Preußen u. deutsche Kaiserin wurde (19./20. Jh.). Be-

Viktoria,
Königin von England

kannt ist auch Victoria Sackville-West, englische Schriftstellerin (19./20. Jh.). Eine bekannte literarische Gestalt ist die Viktoria in Knut Hamsuns gleichnamiger Novelle. Eine beliebte Operette ist „Viktoria und ihr Husar" von Paul Abraham. Bekannte Namensträgerin: Viktoria Brahms, deutsche Schauspielerin (20. Jh.).

Viktorine, (auch:) Victorine: aus dem Französischen übernommener weibl. Vorn. (französ. Victorine [wiktorin]), weibliche Form von latein. Victorinus, einer Weiterbildung von Victor (→ Viktor). Der Vorname spielt heute kaum noch eine Rolle in der Namengebung.

Viktorius: männl. Vorn., Weiterbildung von → Viktor.

Vilma: weibl. Vorn., ungarische Form von → Wilhelmine.

Vilmar: alter deutscher männl. Vorn., eigentlich etwa „der Vielberühmte" (ahd. *filu* „viel" + ahd. *-mār* „groß, berühmt", vgl. ahd. *māren* „verkünden, rühmen"). Der Vorname kommt nur noch vereinzelt vor.

Vincent: → Vinzenz.

Vinzent: kürzere Form des lateinischen männlichen Vornamens Vincentius (→ Vinzenz). Diese Namensform kommt sehr selten vor.

Vinzentia: weibl. Vorn., weibliche Form des männlichen Vornamens → Vinzenz. Der Vorname spielt in Deutschland kaum eine Rolle in der Namengebung.

Vinzenz: männl. Vorn. lateinischen Ursprungs (lat. Vincentius, Weiterbildung von lat. *vincēns* „siegend", zu *vincere* „siegen"). Zu der Verbreitung des Namens Vinzenz im Mittelalter trug vor allem die Verehrung des heiligen Vinzenz von Saragossa (3./4. Jh.) bei, der als Diakon und Prediger in der Diokletianischen Verfolgung den Martertod erlitt. Der heilige Vinzenz ist der Patron von Portugal; Namenstag: 22. Januar. Bekannte Namensträger: Vinzenz von Beauvais, französischer Dominikaner, Verfasser einer großen Enzyklopädie (12./13. Jh.); der heilige Vinzenz von Paul, französischer Priester, Begründer der neuzeitlichen katholischen Caritasarbeit (16./17. Jh.), Namenstag: 19. Juli; Vincenz Prießnitz, deutscher Naturheilkundiger (18./19. Jh.); Französ. Form: Vincent [wäßßaß]. Niederländische Form: Vincent.

Viola [auch: Viola]: weibl. Vorn. lateinischen Ursprungs, eigentlich „Veilchen" (lat. *viola* „Veilchen, Levkoje"). Eine bekannte literarische Gestalt ist die Viola in Shakespeares „Was ihr wollt". Engl. Form: Viola [waiele].

Violet [waielit]: englischer weiblicher Vorname, Verkleinerungsform von → Viola.

Violetta: italienischer weibl. Vorn., Verkleinerungsform von → Viola. Eine bekannte Operngestalt ist die Violetta Valéry in Verdis Oper „La Traviata". Bekannte Namensträgerin: Violetta Ferrari, italienische Schauspielerin (20. Jh.).

Virgil: männl. Vorn. lateinischen Ursprungs, Kurzform von lat. Virgilius, der jüngeren Schreibung von Vergilius. Lat. Vergilius ist ein altrömischer Geschlechtername, dessen eigentliche Bedeutung ungeklärt ist. Der Name ist bekannt durch den altrömischen Dichter Publius Vergilius Maro, den Verfasser der „Äneis" (1. Jh. v. Chr.). Nach ihm wurde seit der Humanistenzeit (16. Jh.) vereinzelt der Vorname Virgil[ius] gegeben. In Österreich schließt sich der Vorname Virgil jedoch an die Verehrung des heiligen Virgilius an. Der heilige Virgilius, ein irischer Mönch des 8. Jh.s, war Bischof von Salzburg und führte in Kärnten das Christentum ein; Namenstag: 27. November.

Virginia: weibl. Vorn. lateinischen Ursprungs, jüngere Schreibung des lateinischen Frauennamens Verginia, eigentlich „die aus dem Geschlecht der Verginier" (lat. Verginius, altrömischer Geschlechtername, dessen eigentliche Bedeutung ungeklärt ist). Die jüngere Namensform Virginia wird gewöhnlich volksetymologisch mit dem lat. Eigenschaftswort *virgineus, -a, -um* (zu lat. *virgō* „Jungfrau") zusammengebracht u. als „die Jungfräuliche" verstanden. Der Vorname kommt in Deutschland ganz vereinzelt vor. Bekannte Namensträgerin: Virginia Woolf, englische Schriftstellerin (19./20. Jh.). Französ. Form: Virginie [wirschini]. Englische Namensform: Virginia [wedschinje].

Virginie: → Virginia.

Vitalis: männl. Vorn. lateinischen Ursprungs, eigentlich „der Lebenskräftige" (lat. *vītālis* „Leben enthaltend,

Lebenskraft habend"). Der Vorname Vitalis erscheint vereinzelt in katholischen Gegenden im Anschluß an die Verehrung der heiligen Märtyrer Vitalis und Agricola (3./4. Jh.?), Namenstag: 4. November, oder des heiligen Bischofs Vitalis von Salzburg (8. Jh.), Namenstag: 20. Oktober. Italien. Form: Vitale. Span. Form: Vidal.

Vittorio: → Viktor.

Vitus: → Veit.

[1]Vivian [wiwi^en], (auch:) Vivien [wiwi^en]: englische Form des weiblichen Vornamens → Viviane. Bekannte Namensträgerin: Vivien Leigh, englische [Film]schauspielerin (20. Jh.).

[2]Vivian [wiwi^en]: englischer männl. Vorn., der dem französischen männl. Vorn. Vivien [wiwiãng] entspricht und wohl auf eine Weiterbildung von lat. *vivus* ,,lebendig, lebhaft" (zu lat. *vivere* ,,leben") zurückgeht. In der mittelalterlichen französischen Ritterdichtung um Wilhelm von Orange ist Vivien der Name eines jungen christlichen Helden.

Viviane: aus dem Französischen übernommener weibl. Vorn., der auf den Namen einer Gestalt aus der Artussage zurückgeht, die ,,Dame vom See" Viviane oder Niniane. Die Fee Viviane hält den Zauberer Merlin gefangen. Sie ist die Erzieherin des jungen Ritters Lanzelot.

Volbert: männl. Vorn., jüngere Nebenform von → Volkbert.

Volbrecht: männl. Vorn., jüngere Nebenform von → Volkbert.

Volhard: männl. Vorn., jüngere Nebenform von → Volkhard.

Volkard, (auch:) Volkart: Nebenform des männlichen Vornamens → Volkhard.

Volkbert: alter deutscher männl. Vorname (ahd. *folc* ,,Haufe, Kriegsschar, Volk" + ahd. *beraht* ,,glänzend").

Volkberta: weibl. Vorn., weibliche Form des männlichen Vornamens → Volkbert. Der Vorname spielt heute keine Rolle mehr in der Namengebung.

Volker, (selten:) Volkher: alter deutscher männl. Vorname (ahd. *folc*

,,Haufe, Kriegerschar, Volk" + ahd. *heri* ,,Heer"). Der Name Volker (mhd. Volkēr) ist allgemein bekannt durch den ritterlichen Spielmann des Nibelungenlieds, Volker von Alzey (= Alzey in Rheinhessen). ,,Volker" gehört zu den beliebtesten männlichen Vornamen des 20. Jh.s. Bekannter Namensträger: Volker von Collande, deutscher [Film]schauspieler und Regisseur (20. Jh.).

Volkert: Nebenform des männlichen Vornamens → Volkhard.

Volkhard, (auch:) Volkard, Volkart; Volkert: alter deutscher männlicher Vorn. (ahd. *folc* ,,Haufe, Kriegerschar, Volk" + ahd. *harti, herti* ,,hart").

Volkher: Nebenform des männlichen Vornamens → Volker.

Volkhild, (auch:) Volkhilde: alter deutscher weibl. Vorn. (ahd. *folc* ,,Haufe, Kriegerschar, Volk" + ahd. *hilt[j]a* ,,Kampf").

Volkmar: alter deutscher männlicher Vorn., eigentlich etwa ,,der im [Kriegs]volk Berühmte" (ahd. *folc* ,,Haufe, Kriegerschar, Volk" + ahd. *-mār* ,,groß, berühmt", vgl. ahd. *māren* ,,verkünden, rühmen").

Volko: männl. Vorn., Kurzform von Namen, die mit ,,Volk-" gebildet sind, z. B. → Volkhard und → Volkmar.

Volkrad, (auch:) Volkrat: alter deutscher männl. Vorname (ahd. *folc* ,,Haufe, Kriegerschar, Volk" + ahd. *rāt* ,,Rat[geber]; Ratschlag; Beratung").

Volkward, (auch:) Volkwart, Volquart: alter deutscher männl. Vorn. (ahd. *folc* ,,Haufe, Kriegerschar, Volk" + ahd. *wart* ,,Hüter, Schützer").

Volkwin: alter deutscher männl. Vorn. (ahd. *folc* ,,Haufe, Kriegerschar, Volk" + ahd. *wini* ,,Freund").

Vollrad, (auch:) Vollrat, Volrat: männl. Vorn., jüngere Nebenform von → Volkrat.

Volmar: männl. Vorname, jüngere Nebenform von → Volkmar.

Volrat: Nebenform des männlichen Vornamens → Vollrad.

Vreni, (auch:) Vreneli: weibl. Vorn.,

schweizerische Verkleinerungs- und Koseform von → Verena.

Vroni: weibl. Vorn., oberdeutsche Kurz- oder Koseform von → Vero-

nika. Eine bekannte Operettenfigur ist die Vroni Staudinger in Fred Raymonds „Saison in Salzburg" („Wenn der Toni mit der Vroni...").

W

Walbert: männl. Vorn., Nebenform von → Waldebert.

Walburg, (auch:) Walburga; Walpurga, Walpurgis: alter deutscher weibl. Vorn., der im Althochdeutschen auch als Waldburc auftritt (der 1. Bestandteil gehört zu ahd. *waltan* „walten, herrschen"; der 2. Bestandteil ist ahd. *burg* „Burg"). Zu der großen Verbreitung des Namens im Mittelalter trug vor allem die Verehrung der heiligen Walburg bei. Die heilige Walburg (Waldburga, Waltpurgis) war eine angelsächsische Missionarin und Äbtissin in Heidenheim bei Gunzenhausen (8. Jh.); Namenstag: 25. Februar und 1. Mai. Ihre Reliquien wurden am 1. Mai 871 nach Eichstätt übertragen; daher heißt die Nacht vor diesem Tage, in der nach dem Volksglauben Hexen und Geister unterwegs sind, Walpurgisnacht. Dieses Zusammentreffen ist aber rein zufällig. Heute kommt der Vorname sehr selten vor.

Waldebert: alter deutscher männl. Vorn. (der 1. Bestandteil gehört zu ahd. *waltan* „walten, herrschen"; der 2. Bestandteil ist ahd. *beraht* „glänzend").

Waldeberta: weibl. Vorn., weibliche Form des männlichen Vornamens → Waldebert. Der Vorname spielt heute keine Rolle mehr in der Namengebung.

Waldegund, (auch:) Waldegunde: alter deutscher weibl. Vorn. (der 1. Bestandteil gehört zu ahd. *waltan* „walten, herrschen"; der 2. Bestandteil ist ahd. *gund* „Kampf"). Der Vorname spielt heute keine Rolle mehr in der Namengebung.

Waldemar: alter deutscher männl. Vorn. (der 1. Bestandteil gehört zu ahd. *waltan* „walten, herrschen"; der 2. Bestandteil ist ahd. -*mār* „groß,

berühmt"; vgl. ahd. *māren* „verkünden, rühmen"). „Waldemar" war im Mittelalter dänischer Königsname, z. B. König Waldemar I., der Große (12. Jh.), König Waldemar IV. Atterdag (14. Jh.). Waldemar (niederd. Woldemar) hieß auch der letzte askanische Markgraf von Brandenburg (13./14. Jh.), nach dessen Tode ein Betrüger als „falscher Woldemar" auftrat (vgl. den Roman „Der falsche Woldemar" von Willibald Alexis). Im 19. Jh. wurde der Vorname Waldemar wieder häufiger. Scherzhaft wird er verwendet in dem bekannten Liedvers „Mein Sohn heißt Waldemar, weil es im Wald geschah". Bekannte Namensträger: Waldemar Bonsels, deutscher Schriftsteller (19./20. Jh.); Waldemar Freiherr von Knoeringen, deutscher Politiker (20. Jh.); Waldemar Kmentt, österreichischer Opernsänger (20. Jh.); Waldemar Besson, deutscher Politologe (20. Jh.).

Waldhild, (auch:) Waldhilde: Nebenform des weiblichen Vornamens → Walthild.

Waldo: männl. Vorn., Kurzform von Namen, die mit „Wald[e]-" oder „-wald" gebildet sind, besonders von → Waldemar.

Waldtraut: weibl. Vorn., durch volkstümliche Anlehnung an „Wald" und „traut" entstandene Nebenform von → Waltraud.

Walfried: alter deutscher männl. Vorn., dessen 1. Bestandteil mehrdeutig ist (zu ahd. *waltan* „walten, herrschen" oder zu ahd. *walah* „der Welsche"); der 2. Bestandteil ist ahd. *fridu* „Schutz vor Waffengewalt, Friede". Bekannter Namensträger: Walahfried Strabo, deutscher Dichter und Theologe (9. Jh.).

Walli, (auch:) Wally: weibl. Vorn.,

Kurzform von → Walburg oder auch von → Valerie, → Valentine. Der Name war besonders im 19. Jh. beliebt. Bekannte literarische Gestalten sind die Wally in F. K. Gutzkows Roman „Wally, die Zweiflerin" (1835) und die Geierwally in dem gleichnamigen Roman von Wilhelmine v. Hillern (1875).

Walpurga, Walpurgis: → Walburg.

Walram: alter deutscher männl. Vorn., dessen 1. Bestandteil mehrdeutig ist (zu ahd. *waltan* „walten, herrschen" oder ahd. *wal* „Kampfplatz, Walstatt"); der 2. Bestandteil ist ahd. *hraban* „Rabe". Der Vorname Walram war im Mittelalter besonders bei rheinischen Adelsfamilien (Nassau, Limburg, Kleve) verbreitet. Heute spielt er kaum noch eine Rolle in der Namengebung.

Walt [^{u}ält]: englischer männl. Vorn., Kurzform von engl. Walter (→ Walter). Bekannte Namensträger: Walt Whitman, amerikanischer Dichter (19. Jh.); Walt Disney, amerikanischer Trickfilmzeichner und Filmproduzent, Erfinder der Mickymaus (20. Jh.).

Walter, (auch:) Walther: alter deutscher männl. Vorn., eigentlich etwa „Heerführer" (der 1. Bestandteil gehört zu ahd. *waltan* „walten, herrschen"; der 2. Bestandteil ist ahd. *heri* „Heer"). Der Name Walter war im Mittelalter weit verbreitet. Bekannt war er vor allem durch die Sagengestalt des westgotischen Königssohns Walther von Aquitanien (Waltharilied). Im 19. Jh. wurde der Vorname Walter im Anschluß an die historische Dichtung neu belebt. Aus Schillers „Wilhelm Tell" sind Tells Schwiegervater Walther Fürst und Tells Sohn Walther bekannt, aus Wagners „Meistersingern" der Ritter Walter von Stolzing. Besonders häufig aber wurde der Name in Erinnerung an den großen mittelhochdeutschen Dichter Walther von der Vogelweide (12./13. Jh.) gegeben. Bekannte Namensträger: Walter (niederd. Wolter) von Plettenberg, Deutschordensmeister in Livland (15./16. Jh.); Walter Raleigh, englischer

Seefahrer (16./17. Jh.); Walter Scott, schottischer Dichter (18./19. Jh.); Walther Rathenau, deutscher Politiker (19./20. Jh.); Walter Kollo, deutscher Operettenkomponist (19./20. Jh.); Walter von Molo, österreichischdeutscher Schriftsteller (19./20. Jh.); Walter Gropius, deutscher Architekt (19./20. Jh.); Walter Hasenclever, deutscher Dichter (19./20. Jh.); Walter Gieseking, deutscher Pianist (19./20. Jh.); Walter Hallstein, deutscher Jurist und Politiker (20. Jh.); Walter Neusel, deutscher Boxer (20. Jh.); Walter Jens, deutscher Schriftsteller (20. Jh.); Walter Giller, deutscher [Film]schauspieler (20. Jh.); Walter Berry, österreichischer Opernsänger (20. Jh.). Englische Form: Walter [^{u}ält^{e}r]. Französische Form: Gauthier [gotje].

Walther von der Vogelweide

Walthild, (auch:) Walthilde: alter deutscher weibl. Vorn. (der 1. Bestandteil gehört zu ahd. *waltan* „walten, herrschen"; der 2. Bestandteil ist ahd. *hilt[j]a* „Kampf").

Waltrada, (auch:) Waltrade: alter deutscher weibl. Vorn. (der 1. Bestandteil gehört zu ahd. *waltan* „walten, herrschen"; der 2. Bestandteil gehört zu ahd. *rāt* „Rat[geber]; Ratschlag, Beratung"). Der Vorname spielt heute keine Rolle mehr in der Namengebung.

Waltraud, (auch:) **Waltraut:** alter deutscher weibl. Vorn. (der 1. Bestandteil gehört zu ahd. *waltan* „walten, herrschen"; der 2. Bestandteil ist ahd. *-trud* „Kraft, Stärke", vgl. altisländ. *Þrúðr* „Stärke"; die Schreibung mit *-t* beruht auf volkstümlicher Anlehnung an das Eigenschaftswort *traut* „lieb, vertraut"). „Waltraud" gehört zu den beliebtesten weiblichen Vornamen des 20. Jh.s. Bekannte Namensträgerin: Waltraud Haas, österreichische Filmschauspielerin (20. Jh.).

Waltrud: weibl. Vorn., Nebenform von → Waltraud.

Waltrun, (auch:) **Waltrune:** alter deutscher weibl. Vorn. (der 1. Bestandteil gehört zu ahd. *waltan* „walten, herrschen"; der 2. Bestandteil ist ahd. *rūna* „Geheimnis; geheime Beratung").

Wanda: aus dem Slawischen übernommener weibl. Vorn. (poln. Wanda), dessen eigentliche Bedeutung ungeklärt ist. Der Name kam früher häufiger in den an Polen angrenzenden Gebieten vor. Eine bekannte literarische Gestalt ist die Wanda in Gerhart Hauptmanns gleichnamigem Roman. Bekannte Namensträgerin: Wanda Landowska, polnische Cembalistin (19./20. Jh.).

Wanja: russischer männl. Vorn., Koseform von Iwan (→ Johannes).

Warja: russischer weibl. Vorn., Koseform von Warwara (→ Barbara).

Warwara: → Barbara.

Wasja: russischer männl. Vorn., Koseform von → Wassili.

Wassili, (auch:) **Wassily:** aus dem Russischen übernommener männl. Vorn., russische Form von → Basilius. Bekannter Namensträger: Wassily Kandinsky, russischer Maler (19./20. Jh.).

Wastl: oberdeutsche, besonders bayerische und österreichische Kurz- und Koseform des männlichen Vornamens → Sebastian.

Weda, (auch:) **Wedis:** friesischer weibl. Vorn., dessen Bildung und Bedeutung nicht geklärt sind.

Wedekind: männl. Vorn., niederdeutsche Form von → Widukind.

Wedis: weibl. Vorn., Nebenform von → Weda.

Weert (auch:) **Wert:** männl. Vorn., friesische Kurzform von → Wichard.

Weerta, (auch:) **Werta:** friesischer weibl. Vorn., weibliche Form des männlichen Vornamens → Weert.

Weikhard: männl. Vorn., jüngere oberdeutsche Form von → Wichard.

Welf: alter deutscher männl. Vorn., eigentlich Beiname mit der Bedeutung „Tierjunges" (ahd. *hwelf* „Tierjunges, junger Hund", vgl. *Welpe* „Junges vom Hund"). Der Name war im Mittelalter traditionell im deutschen Fürstenhaus der Welfen.

Welfhard: alter deutscher männl. Vorn. (1. Bestandteil ahd. *hwelf* „Tierjunges, junger Hund", vgl. *Welpe* „Junges vom Hund"; 2. Bestandteil ahd. *harti, herti* „hart").

Wencke: weibl. Vorn., der in der zweiten Hälfte des 20. Jh.s durch die norweg. Schlagersängerin Wencke Myrrhe in Deutschland bekannt wurde.

Wendel: männl. Vorn., Kurzform von Namen, die mit „Wendel-" gebildet sind, z. B. → Wendelbert, → Wendelmar. Auch häufige Form des Heiligennamens → Wendelin.

Wendelbert: alter deutscher männl. Vorn. (der 1. Bestandteil gehört vielleicht zum germanischen Stammesnamen der Vandalen [Vandilii, Vandali]; der 2. Bestandteil ist ahd. *beraht* „glänzend").

Wendelburg: alter deutscher weibl. Vorn. (der 1. Bestandteil gehört vielleicht zum german. Stammesnamen der Vandalen [Vandilii, Vandali]; der 2. Bestandteil ist ahd. *burg* „Burg").

Wendelgard: alter deutscher weibl. Vorn. (der 1. Bestandteil gehört vielleicht zum germanischen Stammesnamen der Vandalen [Vandilii, Vandali]; Herkunft und Bedeutung des 2. Bestandteiles sind unklar, vielleicht zu → Gerda). Der Name Wendelgard tritt in der Volkssage als Name einer Gräfin im Bodenseegebiet auf.

Wendelin: männl. Vorn., Kurz- und Verkleinerungsform von Namen, die

mit „Wendel-" gebildet sind, z. B.
→ Wendelbert und → Wendelmar.
Zu der Verbreitung des Vornamens
Wendelin, besonders in Südwest-
deutschland, trug die Verehrung des
heiligen Wendelin bei. Der heilige
Wendelin (6./7. Jh.) lebte als Hirt
und Einsiedler im Saarland (Grab im
Wallfahrtsort St. Wendel); er wird
als Patron der Hirten und des Viehs
verehrt; Namenstag: 20. Oktober.
Bekannte Namensträger: Wendelin
Rauch, deutscher kath. Theologe,
Erzbischof von Freiburg (19./20. Jh.);
Wendelin Überzwerch (eigentlich
Karl Fuß), deutscher Schriftsteller
und Schüttelreimdichter (19./20. Jh.).
Wendelmar: alter deutscher männl.
Vorn. (der 1. Bestandteil gehört vielleicht zum germanischen Stammesnamen der Vandalen [Vandilii, Van-
dali]; der 2. Bestandteil ist ahd. -mar
„groß, berühmt", vgl. ahd. mären
„verkünden, rühmen").
Wendi, (auch:) **Wendy:** Kurz- und
Koseform von weiblichen Vornamen,
die mit „Wendel-" gebildet sind, z. B.
→ Wendelgard.
Wennemar: männl. Vorn., Nebenform
von → Winimar.
Wenzel: männl. Vorn., deutsche Kurzform von → Wenzeslaus. Der Name
ist bekannt durch den heiligen Wenzel, Herzog von Böhmen (10. Jh.),
den tschechischen Nationalheiligen,
nach dem mehrere Könige von Böhmen benannt wurden (Namenstag:
28. September) und durch den deutschen König und Böhmenkönig Wenzel (IV.), den Sohn Kaiser Karls IV.
(14./15. Jh.). Als Wenzelskrone ist
die böhmische Krone bekannt. Der
Name war bei den Tschechen so verbreitet, daß Johann Fischart (16. Jh.)
behaupten konnte: „Behmen [heißen]
Wentzel, Polen Stenzel" (→ Stanislaus). Auch der Bube im deutschen
Kartenspiel wird als Wenzel bezeichnet. Bekannter Namensträger:
Wenzel Jaksch, deutscher Politiker
(19./20. Jh.).
Wenzeslaus: männl. Vorn. slawischen
Ursprungs, lateinische Form von
alttschech. Venceslav (tschech. Václav, russ. Wjatschesláw), eigentlich

wohl „mehr Ruhm" (vgl. altruss.
vjače „mehr" u. russ. sláva „Ruhm").
Deutsche Kurzform → Wenzel.
Wera: → Vera.
Werna: weibl. Vorn., Kurzform von
Namen, die mit „Wern-" gebildet
sind, z. B. von → Werngard. Der
Vorname kommt nur vereinzelt vor.
Werner, (selten auch:) **Wernher:** alter
deutscher männl. Vorn., der sich aus
der ahd. Namensform Warinheri,
Werinher entwickelt hat. Der 1. Bestandteil ist nicht sicher zu deuten;
vielleicht gehört er zum germanischen Stammesnamen der Warnen
[Verini]; der 2. Bestandteil ist ahd.
heri „Heer". Der Name Wern[h]er
war im Mittelalter weit verbreitet.
Die lokale Verehrung des heiligen
Werner von Oberwesel (13. Jh.;
Wernerkapelle in Bacharach) hat
daran nur begrenzten Anteil; Namenstag: 18. April. Im 19. Jh.
wurde der Vorname Werner durch
den Einfluß verschiedener literari-
scher Gestalten beliebt; durch den
Werner Stauffacher in Schillers
„Tell", durch den Werner von Ki-
burg in Uhlands „Herzog Ernst" und
durch Scheffels „Trompeter von
Säckingen", Werner Kirchhof. Bekannte Namensträger: Bruder Wernher, mittelhochdeutscher Spruch-
dichter (13. Jh.); Wernher der Gar-
tenære (der Gärtner), mittelhochdeutscher Dichter des „Meier Helmbrecht" (13. Jh.); Werner v. Epp[en]-
stein, Erzbischof von Mainz (13. Jh.);
Werner von Siemens, deutscher Ingenieur und Industrieller (19. Jh.);
Werner Krauss, deutscher Schauspieler (19./20. Jh.); Werner Egk,
deutscher Komponist (20. Jh.); Werner Heisenberg, deutscher Physiker
(20. Jh.); Werner Finck, deutscher
Kabarettist und Schriftsteller (20.
Jh.); Wernher Freiherr von Braun,
amerikanischer Physiker und Rake-
teningenieur deutscher Herkunft
(20. Jh.).
Wernfried: alter deutscher männl.
Vorn. (der 1. Bestandteil ist nicht
sicher zu deuten, vielleicht gehört er
zum germanischen Stammesnamen
der Warnen [Verini]; der 2. Bestand-

teil ist ahd. *fridu* „Schutz vor Waffengewalt, Friede").

Werngard: alter deutscher weibl. Vorn. (der 1. Bestandteil ist nicht sicher zu deuten, vielleicht gehört er zum germanischen Stammesnamen der Warnen [Verini]; Herkunft und Bedeutung des 2. Bestandteils sind ebenfalls unklar, vielleicht zu → Gerda).

Wernhard: alter deutscher männl. Vorn. (der 1. Bestandteil ist nicht sicher zu deuten, vielleicht gehört er zum germanischen Stammesnamen der Warnen [Verini]; der 2. Bestandteil ist ahd. *harti, herti* „hart").

Wernher: männl. Vorn., ältere Form von → Werner.

Wernhild, (auch:) Wernhilde: alter deutscher weibl. Vorn. (der 1. Bestandteil ist nicht sicher zu deuten, vielleicht gehört er zum germanischen Stammesnamen der Warnen [Verini]; der 2. Bestandteil ist ahd. *hilt[j]a* „Kampf").

Werno: alter deutscher männl. Vorn., Kurzform von Namen, die mit „Wern-" gebildet sind, besonders von → Werner.

Wert: → Weert.

Werta: → Weerta.

Wiard: männl. Vorn., friesische Kurzform von → Wighard.

Wibert: Nebenform des männlichen Vornamens → Wigbert.

Wiberta: Nebenform des weiblichen Vornamens → Wigberta.

Wibke: Nebenform des weiblichen Vornamens → Wiebke.

Wichard [auch: Wichard]: alter deutscher männl. Vorn. (ahd. *wīg* „Kampf, Krieg" + ahd. *harti, herti* „hart"). Der Vorname spielt heute kaum noch eine Rolle in der Namengebung.

Wido, (auch:) Wito: alter deutscher männl. Vorn., Kurzform von Namen, die mit „Wid-, Wit-" gebildet sind, z. B. → Widukind und → Witold. Üblicher als „Wido" ist die romanisierte Form → Guido. Bekannter Namensträger: Wido II., fränkischer Herzog von Spoleto, 891–894 römischer Kaiser.

Widukind, (auch:) Wittekind: alter deutscher männl. Vorn., mit ahd.

kind „Kind" gebildete Koseform zu Namen mit ahd. *witu-* „Wald" als erstem Bestandteil (vgl. die ähnliche Bildung Karlmann) oder Zusammensetzung mit der Bedeutung „Kind, Sohn des Waldes" (ahd. *witu* „Wald" + ahd. *kind* „Kind"). Der Name ist vor allem durch den Sachsenführer Widukind (8./9. Jh.), den Gegner Karls des Großen, bekannt, ferner durch den sächsischen Mönch und Geschichtsschreiber Widukind von Corvey (10. Jh.). In der heutigen Vornamengebung spielt der Name kaum noch eine Rolle.

Wiebke, (auch:) Wibke: weibl. Vorn., Verkleinerungsform des nicht mehr gebräuchlichen niederdeutschen und friesischen weiblichen Vornamens Wiebe, Wieba. Dieser ist eine Kurzform von Namen, die mit „Wig-" gebildet sind, z. B. von → Wigberta und → Wigburg.

Wieland: alter deutscher männl. Vorn., dessen Bildung und Bedeutung ungeklärt sind (vielleicht zu altisländ. *vél* „List, Kniff, Kunst, Maschine"). Unter dem Einfluß der alten Sage von Wieland dem Schmied war der Name im Mittelalter ziemlich häufig. Nach der Neuentdeckung dieser Sage kam er im 19. Jh. wieder in Gebrauch. Bekannter Namensträger: Wieland Wagner, deutscher Regisseur, Enkel Richard Wagners (20. Jh.).

Wienand: männl. Vorn., Nebenform von → Winand.

Wiete: friesischer weibl. Vorn., dessen Bildung und Bedeutung unklar sind.

Wigand: alter deutscher männl. Vorn., eigentlich Beiname mit der Bedeutung „der Kämpfende" (ahd. *wīgant,* 1. Mittelwort zu *wīgan* „kämpfen").

Wigbert: alter deutscher männl. Vorn. (ahd. *wīg* „Kampf, Krieg" + ahd. *beraht* „glänzend"). Zur Verbreitung des Namens im Mittelalter trug die Verehrung zweier Heiliger bei: der heilige Wigbert von Fritzlar, angelsächsischer Missionar unter Bonifatius (8. Jh.), Namenstag: 13. August, und der heilige Bischof Wigbert von Augsburg (8. Jh.), Namenstag: 18. April.

Wigberta: weibl. Vorn., weibliche

Form des männlichen Vornamens → Wigbert. Der Vorname spielt heute kaum noch eine Rolle in der Namengebung.

Wigbrecht: alter deutscher männl. Vorn., Nebenform von → Wigbert.

Wigburg, (auch:) Wigburga: alter deutscher weibl. Vorn. (1. Bestandteil ist ahd. *wīg* „Kampf, Krieg"; der 2. Bestandteil gehört zu ahd. *bergan* „in Sicherheit bringen, bergen"). Der Vorname kommt in der Neuzeit nur vereinzelt vor.

Wiggo: männl. Vorn., friesische Kurzform von Namen, die mit „Wig-" gebildet sind, z. B. → Wigbert und → Wighard.

Wighard: alter deutscher männl. Vorn., Nebenform von → Wichard.

Wigmar: alter deutscher männl. Vorn. (ahd. *wīg* „Kampf, Krieg" + ahd. *-mār* „groß, berühmt", vgl. ahd. *māren* „verkünden, rühmen"). Der Vorname kommt in der Neuzeit nur vereinzelt vor.

Wignand: ältere Form des männlichen Vornamens → Winand.

Wilbert: Nebenform des männlichen Vornamens → Willibert.

Wilburg: alter deutscher weibl. Vorn. (ahd. *willio* „Wille" + ahd. *burg* „Burg").

Wilfried: alter deutscher männl. Vorn. (ahd. *willio* „Wille" + ahd. *fridu* „Schutz vor Waffengewalt, Friede"). Der Vorname Wilfried tritt besonders im westlichen Norddeutschland auf und kann dorthin mit angelsächsischen Missionaren des frühen Mittelalters gekommen sein. Ein angelsächsischer Heiliger ist der Bischof Wilfried von York (7./8. Jh.); Namenstag: 24. April und 12. Oktober. Engl. Form: Wilfrid, Wilfred.

Wilfriede, (auch:) Wilfrieda: weibl. Vorn., weibliche Form des männlichen Vornamens → Wilfried.

Wilgard: alter deutscher weibl. Vorn., (1. Bestandteil ist ahd. *willio*, „Wille"; Herkunft und Bedeutung des 2. Bestandteils sind unklar, vielleicht zu → Gerda.)

Wilhelm: alter deutscher männl. Vorn. (ahd. *willio* „Wille" + ahd. *helm* „Helm"). Der Name Wilhelm (und

seine Entsprechungen in anderen Sprachen: engl. William, französ. Guillaume, italien. Guglielmo, span. Guillermo) war im Mittelalter in ganz Europa beliebt, wobei wohl die Gestalt des Sagenhelden Wilhelm von Orange von Einfluß war. Dieser Held, der nach der Sage zur Zeit Kaiser Ludwigs des Frommen (9. Jh.) gegen die Sarazenen kämpfte, trägt auch die Wesenszüge seines Vorgängers, des heiligen Wilhelm von Aquitanien (8./9. Jh.), eines Heerführers unter Karl dem Großen, der als Benediktinermönch starb (Namenstag: 28. Mai). Das altfranzösische Wilhelmslied ist die Quelle für Wolfram von Eschenbachs Epos „Willehalm" (13. Jh.). Aus der mittelalterlichen Geschichte ist besonders Wilhelm der Eroberer bekannt, der erste normannische König von England (11. Jh.). Der Befreier und erste Statthalter der Niederlande war Wilhelm von Nassau-Dillenburg, Prinz von Oranien („Wilhelmus van Nassouwe"; 16. Jh.). In Deutschland war der Name Wilhelm u. a. bei den Grafen und Herzögen von Jülich traditionell und ging von ihnen im 17. Jh. auf die Hohenzollern in Brandenburg-Preu-

Wilhelm I.

Wilhelm II.

ßen über. Auch in anderen deutschen Fürstenfamilien trat der Name Wilhelm auf, z. B. in Hessen-Kassel u. in Württemberg. So wurde er im 19. Jh. einer der beliebtesten deutschen Vornamen, vor allem nach dem Vorbild der deutschen Kaiser und Könige von Preußen, Wilhelms I. (18./19. Jh.) und Wilhelms II. (19./20. Jh.). Auch in Verbindung mit → Friedrich erscheint Wilhelm in den Namen mehrerer Hohenzollernfürsten, allgemein bekannt sind Friedrich Wilhelm, der Große Kurfürst (17. Jh.), und Friedrich Wilhelm I., genannt der Soldatenkönig (17./18. Jh.). Aus der Literatur ist der Name besonders bekannt durch Schillers „Wilhelm Tell" und Goethes „Wilhelm Meister". Bekannte Namensträger: der selige Abt Wilhelm von Hirsau, Führer der deutschen Klosterreform (11. Jh.), Namenstag: 5. Juli; Wilhelm III. von Oranien, König von England, Schottland und Irland (17./18. Jh.); Wilhelm Heinse, deutscher Schriftsteller (18./19. Jh.); Wilhelm von Kobell, deutscher Maler (18./19. Jh.); Wilhelm Grimm, deutscher Philologe, Sagen- und Märchenforscher (18./19. Jh.); Wilhelm Müller, gen. Griechen-Müller, deutscher Dichter (18./19. Jh.); Wilhelm Busch, deutscher Dichter und Maler (19./20. Jh.); Wilhelm Wundt, deutscher Philosoph und Psychologe (19./20. Jh.); Wilhelm Bölsche, deutscher Schriftsteller und Naturphilosoph (19./20. Jh.); Wilhelm Backhaus, deutscher Pianist (19./20. Jh.); Wilhelm Furtwängler, deutscher Dirigent (19./20. Jh.); Wilhelm Kempff, deutscher Pianist (19./20. Jh.). Als zweiter Vorname: August Wilhelm Iffland, deutscher Schauspieler und Bühnenautor (18./19. Jh.); August Wilhelm von Schlegel, deutscher Kritiker, Dichter und Philologe (18./19. Jh); Friedrich Wilhelm Joseph von Schelling, deutscher Philosoph (18./19. Jh.).

Wilhelma: weibl. Vorn., weibliche Form des männlichen Vornamens → Wilhelm.

Wilhelmine, (auch:) Wilhelmina: weibl. Vorn., Weiterbildung von → Wilhelma. Diese Namensform war gebräuchlicher als Wilhelma, spielt jedoch in der heutigen Vornamengebung keine Rolle mehr. Bekannte Namensträgerinnen: Wilhelmine Friederike Sophie, Markgräfin von Bayreuth, Lieblingsschwester Friedrichs des Großen (18. Jh.); Wilhelmina, Königin der Niederlande (19./20. Jh.). Eine bekannte literarische Gestalt ist die Berlinerin Wilhelmine Buchholz aus Julius Stindes Roman „Die Familie Buchholz" (1885/86).

Wilka, (auch:) Wylka: weibl. Vorn., friesische Kurzform von Namen, die mit „Wil-" gebildet sind.

Wilko: männl. Vorn., friesische Kurzform von Namen, die mit „Wil-" oder „Willi-" gebildet sind, meist aber von → Wilhelm.

Will: männl. Vorn., Kurzform von Namen, die mit „Wil-" oder „Willi-" gebildet sind, meist aber von → Wilhelm. Bekannter Namensträger: Will Quadflieg, deutscher Schauspieler (20. Jh.).

Willegis: → Willigis.

Willeram: → Williram.

Willi, (auch:) Willy: männl. Vorn., Kurzform von Namen, die mit „Wil-" oder „Willi-" gebildet sind, meist aber von → Wilhelm. Der Vorname kam – wohl unter englischem Einfluß – im 18. Jh. auf, wurde aber erst um 1900 Modename. Heute ist er in der Vornamengebung zurückgetreten. Bekannte Namensträger: Willy Birgel, deutscher [Film]schauspieler (19./20. Jh.); Willy Reichert, deutscher Schauspieler und Vortragskünstler (20. Jh.); Willy Millowitsch, deutscher [Film]schauspieler (20. Jh.); Willy Brandt, deutscher Politiker (20. Jh.).

William: → Wilhelm.

Willibald: alter deutscher männl. Vorn. (ahd. *willio* „Wille" + ahd. *bald* „kühn"). An der Verbreitung des Namens im Mittelalter hat vor allem die Verehrung des heiligen Willibald (8. Jh.) Anteil. Der heilige Willibald war ein angelsächsischer Missionar, Bruder der unter → Wunibald und → Walburg genannten Heiligen, der im Auftrag des Bonifatius in Bayern predigte und Bischof von Eichstätt wurde; Namenstag: 7. Juli. Der Name kommt heute nur selten vor. Bekannte Namensträger: Willibald Pir[c]kheimer, deutscher Humanist, Ratsherr in Nürnberg (15./16. Jh.); Willibald Alexis (eigentlich Wilhelm Häring), deutscher Schriftsteller (18./19. Jh.). Als zweiter Vorname: Christoph Willibald Gluck, deutscher Komponist (18. Jh.).

Willibert: alter deutscher männl. Vorn. (ahd. *willio* „Wille" + ahd. *beraht* „glänzend").

Willibrord: männl. Vorn. angelsächsicher Herkunft (altengl. *willa* „Wille" + altengl. *brord* „Spitze, Speer"). Der Vorname Willibrord kommt vereinzelt in Westdeutschland vor und geht zurück auf den heiligen Willibrord (6./7. Jh.), der als angelsächsischer Missionar Bischof von Utrecht wurde und das Kloster Echternach in Luxemburg gründete. Er ist Schutzpatron gegen Epilepsie. Zu seinen Ehren wird die berühmte Echternacher Springprozession abgehalten; Namenstag: 7. November.

Willigis, (auch:) Willegis: alter deutscher männl. Vorn. (1. Bestandteil ist ahd. *willio* „Wille"; die Bedeu-

tung des 2. Bestandteils *-gis* ist unklar). Bekannt ist der heilige Willigis, Erzbischof von Mainz (10./11. Jh.), der in der Reichspolitik der sächsischen Kaiserzeit eine bedeutende Rolle spielte. Späterer Legende nach war er der Sohn eines Wagners und soll das Rad im Mainzer Wappen eingeführt haben; Namenstag: 23. Februar.

Williram, (auch:) Willieram: alter deutscher männl. Vorn. (ahd. *willio* „Wille" + ahd. *hraban* „Rabe"). Bekannter Namensträger: Williram, Abt von Ebersberg, deutscher geistlicher Dichter (11. Jh.). In der heutigen Namengebung spielt der Vorname keine Rolle mehr.

Willo: männl. Vorn., Kurzform von Namen, die mit „Wil-" oder „Willi" gebildet sind, meist aber von → Wilhelm.

Willy: → Willi.

Wilm: männl. Vorn., Kurzform von → Wilhelm.

Wilma: weibl. Vorn., Kurzform von → Wilhelma.

Wilmar, (auch:) Willmar: alter deutscher männl. Vorn. (ahd. *willio* „Wille" + ahd. *-mār* „groß, berühmt", vgl. ahd. *māren* „verkünden, rühmen"). Bekannter Namensträger: Willmar Schwabe, deutscher Apotheker und Arzneimittelfabrikant (19./20. Jh.).

Wiltraud, (auch:) Wiltraut; Wiltraude: Nebenform des weiblichen Vornamens → Wiltrud.

Wiltrud, (auch:) Wiltrude; Wiltrudis: alter deutscher weibl. Vorn. (ahd. *willio* „Wille" + ahd. *-trud* „Kraft, Stärke", vgl. altisländ. Þrúðr „Stärke"). Die Verehrung von zwei Äbtissinnen dieses Namens hat dazu beigetragen, daß „Wiltrud" nicht in Vergessenheit geraten ist: Wiltrude, die Witwe Herzog Bertholds von Bayern (10. Jh.), Äbtissin des von ihr gegründeten Benediktinerinnenklosters Bergen bei Neuburg a. d. Donau, Namenstag: 6. Januar, und Wiltrud von Hohenwart (11. Jh.), Äbtissin des Klosters Hohenwart bei Schrobenhausen; Namenstag: 30. Juli.

Wim: männl. Vorn., Kurzform von → Wilhelm. Bekannter Namensträger: Wim Thoelke, deutscher Showmaster (20. Jh.).

Winand, (älter auch:) Wignand: alter deutscher männl. Vorn. (1. Bestandteil ist ahd. *wīg* „Kampf, Krieg"; 2. Bestandteil ist german. **nanÞa*-„gewagt, wagemutig, kühn", vgl. ahd. *nenden* „wagen"). In der heutigen Namengebung spielt der Vorname kaum noch eine Rolle. Vgl. die Umkehrung → Nantwig.

Winfried: alter deutscher männl. Vorn. (ahd. *wini* „Freund" + ahd. *fridu* „Schutz vor Waffengewalt, Friede"). Der Name Winfried fand in Deutschland besonders als Wiedergabe von altengl. Winfrið, dem Taufnamen des heiligen Bonifatius, Verbreitung. Der heilige Bonifatius (7./8. Jh.) war als angelsächsischer Missionar nach Deutschland gekommen. Bekannter Namensträger: Winfried Zillig, deutscher Komponist und Dirigent (20. Jh.). Engl. Form: Winfred.

Winfrieda, (auch:) Winfriede: weibl. Vorn., weibliche Form des männlichen Vornamens → Winfried.

Winibert: alter deutscher männl. Vorn. (ahd. *wini* „Freund" + ahd. *beraht* „glänzend").

Winifred: weibl. Vorn., wahrscheinlich englische Form von → Winfrieda. Der Name kann auch eine angelsächsische Wiedergabe des keltischen Frauennamens Gwenfrewi sein. Eine heilige Winefreda oder Gwenfrewi lebte im 7. Jh. in Wales; Namenstag: 3. November. Bekannte Namensträgerin: Winifred Wagner, geb. Williams, Frau von Siegfried Wagner (19./20. Jh.).

Winimar, (auch:) Winnimar: alter deutscher männl. Vorn. (ahd. *wini* „Freund" + ahd. *-mār* „groß, berühmt", vgl. ahd. *māren* „verkünden, rühmen").

Winnie: aus dem Englischen übernommener weibl. Vorn., Kurzform von → Winifred. Bekannte Namensträgerin: Winnie Markus, österreichische [Film]schauspielerin (20. Jh.).

Winnimar: → Winimar.

Winrich: alter deutscher männlicher Vorn. (1. Bestandteil ist ahd. *wini* „Freund"; der 2. Bestandteil gehört zu german. **rīk* „Herrscher, Fürst, König", vgl. got. *reiks* „Herrscher, Oberhaupt", ahd. *rīhhi* „Herrschaft, Reich"). In der heutigen Namengebung spielt der Vorname keine Rolle mehr. Bekannter Namensträger: Winrich von Kniprode, Hochmeister des Deutschen Ordens in Preußen, aus niederrheinischem Adel (14. Jh.).

Wintrud, (auch:) Wintrude: alter deutscher weibl. Vorn. (ahd. *wini* „Freund" + ahd. *-trud* „Kraft, Stärke", vgl. altisländ. *Þrūðr* „Stärke").

Wipert: alter deutscher männl. Vorn., Nebenform von → Wigbert.

Wiprecht: alter deutscher männl. Vorn., Nebenform von → Wigbrecht. Bekannter Namensträger: Wiprecht von Groitzsch, sächsischer Graf, Gegner Kaiser Heinrichs V. (11./12. Jh.).

Wito: Nebenform des männlichen Vornamens → Wido.

Witold: alter deutscher männl. Vorn. (ahd. *witu* „Wald" + ahd. *-walt* zu *waltan* „walten, herrschen"). – Der polnische männl. Vorn. Witold ist dagegen eine Wiedergabe von litauisch Vytautas (russ. Witowt), dem Namen des ersten christlichen Großfürsten von Litauen (14./15. Jh.). Bekannte Träger des polnischen Vornamens Witold sind z. B. der polnische Komponist Witold Lutosławski (20. Jh.) und der polnische Schriftsteller Witold Wirpsza (20. Jh.).

Wittekind: männl. Vorn., Nebenform von → Widukind.

Wjatschesláw: → Wenzeslaus.

Wladimir [auch: Wladímir]: aus dem Russischen übernommener männl. Vorn., eigentlich etwa „großer Herrscher" (russ. Vladímir; der 1. Bestandteil gehört zu kirchenslaw. *vladъ* „Macht"; der 2. Bestandteil ist urverwandt mit ahd. *-mār* „groß, berühmt" in Namen wie → Dietmar, → Waldemar, er wurde aber im Russischen volksetymologisch an russ. *mir* „Friede" angelehnt). Bekannter Namensträger: Wladimir I., der Heilige, Großfürst von Kiew (9./10. Jh.), Namenstag: 15. Juli.

Wladislaus, (auch:) Wladislaw: männlicher Vorn., eindeutschende Schreibung für poln. Władysław, → Ladislaus.

Woldemar: männl .Vorn., niederdeutsche Form von → Waldemar.

Wolf: alter deutscher männl. Vorn., Kurzform von Namen, die mit „Wolf-" gebildet sind, besonders von → Wolfgang. Der Name des Raubtiers konnte aber in alter Zeit auch unmittelbar zum Männernamen werden: der Wolf war ein Sinnbild des Kriegers (vgl. dazu auch die Vornamen Wolfgang und Wolfram). „Wolf" kommt oft auch in Verbindung mit anderen Namen vor, z. B. mit Dietrich (→ Wolfdietrich). Bekannte Namensträger: Wolf Heinrich Graf von Baudissin, deutscher Schriftsteller und Übersetzer (18./19. Jh.); Wolf Stefan Traugott Graf von Baudissin, deutscher General (20. Jh.); Wolf Albach-Retty, österreichischer [Film]schauspieler (20. Jh.).

Wolfdietrich, (auch:) Wolfdieter: männlicher Doppelname aus → Wolf und → Dietrich oder → ²Dieter. Der Name geht zurück auf die Gestalt des Sagenhelden Wolfdietrich, die zuerst in einem mittelhochdeutschen Volksepos des 13. Jh.s überliefert ist, aber ursprünglich in die Merowingerzeit gehört. Bekannter Namensträger: Wolfdietrich Schnurre, deutscher Schriftsteller (20. Jh.).

Wolfgang: alter deutscher männl. Vorn. (1. Bestandteil ahd. *wolf* „Wolf"; 2. Bestandteil ahd. *ganc* „Gang", wohl in der Bedeutung „Waffengang, Streit"). Der Name Wolfgang war im Mittelalter besonders in Süddeutschland und Österreich verbreitet durch die Verehrung des heiligen Wolfgang; Namenstag: 31. Oktober. Der heilige Wolfgang wurde als Benediktinermönch im 10. Jh. Bischof von Regensburg und war der Erzieher Kaiser Heinrichs II. Nach späterer Legende soll er zeitweise am Abersee (St.-Wolfgang-See) im Salzkammergut als Einsiedler gelebt haben. Er gehört als Patron der Hirten und

Wolfgang Amadeus Mozart

Zimmerleute und als Wetterheiliger zu den 14 Nothelfern. Mit der Wallfahrt nach St. Wolfgang sind viele Volksbräuche verbunden. In der Neuzeit wurde „Wolfgang" vor allem beliebt als Vorname von Wolfgang Amadeus Mozart (18. Jh.) und Johann Wolfgang Goethe (18./19. Jh.). Er zählt heute zu den volkstümlichsten Vornamen. Bekannte Namens-

Johann Wolfgang von Goethe

träger: Wolfgang Menzel, deutscher Schriftsteller und Kritiker (18./19. Jh.); Wolfgang Müller von Königswinter, deutscher Dichter (19. Jh.); Wolfgang Liebeneiner, österreichischer Filmregisseur (20. Jh.); Wolfgang Staudte, deutscher Filmregisseur (20. Jh.); Wolfgang Koeppen, deutscher Schriftsteller (20. Jh.); Wolfgang Fortner, deutscher Komponist (20. Jh.); Wolfgang Schneiderhan, österreichischer Violinist (20. Jh.); Wolfgang Wagner, deutscher Regisseur (20. Jh.); Wolfgang Borchert, deutscher Dichter (20. Jh.); Wolfgang Mischnick, deutscher Politiker (20. Jh.); Wolfgang Sawallisch, deutscher Dirigent (20. Jh.); Wolfgang Neuss, deutscher Kabarettist und [Film]schauspieler (20. Jh.); Wolfgang Windgassen, deutscher Opernsänger (20. Jh.); Wolfgang Graf Berghe von Trips, deutscher Autorennfahrer (20. Jh.); Wolfgang Reichmann, deutscher Schauspieler (20. Jh.).

Wolfger: alter deutscher männl. Vorn. (ahd. *wolf* „Wolf" + ahd. *gēr* „Speer"). Aus der mittelalterlichen Literaturgeschichte ist der Bischof Wolfger von Passau bekannt (12./13. Jh.), der Gönner Walthers von der Vogelweide.

Wolfgund, (auch:) Wolfgunde: alter deutscher weibl. Vorn. (ahd. *wolf* „Wolf" + ahd. *gund* „Kampf"). In der heutigen Namengebung spielt der Vorname kaum noch eine Rolle.

Wolfhard, (auch:) Wolfhart: alter deutscher männl. Vorn. (ahd. *wolf* „Wolf" + ahd. *harti, herti* „hart"). Zu der Verbreitung des Namens im Mittelalter trug die Verehrung des heiligen Wolfhard von Augsburg bei, der als Klausner bei Verona lebte (11./12. Jh.); Namenstag: 30. April. Eine bekannte Gestalt der deutschen Heldensage ist Meister Hildebrands Neffe Wolfhart im Nibelungenlied. Bekannter Namensträger: Wolfhart Spangenberg, deutscher Dramatiker und Satiriker (16./17. Jh.).

Wolfhelm: alter deutscher männl. Vorn. (ahd. *wolf* „Wolf" + ahd.

helm „Helm").

Wolfhild, (auch:) Wolfhilde: alter deutscher weibl. Vorn. (ahd. *wolf* „Wolf" + ahd. *hilt[i]a* „Kampf").

Wolfrad: alter deutscher männl. Vorn. (ahd. *wolf* „Wolf" + ahd. *rāt* „Rat[geber]; Ratschlag; Beratung"). Vgl. den Vornamen Wolrad.

Wolfram: alter deutscher männl. Vorn. (ahd. *wolf* „Wolf" + ahd. *hraban* „Rabe"; Wolf und Rabe spielen in der germanischen Mythologie eine Rolle). Zu der Verbreitung des Namens im Mittelalter trug die Verehrung des heiligen Wulfram (7. Jh.) bei. Der heilige Wulfram war Erzbischof von Sens (Frankreich) und Missionar in Friesland; Namenstag: 20. März. Aus dem deutschen Mittelalter ist besonders der mittelhochdeutsche Dichter Wolfram von Eschenbach bekannt, der Verfasser der epischen Dichtungen „Parzival", „Willehalm" und „Titurel". In neuester Zeit ist der Vorname modisch geworden. Bekannte Namensträger: Wolfram von den Steinen, deutscher Historiker (19./20. Jh.); Horst Wolfram Geißler, deutscher Schriftsteller (19./20. Jh.).

Wolftraud: weibl. Vorn., Nebenform von → Wolftrud.

Wolftrud, (auch:) Wolftrude: alter deutscher weibl. Vorn. (ahd. *wolf* „Wolf" + ahd. *-trud* „Kraft, Stärke", vgl. altisländ. *þrūðr* „Stärke").

Wolrad: männl. Vorn., Nebenform von → Wolfrad. Der Name kommt häufiger in Hessen vor und ist traditionell beim waldeckischen Adel.

Wolter: niederdeutsche Form des männlichen Vornamens → Walter.

Wulf: alter deutscher männl. Vorn., Nebenform von → Wolf. Hierzu gehört als westgotische Verkleinerungsform der Name des Bischofs Wulfila (4. Jh.), des Schöpfers der gotischen Bibelübersetzung.

Wulfhild, (auch:) Wulfhilde: weibl. Vorn., Nebenform von → Wolfhild.

Wunibald, (auch:) Wunnibald: alter deutscher männl. Vorn. (ahd. *wunn[i]a* „Verlangen, Lust, Wonne" + ahd. *bald* „kühn"). Der Vorname geht zurück auf den heiligen Wunibald (8. Jh.), der als angelsächsischer Missionar in Thüringen und der Oberpfalz wirkte. Er war der Bruder der unter → Willibald und → Walburg genannten Heiligen. Namenstag: 18. Dezember. In der heutigen Namengebung spielt der Vorname keine Rolle mehr.

X

Xander: männl. Vorn., Kurzform von → Alexander.

Xaver: männlicher Vorn., eigentlich der verselbständigte Beiname des

Franz Xaverius

heiligen Franz Xaver (Franciscus Xaverius). Der heilige Franz Xaver (16. Jh.) heißt nach seinem Geburtsort, dem Schloß Xavier (heute: Javier) in Navarra (Spanien). Er gehört zu den Gründern des Jesuitenordens und wirkte als Apostel in Indien und Japan; Namenstag: 3. Dezember. Der Vorname [Franz] Xaver ist besonders in Bayern gebräuchlich. Bekannte Namensträger: Franz Xaver von Baader, deutscher Philosoph (18./19. Jh.); Franz Xaver Gabelsberger, deutscher Stenograph (18./19. Jh.). Französ. Form: Xavier [kßawie]. Engl. Form: Xavier [säwi^er].

Xaveria: weibl. Vorn., weibliche Form des männlichen Vornamens Xaverius (→ Xaver).

Xenia: weibl. Vorn. griechischen Ursprungs, eigentlich „die Gastfreundliche" (griech. *xénios* „gastlich, gastfreundlich"). Der Vorname kommt schon immer in Deutschland sehr selten vor.

Y

Yola: weibl. Vorn., Kurzform von → Yolanthe.

Yolanthe: weibl. Vorn., Nebenform von → Jolanthe.

Yves [iw]: französischer männl. Vorn., französische Form von → Ivo. Der Vorname ist in Frankreich beliebt. Bekannter Namensträger: Yves Montand, französischer [Film]schauspieler (20. Jh.). Yves [Mathieu] Saint Laurent, französischer Modeschöpfer

(20. Jahrhundert).

Yvette, (auch:) Ivette [iwät]: aus dem Französischen übernommener weibl. Vorn., Verkleinerungsform von → Yvonne.

Yvon: → Ivo.

Yvonne, (auch:) Ivonne [iwon]: aus dem Französischen übernommener weibl. Vorn., weibliche Form des männlichen Vornamens Yvon (→ Ivo).

Z

Zacharias: aus der Bibel übernommener männl. Vorn., griechische Form von hebr. Sacharja (eigentlich: „Der Herr hat sich [meiner] erinnert"). Der Vorname Zacharias geht zurück auf den Vater Johannes' des Täufers und Mann der biblischen heiligen Elisabeth. Nach dem Neuen Testament wurde er wegen seines Zweifels an der Engelsbotschaft mit Stummheit bestraft und gewann erst nach der Geburt des Johannes die Sprache wieder; N a m e n s t a g : 5. November. In der heutigen Namengebung spielt „Zacharias" keine Rolle mehr. Bekannter Namensträger: der heilige Papst Zacharias (8. Jh.), N a m e n s t a g : 13. März; Zacharias Werner, deutscher Dramatiker (18./19. Jh.).

Zarah: → Sara.

Zäzilie, (auch:) Zäzilia: → Cäcilie.

Zdenka: weibl. Vorn., weibliche Form des männlichen Vornamens → Zdenko.

Zdenko: männl. Vorn. slawischen Ursprungs, slawische Koseform von → Sidonius. Bekannter Namensträger: Zdenko von Kraft, österreichischer Schriftsteller (19./20. Jh.).

Zella: → Cella.

Zeno (auch:) Zenon: männl. Vorn. griechischen Ursprungs (griech. Zénōn, wahrscheinlich Kurzform von griechischen Männernamen wie Zēnódotos „Geschenk des Zeus"). Den Namen Zenon trugen verschiedene griechische Philosophen (Zenon von Elea, 5. Jh. v. Chr.; Zenon von Kition, Begründer der stoischen Schule, 4./3. Jh. v. Chr.) und der oströmische Kaiser Zeno[n] (5. Jh. n. Chr.). Auf die Vornamengebung hat vor allem der heilige Bischof Zeno von Verona (4. Jh.) eingewirkt, der auch in Bayern, in Tirol und am Bodensee verehrt wird; N a m e n s t a g : 12. April.

Zenz: oberdeutsche Verkleinerungsform des männlichen Vornamens → Vinzenz.

Zenzi: oberdeutsche Verkleinerungs- und Koseform des weiblichen Vornamens → Crescentia oder des weiblichen Vornamens → Innozentia.

Zilli: → Cilli.

Ziska: weibl. Vorn., Kurzform von → Franziska.

Zissi, (auch:) Cissi: weibl. Vorn., Kurz- und Koseform von → Franziska.

Zita: aus dem Italienischen übernommener weibl. Vorn., dessen Bedeutung unklar ist. Zu der Verbreitung des Namens hat die Verehrung der heiligen Zita beigetragen, die im 13. Jh. als Dienstmagd in Lucca (Toskana) lebte; sie wird als Schutzpatronin der Dienstboten und Hausangestellten verehrt. Nach ihr heißt die Kaiserin Zita von Österreich, geborene Prinzessin von Bourbon-Parma (19./20. Jh.). Der Vorname Zita kann auch als Kurzform von → Felizitas auftreten.

Zoe: in neuerer Zeit aus dem Französischen übernommener weibl. Vorn. griechischen Ursprungs, eigentlich „Leben" (griech. zōḗ „Leben"). Aus der Geschichte ist die byzantinische Kaiserin Zoe (10./11. Jh.) bekannt, die nacheinander mit drei Kaisern verheiratet war.

Zölestin, (auch:) Zölestinus: → Cölestin.

Zölestine: → Cölestine.

Zoltán [sóltan]: ungarischer männl. Vorn., eigentlich „Sultan". Bekannter Namensträger: Zoltán Kodály, ungarischer Komponist (19./20. Jh.).

Zuleika: → Suleika.

Zymunt: → Sigismund.

Zyprianus, (auch:) Zyprian: → Cyprianus.

Zyriakus, (auch:) Zyriak: → Cyriacus.

Namenwahl leicht gemacht

Beliebte weibliche Vornamen [1]

A

Ad[d]a
Adelburg[a]
Adele
Adelgund[e]
Adelheid
Adelinde
Adelrun[e]
Adeltraud
Adina
Adriane
Afra
Agathe
Agda
Aglaia
Agnes*
Alberta
Albertina
Aleide
Aleit
Alena
Aletta
Alexandra*
Alice
Alida
Alina
Alinde
Alja
Alke
Alma
Almut[h]
Alwine
Amalia
Amalie
Amanda
Amelie
Amrei
Anastasia
Andrea*
Anemone*
Angela*
Angelika*

Angelina*
Anita
Anja*
Anke*
Anna
Annabarbara
Annabella
Anne
Annedore
Annegret*
Anneheid[e]*
Annekathrin
Annelene
Anneliese*
Annelore
Annemarie*
Annerose*
Annetraude
Annette
Annika*
Annina
Ansgard
Antje*
Antoinette
Antonella
Antonia*
Antonie
Antonina
Anuschka
Arabella*
Ariane*
Arlett[e]
Asgard
Asja
Aspasia
Asta
Astrid*
Audrey*
Augusta
Auguste
Augustine
Aurelia

Aurica
Aurora

B

Babett[e]
Barbara*
Bärbel*
Beate*
Beatrice
Beatrix*
Beke
Belinda
Bella
Benedikta
Berenike
Berit*
Bernadette
Berta
Beryl
Betti
Bettina*
Bianca
Bine
Birgit*
Birgitta*
Birke*
Birte*
Blanche
Blanda
Blandine
Bodil
Briddy
Brigitte*
Brit*
Britta*
Brunhild[e]
Bruni
Burga
Burgel*
Burghild[e]

---

[1] Diese Auswahl ist natürlich subjektiv. Sie enthält auch Vornamen, die in vergangenen Jahrhunderten beliebt waren. Namen, die nach dem heutigen Geschmack als schön gelten können, sind mit einem Sternchen (*) gekennzeichnet.

C

Cäcilie
Camilla
Candida
Carina
Carla
Carmela*
Carmen
Carol
Carola
Carolina*
Caroline*
Carsta
Caterina
Celia
Charlotte
Christa*
Christamaria
Christel
Christiana
Christiane*
Christina
Christine*
Cilli
Cita
Claire
Clarissa
Claudette
Claudia*
Claudine*
Clelia
Clementine
Coletta
Conni
Conny
Constanze
Cora*
Cordelia
Cordula
Corinna*
Corinne*
Cornelia*
Cornell
Cosett[e]
Cosima
Crescentia
Cynthia

D

Dagmar*
Dagny
Daisy
Daniela*
Danielle*

Danuta
Dany*
Daphne
Daria
Darja
Davida
Debora[h]
Deike
Dela
Delia
Delilah
Denise
Désirée
Deta
Diana
Didda
Diemut
Dieta
Dietgard
Diethild[e]
Dietlind[e]*
Dietrun[e]
Dina[h]
Diotima
Ditte
Dodo
Dolly
Dolores
Dominika
Dominique*
Dora
Dore
Dorett[e]
Dorina
Doris*
Dorit*
Dorothea*
Dort[h]e
Dortje
Dunja

E

Ebba
Ebergard
Edda
Edelgard*
Edeltraud*
Edith
Editha
Edna
Effi
Ehrengard
Ehrentraud
Eilika

Elena
Eleonore
Elfgard*
Elfi
Elfriede
Elfrun
Elga
Eliane
Elisa
Elisabeth
Elke*
Ella
Ellen*
Elli
Ellinor
Elsa
Elsbeth
Else
Elvira
Emilie
Emma
Ena
Enrica
Erika
Erna
Ernesta
Ernestine
Esmeralda
Esther*
Estrella
Eugenie
Eulalia
Eusebia
Eva*
Evamaria
Evelyn
Everose
Evi

F

Fabia
Fabiola
Fanni
Fatima
Fedora
Felizia
Felizitas
Ferhild
Fides
Fieke
Fiene
Fita
Flavia
Fleur*

Fleurette
Flora
Florenze
Floriane
Folke
Franziska
Frauke*
Freia
Fricka
Frieda
Friedel
Friedelind[e]
Friederike
Friedhild[e]
Fri[e]drun
Frigga
Fritzi

G

Gabi*
Gabriele*
Geb[b]a
Gela
Gemma
Gepa
Georgette
Georgia
Georgine
Geraldine
Gerda
Gerhild
Gerke
Gerlind[e]
Gerta
Gertraud
Gertrud[e]
Gesa
Gesche*
Gesina
Gila
Gilda
Gina
Gisa
Gisela*
Gislinde
Gitta
Gitte
Gloria
Goda
Godela
Godelinde
Grazia
Greet
Greta

Grete
Gretje
Grit[t]*
Grit[t]a
Guda
Gudrun*
Gudula
Gun[n]
Gunda
Gundel*
Gundula
Gunhild
Gunthild
Guste
Gwen
Gwendolin

H

Hanna
Hannah
Hanne
Hannelore*
Hannerose
Harriet
Hedda*
Hedwig
Hedy
Heide*
Heidelinde
Heidemarie*
Heiderose
Heidi*
Heidrun
Heike*
Heinrike
Helen*
Helene
Helga*
Hendrikje
Henny
Henriette
Henrike
Herdi
Herdis
Herlinde
Hermine
Hermione
Hert[h]a
Hilde
Hildegard
Hildegunde
Hildrun
Hilke*
Hiltraud

Hroswitha
Hulda

I

Ida
Ilga
Iliane
Ilka
Ilona*
Ilonka
Ilse
Ilsegret
Ilsemaria
Imma
Imme
Imogen
Ina
Ines*
Inga
Inge*
Ingeborg*
Ingelore
Ingerose
Ingrid*
Ingrun
Inken*
Ira*
Irene
Irina
Iris
Irma
Irmgard
Irmhild[e]
Irmtraud
Isa
Isabel
Isabella
Isolde

J

Jacqueline
Jana
Jane
Janet
Janina
Jasmin*
Jeannette
Jeannine
Jennifer
Jessica
Jenny
Jill
Johanna
Jolanthe

227

Josepha
Josephine
Juanita
Judith
Julia
Juliana
Julie
Juliette
Julischka
Justina
Jutta*

K

Kai*
Kamilla
Kandida
Karen*
Karin*
Karina
Karla
Karola
Karolina*
Karoline*
Karsta
Katharina*
Kät[h]e
Kat[h]inka
Kat[h]rein
Kat[h]rin
Katja*
Kerstin*
Kim
Kirsten
Kirstin
Kitty
Klara
Klarissa
Klaudia*
Klaudine*
Klementine
Klothilde
Konstanze
Kora
Korinna*
Kornelia*
Kosima
Kreszentia
Kriemhild
Kunigunde

L

Laila
Lara*

Larissa
Laura
Laurentia
Laurette
Lea
Leila
Lena
Lene
Leni
Lenore
Leonie
Leonore
Leopoldine
Leslie
Lia
Liane
Lida
Liddy
Liebgard
Liebtraud
Liesa
Liesbeth
Lieschen
Liese
Lieselotte
Lilian
Lil[l]
Lil[l]i*
Lilo
Lina
Linda*
Linde
Lisa
Lisanne
Lisette
Lissy
Livia
Lola
Lolita
Lon[n]i
Lore
Loretta
Loritta
Lotte
Lotti
Lu
Lucia
Lucie
Lucinde
Ludmilla
Ludwiga
Luise
Luitgard
Lulu
Lydia

M

Mabel
Madeleine
Magda
Magdalena
Mai[e]
Maja
Male
Malwida
Malwine
Mandy
Manon
Manuela*
Marcella
Maren*
Maret
Marga
Margalita
Margarete
Margarita
Margit*
Margitta
Margot*
Margret*
Margrit*
Maria*
Mariane
Marianne*
Marie
Mariella
Marieluise
Marierose
Marietta
Marika
Marilyn
Marina*
Marion*
Marisa
Marit
Marita
Marlene
Marlies
Marlitt
Martha
Martina*
Martine
Mary
Mascha
Mathilde
Maud
Maxi
Mechthild
Meike*
Meina

Meinhild
Melanie*
Melina
Melinda
Meline
Melitta
Melusine
Mercedes
Merle
Meta
Mia
Michaela*
Michèle
Micheline
Michelle*
Mignon
Mila
Mim[m]i
Minette
Minna
Mira
Mirabella
Miranda
Mirella
Miriam
Mizzi
Mona*
Moni
Monika*
Monique
Muriel*

N

Nadine
Nadja*
Nancy
Nannie
Nannette
Natalie
Natascha
Nelly
Nicoletta
Nicolette
Nicol[l]e
Nina*
Ninette
Ninon
Nora
Norina
Norma

O

Octavia

Oda
Odette
Odine
Olga
Olivia
Olympia
Ophelia
Orthild
Ortrud
Ortrun*
Ota
Ottilie

P

Pamela
Patrizia
Parila
Paulette
Pauline
Peggy
Penny
Petra*
Philine
Philomela
Philomena
Phyllis
Pia
Pilar
Pippa
Polly
Prisca

R

Rabea*
Rachel
Ragna
Ragnhild
Ramona
Raphaela
Raute
Rautgund
Rebekka
Regina*
Reglinde
Regula
Reingard
Reinhild
Rena
Renate*
Renée
Reni
Resi
Ria
Ricarda

Rike
Rita
Roberta*
Romi
Rosa
Rosalia
Rosalinde
Rosamunde
Rose
Rosi
Rosina
Rosita
Ros[e]marie
Roswitha
Rotraud
Rowena
Runa
Rune
Runhild
Ruth*
Ruthilde

S

Sabine*
Sabrina
Sally
Salome
Sandra
Sandrina
Sandy
Saskia
Scarlett
Schwanhild
Selma
Senta*
Sheila
Shirley
Sibylle*
Siegburg[a]
Sieghild[e]
Sieglind[e]
Sigrid*
Sigrun*
Sigune
Silja
Silke*
Silvana
Silvia
Simone*
Simonette
Sirid
Sissy
Siw
Solveig

Sondra*
Sonja
Sonnele
Sonngard
Sonnhild
Sophia
Sophie
Soraya
Steffi
Stella
Stephanie*
Stine
Sunhild
Susanne*
Suse
Susette
Susi
Svenja*
Swaantje
Swanhild[e]
Swinda
Swinde

T

Tabea
Tamara
Tanja*
Tasja
Tatjana*
Thea
Theda
Thekla
Theodore
Therese
Theresia
T[h]ilde
Thora
T[h]orhild
Thurid
Thusnelda
T[h]yra
Tilla
Tilli
Tina
Tinka
Toni
Tonja*
Toska
Traude
Traudel
Traute
Trina
Trix
Trude

Trudel
Trudhild[e]

U

Uda
Ulla
Ulrike*
Una
Undine
Ursel
Ursina
Ursula*
Uschi
Uta*
Ute*

V

Valentine
Valerie
Valeska
Vanessa*
Vera*
Verena
Verona
Veronika
Vicki
Viktoria
Vilma
Viola
Violetta*
Viviane
Volkhild[e]
Vreni
Vroni

W

Walburg[a]
Waldhild[e]
Waldtraud
Walli
Waltraud*
Waltrun[e]
Wanda
Weda
Wedis
Wencke*
Wendelgard
Werna
Werngard
Wernhild[e]
Wiebke*
Wiete
Wilfriede

Wilhelma
Wilhelmine
Wilka
Wilma
Wiltraud
Wiltrud
Winfrieda
Winifred
Winnie
Wintrud

X

Xenia

Y

Yvette
Yvonne

Z

Zäzilie
Zilli
Zita
Zoe

Beliebte männliche Vornamen [1]

A

Ab[b]o
Abel
Achim*
Adalbert
Adam
Ad[d]o
Adelbert
Adolar
Adolf
Adrian*
Ago
Alban
Albert
Albrecht
Aldo
Alec
Alexander*
Alexis
Alf
Alfons
Alfred
Alfried
Alois
Alwin
Amadeus
Anatol
André
Andreas*
Anno
Ansbert
Anselm
Ansgar
Anton
Arbo
Archibald
Aribert
Aristid
Armin
Arne
Arnfried
Arno

Arnold
Arnulf
Art[h]ur
Arwed
Attila
August
Augustin
Axel*

B

Balder
Balduin
Baldur
Barnet
Beda
Béla
Ben
Bendix
Benedikt
Benjamin
Benno
Benny
Beppo
Bernd*
Bernhard
Berno
Bert
Bert[h]old
Bertolf
Bertolt
Bertram
Bill
Billy
Birger
Björn
Bob
Bobby
Bodo
Bogislaw
Bogumil
Boi
Boleslaw

Bolko
Börge*
Boris*
Bork
Börries
Bot[h]o
Broder
Bruno
Burk
Burkhard

C

Candidus
Carl
Carlo
Carsten
Chlodwig
Christian*
Christoph*
Christopher*
Claude
Claudio*
Claus*
Clemens
Colin
Conny
Conrad
Constantin*
Curd
Curt

D

Dag
Dagobert
Dagomar
Daniel
Dankmar
Dankward
Dario
Darius
David
Delf

[1] Diese Auswahl ist natürlich subjektiv. Sie enthält auch Vornamen, die in vergangenen Jahrhunderten beliebt waren. Namen, die nach dem heutigen Geschmack als schön gelten können, sind mit einem Sternchen (*) gekennzeichnet.

Deno
Derek
Derk*
Detlef*
Detmar
Diemo
Dierk
Dietbert
Dieter*
Diethard
Diethelm
Diether
Dietmar*
Dietrich
Dirk*
Dolf
Dominikus
Donald
Douglas

E

Eb[b]o
Eberhard*
Eckart
Eckbert
Eck[e]hard*
Eddy
Ede
Edelmar
Edgar
Edmund
Eduard
Edwin
Edzard
Egbert
Eggo
Egon
Ehrenfried
Eike*
Eiko*
Eilert
Eiliko
Einar
Einhard
Eitel
Elger
Elko
Elmar
Elmo
Emanuel
Emil
Emmerich
Emmo
Engelbert
Enno

Enrico
Erasmus
Erhard
Erich
Erik*
Erland*
Ernst
Erwin
Esra
Eugen
Eusebius
Eustachius
Ewald

F

Fabian
Fabius
Falk
Falbe
Falko*
Fedor
Felix
Ferdinand
Ferfried
Fiete
Flavio
Florian
Focke
Focko
Folke*
Folko*
Frank*
Franz
Fred
Freddy
Frederik
Frido
Fridolin
Friedemann
Friedhelm
Friedo
Friedrich
Frieso
Frithjof
Fritz
Frowin
Fürchtegott

G

Gábor
Gabriel
Gangolf
Gebbo

Gebhard*
Georg
Gerald
Gerd*
Gerfried
Gerhard*
Gerke
Gerko
Germo
Gernot
Gero
Gerold*
Gerolf
Gerrit
Gert*
Gerwin
Gideon
Gilbert
Gildo
Giselbert
Giselher
Giso
Glenn
Godo
Golo
Gorch
Gösta
Gottfried
Gotthard
Gotthold
Gottlieb
Götz*
Gregor*
Guido*
Gunnar
Gunthard
Gunt[h]er*
Günt[h]er*
Guntmar
Gus
Gustav

H

Hajo
Hakon
Hanjo
Hanke
Hanko
Hannes
Hanno
Hans
Hansdieter*
Hansgeorg
Hansjoachim*

Hansjürgen*
Harald*
Hardi
Harold
Harro
Harry
Hartlieb
Hartmut
Hartwig
Hasko
Hasso
Haug
Hauke
Heiko*
Heimfried
Heimito
Heimo
Hein
Heinfried
Heinrich
Heinz*
Heio
Helge*
Helmar
Helmfried
Helmo
Helmut[h]
Hendrik
Hennes
Hennig
Henning
Henri
Henrik
Henry
Herbert*
Hermann
Hilger
Heinrich
Hjalmar
Holger*
Holm
Horst
Horstmar
Hubert
Hubertus
Hugo
Hunfried

I

Ignaz
Igor
Ilja
Immanuel
Immo

Ingo*
Ingolf
Ingomar
Ingwar
Isidor
Ivar
Ivo*
Iwan

J

Jack
Jacques
Jakob
James
Jan
Jaromir
Jaroslaw
Jean
Jeff
Jens*
Jim
Jimmy
Jo
Joachim*
Jochen
Joe
Johann
Johannes
John
Johnny
Jonathan
Jörg*
Jörn
Joseph
Jost
Josua
Julius
Jürgen*
Justinus
Justus

K

Kai*
Karl
Karlheinz*
Karsten
Kasimir
Kaspar
Kersten
Kilian
Klaas
Klaus*
Klemens

Knut*
Kolja
Konny*
Konrad
Konradin
Konstantin*
Korbinian
Kosmas
Kord
Kraft
Kunibert
Kuno
Kurt

L

Ladislaus
Lambert
Lando
Landolin
Landolf
Landrich
Lars*
Laurentius
Lauritz
Leif*
Lenz
Leo
Leonhard
Leopold
Lex
Liborius
Liebhard
Lienhard
Linus
Lorenz
Lothar*
Louis
Lucius
Ludger
Ludolf
Ludwig
Luis
Luitbert
Luitfried
Luitger
Luithard
Luitpold
Lukas
Lutz*

M

Magnus
Maik*

Malte
Manfred*
Manuel
Marcel
Marco
Mario*
Mark*
Marko
Markolf
Markus*
Marius
Martin*
Mathis
Matthias*
Max
Maximilian
Meinhard
Meino
Meinolf
Meinrad
Melchior
Michael*
Michel
Miguel
Mike
Mirko
Miroslaw
Mischa
Mombert
Momme
Moritz
Morten
Mortimer*

N

Nanno
Neidhard
Nepomuk
Nick
Nico
Niklas*
Niklaus
Nikodemus
Nikolai
Nikolaus
Nils*
Norbert
Norman[n]

O

Odilo
Odo
Olaf

Olf
Oliver*
Onno
Ortlieb
Ortulf
Ortwin
Osbert
Oskar
Osmar
Osmund
Oswald
Oswin
Otfried
Ot[t]mar
Otto
Ottokar

P

Pascal
Patrick*
Patrizius
Paul
Peer*
Percy
Perry
Peter*
Philipp
Pierre
Piet
Pinkas
Pirmin
Pitt
Pius
Prosper

Qu

Quintus
Quintin[us]
Quirin[us]

R

Rabanus
Ragnar
Raimund
Rainald
Rainer*
Ralf*
Rando
Randolf
Raoul
Raphael
Reginald

Reimar
Reimbert
Reimo
Reinfried
Reinhard
Rein[h]old
Reinmar
Remigius
Renatus
René
Rex
Richard
Rick
Rik
Riklef
Robert
Roderich
Roger
Roland
Rolf*
Roman
Romuald
Ron
Ronald
Roy
Rudi
Rüdiger
Rudolf
Rufus
Rupert
Ruprecht
Ruthard

S

Sachso
Sam
Sammy
Samuel
Sara
Sascha
Sasso
Sebald[us]
Sebastian*
Selmar
Sepp
Serge
Sergius
Servatius
Severin[us]
Siegbald
Siegbert
Siegfried
Sieghard
Sieg[h]er

Siegmar
Siegmund
Sigisbert
Sigismund
Sigo
Sigurd
Silvan[us]
Silvio
Simon
Sixtus
Sönke
Sonnfried
Sören
Stan
Stanislaus
Steffen
Sten
Stephan*
Steve
Sven

T

Tage
Tankred
Tassilo
Ted
Thaddäus
Thankmar
Theo
Theobald
Theodor
Theophil
T[h]ilo*
Thomas*
T[h]orbjörn
T[h]orolf
T[h]orwald
Tiberius
Tibor*
Till*
Tillmann
Tim[m]
Timmo
Timotheus
Tino
Titus
Tjalf
Tjard
Tjark
Torsten
Tobias
Tom
Tommy

Toni
Tonio
Tord
Traugott
Trutz
Ture

U

Udo*
Ulf
Ulfert
Ulfhard
Ulfried
Ul[l]i
Ulrich*
Urs
Ursinus
Uto
Uwe*

V

Valentin
Veit
Vico
Viktor
Vilmar
Vinzent
Vinzenz
Volkbert
Volker*
Volkhard
Volkher
Volko

W

Waldemar
Waldo
Walt[h]er
Welf
Welfhard
Wendel
Wendelin
Wennemar
Wenzel
Wenzeslaus
Werner*
Wernfried
Wernhard
Wernher
Werno
Wjard
Wido

Widukind
Wieland
Wigbert
Wiggo
Wighard
Wigmar
Wilfried
Wilhelm
Wilko
Will
Willi
Willibald
Willibert
Willy
Wilmar
Wim
Winand
Winfried
Winimar
Wito
Witold
Wladimir
Wladislaus
Wolf
Wolfdietrich*
Wolfgang*
Wolfger
Wolfhard
Wolfrad
Wolfram*
Wolrad
Wulf
Wunibald

X

Xaver

Y

Yves

Z

Zacharias
Zdenko
Zoltán

ABKÜRZUNGSVERZEICHNIS

ahd.	althochdeutsch	männl.	männlich
altengl.	altenglisch	mhd.	mittelhochdeutsch
altfranzös.	altfranzösisch	niederländ.	niederländisch
altisländ.	altisländisch	norweg.	norwegisch
altruss.	altrussisch	poln.	polnisch
altsächs.	altsächsisch	russ.	russisch
bzw.	beziehungsweise	schwed.	schwedisch
dän.	dänisch	serbokroat.	serbokroatisch
d. h.	das heißt	sorb.	sorbisch
engl.	englisch	span.	spanisch
französ.	französisch	St.	Sankt
german.	germanisch	tschech.	tschechisch
got.	gotisch	ungar.	ungarisch
griech.	griechisch	vgl.	vergleiche
italien.	italienisch	v. Chr.	vor Christus
Jh.	Jahrhundert	Vorn.	Vorname
kelt.	keltisch	weibl.	weiblich
lat.	lateinisch	z. B.	zum Beispiel

BILDQUELLENVERZEICHNIS

Archiv für Kunst und Geschichte Wilfried Göpel, Berlin
Bavaria-Verlag Heinrich Frese, Gauting
dpa, Deutsche Presse-Agentur GmbH, Bilderdienst Stuttgart
Germanisches Nationalmuseum, Nürnberg
Historia-Photo Charlotte Fremke, Bad Sachsa
IBA, Internationale Bilderagentur, Zürich
Interfoto Friedrich Rauch, München
Keystone GmbH & Co, München
Öffentliche Kunstsammlungen Basel
Ullstein-Bilderdienst, Berlin
Verkehrsamt der Stadt Konstanz
Verkehrsverein Augsburg E. V.

LITERATURHINWEISE

Bach, Adolf: Deutsche Namenkunde, 3 Bde., Bd. I, 1 u. 2: Die deutschen Personennamen. 2. Auflage. Bd. III Registerband, bearbeitet von Dieter Berger, Heidelberg 1952–56.

Bahlow, Hans: Deutsches Namenlexikon, München 1967.

Bahlow, Hans: Unsere Vornamen, Limburg a. d. Lahn 1965.

Brechenmacher, Josef Karlmann: Etymologisches Wörterbuch der Deutschen Familiennamen, 2 Bde., Limburg a. d. Lahn 1957–1963

Dauzat, Albert: Dictionnaire etymologique des noms de famille et prénoms de France, 3. Auflage, Paris 1951.

Fleischer, Wolfgang: Die deutschen Personennamen, Berlin 1964.

Förstemann, Ernst: Altdeutsches Namenbuch, Bd. 1: Personennamen, 2. Auflage Bonn 1900. Nachdruck München u. Hildesheim 1966.

Frisk, Hjalmar: Griechisches Etymologisches Wörterbuch, 2 Bde., Heidelberg 1960 ff.

Heimerans Vornamenbuch, erweitert und bearbeitet von Hellmut Rosenfeld, [München] 1968.

Hellquist, Elof: Svensk Etymologisk Ordbok, 2 Bde., 3. Auflage, Lund 1948 bis 1957.

Hornby, Rikard: Danske Navne, Kopenhagen 1951.

Kaufmann, Henning: Ergänzungsband zu Ernst Förstemann, Altdeutsche Personennamen, München, Hildesheim 1968.

Klein, Ernest: A Comprehensive Etymological Dictionary of the English Language, 2 Bde., Amsterdam, London, New York 1966–67.

Kluge, Friedrich: Etymologisches Wörterbuch der deutschen Sprache, 20. Auflage, Berlin 1967.

Linnartz, Kaspar: Unsere Familiennamen, 3. Auflage, Bonn 1959.

Meijers, J. A. und Luitingh, J. C.: Onze Voornamen, Amsterdam 1948.

Otterbjörk, Roland: Svenska förnamn. Kortfattat namnlexikon. Stockholm 1964.

Petrovskij, N. A.: Slovar' russkich ličnych imen (Wörterbuch der russischen Personennamen). Moskau 1966.

Raveling, Irma: Die ostfriesischen Vornamen, 2. Auflage, 1972.

Rienecker, Fritz: Lexikon zur Bibel, 5. Auflage, Wuppertal 1964.

Schröder, Edward: Deutsche Namenkunde, 2. Auflage, Göttingen 1944.

Seibicke, Wilfried: Wie nennen wir unser Kind? Lüneburg 1962.

Rule, Lareina: Name your baby, New York 1963.

van der Schaar, J.: Woordenboek van Voornamen, Utrecht und Antwerpen 1964.

Vasmer, Max: Russisches Etymologisches Wörterbuch, 3 Bde., Heidelberg 1953 bis 1958.

de Vries, Jan: Altnordisches Etymologisches Wörterbuch, Leiden 1961.

Walde, Alois und Hofmann, Johann Baptist: Lateinisches Etymologisches Wörterbuch, 3. Auflage, Heidelberg 1938.

Wasserzieher, Ernst: Hans und Grete, 17. Auflage, besorgt von Paul Melchers, Bonn 1968.

Werle, Georg: Die ältesten germanischen Personennamen, Straßburg 1910.

Wimmer, Otto: Handbuch der Namen und Heiligen, 2. Auflage, Innsbruck, Wien, München 1959.

Withycombe, Elizabeth G.: The Oxford Dictionary of English Christian Names, 2. Auflage, Oxford 1950, berichtigter Nachdruck 1963.

Feste der Heiligen der katholischen Kirche aus dem „Calendarium Romanum" (1969) und dem Heiligenkalender der deutschsprachigen Bistümer

Alfons von Liguori: 1. August
Angela von Merici: 27. Januar
Anno, Erzbischof von Köln: 5. Dezember
Augustinus, Apostel der Angelsachsen: 27. Mai
Basilius: 2. Januar
Benediktus von Nursia: 11. Juli
Birgitta von Schweden: 23. Juli
Bonaventura: 15. Juli
Christophorus: 24. Juli
Cyrillus von Alexandrien: 27. Juni
Cyrillus von Jerusalem: 18. März
Dominikus: 7. August
Eusebius von Vercelli: 2. August
Felicitas (Karthago): 7. März
Franz von Sales: 24. Januar
Gabriel, Erzengel: 29. September
Gebhard, Bischof von Konstanz: 26. November
Godehard, Bischof von Hildesheim: 5. Mai
Gregor von Nazianz: 2. Januar
Gregor der Große: 3. September
Heinrich II., Kaiser: 13. Juli
Hilarius, Bischof von Poitiers: 13. Januar
Ignatius von Antiochien: 17. Oktober
Jakobus der Jüngere: 3. Mai
Joachim, Mann der heiligen Anna, der Mutter Marias: 26. Juli
Johanna Franziska von Chantal: 12. Dezember
Johannes der Täufer: 29. August (Martyrium)
Klara von Assisi: 11. August
Konrad von Parzham: 21. April
Kunigunde, Kaiserin: 13. Juli
Kyrillos, Apostel der Slawen: 14. Februar
Lambert von Maastricht: 18. September
Leo der Große: 10. November
Marcellus: 2. Juni
Margarete Maria Alacoque: 16. Oktober
Martin I., Papst: 13. April
Monika, Mutter des heiligen Augustinus: 27. August
Otto von Bamberg: 30. Juni
Paul[us] vom Kreuz: 19. Oktober
Philippus, Apostel: 3. Mai
Raimund von Peñafort[e]: 7. Juni
Raphael, Erzengel: 29. September
Romuald: 19. Juni
Rosa von Lima: 23. August
Rupert, Bischof von Salzburg: 24. September
Stanislaus, Bischof von Krakau: 11. April
Stephan der Heilige: 16. August
Theresia von Lisieux: 1. Oktober
Thomas, Apostel: 3. Juli
Thomas von Aquin: 28. Januar
Thomas Morus: 22. Juni
Timotheus: 26. Januar
Vinzenz von Paul: 27. September

DER SICHERE WEG,
EINFACH MEHR ZU WISSEN.

Wann heißt es »mahlen«, wann »malen«? Was meint der Arzt mit »Placebo«, was der Chef mit »Placet«? Wann schreibt man nach dem Doppelpunkt groß, wann klein? Die DUDEN-Taschenbücher helfen überall dort, wo Sie schnell und zuverlässig Antwort auf Ihre Fragen suchen.

DUDEN-Taschenbücher. Die praxisnahen Helfer für (fast) alle Fälle: Komma, Punkt und alle anderen Satzzeichen · Wie sagt man noch? · Die Regeln der deutschen Rechtschreibung · Lexikon der Vornamen · Satz- und Korrekturanweisungen · Wann schreibt man groß, wann schreibt man klein? · Wie schreibt man gutes Deutsch? · Wie sagt man in Österreich? · Wie gebraucht man Fremdwörter richtig? · Wie sagt der Arzt? · Wörterbuch der Abkürzungen · mahlen oder malen? · Fehlerfreies Deutsch · Wie sagt man anderswo? · Leicht verwechselbare Wörter · Wie verfaßt man wissenschaftliche Arbeiten? · Wie sagt man in der Schweiz? · Wörter und Wendungen · Jiddisches Wörterbuch · Geographische Namen in Deutschland.

Ein Buch mit mehr als 80 000 Fremdwörtern.

Zum Glück werden sie alle erklärt. Auf 1552 Seiten werden in mehr als 80 000 Artikeln neben den Entlehnungen in der Gegenwart auch die Fremdwörter des ausgehenden 18. und des 19. Jahrhunderts behandelt. Das Werk enthält Angaben zur Rechtschreibung, Aussprache, Herkunft, Bedeutung und zum Gebrauch. Zusätzlich enthält „Das Große Fremdwörterbuch" im Anhang ein „umgekehrtes Wörterbuch". Hier wird von deutschen Wörtern auf fremdsprachliche Wörter verwiesen, so daß der Benutzer die Möglichkeit hat, eine fremdsprachliche Entsprechung für ein deutsches Wort zu finden, um Formulierungen zu variieren.

DUDENVERLAG
Mannheim · Leipzig · Wien · Zürich